Jahrbuch

der

Hafenbautechnischen Gesellschaft

Neunundzwanzigster Band

1964/65

Mit 1 Bildnis, 118 Abbildungen im Text
und auf 2 Tafeln

Springer-Verlag
Berlin/Heidelberg/New York
1966

Schriftleitungsausschuß

ISBN-13: 978-3-642-46043-2 e-ISBN-13: 978-3-642-46042-5
DOI: 10.1007/978-3-642-46042-5

Softcover reprint of the hardcover 1st edition 1966

Library of Congress Catalog Card Number: 65-22 524
Titel-Nr. 6041

Inhaltsverzeichnis

Verzeichnisse

Ehrenvorsitzender

Am 23. September 1964 wurde anläßlich der 29. ordentlichen Hauptversammlung in Hamburg

Herr Prof. Dr.-Ing. E.h. Dr.-Ing. Arnold Agatz

in dankbarer Würdigung seiner großen Verdienste in dreißigjähriger Amtszeit als Vorsitzender und in dem einmütigen Wunsch, der Führung der HTG auch fernerhin seinen erfahrenen Rat zu erhalten, aus Anlaß der Feier ihres fünfzigjährigen Bestehens zum

E h r e n v o r s i t z e n d e n

der Gesellschaft ernannt.

Zum 50 jährigen Bestehen
der Hafenbautechnischen Gesellschaft
(1914—1964)

Ehrentafel

Schirmherren

1916 Großadmiral Dr.-Ing. Prinz Heinrich von Preußen († 1929)
1936 Großadmiral Dr. h. c. Raeder († 1962)

Ehrenvorsitzende

1934 Geh. Baurat Prof. Dr.-Ing. E. h. de Thierry († 1942)
1964 Prof. Dr.-Ing. E. h. Dr.-Ing. Agatz,

Ehrenmitglieder

Agatz, Arnold, Prof. Dr.-Ing. E. h. Dr.-Ing., Bremen
Bunnies, Erich, Erster Baudirektor i. R., Hamburg †
Christiani, Rudolf, Dr.-Ing. E. h., Kopenhagen †
Eckhardt, Alfred, Ministerialdirektor, Berlin †
Engels, Hubert, Geh. Rat Prof. Dr.-Ing. E. h. Dr. rer. tech. e. h., Dresden †
Etterich, Heinrich, Reedereidirektor i. R., Düsseldorf †
Gährs, Johannes, Ministerialdirektor i. R., Dr.-Ing. E. h., Hamburg †
Goedhart, Leonard, Direktor Dr.-Ing. E. h., Düsseldorf †
Hartwig, Kurt, Reedereidirektor i. R., Weinheim
Kauermann, August, Generaldirektor a. D. Dr.-Ing. E. h., Düsseldorf †
Koenigs, Gustav, Staatssekretär, Berlin †
Krogmann, Richard C., Dr.-Ing. E. h., Hamburg †
Linsenhoff, Friedrich, Reg. Baumstr. a. D. Senator E. h., Frankfurt/M. †
Mühlradt, Friedrich, Hafenbaudirektor i. R., Dr.-Ing. E. h., Hamburg
van Panhuys, C. E. W., Direkteur Hoofdingenieur, Den Haag †
Schulze, F. W. Otto, Geh. Baurat, Prof. Dr.-Ing. E. h., Danzig †
de Thierry, George, Geh. Baurat Prof. Dr.-Ing. E. h., Berlin †
Tigler, Hermann, Fabrikant, Düsseldorf †
Wendemuth, Ludwig, Oberbaudirektor Dr.-Ing. E. h., Hamburg †
Wundram, Oskar, Baudirektor i. R., Hamburg

50 Jahre Hafenbautechnische Gesellschaft 1914—1964[1]

1. Die Veranlassung zur Gründung einer deutschen Hafenbautechnischen Gesellschaft

Über die Entstehung der Hafenbautechnischen Gesellschaft ist ausführlich im ersten Band (S. 1 bis 44) des Jahrbuchs der HTG berichtet. Hier sei zusammenfassend für diejenigen Leser, denen der Band 1 nicht zur Verfügung steht, folgendes wiederholt:

Bereits im Jahre 1885 fand in Brüssel der 1. Internationale Schiffahrtskongreß statt, der damals zunächst nur den Zweck hatte, die Binnenschiffahrt zu fördern. Auf dem 7. Internationalen Kongreß im Jahre 1898 in Brüssel wurde beschlossen, die Arbeiten auf die Seeschiffahrt auszudehnen. Zweck der Internationalen Schiffahrtskongresse ist das eingehende Studium bestimmt formulierter bautechnischer und betrieblicher Fragen, die sich auf die Verkehrswege, Hafenanlagen und deren Betrieb für die See- und Binnenschiffahrt beziehen. Er wird erfüllt durch die Feststellung der auf diesen Gebieten in der ganzen Welt erzielten Fortschritte und durch kritische Prüfung im Geiste vielseitiger und enger Zusammenarbeit von Technik, Betrieb und Wissenschaft aller Länder. Durch Abhaltung der Internationalen Schiffahrtskongresse im Abstand von 3 bis 5 Jahren wird umfangreiches Material über die Ausgestaltung der für die See- und Binnenschiffahrt notwendigen Anlagen gesammelt.

Nachdem im Jahre 1912 bereits der 12. Internationale Schiffahrtskongreß in Philadelphia getagt hatte, wurde der Wunsch immer dringender, die Arbeiten dieses Kongresses auf nationaler Ebene zu ergänzen und dadurch auf die besonderen Aufgaben in Deutschland mehr einzugehen. Die Tatsache, daß zwischen den einzelnen Kongressen ein längerer Zeitraum verstrich, mußte insbesondere der an ihren Arbeiten hervorragend beteiligte deutsche Hafenbauingenieur als einen Mangel empfinden. Aus diesen Gedanken heraus regte im Jahre 1914 der damalige Baurat und spätere Oberbaudirektor des Hamburger Hafens Wendemuth die Gründung einer deutschen Gesellschaft an, die sich ungefähr mit den gleichen Fragen wie die Internationalen Schiffahrtskongresse befassen, aber außerdem auch wirtschaftliche Probleme behandeln sollte, die mit dem Hafenbau und -betrieb zusammenhängen. Gemeinsam mit Generaldirektor a. D. Kauermann und o. Professor Geh. Baurat de Thierry, die den von Wendemuth geäußerten Gedanken tatkräftig unterstützt hatten, wurde im April 1914 ein Einladungsschreiben verfaßt, das sich an eine größere Anzahl von Fachleuten an den Technischen Hochschulen, bei Reichs-, Staats- und Gemeindebehörde sowie bei Schiffahrt, Handel und Industrie wandte und zu einer Versammlung einlud, die über die Gründung der Hafenbautechnischen Gesellschaft beraten sollte.

2. Der Zeitabschnitt 1914—1918

Diese Gründungsversammlung fand am 22. Mai 1914 im Hotel Adlon in Berlin statt und wurde von 25 Teilnehmern besucht. Als Zweck der Gesellschaft wurden alle den Bau und den Betrieb von Häfen betreffenden Fragen angegeben, wie später in dem § 2 der Satzung folgendermaßen umrissen (heutige Fassung):

> „Der Verein bezweckt den Zusammenschluß der Erbauer von Hafenanlagen, ihren Verkehrswegen und Hafeneinrichtungen, der Leiter von Hafenbetrieben und aller mit dem Hafenwesen in Beziehung stehenden Kreise auf ausschließlich gemeinnütziger Grundlage behufs Erörterungen wissenschaftlicher und praktischer Fragen, die für den Bau, den Betrieb und die Benutzung der Häfen und ihrer Verkehrswege technisch und wirtschaftlich in Betracht kommen.
>
> Die Vertretung und Behandlung rein wirtschaftspolitischer Fragen fällt nicht in das Aufgabengebiet des Vereins. Der Verein verfolgt keinerlei Erwerbszweck.“

Dabei sollte der Ingenieur wie auch der Wirtschaftler zu Wort kommen. Diesen Charakter eines teils aus Ingenieuren, teils aus Wirtschaftlern zusammengesetzten Mitgliederkreises hat die Gesellschaft bis zum heutigen Tage behalten. Ihre Arbeit sollte durch regelmäßige Jahresversammlungen und Herausgabe von Jahrbüchern sichtbaren Niederschlag finden. Die Gründungsversammlung wählte als vorläufigen Vorstand die Herren: de Thierry, Wendemuth und Kauermann.

[1] Beiträge zu diesem Bericht gaben die Herren Professor Dr.-Ing. Dr.-Ing. E. h. Agatz und Baudirektor Feuerhake.

Dieser Vorstand blieb der Gesellschaft bis zum Jahre 1929 erhalten. Damals wurde durch den Tod Wendemuths die erste Lücke gerissen; de Thierry und Kauermann legten im Jahre 1934 ihre Ämter nieder, nachdem sie 20 Jahre lang die Gesellschaft durch den Krieg, die Nachkriegszeit mit der Inflation und die Wirtschaftskrisen geführt hatten. Dr.-Ing. E. h. Kauermann verstarb im Herbst 1939, der im Jahre 1934 zum Ehrenvorsitzenden ernannte Geheimrat de Thierry im Jahre 1942.

Bei Kriegsbeginn 1914 zählte die Gesellschaft bereits 123 Mitglieder, ohne in der Zwischenzeit mit einer Versammlung oder durch Herausgabe von Druckschriften an die Öffentlichkeit getreten zu sein. Wegen des Kriegsausbruchs 1914 mußte die geplante erste Hauptversammlung im letzten Augenblick abgesagt werden.

3. Der Zeitabschnitt 1919—1932

Es dauerte bis zum Jahre 1919, ehe die erste Hauptversammlung abgehalten werden konnte. Es ist erstaunlich, daß es überhaupt möglich gewesen ist, eine Gesellschaft, die in schweren Zeiten ins Leben gerufen worden war und eigentlich noch kaum ein Lebenszeichen von sich gegeben hatte, aufrechtzuerhalten und ihr sogar neue Mitglieder zuzuführen. Durch Werbung wurde die Anzahl der Mitglieder bis zum Jahre 1916 auf 265 gesteigert. Bis zur ersten Hauptversammlung, die am 29. Oktober 1919 in Berlin stattfand, war sie auf 318 angewachsen. Verfolgt man die weitere Entwicklung der Gesellschaft, so erreichte sie einen ersten Höhepunkt in den Jahren 1926/27 mit fast 700 Mitgliedern. Diese wenigen Zahlen geben einen sichtbaren Beweis dafür, wie lebenskräftig der der Gesellschaft zu Grunde liegende Gedanke ist, und welchen Anklang es gefunden hat, die HTG mit unnötigen Repräsentationsaufgaben zu verschonen, um dafür einmal jährlich mit einem reichhaltig ausgestatteten Jahrbuch und mit einer Fachvorträge und Fachbesichtigungen umfassenden Hauptversammlung an die Öffentlichkeit zu treten.

Bevor die erste Hauptversammlung stattfand, hatte im Jahre 1916 Großadmiral Dr.-Ing. Prinz Heinrich von Preußen die Schirmherrschaft über die Gesellschaft übernommen und damit die Bedeutung ihrer Aufgaben anerkannt. Noch vor Beginn der ersten Hauptversammlung wurde das erste „Jahrbuch der Hafenbautechnischen Gesellschaft" versandt, was um so bemerkenswerter ist, als erst im Jahre 1918 regelmäßige Beiträge erhoben wurden. Der Sitz der Gesellschaft wurde auf der ersten Hauptversammlung nach Hamburg gelegt und dort die Eintragung in das Vereinsregister vorgenommen; das Datum dieser Eintragung ist der 4. Mai 1920. Auf der ersten Hauptversammlung hatte sich die Gesellschaft dem Deutschen Verband technisch-wissenschaftlicher Vereine angeschlossen, dem sie heute noch angehört.

Die eigentlichen fachlichen Arbeiten wurden im Jahre 1919 dadurch in Angriff genommen, daß ein Hafenbahnausschuß gegründet wurde, der bereits im Jahre 1920 dem Reichsverkehrsministerium eine Denkschrift über Hafenbahnen überreichen konnte. Ihm folgte im Jahre 1920 die Bildung eines Schriftleitungsausschusses, der die Herausgabe der nunmehr regelmäßig erscheinenden Jahrbücher zu betreuen hatte und später auch für das Gesellschaftsorgan (Zeitschrift) verantwortlich war. Im Jahre 1927 kam der Ausschuß für Hafenumschlagsgeräte hinzu, der noch heute unter der Bezeichnung Ausschuß für Hafenumschlagstechnik arbeitet.

Auf der 3. ordentlichen Hauptversammlung, die 1921 in Mannheim stattfand, wurde die Einrichtung „Fördernder Mitglieder" geschaffen, die durch einen erhöhten Beitrag im besonderen Maße die Herausgabe der Jahrbücher sicherstellen sollten. Seit dieser Zeit zählt die Gesellschaft etwa 80 Förderer aus Industrie und Verwaltung, die es ihr ermöglichen, die beträchtlichen Druckkosten für ihre Jahrbücher aufzubringen.

Trotz der Inflation, die der Gesellschaft die Durchführung ihres Programms fast unmöglich machte, war es gelungen, die Arbeiten fortzuführen. So konnte die Gesellschaft im Jahre 1924 mit dem 7. Jahrbuch ihr 10jähriges Bestehen feiern und bei diesem Anlaß ihren Vorstand, die Herren de Thierry, Wendemuth und Kauermann zu ihren ersten Ehrenmitgliedern ernennen, denen im nächsten Jahr das Vorstandsmitglied Richard Krogmann aus Hamburg folgte. In den folgenden Jahren entwickelte sich die Gesellschaft günstig bis zum Beginn der Wirtschaftskrise im Jahre 1930 und konnte während dieser Zeit insbesondere das Ausland an ihren Arbeiten interessieren und beteiligen. Bereits im Jahre 1927 fand im Anschluß an die Hauptversammlung in Duisburg eine Exkursion nach Holland statt, der im Jahre 1931 nach der Hauptversammlung in Emden ein zweiter Besuch folgte.

Zwischen den Jahren 1929 und 1934 wirkte sich die Wirtschaftskrise mit ihren Folgen auch auf die Arbeiten der Gesellschaft lähmend aus. Die Hauptversammlungen wurden nur noch im Abstand von 2 Jahren abgehalten, und die Jahrbücher konnten nicht mehr pünktlich herausgegeben werden.

4. Der Zeitabschnitt 1933—1939

Nach der Machtübernahme 1933 mußte die Gesellschaft an andere Organisationen angelehnt werden, was im Jahre 1934 auf der Hauptversammlung in Frankfurt/Main eingeleitet wurde. Die Gesellschaft schloß sich den damals teilweise neu geschaffenen Dachorganisationen Reichsgemeinschaft der technisch-wissenschaftlichen Arbeit (RTA), Zentral-Verein für Binnenschiffahrt und Zentralverein für Seeschiffahrt an, ohne ihre Selbständigkeit zu verlieren. Es gelang, den Mitgliederrückgang — im Jahre 1935 hatte der Bestand mit 374 Mitgliedern seinen niedrigsten Wert erreicht — aufzuhalten und seitdem eine deutliche Aufwärtsbewegung einzuleiten. Im Jahre 1936 wurden in Düsseldorf neue Satzungen verabschiedet und der Oberbefehlshaber der Kriegsmarine, Großadmiral Dr. h. c. Raeder, als Nachfolger des Prinzen Heinrich als Schirmherr der Gesellschaft gewonnen. Dem Schirmherrn ist es in besonderem Maße zu verdanken, daß es möglich war, die Gesellschaft in ihrer bisherigen Form zu erhalten. Da sich unsere Mitglieder aus Ingenieuren, Kaufleuten, Reedern, Juristen, Spediteuren und noch anderen nichttechnischen Berufen zusammensetzen und außerdem die HTG zu einem nicht unwesentlichen Prozentsatz auch ausländische Mitglieder besaß, bestand bei jeder Art von Eingliederung in die neu aufgebauten großen Parteiorganisationen der Technik und Schiffahrt die Gefahr, daß nur einem Teil der Mitglieder Gerechtigkeit widerfuhr. Daher wurde am 27. November 1937 von dem Schirmherrn der HTG und dem Reichswalter des NS. Bundes Deutscher Technik (NSBDT) ein gemeinsames Protokoll unterzeichnet, in dem die Sonderstellung der HTG anerkannt wurde. Die Gesellschaft wurde zusammen mit der Schiffbautechnischen Gesellschaft und der Gesellschaft der Freunde und Förderer der Hamburgischen Schiffbauversuchsanstalt im Arbeitskreis „Schiffahrtstechnik" der Fachgruppe Bauwesen angegliedert. Außer dem Arbeitskreis Schiffahrtstechnik gehörte die Gesellschaft seit dem Jahre 1934 der Reichsarbeitsgemeinschaft der Deutschen Wasserwirtschaft an, bis diese als Arbeitskreis Wasserwirtschaft der Fachgruppe Bauwesen angeschlossen wurde. Sie stand unter der Leitung des Reichsministers a. D. Krohne. Die Reichsarbeitsgemeinschaft wurde 1934 auf eine Anregung des Vorsitzenden der HTG hin ins Leben gerufen, um den wissenschaftlichen Vereinen, die sich mit der Technik des Wassers befassen, einen Austausch ihrer Arbeiten und eine gemeinschaftliche Aufteilung ihrer Programme zu ermöglichen. Sie veranstaltete jeden Winter in Berlin eine Vortragsreihe; hier war die HTG wie auch die übrigen Vereine des Arbeitskreises Wasserwirtschaft jährlich mit einer Vortragsveranstaltung beteiligt, deren Inhalt in den einzelnen Jahrbüchern veröffentlicht wurde.

Seit dem Jahre 1934 fanden die Hauptversammlungen wieder jährlich statt, wobei nach dem Grundsatz verfahren wurde, Binnenhäfen und Seehäfen als Tagungsort miteinander wechseln zu lassen. Seit dem Jahre 1936 konnte auch das Jahrbuch der HTG wieder jährlich erscheinen. Im Jahre 1925 wurde im Anschluß an die Hauptversammlung in Königsberg der damals neue polnische Hafen Gdingen besichtigt.

Wir konnten damals feststellen, daß die ausländischen Mitglieder der HTG durch ihre Teilnahme an unseren Veranstaltungen zeigten, wie aufmerksam man außerhalb der damaligen Reichsgrenzen unsere Arbeiten verfolgte; weiterer Beweis war der beträchtliche Anteil ihrer Veröffentlichungen im Jahrbuch. Im Jahre 1938 belief sich die Zahl der ausländischen Mitglieder auf 8% der Gesamtmitgliederzahl. Der Erfahrungsaustausch, der dadurch ständig hin- und herfließt, hat den deutschen Hafenbau ebensosehr befruchtet wie den ausländischen zu neuen Lösungen angeregt.

Im Jahre 1939 war die HTG in der glücklichen Lage, das 25jährige Bestehen der Gesellschaft in einer verhältnismäßig unabhängigen Stellung zu begehen. Die Jubiläumstagung fand 1939 in Lübeck-Travemünde unter der Leitung des Ehrenvorsitzenden Geheimrat de Thierry statt mit einem anschließenden Zweitageausflug nach Kopenhagen, zu dem unser Ehrenmitglied Dr.-Ing. E. h. Christiani die Anregung gegeben hatte. Es waren unbeschwerte glückliche Tage voll Harmonie mit den dortigen Kollegen, und wir hatten die Gelegenheit, durch Vorträge und Besichtigungen den Seehafen Kopenhagen mit seinen Anlagen eingehend kennenzulernen. Es schloß sich ein Ausflug nach Helsingborg an. An dem Festabend überraschte uns Baudirektor Bunnies, Hamburg mit einer launigen Tischrede in Versen, die großen Anklang fand.

Überblickt man die 17 Hauptversammlungen und die 17 Jahrbücher der ersten 25 Jahre, so umfassen sie eine derartige Menge von technischen und wirtschaftlichen Veröffentlichungen, Vorträgen, Besprechungen und Einzelarbeiten zur Lösung bestimmter Fragen, daß es unmöglich ist, in wenigen Worten auch nur auf den wesentlichen Inhalt einzugehen. Um das reichhaltige Material, das in diesem Archiv des deutschen Hafenbaues, in den Jahrbüchern, auf 4329 Seiten im DIN A 4-Format mit 3527 Abbildungen und 108 Tafeln niedergelegt war, der Öffentlichkeit zugänglich zu machen, hatte die Gesellschaft im Jahre 1937 ein Register erscheinen lassen, das den Inhalt der ersten 15 Bände in Stichworten enthält. Es wurden nicht nur die bautechnischen Fragen der Gründung und Gestaltung von Hafenbauwerken und Wasserbauten aller Art behandelt, sondern mit gleicher Sorgfalt beschäftigten sich die Jahrbücher mit der Planung von Hafenanlagen und Wasserstraßen, den betriebswirtschaftlichen Erfordernissen, der Umschlagtechnik, den wirtschaftlichen Grundlagen und der Verwaltung von Häfen. Dabei wurde auch für Lösungen rein wissenschaftlicher Fragen, die grundlegend Neues für diese Gebiete gebracht haben, ein ausreichender Raum bereitgestellt.

Anläßlich der 25-Jahrfeier in Lübeck wurde zur zusätzlichen Sicherung eine Jubiläumsstiftung errichtet, die bezweckte, die auf ausschließlich gemeinnütziger Grundlage beruhenden technisch-wissenschaftlichen Arbeiten der Gesellschaft und die Herausgabe von Jahrbüchern der Hafenbautechnischen Gesellschaft, die von grundlegender Bedeutung für die deutsche Hafenbautechnik und den Hafenbetrieb sind, wirtschaftlich sicherzustellen. Nach wenigen Jahren ihres Bestehens umfaßte die Jubiläumsstiftung bereits über 60 Namen führender Persönlichkeiten und Unternehmungen und schloß mit einem Gesamtbetrag von rund 132 000 RM ab.

Zu dem Jahrbuch kam im Jahre 1922 die Zeitschrift „Werft—Reederei—Hafen", die im Verlag Julius Springer, Berlin erschien, als Gesellschaftsorgan hinzu. Sie blieb als solches bis zum Jahre 1937 im Dienst der Gesellschaft. Damals wurde mit Rücksicht auf die große Zahl von Bauingenieuren, die der HTG angehörten, „Der Bauingenieur" aus dem gleichen Verlag Gesellschaftsorgan, während „Werft—Reederei—Hafen" das „Fachblatt für Umschlagtechnik" der Gesellschaft wurde. Seit dem Jahre 1935 erschien auch das Jahrbuch bei Julius Springer, so daß in Auswahl und Ausstattung aller Veröffentlichungen eine einheitliche Linie gewahrt wurde.

Für die Arbeiten der HTG war es eine erfreuliche Anerkennung, daß der Zustrom neuer Mitglieder seit dem Jahre 1935, also in der Zeit, in der die Gesellschaft ihre größte Krise durchmachen mußte, unvermindert anhielt und im Jahre 1939 einen Gesamtbestand von fast 700 Mitgliedern und Förderern erreichte.

5. Der Zeitabschnitt 1940—1948

Der Ausbruch des zweiten Weltkrieges setzte den Arbeiten der HTG ein vorläufiges Ende. Wenn auch alles getan wurde, um den Zusammenhalt unter den Mitgliedern aufrechtzuerhalten, so war doch die Einberufung einer Hauptversammlung unmöglich. Es gelang zwar, im Jahre 1941 den Band 18 der Jahrbücher in unveränderter Form und Güte herauszubringen, alsdann kam aber die Tätigkeit der Gesellschaft völlig zum Erliegen, und es war nur zu hoffen, daß die Mitglieder und Förderer der HTG die Treue hielten.

Nach Beendigung des Krieges unterlag auch die HTG den Weisungen der Besatzungsmacht, die jede weitere Tätigkeit verbot. Dieser Anlaß brachte der HTG eine neue Krise.

Dank dem engen Zusammenhalt der damaligen Vorstandsmitglieder blieb der Gedanke an die HTG wach. Aus ersten Gesprächen Ende 1947 entstand der Beschluß, sobald es die allgemeinen Vorschriften über Vereinstätigkeit zuließen, die HTG wieder ins Leben zu rufen. Die erforderliche Genehmigung zur Wiedereröffnung erteilte die Kulturbehörde Hamburg am 12. Juni 1948. Die kurz darauf stattfindende Währungsreform verzögerte die Herausgabe eines Rundschreibens an die früheren Mitglieder. Erst als drei Förderer, die Hanseatische Baugesellschaft, Gebrüder Goedhart AG und Julius Berger AG, einen namhaften Betrag zur Verfügung gestellt hatten, konnte Ende 1948 der Aufruf des zuletzt amtierenden Vorsitzenden, Professor Dr. Agatz, ergehen. Dieser fand bei über 200 früheren Mitgliedern und neuen Freunden der HTG freudigen Widerhall. Damit glaubte der vorläufige Vorstand, bestehend aus

Professor Dr. Agatz, Bremen
Oberstadtdirektor Dr. Nagel, Neuss/Rhein
Baudirektor Mühlradt, Hamburg
Direktor Krewinkel, Düsseldorf

den entscheidenden Schritt in die Öffentlichkeit wagen und zu einer Hauptversammlung einladen zu dürfen, harrten doch der HTG neue und große Aufgaben beim Wiederaufbau der zerstörten Hafenanlagen und für deren Anpassung an die veränderten Verhältnisse.

6. Der Zeitabschnitt 1949—1964

So fand im Herbst 1949 in Hamburg nach zehnjähriger Unterbrechnung wieder eine Tagung, die 18. Hauptversammlung, statt. die von über 400 Teilnehmern besucht wurde. Seitens der gastgebenden Freien und Hansestadt Hamburg nahmen Bürgermeister Brauer und der Wirtschaftssenator

Professor Dr. Schiller, von seiten der Freien Hansestadt Bremen der Senator für Häfen, Schiffahrt und Verkehr Dr. Apelt an der Festveranstaltung im Großen Saal des Hamburger Rathauses teil. Hierbei sprachen Senator Dr. Apelt über die Bedeutung der deutschen Seehäfen, Oberstadtdirektor Dr. Nagel vom Verband öffentlicher Binnenhäfen über verkehrswirtschaftliche Grundfragen der Binnenhäfen.

Die wohl vorbereitete Mitgliederversammlung hatte eine umfangreiche Tagesordnung zu bewältigen:

Eine neue Satzung wurde beschlossen und später unter dem 2. Februar 1950 beim Amtsgericht Hamburg eingetragen. Als Vorsitzender wurde einstimmig Professor Dr.-Ing. Agatz, Präsident der bremischen Hafenbauverwaltung, wiedergewählt. Ferner gehörten dem Vostand an:

Als stellvertretende Vorsitzende	Oberstadtdirektor Dr. Nagel, Neuss
	Baudirektor Mühlradt, Hamburg
	Direktor Dipl.-Ing. Goedhart, Lübeck
als Schatzmeister	Direktor Krewinkel, Düsseldorf

ferner

Direktor Amsinck, Hamburg
Baudirektor Dr.-Ing. Bolle, Hamburg
Hafendirektor Dipl.-Ing. Bumm, Duisburg
Professor Dr.-Ing. Doernen, Dortmund
Direktor Hartwig, Weinheim
Direktor Linsenhoff, Frankfurt/Main
Direktor Hermann Tigler, Duisburg

Die Geschäftsführung blieb unter der Leitung von Oberbaurat Wegner in Hamburg.

Von den früheren Ausschüssen wurden der Schriftleitungsausschuß mit Baudirektor Dr.-Ing. Bolle als Vorsitzendem und der Ausschuß für Hafenumschlagstechnik unter dem bewährten Vorsitz von Baudirektor i. R. Wundram, Hamburg, wieder eingesetzt. Auf Vorschlag von Professor Agatz wurde ein „Ausschuß zur Vereinfachung und Vereinheitlichung der Berechnung und Gestaltung von Ufereinfassungen", kurz „Ausschuß für Ufereinfassungen" genannt, ins Leben gerufen und zu seinem Leiter Dr.-Ing. Lackner, Bremen, bestellt.

Weiterhin wurde beschlossen, trotz leerer Kasse die Herausgabe eines neuen Jahrbuches nach Sichtung vorliegender Manuskripte vorzubereiten und den Vertrag mit dem Springer-Verlag zu erneuern. Als Zeitschriftenorgan wurde die Schiffahrtszeitschrift „Hansa" gewählt, die in der Folge (seit 1950) durch monatliche Herausgabe „Hafenbautechnischer Hefte" unter Mitwirkung des Schriftleitungsausschusses den besonderen Belangen des Hafenbauwesens Rechnung trägt.

Mit der Hamburger Tagung setzte eine lebhafte und fruchtbare Tätigkeit ein, deren fachliche Seite weitgehend bei den Fachausschüssen lag, während sich die organisatorische zunächst auf die Erfassung früherer Mitglieder und die Werbung neuer, die Wiederaufnahme der Verbindung zu in- und ausländischen Instituten und Organisationen sowie die Sicherung der Finanzen erstreckte. 1950 wurde der Ausschuß für Hafenverkehrswege wieder eingesetzt und mit dem Vorsitz Hafendirektor Dipl.-Ing. Bumm betraut; 1956 übernahm Hafenbaudirektor Wollin, Bremerhaven, die Leitung des neu gegründeten Ausschusses für Korrosionsfragen[1].

1950 erneuerte die HTG die Mitgliedschaft im Deutschen Verband technisch-wissenschaftlicher Vereine (Düsseldorf), 1951 im Internationalen Ständigen Verband für Schiffahrtskongresse (Brüssel). Mit einer Reihe von in- und ausländischen Gesellschaften wurde die gegenseitige Mitgliedschaft vereinbart, darunter 1953 mit der International Cargo Handling Co-Ordination Association (I. C. H. C. A. — London). Über den Vorsitz in dem deutschen nationalen Komitee dieser Gesellschaft wurde ein Wechsel zwischen den Vorsitzenden der HTG und des Zentralverbandes der deutschen Seehafenbetriebe vereinbart, während die Geschäftsführung zwecks Vermeidung von Doppelarbeit mit dem Amt des Vorsitzenden im Ausschuß für Hafenumschlagtechnik der HTG (Baudirektor Dr.-Ing. Neumann, Hamburg) verbunden wurde. 1955 trat die HTG der Arbeitsgemeinschaft Korrosion (Frankfurt/Main) bei und wird hier im wesentlichen durch den Ausschuß für Korrosionsfragen vertreten.

In gleicher Weise arbeiten andere Fachausschüsse eng mit denen anderer technisch-wissenschaftlicher Vereine wie des VDI und der Deutschen Gesellschaft für Erd- und Grundbau zusammen. Hiervon zeugen gemeinsame Veranstaltungen wie eine internationale Fachtagung 1960 in Hamburg mit dem Thema „Korrosion und Korrosionsschutz am Schiff und im Hafen" und eine

[1] Über die Arbeiten der Fachausschüsse in den fünfzig Jahren des Bestehens der HTG soll im nächsten Jahrbuch ausführlich berichtet werden.

Vortragsveranstaltung 1961 in Konstanz. Diese diente der Erörterung von Rationalisierungsfragen in der Binnenschiffahrt und führte auf Vorschlag des Vorsitzenden der HTG zur Gründung eines gemeinsamen Ausschusses mit den Zentral-Verein für deutsche Binnenschiffahrt und dem Verband öffentlicher Binnenhäfen, der Möglichkeiten und Wege der Rationalisierung in den Binnenhäfen untersuchen soll.

Ferner wirkte die HTG maßgeblich mit bei der Wiederherstellung und Neueinrichtung der im Kriege zerstörten und 1962 eröffneten Abteilung ,,Wasserbau" des Deutschen Museums in München. Aus der Öffentlichkeitsarbeit sei noch die Beteiligung an der Verkehrsausstellung München 1953 und an der ,,Ausstellung Wasser — Berlin 1963" erwähnt.

Trotz aller Schwierigkeiten war es im Frühjahr 1951 gelungen, mit dem Erscheinen von Band 19 die Herausgabe des bei Fachleuten in aller Welt bekannten Standardwerks der Hafentechnik wieder aufzunehmen. In Abständen von etwa 2 Jahren erschienen weitere 5 Bände, in denen grundlegende wissenschaftliche und praktische Fragen des Hafenwesens behandelt werden.

Um dem Fachmann auch ein Kompendium aktueller Aufsätze, Berichte usw. an die Hand zu geben, kamen Schiffahrtsverlag ,,Hansa" und HTG überein, eine Auswahl einschlägiger Veröffentlichungen der ,,Hansa" als Nachdruck in dem ,,Handbuch für Hafenbau und Umschlagtechnik" zusammengefaßt herauszugeben. Der erste Band mit Artikeln aus den Jahrgängen 1951 und 1952 erschien im Jahre 1953. Die weiteren, in Abständen von 2 Jahren herausgebrachten Bände II, III und IV fanden so gute Aufnahme, daß der Vorstand sich entsprechend dem Wunsche aus Fachkreisen ab 1960 (Band V) zur jährlichen Herausgabe entschloß. So sind bis 1964 insgesamt 9 Bände des Handbuchs erschienen und stellen eine wertvolle Ergänzung des Jahrbuchs dar. Sie konnten bisher ebenso wie die Jahrbücher den Mitgliedern der HTG kostenlos überlassen werden.

In diesem Zusammenhang verdienen ferner die ,,Empfehlungen des Ausschusses für Ufereinfassungen" hervorgehoben zu werden, die erstmals 1955 in Buchform erschienen und jetzt erweitert und überarbeitet in 3. Auflage vorliegen.

Ein wesentlicher Teil der Arbeit der HTG blieb auch fernerhin auf die Hauptversammlung ausgerichtet. Der Veranstaltungsrahmen der Vorkriegszeit wurde im wesentlichen übernommen. Im Mittelpunkt steht der fachliche Teil mit Arbeitsberichten der Fachausschüsse, mit Besichtigungen und Vorträgen, wobei solche mit grundlegenden Themen aus Technik, Wirtschaft oder Verkehr in den Rahmen einer Festveranstaltung gestellt werden. Mitgliederversammlungen, Sitzungen des Vorstandes und der Fachausschüsse dienen der internen Arbeit der HTG, während sich am Begrüßungs- und Gesellschaftsabend die große Familie der Hafenleute zu persönlichem Gespräch und Gedankenaustausch zusammenfindet.

Die Hauptversammlungen fanden bis 1952 in jährlicher Folge traditionsgemäß abwechselnd in einem See- und einem Binnenhafen — nach Hamburg in Karslruhe, Bremen, Duisburg — statt. Der Zeitraum zwischen den Tagungen wurde dann, indem die Mitgliederversammlung in Kiel 1954 einem Appell des Deutschen Verbandes technisch-wissenschaftlicher Vereine folgte, auf $1^1/_2$ Jahre erweitert.

1955 nahm die Gesellschaft ihren früheren Brauch, auch in ausländischen Häfen Tagungen abzuhalten, mit der Hauptversammlung in Passau und Linz wieder auf. Die zahlreiche Beteiligung und die warmherzige Aufnahme sowohl durch die Stadt Linz und ihren Bürgermeister, Nationalrat Dr. Koref, als auch durch den Landeshauptmann von Oberösterreich Dr. Gleissner bewies die Richtigkeit dieses Entschlusses. Es folgten die Hauptversammlungen in Emden/Norderney, Stuttgart, Lübeck/Travemünde, Köln, Würzburg/Bamberg, Münster.

Mit der 29. Hauptversammlung feierte die HTG 1964 in Hamburg unter Teilnahme von mehr als 700 Mitgliedern und Gästen ihr fünfzigjähriges Bestehen. Bei der Festveranstaltung im Hamburger Rathaus überbrachte Bürgermeister Engelhard für den erkrankten Ersten Bürgermeister die Grüße und Glückwünsche des Senats, für die Bundesregierung sprach Bundesverkehrsminister Dr.-Ing. Dr.-Ing. E. h. Dr. rer. nat. h. c. Seebohm, für die ausländischen Mitglieder der Generaldirektor des Städtischen Hafenbetriebes Rotterdam Ir. Posthuma. Der Zentralverband der deutschen Seehafenbetriebe und der Verband öffentlicher Binnenhäfen mit ihren Vorsitzenden Senator a. D. Plate, Hamburg, und Hafendirektor Dr.-Ing. Dahrenmöller, Braunschweig, schlossen sich an. Ihre Wünsche galten ebenso wie der HTG deren langjährigem Vorsitzenden, Professor Dr. Agatz, der zugleich nach dreißigjähriger Amtszeit den Vorsitz niederlegte, um ihn jüngeren Händen anzuvertrauen. Neuer Vorsitzender wurde Hafenbaudirektor Dr.-Ing. Naumann, Hamburg. Mit Vorträgen, Besichtigungen und geselligen Veranstaltungen nahm die Tagung einen würdigen und glanzvollen Verlauf und endete mit einer Fahrt nach Helgoland.

Die in den Ausschußarbeiten, Veröffentlichungen und Tagungen sichtbar gewordene Aktivität hatte ihre Wirkung auf die mit Häfen und Wasserstraßen in Verbindung stehenden Kreise nicht verfehlt. 1954 hatte sich die Mitgliederzahl fast verdoppelt, und 1964 war die vor dem Kriege erreichte Höchstzahl überschritten. Die nachstehende Zusammenstellung gibt einen Überblick über die Entwicklung der letzten 25 Jahre:

	1939	1949	1954	1964
Ehrenmitglieder	6	3	6	5
Förderer	83	52	122	156
Ordentliche Mitglieder	529	255	451	531
Jungmitglieder	28	3	19	20
Gegenseitige Mitgliedschaften	15	4	10	14
insgesamt	661	317	608	726
Schriftenaustausch	34	—	7	12

Von der Gesamtmitgliederzahl befinden sich rund 10% im Ausland, und zwar verteilt auf 14 Staaten Europas und auf 11 in Übersee. Rund 25% der Einzelmitglieder gehören der Industrie, der See- und Binnenschiffahrt, dem Handel und der Verwaltung, also nicht der Hafenbautechnik im engeren Sinne an. Auch nach dem Kriege wurde eine Anzahl von Mitgliedern in Würdigung ihrer Verdienste um die Gesellschaft und ihrer Leistungen im Dienste der Häfen die Ehrenmitgliedschaft verliehen (vgl. Ehrentafel).

Entsprechend der Zusammensetzung der Mitglieder aus allen am Hafenwesen beteiligten Kreisen war man bemüht, auch für die Mitarbeit im Vorstand geeignete Persönlichkeiten aus diesen Berufssparten zu gewinnen. So wurde der Vorstand seit 1949 von zunächst 12 Personen mehrfach erweitert und kann nach der Neufassung der Satzungen 1964 außer dem Vorsitzenden, den 3 Stellvertretern und dem Schatzmeister bis zu 12 weitere Mitglieder enthalten. In dem Ende 1963 für die Amtszeit von 1964 bis 1969 gewählten Vorstand sind nunmehr Seehäfen und Binnenhäfen, Bundeswasserstraßen, See- und Binnenschiffahrt, Hochschulen und Beratende Ingenieure, Werften, Bau- und Maschinenindustrie vertreten.

Überblickt man die fünfzigjährige Tätigkeit der HTG, so hat sich der Entschluß der Gründungsmitglieder 1914, die HTG ins Leben zu rufen, als richtig und diese selbst sich trotz der drei schweren Krisen als lebenstüchtig erwiesen.

Nicht nur auf dem Gebiete der Theorie als der Grundlage der technischen Gestaltung, des Entwurfs, der Bauausführung und Planung von Häfen und Hafenbauwerken erschöpft sich die Arbeit der Gesellschaft, sondern ebenso werden Fragen des Betriebes, der Bewirtschaftung, der rechtlichen Stellung und der Verwaltung von See- und Binnenhäfen behandelt. Hierzu ist die Mitarbeit aller Mitglieder unerläßliche Vorbedingung. Rückschauend kann man die fünfzigjährige Arbeit der HTG als wirkliche Gemeinschaftsarbeit, die zudem ehrenamtlich geleistet wurde, bezeichnen. In guten und schlechten Zeiten haben sich immer wieder die in- und ausländischen Mitglieder zur Bearbeitung von Fragen des Hafenbaues, des Hafenumschlags und des Hafenbetriebes zur Verfügung gestellt. Zu einem großen Teil ist es aber auch den Förderern zu danken, daß man mit Befriedigung auf die 50 Jahre des Bestehens zurückblicken kann. Es war häufig nur durch ihre namhaften Beiträge möglich, die Jahrbücher und die Handbücher für Hafenbau und Umschlagtechnik in einer so hochwertigen Form herauszubringen, wie dies von Anbeginn an geschehen konnte.

Bleibt der HTG dieser Geist freiwilliger Zusammenarbeit in der internationalen ,,Bruderschaft der Hafenbauer", wie Generaldirektor Posthuma sie in seiner Festansprache in Hamburg genannt hatte, erhalten, so ist die wichtigste Voraussetzung für eine erfolgreiche Weiterentwicklung der Gesellschaft erfüllt. Möge auch weiterhin ein glücklicher Stern über der HTG walten!

Die Hafenbautechnische Gesellschaft 1964/1965

Dieser Bericht umfaßt den Zeitraum von Anfang 1964 bis zur 30. Ordentlichen Hauptversammlung in Berlin (Oktober 1965). Das wichtigste Ereignis innerhalb der Berichtszeit war die Feier des fünfzigjährigen Bestehens der HTG.

Fachausschüsse: Der Schriftleitungsausschuß beriet — wie seit Jahren üblich — den Schiffahrtsverlag „Hansa" bei der Auswahl der Veröffentlichungen für den hafenbautechnischen Teil des Zeitschriftenorgans der HTG. Vom „Handbuch für Hafenbau und Umschlagstechnik" wurden Band IX und X in der Berichtszeit herausgebracht.

Im Ausschuß für Ufereinfassungen wurden eine Reihe von Empfehlungen teils beschlossen, teils zur Diskussion gestellt. Die 3. Auflage der „Empfehlungen" des Ausschusses sowie deren Übersetzung ins Englische und die Sonderdrucke des Technischen Jahresberichtes 1963/64 und 1965 aus der „Bautechnik" wurden fachlich interessierten bzw. ausländischen Mitgliedern und Hafenverwaltungen zugesandt.

Der Ausschuß für Hafenumschlagstechnik beschäftigte sich seit mehr als fünf Jahren mit der Frage der Überlastsicherung für Hafenkräne. Die zuständige Arbeitsgruppe hat nun mit einer Veröffentlichung die Arbeit an diesem Problem zu einem vorläufigen Abschluß gebracht[1]. Eine andere Arbeitsgruppe befaßte sich mit dem Thema „Behälter für Stückgutverkehr", dem Einsatz von Gabelstaplern in Räumen von Seeschiffen, sowie mit Problemen, die bei den unterschiedlichen Arten des Rangierens am Kai auftreten[1].

Das vom Ausschuß für Korrosionsfragen aufgestellte Sechsjahresprogramm zur Untersuchung des Einflusses der unterschiedlichen Hafenwässer auf die Korrosion von ungeschütztem Stahl wurde mit fachlicher Beteiligung der Bundesanstalt für Materialprüfung, Berlin-Dahlem, nunmehr im fünften Jahre durchgeführt. Aus den Untersuchungen ist u. a. erkennbar, daß offenbar ein Zusammenhang zwischen Korrosion und dem Ablauf mikrobiologischer Vorgänge besteht. Die HTG leistete 1965 hierzu einen Zuschuß. Die im Januar 1965 herausgegebenen „Richtlinien für die Ausführung und Unterhaltung von Rostschutzanstrichen an Stahlwasserbauten der Bundeswasserstraßenverwaltung" wurden mit dem Ergebnis geprüft, ihre Anwendung in den See- und Binnenhäfen zu empfehlen. Ferner beschäftigte sich der Ausschuß mit der Messung von Spundwandstärken mittels Ultraschall.

Bei der Arbeit des Ausschusses für Hafenverkehrswege hat sich ergeben, daß der Ausschuß, um erfolgreich arbeiten zu können, auf eine breitere Basis (u. a. enge Zusammenarbeit mit anderen Ausschüssen) gestellt werden muß.

Die Untersuchung „Das Verhältnis zwischen See- und Binnenschiffahrt und sein Einfluß auf die Gestaltung der Häfen", die auf Anregung und mit Unterstützung der HTG der Lehrstuhl für Wasserbau an der Technischen Hochschule Braunschweig übernommen hatte, ist abgeschlossen und im vorliegenden Jahrbuch gedruckt.

Hauptversammlungen: Die Bedeutung Hamburgs für die HTG — von Hamburg ist die maßgebliche Initiative zur Gründung der HTG ausgegangen, hier ist der Sitz der Gesellschaft und ihrer Geschäftsstelle — war neben dem 775. Jubiläum des Hamburger Hafens der Grund, das fünfzigjährige Bestehen der Gesellschaft im Jahre 1964 (als 29. ordentliche Hauptversammlung vom 23.—26. September 1964) in Hamburg festlich zu begehen. An der Tagung nahmen mehr als 700 Mitglieder und Gäste teil. Höhepunkt war die Festveranstaltung am 24. September im Großen Festsaal des Rathauses. Dabei hielten die Herren Bürgermeister Engelhard als Vertreter des gastgebenden Senats der Freien und Hansestadt Hamburg, Professor Dr.-Ing. E. h. Dr.-Ing. Agatz als Vorsitzender der Gesellschaft, Bundesverkehrsminister Dr.-Ing. E. h. Dr. rer. nat. h. c. Dr.-Ing. Seebohm, Generaldirektor Posthuma, Rotterdam, als Vertreter der ausländischen HTG-Mitglieder, Senator a. D. Plate, Hamburg, für die Seehafenbetriebe, Hafendirektor Dr.-Ing. Dahrenmöller, Braunschweig, für die Binnenhäfen und Hafenbaudirektor Dr.-Ing. Naumann als designierter neuer Vorsitzender Ansprachen, in denen u. a. die internationale Bedeutung der HTG und die über fünf Jahrzehnte von ihr geleistete Arbeit auf wissenschaftlichem und technischem Gebiet gewürdigt wurden[2].

[1] Siehe Handbuch für Hafenbau und Umschlagstechnik Bd. X 1965, S. 31—35.
[2] Siehe Handbuch für Hafenbau und Umschlagstechnik Bd. X 1965, S. 21 ff.

Als kurzer Rückblick auf die Tätigkeit der HTG und die Entwicklungen in den See- und Binnenhäfen in 50 Jahren soll das zum 50. Jubiläum der HTG von Herrn Professor Dr.-Ing. Agatz in der Zeitschrift „Hansa" Geschriebene hier wiederholt werden:

„Als im Jahre 1914 von drei führenden Persönlichkeiten aus den Kreisen der Häfen, Industrie und technischen Wissenschaften, und zwar den Herren Oberbaudirektor Wendemuth, Generaldirektor Dr.-Ing. E.h. Kauermann und Geheimrat Professor de Thierry, die Hafenbautechnische Gesellschaft in Hamburg gegründet wurde, unterstützten 123 Mitglieder diese Bestrebungen. Trotz des ersten Weltkrieges — der Wirtschaftskrise 1930/31 — der NS-Regierung — des zweiten Weltkrieges — des Verbotes der Siegermächte von 1945—1949 — konnte die HTG ihren Mitgliederkreis auf nunmehr rund 740 Mitglieder und Förderer erhöhen.

Die Sonderstellung der HTG spiegelt sich in der Zusammensetzung ihrer Mitglieder .75% stammen aus den Kreisen der vielspartigen Technik in den Häfen und ihren Verkehrswegen wie See- und Hafenbau, Wasserstraßen, Eisenbahn- und Straßenwesen, Stahlbau, Betonbau, Erd- und Grundbau, Maschinenbau, Elektrotechnik, eisenschaffende Industrie, Gerätebau, 25% aus Verwaltung und Betrieb der See- und Binnenhäfen, der Verkehrswege, der See- und Binnenschiffahrt, aus Handel und Verkehr; 10% der gesamten Mitgliederzahl sind ausländische Kollegen aus Europa, den USA, dem Nahen und Fernen Osten und Afrika.

In den fünf Ausschüssen der Gesellschaft werden Fragen
der Vereinfachung und Vereinheitlichung der Berechnung und Gestaltung von Ufereinfassungen,
des Einflusses der Zusammensetzung verschiedener Hafenwässer auf die Korrosionswirkung bei ungeschütztem Stahl,
der Umschlagtechnik in den Häfen,
der Hafenverkehrswege von und zu den Häfen
und die wissenschaftliche Auswertung der im Bau und Betrieb befindlichen Hafenanlagen
behandelt.

Die von der HTG zusammen mit dem Verlag Julius Springer, Berlin, herausgegebenen 23 Jahrbücher sind und bleiben die Standardwerke der Literatur über den Bau und Betrieb der See- und Binnenhäfen mit ihren Verkehrswegen. Seit 1953 sind in Zusammenarbeit mit dem Schiffahrts-Verlag „Hansa", Hamburg, 8 Handbücher für Hafenbau und Umschlagtechnik erschienen, die die aktuellen Probleme der See- und Binnenhäfen behandeln. All dieses spricht — dank der finanziellen Unterstützung durch die Förderer — für das tatkräftige Wirken der HTG im Interesse der See- und Binnenhäfen mit ihren Verkehrswegen und der mit den Häfen verbundenen See- und Binnenschiffahrt, der Verwaltung, des Handels, der Wirtschaft und der Industrie.

In diesem Zeitabschnitt von 50 Jahren ist — besonders in den letzten 10 Jahren — eine Entwicklung im See- und Binnenschiffsverkehr zu verzeichnen, die an die bauliche und betriebliche Gestaltung der Häfen mit den Verkehrswegen besonders hohe Anforderungen stellte.

Hier nur einige Vergleichswerte:

Während die Welthandelsflotte 1913 nur 47 Mill. BRT umfaßte, erhöhte sie sich bis 1963 auf 146 Mill. BRT.

1913 betrug die Größenklasse der Frachter von 7000—15 000 BRT nur 6 Mill. BRT; 1962 kamen bereits auf die Größenklasse von 6000—30 000 BRT und darüber 108 Mill. BRT. Mit diesem Anstieg wuchs auch der Tiefgang der Stückgutfrachter von 7,5—8,0 m im Jahre 1913 auf 8,5—9,5 m im Jahre 1962.

Die Öltankergrößen erhöhten sich bis 1962 auf 36 000—90 000 tdw mit Spitzenschiffen bis zu 130 000 tdw. Ihr Tiefgang stieg auf 10,7—14,8 m an.

Eine ähnliche Entwicklung ist bei den Bulkcarriern und besonders bei den Erzfrachtern zu verzeichnen. Hier lagen die Größen 1962 zwischen 30 000—40 000 tdw mit Spitzenschiffen von 45 000—65 000 tdw. Der Tiefgang stieg auch hier auf 10,5—12,5 m.

Während der Seegüterumschlag in den deutschen Seehäfen 1913 40,3 Mill. t betrug, stieg er 1962 auf 83,5 Mill. t an.

Dieser Entwicklung hatten sich die Seehäfen mit ihren Anlagen baulich und betrieblich anzupassen. Demzufolge wurden die Zufahrten von See von 7—9 m auf 8,5—12,5 m unter SKN vertieft. Für die An- und Abfuhr der großen Gütermengen in den Seehäfen von und zum Binnenland steigerte die deutsche Reichsbahn bzw. Bundesbahn ihr Leistungsvermögen durch Erhöhung der Ladefähigkeit der Stückgutwaggons von 8—10 t auf 20 t und der Massengutwaggons von 12—15 t auf bis zu 60 t, der Länge der Güterzüge von 120 auf 150 Achsen und der Durchschnittsgeschwindigkei von 50 auf 80 km/Std.

Während 1913 noch das Pferdefuhrwerk den An- und Abtransport der Güter im Hafen beherrschte, stieg die Zahl der LKW im Bundesgebiet 1963 bereits auf rund 800 000 an, demzufolge wurden die vorhandenen Straßen in Breite und Fahrbahn verbessert und ein Autobahnnetz von z. Z. rd. 3100 km angelegt, das im weiteren Ausbau begriffen ist.

Hinzu trat als neues Massengutbeförderungsmittel das europäische Ölpipelinenetz, das 1964 bereits eine Länge von rd. 2700 km aufweist. Die Anfangskapazität beträgt rd. 46 Mill. t/Jahr, die Endkapazität soll rd. 100 Mill. t/Jahr betragen.

Auch der Umschlag in den 10 größten Binnenhäfen stieg von 42,6 Mill. t im Jahre 1912 auf 81,1 Mill. t im Jahre 1963 an.

Der Güterverkehr auf den Binnenwasserstraßen betrug im deutschen Reichsgebiet 1912 = 93,5 Mill. t und im Bundesgebiet 1961 165,7 Mill. t.

Während 1913 der Binnenwasserstraßenverkehr mit 600 bis 800-t-Schiffen bewältigt werden mußte, wurde für den weiteren Ausbau der Binnenwasserstraßen das 1350-t-Europaschiff zugrundegelegt, wobei auch die Entwicklung vom Schleppkahn über den Selbstfahrer zur Schubeinheit eine wichtige Rolle spielt.

Auch die Binnenhäfen haben sich durch Vergrößerung und Verbesserung ihrer Anlagen auf den gesteigerten Verkehr eingestellt, und neue Häfen sind besonders an den Wasserstraßen angelegt worden.

Überblickt man diese Entwicklung in den vergangenen 50 Jahren, so kann man ermessen, was in Zukunft an neuen Aufgaben auf die Häfen zukommt, wenn der Weltfriede gesichert bleibt. Damit wird auch die HTG vor neue Aufgaben gestellt werden, die sie in nationaler und internationaler Zusammenarbeit mit allen Beteiligten zu lösen haben wird."

Die Mitgliederversammlung am 23. September 1964 beschloß, ihren langjährigen, nun ausscheidenden Vorsitzenden Prof. Dr.-Ing. E .h. Dr.-Ing. Arnold Agatz wegen seiner außerordentlichen Verdienste um die Gesellschaft aus Anlaß ihres fünfzigjährigen Bestehens zum Ehrenvorsitzenden zu ernennen. Prof. Agatz' Verdienste umd die HTG, sein Wirken als Hochschullehrer sowie seine Leistungen im Hafenbau waren bereits 1956 durch Verleihung der Ehrenmitgliedschaft in der HTG gewürdigt worden. Der Herr Bundespräsident verlieh ihm gleichzeitig „in Anerkennung der um Staat und Volk erworbenen besonderen Verdienste" das Große Verdienstkreuz mit Stern des Verdienstordens der Bundesrepublik Deutschland.

Neben den Arbeitsberichten der Fachausschüsse[1] behandelten die Vorträge der 29. Ordentlichen Hauptversammlung folgende Themen:

Bundesverkehrsminister Dr.-Ing. H. Chr. Seebohm, Bonn: **„Wasserstraßenpolitik ist auch Seehafenpolitik“**[1].

Hafendirektor Dr.-Ing. Dahrenmöller, Braunschweig: **„Die Binnenhafenwirtschaft im Zeichen der Rationalisierung“**[1].

Hafenbaudirektor Dr.-Ing. K.-E. Naumann, Hamburg: **„Wirtschaftspolitische und technische Aspekte der heutigen Situation des Hafens Hamburg“**[1].

Präsident Dipl.-Ing. Günter Wetzel, Hamburg: **„Die Elbe, Schiffahrtsstraße zum Hamburger Hafen“**[1].

Präsident J. M. Lorenzen, Kiel: **„Der Wiederaufbau des Hafens Helgoland nach dem 2. Weltkrieg“**[1].

Zum fachlichen Teil der Tagung gehörte die Besichtigung des Hamburger Hafens und eine Studienfahrt nach Helgoland mit Besichtigung der dortigen Hafen- und Uferschutzwerke.

Der Festabend im Atlantik-Hotel, der Theaterbesuch sowie das reichhaltige Programm für die Damen boten zahlreiche Möglichkeiten, die persönlichen Kontakte unter den Mitgliedern und deren Angehörigen zu vertiefen.

Zur Zeit der Beschlußfassung über den Ort der 30. Hauptversammlung (September 1964) lagen sowohl eine Einladung der Stadt Berlin, die nächste Tagung dort abzuhalten, als auch eine Einladung der Stadt Duisburg zur Veranstaltung einer HTG-Tagung im Rahmen des 250. Jubiläums des Duisburger Hafens im September 1966 vor. Daher beschloß die Mitgliederversammlung auf Vorschlag des Vorstandes am 23. 9. 1964, um beiden Einladungen gerecht werden zu können, den sonst anderthalbjährigen Abstand der Tagungen auf zweimal ein Jahr zu verkürzen, die 30. Hauptversammlung im Herbst 1965 in Berlin abzuhalten und die 31. für September 1966 in Duisburg vorzusehen. Somit fand bereits ein Jahr nach der Tagung in Hamburg die 30. Ordentliche Hauptversammlung vom 14.—16. Oktober 1965 in Berlin statt.

Die Festveranstaltung im Ernst-Reuter-Haus brachte Ansprachen von Senator Theuner, Dr.-Ing. Christian (VDI Berlin), der zugleich für den Vorsitzenden des Verbandes technisch-wissenschaftlicher Vereine, Bundesminister a. D. Prof. Balke, sprach, und dem Vorsitzenden der HTG, Hafenbaudirektor Dr.-Ing. Naumann[2] sowie folgende Fachvorträge:

Oberregierungsbaurat H. Seifert, Bonn: **„Die Berliner und die mitteldeutschen Wasserstraßen“.**

Oberregierungsbaudirektor A. Hugel, München: **„Anordnung und Abmessung neuer Binnenhäfen“**[3].

Senator Dipl.-Ing. R. Schwedler, Berlin: **„Die Hafenstadt Berlin — Rückblick und Ausblick“**[1].

Ministerialrat Dipl.-Ing. Seiler, Bonn: **„Vision eines europäischen Wasserstraßennetzes“**[2].

Vorstand und Mitgliederbewegung: Mit Beendigung der 29. Hauptversammlung in Hamburg endete die Amtszeit des 1959 gewählten Vorstandes, der — von einigen Ergänzungswahlen abgesehen — seit 1949 im wesentlichen die gleiche Zusammensetzung behalten hatte. Ausgeschieden sind:

Prof. Dr.-Ing. E. h. Dr.-Ing. Agatz, Vorsitzender
Hafenbaudirektor i. R. Dr.-Ing. E. h. Mühlradt, stellv. Vorsitzender
Erster Baudirektor i. R. Prof. Dr.-Ing. Bolle
Reedereidirektor i. R. Hartwig
Reeder H. C. Helms
Dipl.-Ing. von Oswald

Diese Vorstandsmitglieder, die sich um die HTG und die deutschen Häfen besondere Verdienste erwarben, haben sich entschlossen, jüngeren Kräften Platz zu machen.

Baudirektor Feuerhake hat Ende 1965 die Geschäftsführung niedergelegt, nachdem er sie 15 Jahre innegehabt hat. Er wird der HTG dankenswerterweise seine langjährigen wertvollen Erfahrungen weiter als Vorstandsmitglied zur Verfügung stellen.

Zum 1. 1. 1966 wurde Baurat Kühn, Strom- und Hafenbau, Hamburg, die Geschäftsführung vom Vorstand übertragen.

Seit 1963 verstarben folgende, z. T. langjährige Mitglieder der HTG:

Becker, Wilhelm, Dr.-Ing., Lübeck
Busse, Friedrich, Kapitän, Bremen
Ferck, Walter, Direktor, Hamburg
Hartner, John, Oberingenieur, Hamburg
Kaldewey, Gottfried W., Direktor, Hamburg
Köpcke, Werner, Oberregierungsbaurat, Kiel

[1] Siehe Handbuch für Hafenbau und Umschlagtechnik Bd. X 1965, S. 29 ff.
[2] Siehe „Hansa“ 1965, S. 1847, 2241 u. 2242.
[3] Siehe „Hansa“ 1965, S. 2214.

Loewer, Rolf, Dipl.-Ing., Direktor, Hamburg
Meiners, Reinhard, Dipl.-Ing., Bremen
Schmidt, Otto, Oberregierungsbaurat, Bremen
Weidmann, Kurt, Dipl.-Ing., Hamburg

Herrn Direktor Dipl.-Ing. Loewer, der wie auch andere Verstorbene mitten aus einem arbeitsreichen Leben abberufen wurde, schuldet die HTG besonderen Dank für die im Ausschuß für Hafenumschlagstechnik geleistete langjährige fruchtbare Arbeit.

Die Mitgliederzahl erhöhte sich in der Berichtszeit von 736 auf 756. Sie setzte sich am 8. 10. 1965 (Stichtag) wie folgt zusammen:

Ehrenmitglieder	5	Ordentliche Mitglieder	550	Gegenseitige Mitgliedschaften	14
Förderer	158	Jungmitglieder	17	Schriftenaustausch	12

Hierin sind 67 ausländische Mitglieder enthalten.

Ein neues Mitgliederverzeichnis ist den Mitgliedern nach dem Stande vom 1. 1. 1965 zugestellt worden.

Kontakte zu anderen Verbänden und Institutionen: Der Deutsche Verband technisch-wissenschaftlicher Vereine, dem die HTG angehört, unterrichtete Vorstand und Geschäftsführung laufend über seine Tätigkeit und Mitwirkung in deutschen und internationalen Organisationen der Wissenschaft und Forschung.

Bei der von der Königlich-Flämischen Ingenieur-Vereinigung im Juni 1964 veranstalteten 4. Internationalen Hafentagung in Antwerpen fungierte das Vorstandsmitglied der HTG, Prof. Dr.-Ing. Bolle, Hamburg, als Generalberichter der Abteilung „Wasserbaukunst in den Häfen". An der Tagung nahmen außerdem zahlreiche Mitglieder der HTG teil.

Zum 21. Internationalen Schiffahrtskongreß in Stockholm vom 27. 6. bis 3. 7. 1965, an dem zahlreiche Mitglieder der HTG, u. a. der Vorsitzende und einige Vorstandsmitglieder teilnahmen, wurden über je sechs Themen aus der See- und Binnenschiffahrt von 258 Verfassern Berichte vorgelegt. Die deutschen Beiträge zu Fragen der Hafenbautechnik wurden fast ausnahmslos von Mitgliedern der HTG verfaßt.

Der 7. Internationale technische Kongreß der J. C. H. C. A. vom 18.—21. 5. 1965 in Paris behandelte den Themenkreis „Koordinierung von See- und Inlandstransporten" in 10 Fachvorträgen. Die HTG war durch den Vorsitzenden des Ausschusses für Hafenumschlagstechnik und Sekretär des nationalen Komitees, Baudirektor Dr.-Ing. Neumann, Hamburg, vertreten.

Der Rationalisierungsausschuß des Zentralvereins für die Binnenschiffahrt, dem mehrere Mitglieder der HTG angehören, hat in der Berichtszeit einige Male mit gutem Erfolg getagt. Es hat sich gezeigt, daß Rationalisierungerfolge nur nach eingehenden Zeitstudien des Umschlages in verschiedenen Häfen erzielt werden können. Da diese Untersuchungen für die EWG-Kommission „Verkehr" von gleicher Bedeutung sind, ist die Feststellung der Verlustquellen in den Binnenhäfen von ihr übernommen worden.

Die Hafenstadt Berlin

Von Dipl.-Ing. **Rolf Schwedler**, Berlin
Senator für Bau- und Wohnungswesen

Für die Entwicklung der Städte ist allgemein die Lage innerhalb des Verkehrsnetzes ihres Landes von ausschlaggebender Bedeutung. Dem Verkehr auf dem Wasser fällt hierbei von jeher eine besondere Rolle zu. Die meisten Weltstädte liegen entweder an der Küste oder an großen Strömen. Berlin bildet hierin eine der wenigen Ausnahmen. Wegen der günstigen geographischen Lage im Herzen Europas und zwischen den großen Stromgebieten der Elbe und Oder war die Stadt aber dennoch dazu ausersehen, Mittelpunkt im Handelsverkehr zwischen Nord und Süd, Ost und West und umgekehrt zu werden.

Um diese Aufgabe erfüllen zu können, bedurfte es ständig großer Anstrengungen und handelspolitischen Weitblicks im Ausbau vorhandener und in der Anlage neuer Verkehrswege entsprechend den jeweiligen technischen Möglichkeiten für die Beförderung von Handelsgütern aller Art.

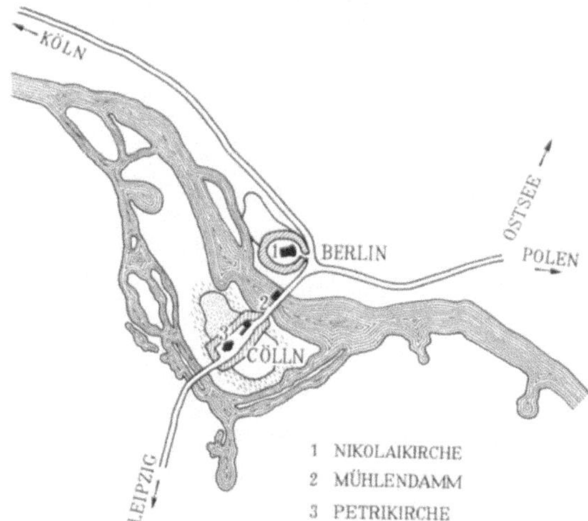

Abb. 1. Berlin-Cölln im 12. und 13. Jahrhundert.

Schon in frühgeschichtlicher Zeit führte eine Handelsstraße aus der Gegend von Leipzig zur unteren und mittleren Oder. Für die Überwindung der breiten und unwegsamen Niederung des unteren Spreelaufs mit seinen Nebenarmen und Altgewässern war die größte Annäherung der beiden Hochflächen des Barnim im Norden und des Teltow im Süden mit der Talsenke des Warschau-Berliner Urstromtals, durch das sich der Fluß schlängelte, besonders geeignet. In diesem Bereich war die Spree ständig in zwei und in Zeiten höherer Wasserstände vermutlich sogar in drei Flußarme aufgespalten, wie sich aus geologischen Aufschlüssen folgern läßt. Auf den hierdurch gebildeten Inseln entstanden zwei Ansiedlungen, die am Anfang des 13. Jahrhunderts — vermutlich um 1230 — zu den Städten Berlin auf dem rechten Spreeufer und Cölln auf der südlichen Insel erhoben wurden (Abb. 1). Beide Städte waren zunächst administrativ getrennt, aber doch stets eng miteinander verzahnt; sie wurden 1709 vereinigt. Soweit wir wissen, sind Berlin und Cölln von Anfang an reine Paß- und Handelsorte gewesen; es gab daher auch keine Burganlagen. Die erste Handelsniederlassung wird von den Historikern am heutigen Molkenmarkt vermutet.

Der Handelsverkehr ist zur Zeit der Stadtgründung allerdings noch nicht bedeutend gewesen, da die ganze weitere Umgebung dünn besiedelt war und überschüssige Produkte für die Märkte der Städte erst nach der planmäßigen Besiedlung des Gebietes erzeugt wurden.

Vermutlich bis zur Mitte des 13. Jahrhunderts konnten die Kaufleute und Händler mit kleinen flachen Schiffen Berlin auf der unregulierten Spree ungehindert erreichen und passieren.

Dann wurde der Verkehr auf den Flüssen durch Einbauten zur Erzeugung von Mühlenstauen wie z. B. in der Havel bei Spandau und in der Spree durch den 1285 erstmals erwähnten „Mühlendamm“ oftmals unterbrochen. Zu Lande können sie vom Süden über Berlin zur mittleren Oder gezogen sein, um in Oderberg, Wriezen oder der Frühsiedlung von Frankfurt ihre Güter auf Schiffe umzuschlagen und die Oder abwärts zu fahren.

Nach der Stadtgründung kam zu dem Handelswege aus dem Süden sehr bald die Weststraße von Magdeburg über Brandenburg und Spandau zur mittleren Oder hinzu.

Die askanischen Landesherren haben die weitere Entwicklung der Doppelstadt durch Verleihung besonderer Privilegien tatkräftig gefördert. Bereits 1251 wurde Berlin die Zollfreiheit gewährt. Sehr bald wurde ihr auch das handelspolitisch so bedeutsame Niederlagsrecht verliehen. Hierdurch wurden alle zu Wasser oder zu Lande durchreisenden fremden Kaufleute gezwungen, hier ihre Waren für einige Tage zum Verkauf zu stellen. Zwar konnte man diese Niederlage auch umgehen, doch mußte dann ein hoher Durchgangszoll entrichtet werden.

Durchgangsverkehr allein schafft noch keinen Wohlstand. Mit der Besiedlung der Mark wurde aber bald ein Überschuß an Getreide erzeugt, der über Berlin im Fernhandel Hamburg, Lübeck, Rostock und Stettin erreichte. Weitere Exportgüter waren Holz und Wolle.

Wie aus einem Hamburger Schuldbuch hervorgeht, haben Berliner Großkaufleute bereits zwischen 1288 und 1311 „Berliner Roggen" und märkisches Eichenholz in erheblicher Menge auf dem Wasserwege nach Hamburg geliefert. Vorwiegend mit märkischem Eichenholz soll Hamburg nach dem Stadtbrand im Jahre 1284 wieder aufgebaut worden sein.

Schon früh sind vor allem auch Heringe als Fastenspeise von Stettin über Oderberg und Berlin zur Mittelelbe und bis nach Meißen transportiert worden. Wachs in der Hauptsache für den kirchlichen Bedarf, Felle, Häute und Honig erreichten Berlin aus dem Osten, während aus dem Westen Gebrauchs- und Luxusgüter eingeführt wurden.

Im Verhältnis zu den alten deutschen Wirtschaftsmetropolen war der Handel in Berlin im 13. und 14. Jahrhundert natürlich gering. Immerhin war das seit der Stadtgründung Erreichte durchaus beachtlich.

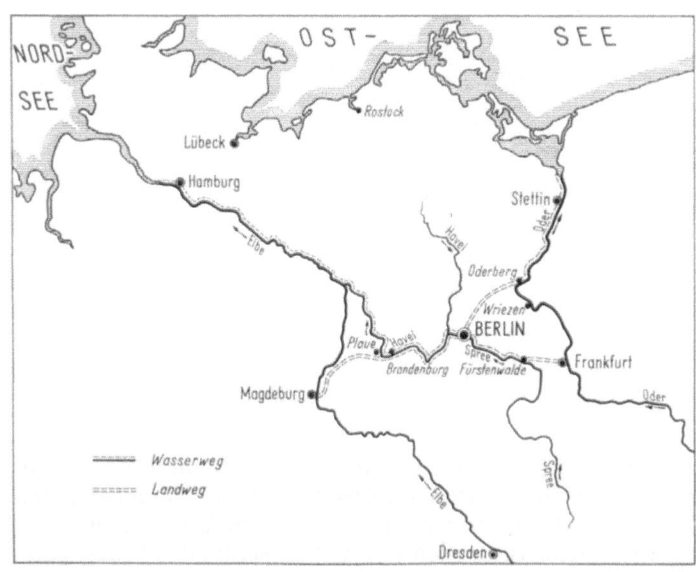

Abb. 2. Die wichtigsten kombinierten Wasser- und Landwege des Berliner Handels im 15. Jahrhundert.

Im 14. Jahrhundert erlangte die Stadt wegen des Verfalls der Landesherrschaft eine ziemliche Selbständigkeit, die der Reichsunmittelbarkeit sehr ähnlich war. Berlin konnte sich daher bereits 1359 der Hanse anschließen.

Als dann der Burggraf von Nürnberg zum Stadthalter der Mark bestellt und 1415 zum Kurfürsten gekürt worden war, hatte er nicht die Absicht, die Selbständigkeit der Städte zu erhalten. Sie ging auch Berlin bald wieder verloren.

Im Verlaufe dieses Konfliktes wurde die Stadt 1442 auch gezwungen, aus der Hanse wieder auszutreten, ebenso nahm der Landesfürst das Niederlagsrecht fortan für sich in Anspruch.

Von den meist kombinierten Wasser- und Landwegen des Berliner Handels im 15. Jahrhundert, also vor dem späteren Ausbau der Wasserstraßen, hatten die Handelswege nach Hamburg, Stettin, Frankfurt/Oder und Magdeburg schon eine besondere Bedeutung (Abb. 2).

Nach Hamburg gelangten die Schiffe über die Spree, Havel und Elbe. Stettin erreichte der Handel auf dem Landwege bis Oderberg und von dort mit dem Schiff Oder abwärts. Nach Frankfurt/Oder ging der Güterverkehr auf dem Schiff Spree aufwärts bis Fürstenwalde und dann über Land zur Oder. Nach Magdeburg wurden die Waren auf dem Wasserwege über die Spree und die Havel bis nach Plaue transportiert, dann wurde der Landweg eingeschlagen.

Durch die am Ende des 15. Jahrhunderts einsetzenden Entdeckungsfahrten erhielt der Welthandel immer neue Impulse. Hinzu kam die Erfindung der Kammerschleuse, die erstmals die Überwindung von Wasserscheiden der natürlichen Flüsse durch Kanäle, aber auch die Umgehung der Mühlenstaue möglich machte.

Auch in der Mark Brandenburg wurden schon im 16. Jahrhundert die Flutrinnen bei den Mühlenstauen weitgehend durch Kammerschleusen ersetzt. Der erste Schleusenbau in Berlin ist 1578 verbürgt. Die Schleuse wurde im südlichen Arm der Spree, dem heutigen Spreekanal, unterhalb des Mühlendammes, zunächst aus Holz, 1694 dann massiv gebaut. Damit war eine durchgehende Schiffahrt endlich wieder möglich.

Abb. 3. Der alte Packhof auf dem Werder um 1790 (später Bauakademie und Schinkelplatz).

Der Dreißigjährige Krieg hinterließ in Berlin und in der Mark so tiefe Wunden, daß ein Wiederaufstieg ohne die entscheidende Mitwirkung des Landesherrn kaum möglich gewesen wäre. Die Bevölkerung der Doppelstadt war von rund 12 000 Einwohnern im Jahre 1618 auf etwa 7 500 im Jahre 1648 zurückgegangen. Unter dem Großen Kurfürsten wurde dann zugleich mit der Festigung und Straffung der Staatsgewalt durch eine kluge Steuer- und Wirtschaftspolitik ein neuer Aufschwung eingeleitet.

Auch der Handelsverkehr hatte sich inzwischen gewandelt. Die Leipziger Messen waren zum Zentrum des Ost-West-Handels geworden. Dieser Handel lief in seiner Hauptader über Breslau und in seiner Nebenader über Frankfurt/Oder und die Niederlausitz. Ebenso wurde jetzt der Wasserweg von Dresden Elbe abwärts bis Hamburg bevorzugt. Gleichzeitig verstärkte sich der Handelsverkehr auf der unteren Oder nach Stettin. Die Mark drohte damit vom Fernhandel endgültig abgeschnitten zu werden.

Es war eine entscheidende handelspolitische Tat des Großen Kurfürsten, den schon 100 Jahre vorher entstandenen Plan einer Wasserstraßenverbindung zwischen der Spree und der Oder wieder aufzugreifen und mit dem Bau des 24 km langen Müllroser Kanals oder Friedrich-Wilhelm-Kanals in den Jahren 1662—1669 zu verwirklichen. Damit lenkte er den schlesischen Handel nach Hamburg über die Mark. Nur in Berlin mußten die Waren umgeschlagen werden, sonst nirgendwo. Hierzu wurden 1669 ein Niederlagshaus auf dem Friedrichswerder und 1671 ein sogenannter Packhof (Abb. 3) für die Breslauer Waren errichtet, die nicht von der Stadt, sondern vom Staat betrieben wurden. Diese Packhöfe, in denen sich der Handel in Berlin fortan hauptsächlich abspielte, sind die ersten nachweisbaren Hafenanlagen in der Stadt.

Im 18. Jahrhundert begann die Stadt, sich von der Residenzstadt des nunmehrigen Königsreiches Preußen zur führenden Industriestadt des Landes zu entwickeln. Die staatliche Wirtschaftspolitik verfolgte eine planmäßige Kultivierung des Landes; Menschen aus hochentwickelten Ländern Europas, wie aus England, Frankreich und den Niederlanden wurden in die Mark und nach Berlin gezogen. Der Staat begünstigte die Errichtung von Manufakturen und betrieb einige selbst. Während 1680 nur etwa 10 000 Menschen in Berlin wohnten, waren es 1730 bereits etwa 58 000 und am Ende des Jahrhunderts sogar schon rund 150 000. Der alte Packhof genügte den ständig wachsenden Anforderungen bald nicht mehr, so daß 1743 ein weiterer im ehemaligen Pomeranzenhaus beim Lustgarten errichtet wurde.

Nachdem 1720 Stettin preußisch und 1742 Schlesien eine preußische Provinz geworden waren und damit die gesamte schiffbare Oder zum Lande gehörte, war es das weitere handelspolitische Ziel, Stettin zu einem leistungsfähigen Seehafen auszubauen und die Handelsbeziehungen zwischen Berlin und Stettin wesentlich zu verstärken. Aus diesem Bestreben wurde 1744—1746 der Finowkanal gebaut, der die Verbindung zwischen der oberen Havel und der unteren Oder herstellte. Zur gleichen Zeit (1743—1746) entstand der Plauer Kanal von der Havel bei Plaue bis Parey an der Elbe, der den Weg nach Magdeburg wesentlich verkürzte.

Mit diesen Kanälen wurden die Landwegstrecken ersetzt, die den Fernhandel auf den Wasserstraßen bisher sehr erschwert hatten.

Von der weiteren Ausdehnung des Wasserstraßennetzes im 18. Jahrhundert sind die Verbesserung der Oderwasserstraße und die Verbindung der Oder mit der Weichsel durch den Bromberger Kanal (1773/74) besonders wichtig. Durch den Wasserweg zur Weichsel, von der eine Verbindung zum Pregel und nach Memel führte, wurden direkte Handelsbeziehungen mit Rußland erschlossen (Abb. 4).

Abb. 4. Die wichtigsten Wasserwege für Berlin im 18. Jahrhundert.

Die napoleonischen Kriege am Anfang des 19. Jahrhunderts hatten wiederum einen wirtschaftlichen Tiefstand zur Folge, von dem sich Berlin nur allmählich erholen konnte. Verschiedene große Reformen sollten dabei helfen, ein in Zukunft freieres Wirtschaftsleben aufzubauen, so z. B. die Städteordnung, die Einführung der Gewerbefreiheit, die Abschaffung der Binnenzölle (1818) und schließlich die Einigung der Deutschen Staaten im Zollverein. Hierdurch wurde der Wandel von einer nahezu absolutistisch und merkantilistisch regierten Landeshauptstadt zum späteren größten Wirtschaftszentrums Deutschlands eingeleitet.

Am bedeutungsvollsten für die allgemeine Entwicklung wurde jetzt der Ausbau des Eisenbahnnetzes, der in Berlin 1838 mit der Inbetriebnahme der Strecke nach Potsdam begann und die Stadt schon nach wenigen Jahrzehnten zu einem Mittelpunkt im europäischen Eisenbahnverkehrsnetz werden ließ.

Die Entwicklung des Dampfschiffes zu Beginn des 19. Jahrhunderts führte zu einem bedeutenden Fortschritt im Binnenschiffsverkehr, der zum weiteren Ausbau der Wasserstraßen anregte. Das erste in Deutschland gebaute Dampfschiff, die „Prinzessin Charlotte von Preußen“, lief auf einer Werft bei Spandau vom Stapel und verkehrte mehrere Jahre regelmäßig auf der Spree zwischen Berlin und Charlottenburg.

Die Bevölkerung der Stadt hatte sich zwischen 1800 und 1840 wieder mehr als verdoppelt, sie erreichte nun schon rund 360 000 Einwohner. Aus der mit dem Jahre 1840 beginnenden Statistik über den Güterverkehr der Stadt geht hervor, daß der gesamte Güterumschlag zu Wasser im Jahre 1840 schon auf 1,18 Mill. t angewachsen war. Die zweite Packhofanlage mußte daher 1831 nach den Plänen Schinkels erneuert werden.

Übte Berlin bisher schon eine Anziehungskraft auf viele Menschen aus, so verstärkte sich diese in der Folgezeit, vor allem auch nach dem Freizügigkeitsgesetz von 1867 immer mehr.

Abb. 5 zeigt die Bevölkerungszunahme von 5 Großstädten Deutschlands zwischen 1850 und 1910. In Alt-Berlin stieg die Einwohnerzahl von 419 000 im Jahre 1850 auf rund 2,07 Mill. Einwohner im Jahre 1910. Wie stürmisch die Bevölkerungsentwicklung in Berlin verlaufen ist, namentlich nachdem Berlin Hauptstadt des Deutschen Reiches geworden war, macht der Vergleich mit den Städten Hamburg, München, Köln und Essen deutlich.

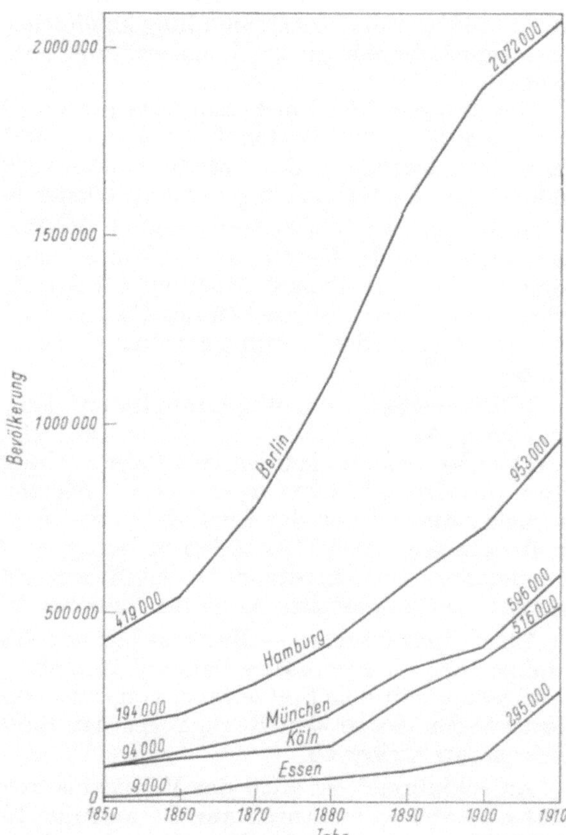

Abb. 5. Bevölkerungsentwicklung der fünf größten Städte Deutschlands zwischen 1850 und 1910.

Immer größer wurde der Bedarf an Massengütern wie Baustoffen, Brennstoffen und Lebensmitteln, die auch noch in der zweiten Hälfte des vergangenen Jahrhunderts hauptsächlich auf dem Wasserwege herangebracht wurden.

Aus der mehrfachen Verbindung von Spree und Havel durch Kanäle und dieser Kanäle untereinander entstand in der folgenden Zeit nun auch das heutige System der Berliner Wasserstraßen, für dessen Gestaltung hinsichtlich der Einteilung und Wasserspiegellage seiner Haltungen die bereits erwähnten Mühlenstaue in Spandau und Berlin von entscheidendem Einfluß gewesen sind.

Mit dem steigenden Bedarf an Massengütern wuchs ebenso der Bedarf an Umschlagplätzen, insbesondere auch für Baustoffe, die nur zur Errichtung von neuen Stadtteilen in der Nachbarschaft der Anlagen verwendet werden konnten, da der Aktionsradius des damals als Nahverkehrsmittel ausschließlich verfügbaren Pferdefuhrwerks begrenzt war. Es entstanden zunächst mit dem Landwehrkanal (1845/50) der Schöneberger Hafen (1850/52), mit dem Luisenstädtischen Kanal (1850/52) der 1926/27 wieder beseitigt wurde, das Wassertorbecken und das Engelbecken und mit dem Berlin-Spandauer Schiffahrtskanal (1859) der Humboldthafen und der Nordhafen.

Der Gesamtgüterverkehr auf dem Wasser nahm zwischen 1840 und 1872 trotz der Eisenbahn um mehr als das Dreifache zu.

Wenige Jahre nachdem Berlin die Hauptstadt des Deutschen Reiches geworden war, gelangten die Verhandlungen mit den preußischen Staatsbehörden wegen der Übernahme der Straßen- und Brückenunterhaltung durch die Stadt zum Abschluß. Vom Jahre 1876 an wurde diese Aufgabe der Stadt übertragen. Ausgenommen waren aber ausdrücklich die Wasserstraßen und die Ufereinfassungen. Der preußische Staat blieb damit noch immer im Besitz der Häfen und Umschlagstellen. Ein Wandel trat dann 10 Jahre später ein, als der Preußische Minister für Handel und Gewerbe feststellte, daß es Angelegenheit der Stadt sei, für den Umschlag durch Anlage von geeigneten Umschlagstellen selbst zu sorgen.

Erst von diesem Zeitpunkt an konnte die Stadt eine selbständige Hafenpolitik betreiben.

Die ersten noch sehr zurückhaltenden Richtlinien hierüber stellte der Magistrat mit Billigung der Stadtverordnetenversammlung im gleichen Jahr (also 1886) auf. Daraufhin entstanden zunächst mit dem Urbanhafen (1896) ein weiterer Hafen im Landwehrkanal und einige Ladestraßen an der Spree.

Zur gleichen Zeit wurde auch das Berliner Wasserstraßennetz um den Charlottenburger Verbindungskanal (1872/75), den Teltowkanal (1901/06) und den Neuköllner Schiffahrtskanal (1902/14) erweitert. Durch den Bau der Mühlendammschleuse (1888/93) wurde der Hauptarm der Spree nach 600jähriger Unterbrechung erstmals wieder befahrbar.

Wesentlich verbessert wurden auch die Wasserwege außerhalb der Stadt. Zu erwähnen sind die Kanalisierung der Unterspree mit Einrichtung der Staustufe Charlottenburg (1883/91), der Bau des neuen Oder-Spree-Kanals (1886/90) für Schiffe mit 500 t Tragfähigkeit an Stelle des alten Friedrich-Wilhelm-Kanals, der Ausbau des Plauer Kanals für Schiffe mit 600 t Tragfähigkeit (1889/93), der weitere Ausbau des Stettiner Hafens (ab 1890) und schließlich der Bau des Elbe-Trave-Kanals nach Lübeck (1896/1900).

Ein weiteres Ausbauprogramm leitete das preußische Gesetz über die Herstellung und den Ausbau von Wasserstraßen vom Jahre 1905 ein. Für Berlin war hierbei von Bedeutung, daß darin weitere Verbesserungen der Schiffahrtverhältnisse auf der Spree und der Havel und vor allem der Bau des Großschiffahrtweges Berlin—Stettin (Hohenzollernkanal) sowie der Bau des Mittellandkanals zunächst von der Ems bis Hannover vorgesehen waren. Zugleich mit dem Bau des Hohenzollernkanals (1906/12) wurden in Berlin der Charlottenburger Verbindungskanal und der Berlin-Spandauer Schiffahrtskanal für Schiffe mit 600 t Tragfähigkeit ausgebaut, die Schleuse Spandau erneuert und umgestaltet sowie die Schleuse Plötzensee als Ersatz von 2 alten Schleusen errichtet.

Der Güterumschlag — Binnenschiff und Eisenbahn — stieg in Alt-Berlin von rund 7,3 Mill. t im Jahre 1885 bis zum Jahre 1900 auf 13,2 Mill. t ziemlich stetig an, erfuhr bis 1906 eine sehr starke Steigerung mit dem Spitzenwert von rund 19 Mill. t und ging dann bis 1912 leicht zurück. Nicht zuletzt wegen des großen Rückganges der Bautätigkeit sank er auf rund 14 Mill. t im ersten Weltkriegsjahre weiter ab.

Aufschlußreich ist auch das Verhältnis zwischen Einfuhr und Ausfuhr. Die eingeführten Güter hatten 1885 einen Anteil am Gesamtumschlag von rund 89%, während die Ausfuhr mit rund 0,8 Mill. t nur 11% erreichte. Sie nahm dann aber in den folgenden Jahren ständig zu, wies im Rekordjahr 1906 schon 15% auf und erreichte 1914 mit 3,3 Mill. t sogar 23,6% des Gesamtgüterumschlages. Hieraus wird die wachsende Produktionskraft der Stadt besonders deutlich. Die ansteigenden Gütereinfuhren zeugen hingegen von der Ausdehnung der Stadt, der weiteren Bevölkerungszunahme und dem Wachstum der Wirtschaft.

Neben dem Gesamtgüterumschlag beansprucht die Kenntnis der Anteile der beteiligten Verkehrsträger besondere Aufmerksamkeit.

Bis zum Jahre 1888 waren der Schiffs- und Eisenbahnumschlag etwa gleich groß. In der Folgezeit verschlechterte sich dann das Verhältnis für den Schiffsumschlag immer mehr, obwohl die Frachtkosten der Eisenbahn für die Versorgungsgüter der Stadt im allgemeinen höher lagen. 1914 war die Eisenbahn mit 75% am Gesamtumschlag beteiligt, während der Schiffsumschlag in Alt-Berlin auf 25% zurückgegangen war.

Verantwortlich hierfür dürften vor allem die zu geringe Anzahl an Umschlagstellen und die mangelhaften Lade- und Löscheinrichtungen allgemein im Stadtgebiet gewesen sein.

Um die Jahrhundertwende hatte Berlin an öffentlichen Umschlagplätzen nur den Nord- und Humboldthafen im Berlin-Spandauer Schiffahrtskanal, die schon um diese Zeit bedeutungslos gewordenen Anlagen des Engel- und Wassertorbeckens im Luisenstädtischen Kanal, den Schöneberger Hafen und den Urbanhafen im Landwehrkanal sowie einige Ladestellen zur Verfügung.

Zu erwähnen wäre noch der 1883/86 erbaute und dem Fiskus gehörende neue Packhof in Moabit, der der Revision der unter Zollverschluß eingehenden und mit dem Anspruch auf Rückvergütung ausgehenden Güter diente.

Der Humboldthafen war der einzige, der überhaupt eine öffentliche kleine Lagerhalle (2600 m²) hatte.

Im Nordhafen war die Entladung durch die Höhe der Uferstraßen erschwert. Größere Schiffe von 500 bis 600 t Tragfähigkeit konnten überhaupt nur diese beiden Häfen anlaufen, da der Landwehrkanal und der Luisenstädtische Kanal lediglich mit Finowmaß- (240 t) und Berliner Maßkähnen (350 t) befahrbar waren. Von den dort befindlichen Hafenplätzen wurde nur der Schöneberger Hafen mit der daneben am Kanal gelegenen Ladestraße am Halleschen Ufer rege benutzt, denn auch der neue Urbanhafen erfüllte die Erwartungen nur so lange, wie Baustoffe für die Bebauung in der Nachbarschaft benötigt wurden. Die Lösch- und Ladeeinrichtungen in diesen Häfen ließen sehr zu wünschen übrig, so daß diese Arbeiten meist von Hand und mit Hilfe von einfachsten Beförderungsgeräten durchgeführt werden mußten. Von den 6 Berliner Häfen waren nur der Urbanhafen im städtischen Besitz, die übrigen gehörten dem Fiskus.

Mit diesen Einrichtungen konnte aber ein Schiffsumschlag von rund 5,5 Mill. t, wie er um die Jahrhundertwende in Alt-Berlin anfiel, nicht durchgeführt werden.

Es mußten nicht nur die Ufer der Wasserläufe allgemein dazu herhalten, sondern es entstanden auch immer mehr private Umschlagstellen, auf denen sich jetzt das Hauptumschlaggeschäft abwickelte. Daneben schufen sich auch die städtischen Werke eigene Umschlagplätze. Auf diese Weise wurden die Uferstrecken der Wasserstraßen, vor allem auch der Spree, der Hauptlebensader der Stadt, immer unzugänglicher, so daß sie schließlich vielfach nur von den Brücken her sichtbar waren.

Bei der schnellen Entwicklung Berlins zur Millionenstadt, die dem Aufstieg amerikanischer Großstädte ähnelt, war es versäumt worden, die Wasserstraßen und ihre Ufer organisch in die Bebauung einzugliedern, sie soweit wie möglich der Volkserholung durch Anlage von Uferpromenaden und Grünanlagen dienlich zu machen und den Schiffsumschlag sinnvoll an bestimmten Stellen durch leistungsfähige Hafenanlagen zu konzentrieren.

Es war zwar schon im Jahre 1893 in einer Konferenz mit dem Magistrat und den interessierten Institutionen empfohlen worden, je eine Speicheranlage im Westen und Osten der Stadt zu errichten, von denen die im Osten zuerst hergestellt werden sollte, doch es blieb noch ein

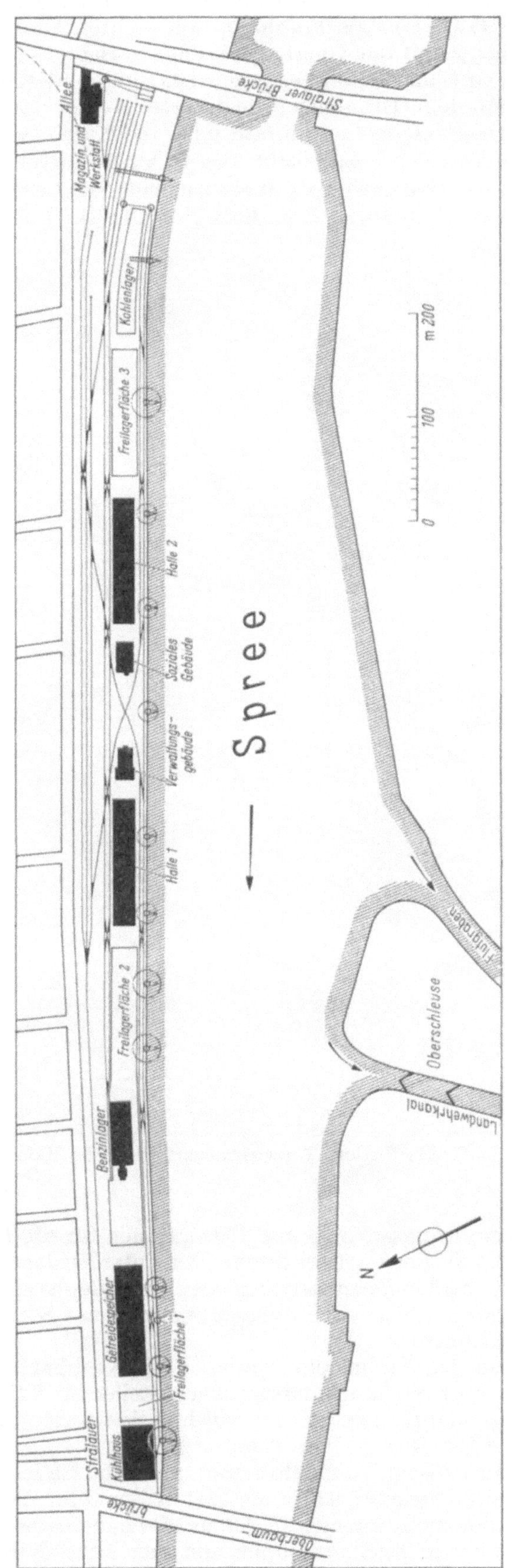

Abb. 6. Osthafen um 1930.

weiter Weg, bis endlich im Jahre 1905 der Stadtverordnetenbeschluß zur Genehmigung des Baues des Osthafens als Flußhafen am rechten Ufer der Oberspree zwischen der Treptower Ringbahnbrücke und der Oberbaumbrücke vorlag.

Die Bauarbeiten begannen 1907 und endeten 1913.

Mit dem Osthafen wurde die erste große leistungsfähige Hafenanlage in Berlin geschaffen (Abb. 6).

Das Hafengebiet umfaßt 9 ha, die Kailänge rund 1400 m. Der Hafen wurde mit einem dreiteiligen Speicher ausgerüstet, der in einen Mittelteil für die Lagerung von Getreide bis zu 9400 t und in zwei Seitenteile als Warenspeicher für rund 14 500 t gegliedert ist. Er erhielt ferner zwei große Lagerhallen für Stück- und Massengüter mit einem Aufnahmevermögen von rund 22 800 t, ein

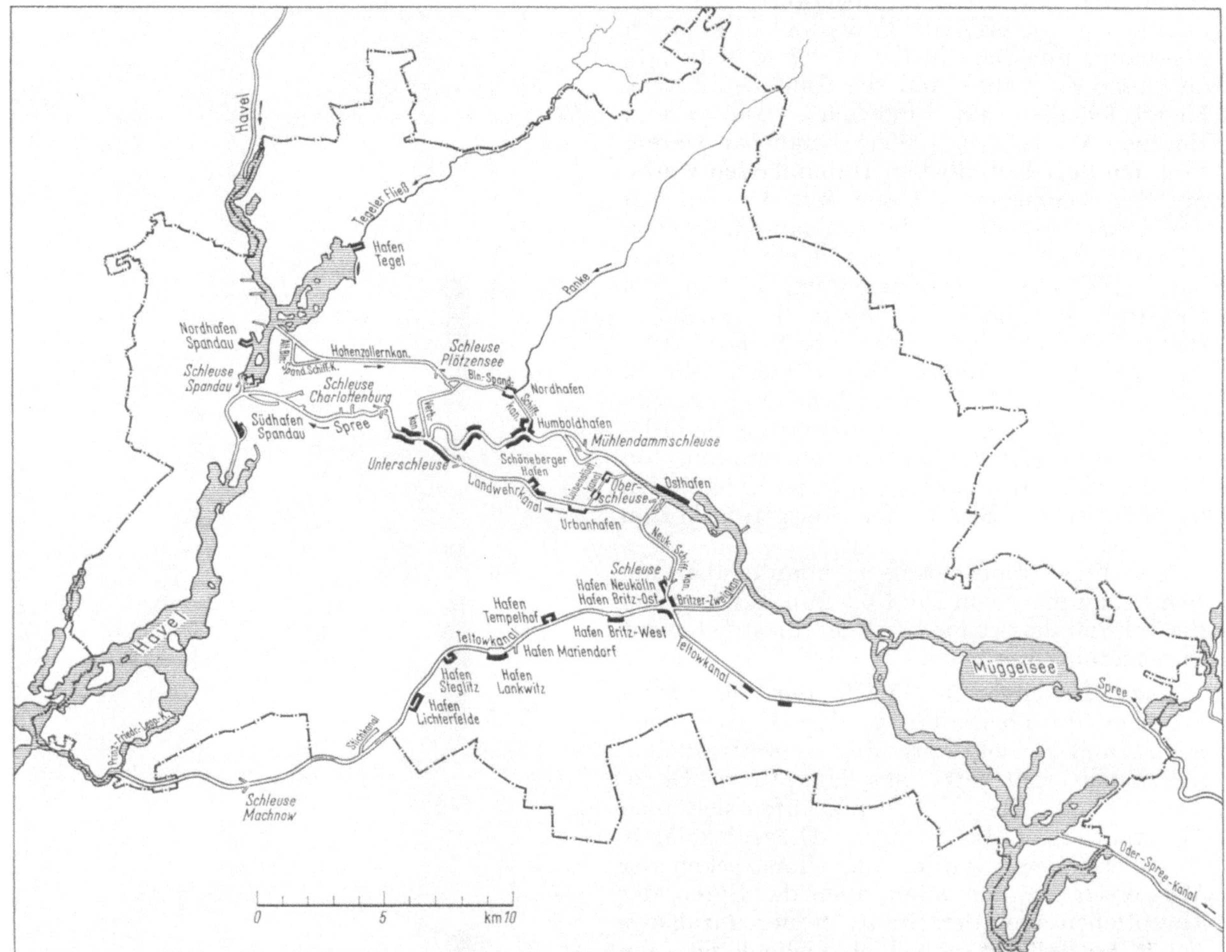

Abb. 7. Die Berliner Wasserstraßen. Öffentliche Häfen und Ladestraßen im Jahre 1914 innerhalb der Grenzen von Groß-Berlin.

Verwaltungsgebäude mit Büroräumen für die Hafen-, Zoll- und Eisenbahnverwaltung, ein Sozialgebäude, eine unterirdische Benzintankanlage mit einem Fassungsvermögen von rund 1000 m³, einen Kohlenlagerplatz, mehrere Freiladeplätze, umfangreiche Lade- und Löscheinrichtungen, sowie insgesamt 8 km Gleisanlagen, von denen 1,8 km als Ladegleise dienen. Später kam noch ein Kühlhaus hinzu.

Im Sog Berlins erlebten auch die Nachbarstädte und Vororte vor allem seit der zweiten Hälfte des vorigen Jahrhunderts einen steilen Aufstieg, so daß auch dort viele private und öffentliche Umschlagplätze errichtet wurden. So wurden in Charlottenburg die Ladestraßen Charlottenburger Ufer Ost (1885), Charlottenburger Ufer West (1891) und Am Spreebord (1912) angelegt; in Rixdorf, dem heutigen Neukölln, entstanden die Ladestraße an der Ziegrastraße (1920/21) am Neuköllner Schiffahrtskanal sowie der Hafen Neukölln (1906/20) mit einer Landfläche von 8 ha, rund 1650 m nutzbarer Kailänge, 18 000 m² Freiladefläche; am Nordostende des Tegeler Sees errichtete die Gemeinde Tegel zusammen mit dem Kreis Niederbarnim (1907/08) eine 5,5 ha Landfläche umfassende Hafenanlage mit Gleisanschluß, rund 1100 m Kailänge und mehreren Freiladeplätzen;

Spandau schuf (1906/11) sich unter Ausnutzung des durch die Havelbegradigung entstandenen Altarms den leistungsfähigen Südhafen, der eine Landfläche von 24,8 ha aufweist, 3500 m Kailänge hat, große Freiladeflächen enthält und über ausgedehnte Gleisanlagen verfügt. Außerdem wurde ein Teil des alten Festungsgrabens zum Nordhafen (1908) ausgebaut; schließlich errichtete der Landkreis Teltow am Teltowkanal neben den kleineren Häfen Britz, Steglitz und Lichterfelde in Tempelhof (1908) einen größeren Hafen mit einem Lagerhaus, das eine nutzbare Lagerfläche von rund 11 000 m² aufweist.

In Berlin selbst wurden noch weitere Ladestraßen an der Spree angelegt, so am Holsteiner Ufer (1899), am Bundesratufer (1907), am Schleswiger Ufer (1914) und später (1916) am Südufer (jetzt Friedrich-Krause-Ufer) am Berlin-Spandauer Schiffahrtskanal.

Einen Überblick über die 1914 vorhandenen öffentlichen Ladestraßen und Häfen innerhalb der heutigen Grenzen von Groß-Berlin gibt Abb. 7.

Der sich ab 1900 auswirkende größere Schiffsumschlag in den heute zu Berlin gehörenden Nachbarstädten und Vororten ist mit zu berücksichtigen, wenn man Vergleiche mit der späteren Zeit ziehen will. Zuverlässige Unterlagen hierfür standen für den Zeitraum von 1900 bis 1912 zur Verfügung.

Im Jahre 1900 betrug der Anteil der Eisenbahn am Gesamt-Güterumschlag rund 54%, während das Binnenschiff mit rund 46% oder rund 6,6 Mill. t beteiligt war. Namentlich von 1907 an konnte die Eisenbahn dann ihren Vorsprung vor allem durch tarifpolitische Maßnahmen bis 1912 bei stark

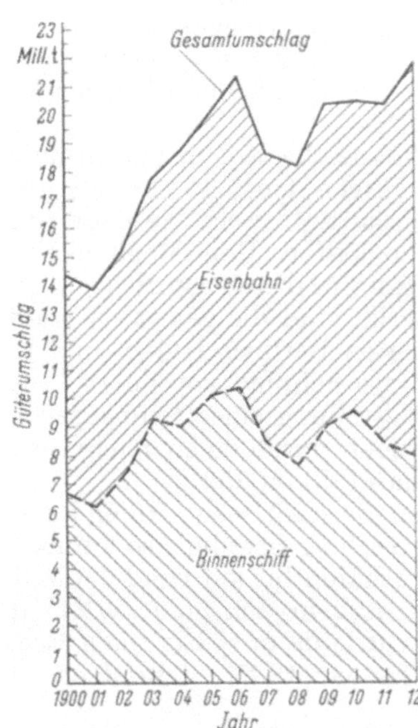

Abb. 8. Güterumschlag in Alt-Berlin und den benachbarten Vororten. Anteile der Verkehrsträger 1900—1912.

steigendem Gesamtgüterumschlag auf rund 63% ausbauen. Dem Binnenschiff verblieben aber immerhin noch 37% oder 8,00 Mill. t, während im gesamten Reichsdurchschnitt im Jahre 1913 nur 16,8% erreicht wurden (Abb. 8). Die Bedeutung Berlins als Hafenstadt wird hierdurch besonders deutlich.

Hervorzuheben ist ferner das Rekordjahr 1906, in dem der Binnenschiffsumschlag in Berlin innerhalb der heutigen Grenzen rund 10,4 Mill. t betrug. Damit war die Stadt zum zweitgrößten Binnenhafen Deutschlands nach Duisburg geworden.

Nach dem 1. Weltkrieg wurden durch das Gesetz über die Bildung einer neuen Stadtgemeinde Berlin, das am 1. Oktober 1920 in Kraft trat, 7 Städte, 59 Landgemeinden und 27 Gutsbezirke mit Berlin zu einer neuen Verwaltungseinheit zusammengeschlossen. Das Stadtgebiet umfaßt nunmehr rund 880 km² mit einer Bevölkerungszahl von 3 858 000 im Jahre 1920. Berlin wurde damit zu einer der größten Städte der Welt in jener Zeit.

Für Wirtschaft und Handel wirkte sich der verlorene Weltkrieg wie überall, so auch in Berlin katastrophal aus. Der Schiffsumschlag war von rund 8 Mill. t im Jahre 1912 auf etwa 3,4 Mill. t im Jahre 1920 zurückgegangen. Eine Ursache war die vollständige Erlahmung der Bautätigkeit, eine weitere der beachtliche Vorsprung der Eisenbahn, den sie sich im Güterverkehr vor allem durch

Preisermäßigungen bei großen Entfernungen mit Staffeltarifen gesichert hatte. So betrug ihr Anteil am Gesamtgüterumschlag annähernd 80% oder rund 14,1 Mill. t.

Der Güterverkehr auf dem Binnenschiff war damit in Berlin auf fast ein Fünftel der Menge, die von der Eisenbahn befördert wurde, zurückgegangen. Immerhin war dieses Ergebnis noch günstiger als allgemein im Reich, denn dort betrug die Menge nur ein Siebentel.

Ein weiterer Grund für das Absinken des Wasserverkehrs waren schließlich die noch immer vielfach ungenügenden und alten Lade- und Löschanlagen und der Mangel an modernen Einrichtungen für den Umschlag vom Schiff auf die Bahn oder umgekehrt und für die Lagerung von Gütern. Zwar war noch im Jahre 1914 mit dem Bau der zweiten großen städtischen Hafenanlage, dem Westhafen, begonnen worden, doch verzögerte sich die Fertigstellung durch die Folgen des Weltkrieges, so daß die erste Ausbaustufe erst Ende 1923 und die weitere 1927 in Betrieb genommen werden konnten.

Der Westhafen ist die größte Hafenanlage Berlins, er liegt sowohl am Berlin-Spandauer Schiffahrtskanal und damit am Großschiffahrtsweg Berlin—Stettin als auch am Charlottenburger Verbindungskanal, der die Verbindung mit der Spree herstellt. Der Hafenbahnhof wurde an den Hamburg-Lehrter-Güterbahnhof angeschlossen.

Das Hafengebiet umfaßt 39,1 ha, von denen 10,3 ha auf Wasserflächen entfallen. Die nutzbare Kailänge betrug 3 750 m und verteilte sich auf 3 langgestreckte Hafenbecken und auf eine Uferstrecke des Berlin-Spandauer Schiffahrtskanals. Der Hafen wurde zunächst mit 5 gedeckten Lagerräumen zur Lagerung von 80 000 t Stückgütern und 30 000 t Getreide ausgerüstet. Ferner standen Freilagerplätze mit einer Gesamtfläche von 85 000 m² sowie umfangreiche Lade- und Löscheinrichtungen zur Verfügung.

Die Gesamtlänge der Gleisanlagen betrug 16 km, wovon 4800 m als Ladegleise benutzt werden konnten.

Die finanzielle Not in der Kommunalwirtschaft als Auswirkung des verlorenen Krieges zwang damals etliche deutsche Großstädte z. B. Berlin, Magdeburg, Duisburg-Ruhrort zu Überlegungen, durch organisatorische Veränderungen in der Verwaltung ihrer Häfen, die Zuschüsse möglichst gering zu halten. Eine Möglichkeit sah man in der Umwandlung aus der Form der öffentlichen Verwaltung in die eines privaten Unternehmens.

In Berlin sind die gesamten städtischen Hafenanlagen am 1. März 1923 der zu diesem Zweck gegründeten Berliner Hafen- und Lagerhaus AG., genannt BEHALA, einem gemischtwirtschaftlichen Unternehmen, zur Nutzung überlassen worden, und zwar hinsichtlich der eigentlichen Häfen durch Bestellung eines Erbbaurechts zugunsten der Gesellschaft auf 50 Jahre und bezüglich der Ladestraßen durch einen Pachtvertrag für die Dauer von 30 Jahren. Die Stadt besaß hieran ein Aktienkapital von 25%.

Waren die städtischen Häfen im Jahre 1924 nur mit rund 0,8 Mill. t oder 15% am Gesamtbinnenschiffsumschlag beteiligt, so konnten sie ihren Anteil in den folgenden Jahren nicht zuletzt durch den Westhafen bis auf rund 3,3 Mill. t oder rund 30,4% im Jahre 1929 ausbauen.

Die trotzdem aus mancherlei Gründen vielfach umstrittene Organisationsform der Berliner Häfen wurde dann später nach Erwerb aller Aktien durch die Stadt wieder rückgängig gemacht. Am 1. Januar 1937 entstand aus der bisherigen Aktiengesellschaft ein Eigenbetrieb der Stadt Berlin.

Die 1938 von diesem Betrieb verwalteten 22 Umschlagstellen sowie die 9 weiteren Anlagen am Teltowkanal, die mit Ausnahme eines Teiles des Tempelhofer Hafens inzwischen Eigentum des Reiches geworden waren und von der Teltowkanal AG., in der das Reich und der Kreis Teltow Aktionäre waren, betrieben wurden, zeigt Abb. 9. Sie macht die Dezentralisierung der Anlagen und ihre Verteilung über das ganze Stadtgebiet besonders deutlich. Auf diesen 31 öffentlichen Anlagen wurden 1938 etwa 3,3 Mill. t oder 36% des Binnenschiffsumschlages in Berlin abgewickelt, über 5,6 Mill. t wurden auf privaten Anlagen umgeschlagen, deren Anzahl zwar nicht genau bekannt ist, aber auf einige 100 geschätzt werden kann.

Die Entwicklung des Gesamtgüterumschlages — Binnenschiff und Eisenbahn — in der Zeit von 1920 bis 1938 war schwankend (Abb. 10). Nach einem kurzen wirtschaftlichen Aufschwung bis 1922 trat infolge der Auswirkungen der Inflation 1923 wieder ein Tiefpunkt ein, dem aber bis 1929 ein steiler wirtschaftlicher Aufstieg mit einem Spitzenumschlag von 33,7 Mill. t folgte. Die am „Schwarzen Freitag", dem 29. 10. 1929, an der New Yorker Börse ausgelöste Weltwirtschaftskrise wirkte sich voll im Jahre 1932 aus und führte zu fast 700 000 Arbeitslosen in der Stadt. Bis 1938 setzte dann ein Wiederaufstieg an, der aber die hoffnungsvolle Entwicklung bis 1929 nicht erreichen konnte. Während der Gesamtgüterumschlag infolge der wechselnden Einfuhren hauptsächlich wegen der unterschiedlichen Bautätigkeit großen Schwankungen unterlag, war die Ausfuhr ziemlich konstant. Ihr Anteil am Gesamtgüterumschlag betrug im Mittel etwa 22%. Hieraus wird besonders deutlich, daß Berlin immer in erster Linie ein Versorgungsgebiet war.

In den Jahren 1920—1924 war das Binnenschiff an der Einfuhr im Mittel nur mit knapp 20% beteiligt, über 80% der Güter wurden mit der Bahn eingeführt. Dieses ungünstige Verhältnis änderte sich in den folgenden Jahren. 1925/38 stieg der Anteil des Binnenschiffes an der Einfuhr im Mittel auf rund 35% oder auf etwas mehr als ein Drittel der eingeführten Güter.

Eine ähnliche Lage ergab sich bei der Ausfuhr. In der Zeit von 1920/24 war das Binnenschiff nur mit kanpp 13% beteiligt, während in den folgenden Jahren im Mittel etwa 21% erreicht wurden.

Betrachtet man weiter die von dem Binnenschiff eingeführten und ausgeführten Gütermengen, so ergibt sich im Mittel ein Verhältnis von etwa 6 : 1.

Der im Jahre 1920 auf knapp 20% gesunkene Anteil des Binnenschiffsumschlages konnte bis zum Jahre 1938 auf rund 36%, also auf etwas mehr als ein Drittel der umgeschlagenen Güter, vergrößert werden (Abb. 11). Besonders hervorzuheben ist dabei das Jahr 1928, in dem der Binnenschiffsumschlag in Berlin mit rund 11,1 Mill. t den bisher höchsten Wert erreichte.

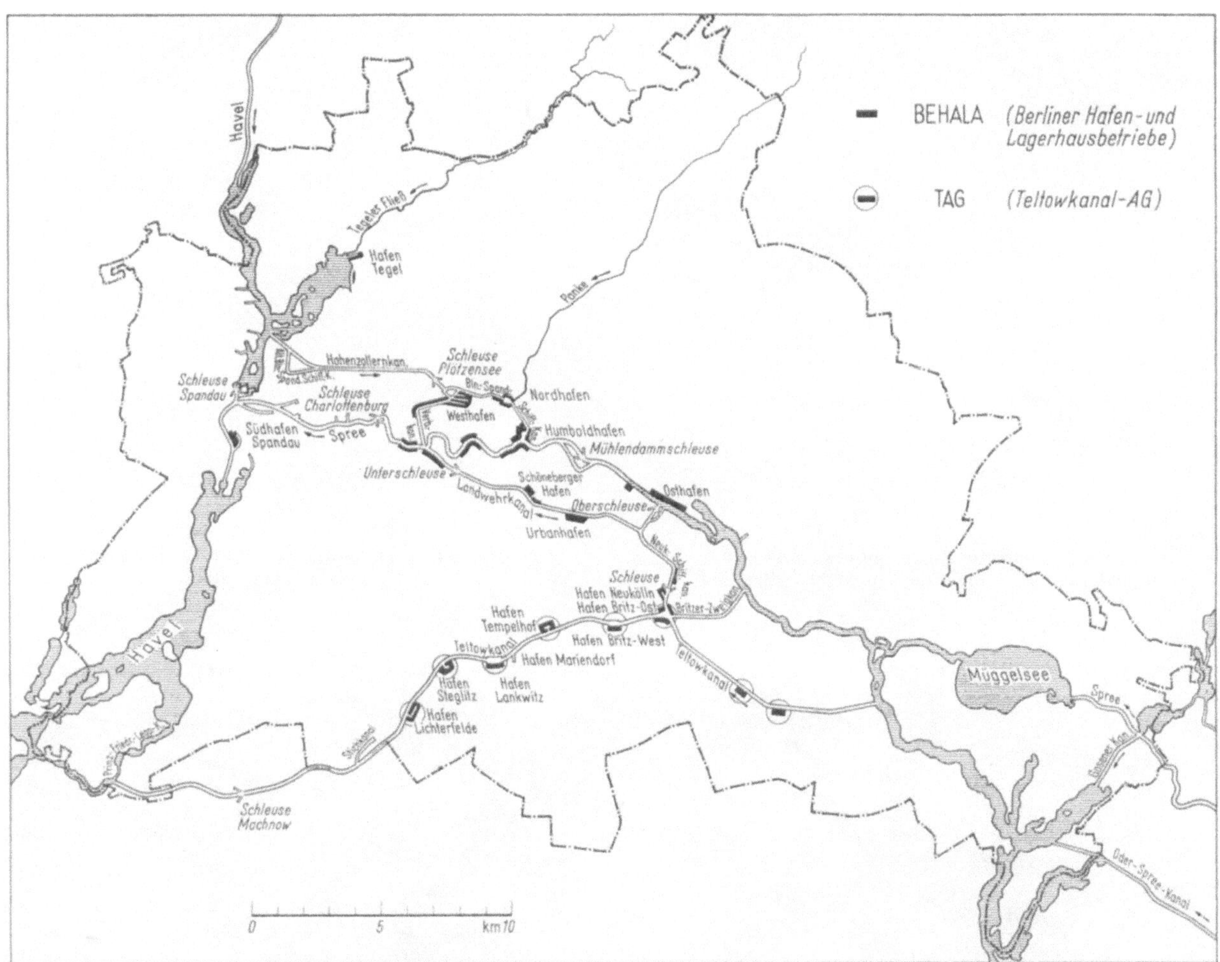

Abb. 9. Die Berliner Wasserstraßen. Öffentliche Häfen und Ladestraßen im Jahre 1938.

Die Belebung des Binnenschiffsverkehrs wurde durch den weiteren Ausbau der Zufahrtswasserwege nach Berlin tatkräftig unterstützt. Nach der 1920 genehmigten Weiterführung des Mittellandkanals bis zur Elbe mit einem für das 1000-t-Schiff vergrößerten Querschnitt wurden auch die für diesen Schiffstyp erforderlichen Ergänzungsarbeiten auf den märkischen Wasserstraßen erforderlich. Ebenso mußten die Berliner Wasserstraßen berücksichtigt werden. Von den vielen Baumaßnahmen können nur wenige genannt werden: der Bau des Schiffshebewerkes Niederfinow im Hohenzollernkanal, der Neubau der Doppelschachtschleusen bei Fürstenberg an der Spree-Oder-Wasserstraße, der Neubau der Mühlendammschleuse für 1000-t-Schiffe in der Spree in Berlin, der Neubau der Ober- und Unterschleuse des Landwehrkanals für Schiffe mit einer Tragkraft von 550 t (Breslauer Maßkähne) sowie der Bau einer dritten Schleuse für 1000-t-Schiffe in Klein-Machnow am Teltowkanal.

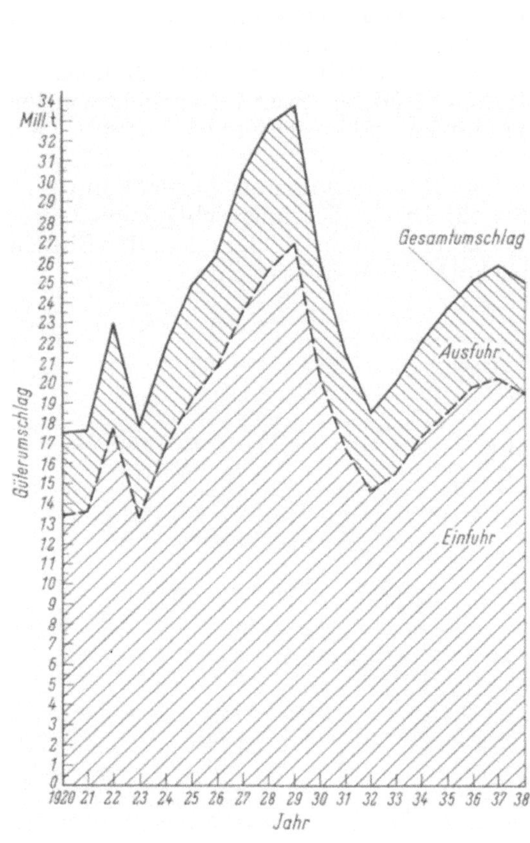

Abb. 10. Gesamtumschlag: Binnenschiff und Eisenbahn. Ein- und Ausfuhr 1920—1938.

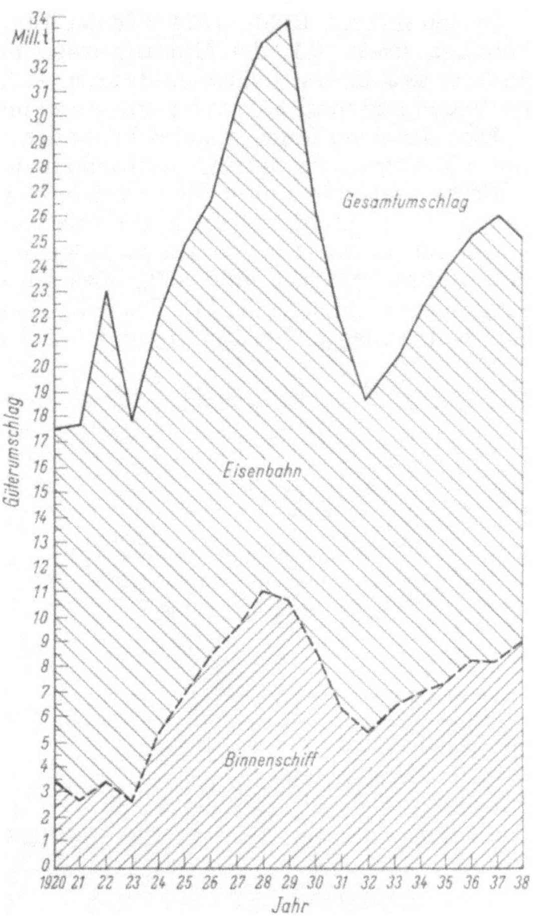

Abb. 11. Güterumschlag. Anteile der Verkehrsträger 1920—1938.

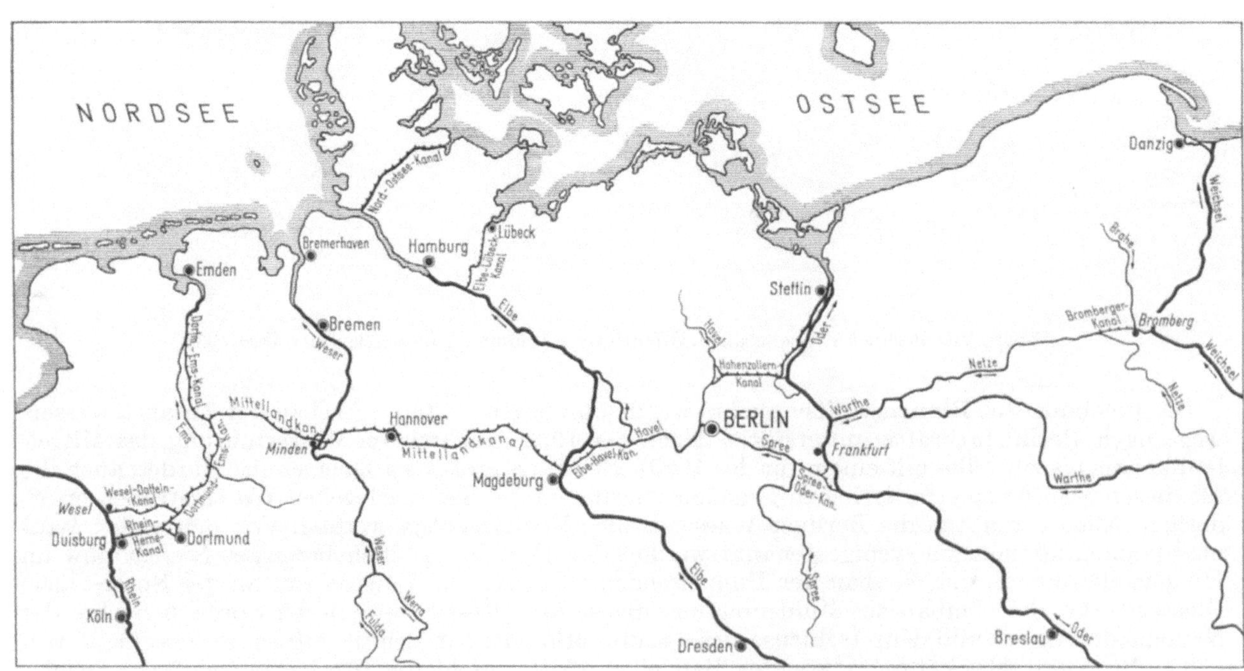

Abb. 12. Die wichtigsten Wasserstraßen für Berlin im Jahre 1938.

Die größte Bedeutung für Berlin hatte schließlich die Inbetriebnahme des Mittellandkanals am 30. Oktober 1938. Damit wurde die Stadt auf dem Wasserwege mit Ausnahme der Donau an alle übrigen großen Stromgebiete Deutschlands angeschlossen (Abb. 12).

Durch den 2. Weltkrieg konnte sich allerdings der Mittellandkanal für Berlin zunächst nicht voll auswirken. Ebenso mußten die Pläne für den Ausbau der wichtigsten Hafenanlagen Berlins durch die folgenden Kriegsereignisse begraben werden.

Nahezu hoffnungslos schien die Situation der Stadt am Ende des 2. Weltkrieges. Die Bevölkerung Berlins, die im Jahre 1938 4,3 Mill. betrug, war auf 3,2 Mill. im Jahre 1946 zurückgegangen. Ein Drittel des gesamten Wohnungsbestandes war vernichtet. 20% aller Gebäude waren zerstört, weitere 50% beschädigt. Die öffentlichen Hafenanlagen waren zu 60% zerstört, die privaten Umschlaganlagen befanden sich größtenteils in einem trostlosen Zustand. Die Berliner Wasserstraßen waren durch Brückenteile — rund 80 größere Straßenbrücken waren allein in Berlin(West) zerstört —, zerfallene Ufermauern, Gebäudetrümmer und 258 gesunkene Frachtschiffe blockiert. Die Schiffahrt war völlig zum Erliegen gekommen.

Die Wirtschaft Berlins vor dem Kriege war auf zwei Fundamenten gegründet, nämlich als größter Industriestadt des Reiches einmal auf der Industrieproduktion, zum anderen auf den Dienstleistungen für das gesamte Reich.

Schon während des Krieges war das Wirtschaftspotential der Stadt stark in Mitleidenschaft gezogen worden, aber erst durch die anschließenden Demontagen wurde das Vernichtungswerk fast vollendet. Mindestens drei Viertel der vor dem Kriege vorhandenen maschinellen Kapazität ging verloren.

Durch die politischen Entwicklungen in den ersten Nachkriegsjahren, die schließlich zur Spaltung der Stadt führten, wurde ihr auch noch die gesamte ehemalige wirtschaftliche Basis genommen. Während sich Berlin(West) fortan vollständig nach dem Westen orientieren mußte, wurde Berlin (Ost) einseitig dem Wirtschaftsblock des Ostens angegliedert.

Hinzu kam der Verlust der Hauptstadtfunktion, aus dem sich auch noch das besonders schwierige Problem der zusätzlichen Arbeitsplatzbeschaffung für das gesamte Dienstleistungsgewerbe ergab.

Wie auf vielen anderen Gebieten, so wurden auch beim Wiederaufbau des Hafen- und Umschlagwesens in Berlin(West) allgemein neue Wege beschritten. Die vorangegangene Schilderung der Hafen- und Umschlaganlagen hat gezeigt, daß die erste große Bauperiode dieser Anlagen, die etwa 1910 abschloß, durch eine ziemliche Systemlosigkeit infolge der unglücklichen Kompetenzverhältnisse zwischen dem Fiskus und der Stadt sowie der kommunalen Zerrissenheit des Großberliner Wirtschaftsgebietes gekennzeichnet war.

In der zweiten Periode wurde diese Zerrissenheit nach Einrichtung der Einheitsgemeinde von Groß-Berlin durch die Schaffung einer straffen zentralen Hafenverwaltung beseitigt, doch konnte an der bestehenden völligen Dezentralisierung der Hafenanlagen nur wenig geändert werden. Erst die jetzige letzte Bauperiode bot alle Möglichkeiten, die längst erkannten Fehler zu vermeiden.

Für den Wiederaufbau der städtischen Häfen galt als Richtschnur, den Umschlag an wenigen Stellen zusammenzufassen. Die alte Idee, einen Zentralhafen für Berlin zu schaffen, tauchte zwar auch wieder auf, doch wäre ein solches Projekt damals allein schon an der Finanzierung gescheitert. Sein Wert erscheint aber auch aus anderen Gründen zumindest fraglich. Dagegen spricht nicht nur die Weiträumigkeit des Versorgungsgebietes, sondern auch die Erzeugung eines ganz erheblichen Lkw-Verkehrs zum Hafengebiet und zurück in die Stadt. Diese Erkenntnis ist nicht neu. Erfahrungen hierüber lagen schon aus der Vorkriegszeit vor, also aus einer Zeit, als der Lkw erst begann, sich seinen Anteil am Güterverkehr zu erobern. So war z. B. der Lkw am Gütereingang des Westhafens, der besonders gute Bahnanlagen hat, im Jahre 1937 mit nur 7% beteiligt. Im Güterausgang hingegen hatte er einen Anteil von 83%. Fast das gleiche Bild ergab sich im Jahre 1964. Während der Lkw im Gütereingang nur einen Anteil von rund 8% aufwies, konnte er seinen Vorsprung im Güterausgang sogar auf 89% ausbauen.

19 der 22 Anlagen der Berliner Hafen- und Lagerhausbetriebe befanden sich nach der Spaltung voll auf westberliner Gebiet. Hinzu kamen ein Teil des Humboldthafens und des Friedrich-Karl-Ufers, während die übrigen Teile und der Osthafen fortan vom Magistrat in Berlin(Ost) verwaltet wurden.

Im Zuge der Zentralisierung der städtischen Hafenanlagen wurden inzwischen die veralteten kleineren Häfen, wie Nordhafen, Urbanhafen und Schöneberger Hafen aufgegeben. Von den früheren 12 Ladestraßen sind 9 in Grünanlagen umgewandelt worden. Zusammen mit anderen städtebaulichen Maßnahmen wurden dadurch vor allem die Spree und der Landwehrkanal im Stadtgebiet wieder weitgehend zugänglich gemacht. Die grüne Uferlandschaft bringt die Gewässer im Stadtbild stärker zur Geltung. Übriggeblieben sind nur 5 Betriebsstellen, und zwar der Westhafen, der

Viktoriaspeicher, der Spandauer Südhafen, der Tegeler Hafen und der Hafen Neukölln. Die verbliebenen Ladestraßen, zu denen auch der kleine Teil des Humboldthafens hinzuzurechnen ist, sind an private Unternehmen vermietet worden.

Umschlagschwerpunkte bilden der Westhafen, der Südhafen Spandau und der Viktoriaspeicher.

Einen Überblick über die öffentlichen Hafenanlagen in Berlin(West), Stand 1964, gibt Abb. 13. Wie der Darstellung zu entnehmen ist, hat der Westhafen jetzt eine neue unmittelbare Zufahrt von der Charlottenburger Schleuse. Die als Westhafenkanal bezeichnete Verbindung wurde erst 1956 fertiggestellt. Neu ist auch die 1953 dem Verkehr übergebene Mündungsstrecke der Spree.

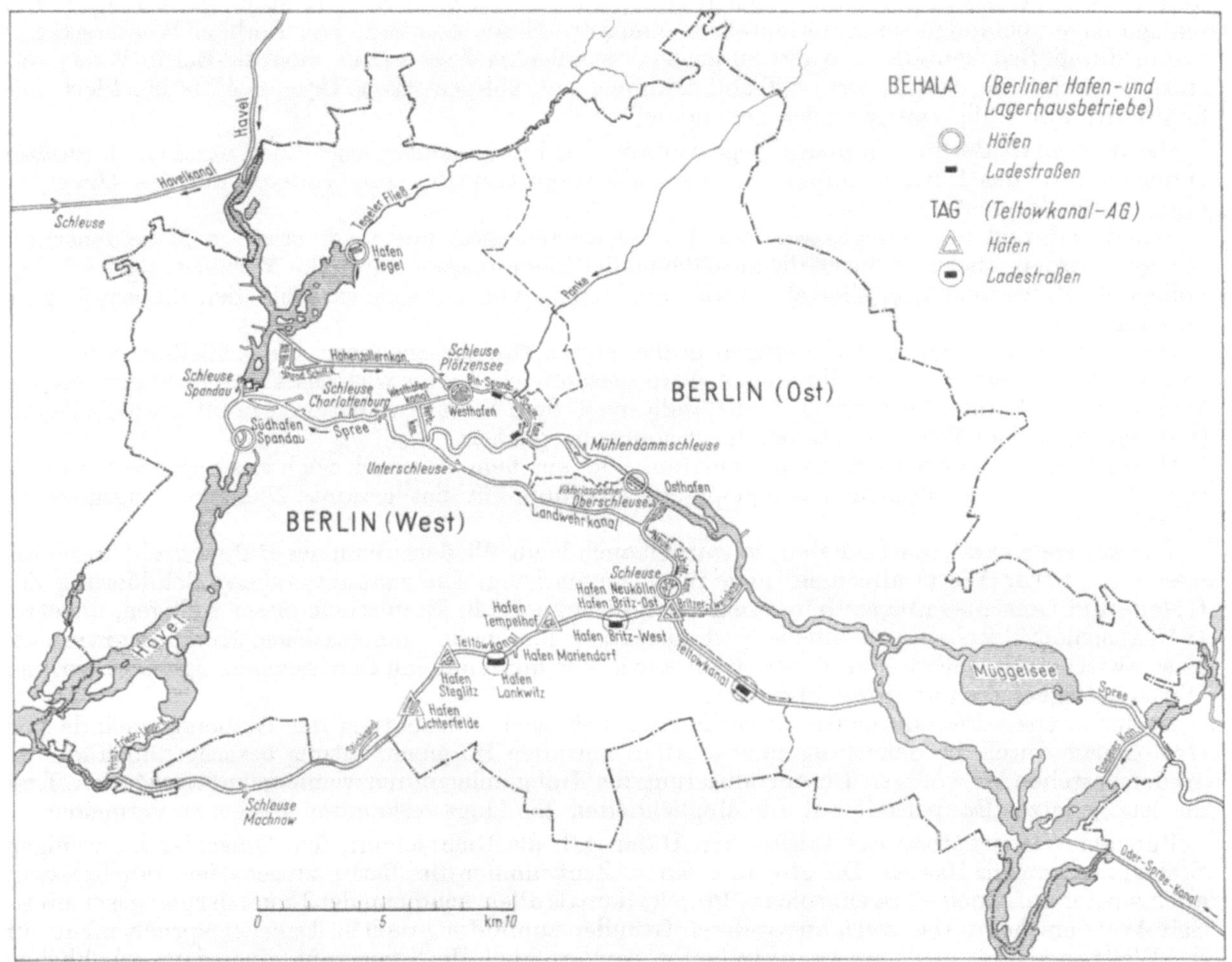

Abb. 13. Die Berliner Wasserstraßen. Öffentliche Häfen und Ladestraßen in Berlin (West) 1964.

Der größte und wichtigste Umschlagschwerpunkt ist der Westhafen, in dem 1964 annähernd 2 Mill. t Güter umgeschlagen wurden (Abb. 14). Unter erheblichem finanziellen Aufwand entstanden dort neue Lagerhäuser und moderne Lade- und Löscheinrichtungen für den Umschlag von Stück- und Massengütern aller Art.

Hervorzuheben ist die neue Kohlenverladeanlage, bestehend aus 2 Verladebrücken von 98 m bzw. 110 m Länge, die beide mit einem 5-t-Drehkran ausgerüstet wurden. Eine dieser Brücken erhielt zusätzlich eine Schwerlastenlaufkatze mit einer Tragfähigkeit von 150 t.

Bemerkenswert ist auch die 1963 errichtete Umschlag- und Siloanlage für losen Zement mit einem Fassungsvermögen von 14 000 t und einer Jahreskapazität von 250 000 t.

Von den weiteren Einrichtungen sind zu erwähnen:

Der Zollspeicher mit einem Aufnahmevermögen von 30 000 t, Getreidesilos mit 30 000 t und Getreidebodenspeicher mit einer Speicherfähigkeit von 32 500 t, mehrere Lagerhallen zur Lagerung von 65 000 t Güter, ein Speiseöllagerhaus, eine Heizöltankanlage mit 34 000 m³ Fassungsvermögen sowie 85 000 m² Freiladeflächen.

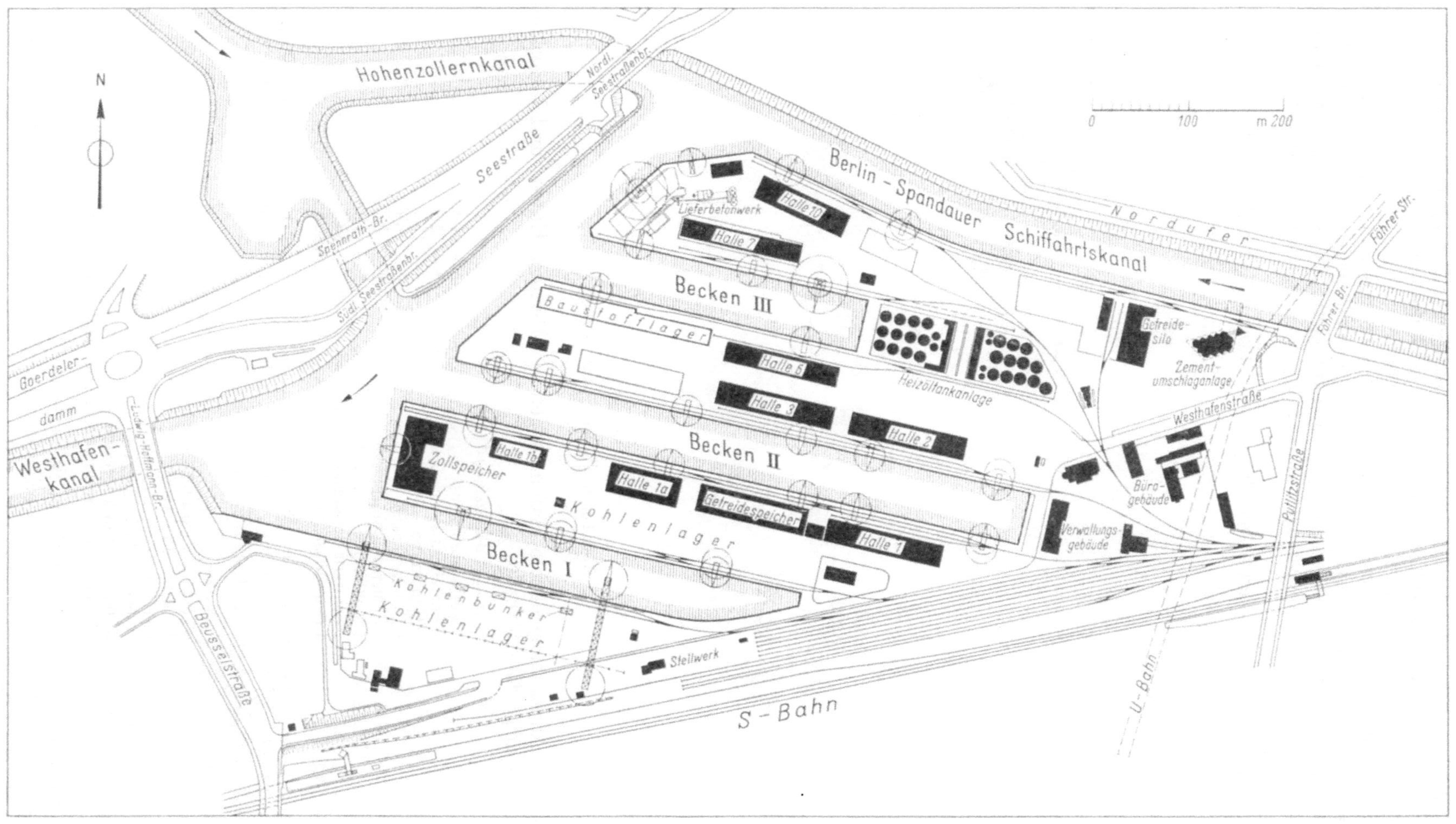

Abb. 14. Westhafen 1965.

Einen zweiten Schwerpunkt bildet der Südhafen Spandau im Westen der Stadt (Abb. 15). Er dient vornehmlich dem Umschlag von Massengütern auf einer Freilagerfläche von 35 000 m² und dem Mineralölumschlag mit Tankanlagen von 50 000 m³ Fassungsvermögen.

1964 wurden dort rund 405 000 t Güter umgeschlagen.

Ein dritter Schwerpunkt sind die im Südosten der Stadt an der Spree gelegenen Umschlaganlagen der Viktoriaspeicher I und II. Hier stehen 2 Getreidebodenspeicher mit einer Speicherfähigkeit von 14 000 t, Behandlungs- und Reinigungsanlagen für Getreide, Sämereien und Hülsenfrüchte, Lagerhäuser mit einem Aufnahmevermögen von 4 800 t, eine neue Verladebrücke und verschiedene Krananlagen zur Verfügung.

Im Vergleich zu diesen 3 Anlagen haben die beiden übrigen Häfen, Neukölln und Tegel nur eine geringe Bedeutung.

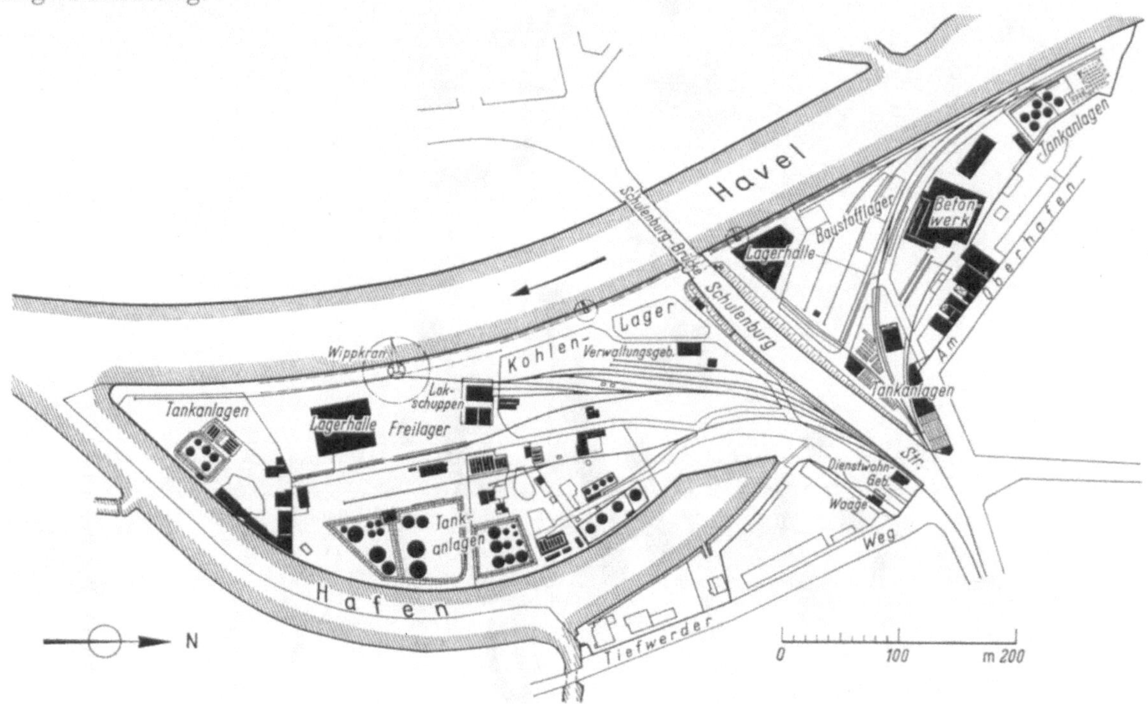

Abb. 15. Südhafen Spandau 1965.

Die technische Ausstattung aller 5 Hafenanlagen der Berliner Hafen- und Lagerhausbetriebe mit Krananlagen zeigt diese Tabelle.

Technische Ausrüstung

5 Verladebrücken	5— 10 t
19 Portalkräne	2— 5 t
3 Wippkräne	3— 10 t
8 Rolldrehkräne	2— 5 t
2 Schienendampfkräne	2— 6 t
4 Mobilkräne	2— 7 t
1 Schwerlastenkran	30 t
1 Schwerlastenkatze	150 t

In einer weiteren Übersicht wurde die Lagerkapazität dieses Betriebes zusammengestellt. Die vorhandenen Lagermöglichkeiten dienen heute vor allem zur Aufnahme der Vorräte, die Berlin aus politischen Gründen angelegt hat.

Kapazität

93 500 m²	gedeckter Lagerraum
210 000 m²	Freilagerfläche
60 000 t	Getreidelager (Speicher und Silos)
15 000 t	Zement (Silos)
35 000 t	Tanklagerraum
215 000 m²	Bevorratungslager außerhalb der Häfen

Die städtischen Häfen wurden im Hinblick auf die Wiedervereinigung so ausgerüstet, daß sie dann auch dem verstärkten Umschlag vorerst gewachsen sein werden. Der Binnenschiffsumschlag je laufenden Meter Kailänge liegt jetzt noch unter 200 t/Jahr.

Die 7 Umschlaganlagen der Teltowkanal AG sind nur mit wenigen Prozenten am Güterumschlag der öffentlichen Häfen beteiligt; denn der vor dem Kriege sehr gefragte kürzere Schiffahrtweg von der Havel zur Spree-Oder-Wasserstraße, der 1939 einen Güterverkehr von rund 3 Mill. t aufwies, ist zu einem Stichkanal für Berlin(West) geworden. Der auf westberliner Gebiet gelegene Teil des Kanals ist nur über den Britzer Zweigkanal oder den Neuköllner Schiffahrtskanal befahrbar. Hauptsächlich wegen des Ausfalles der Schleusungsgebühren und der Einnahmen aus dem beträchtlichen Durchgangsverkehr (rund 60% des Güterverkehrs im Jahre 1939) war die Gesellschaft bisher nicht in der Lage, die Anlagen entsprechend auszubauen.

Neben den öffentlichen Hafenanlagen gewannen auch die privaten Umschlaganlagen zunehmend Bedeutung. Ihre Standorte sind aber nicht mehr zufallsbedingt, sondern entsprechen der städtebaulichen Konzeption. Neue Umschlaganlagen entstanden nur an den Uferstrecken, die ausdrück-

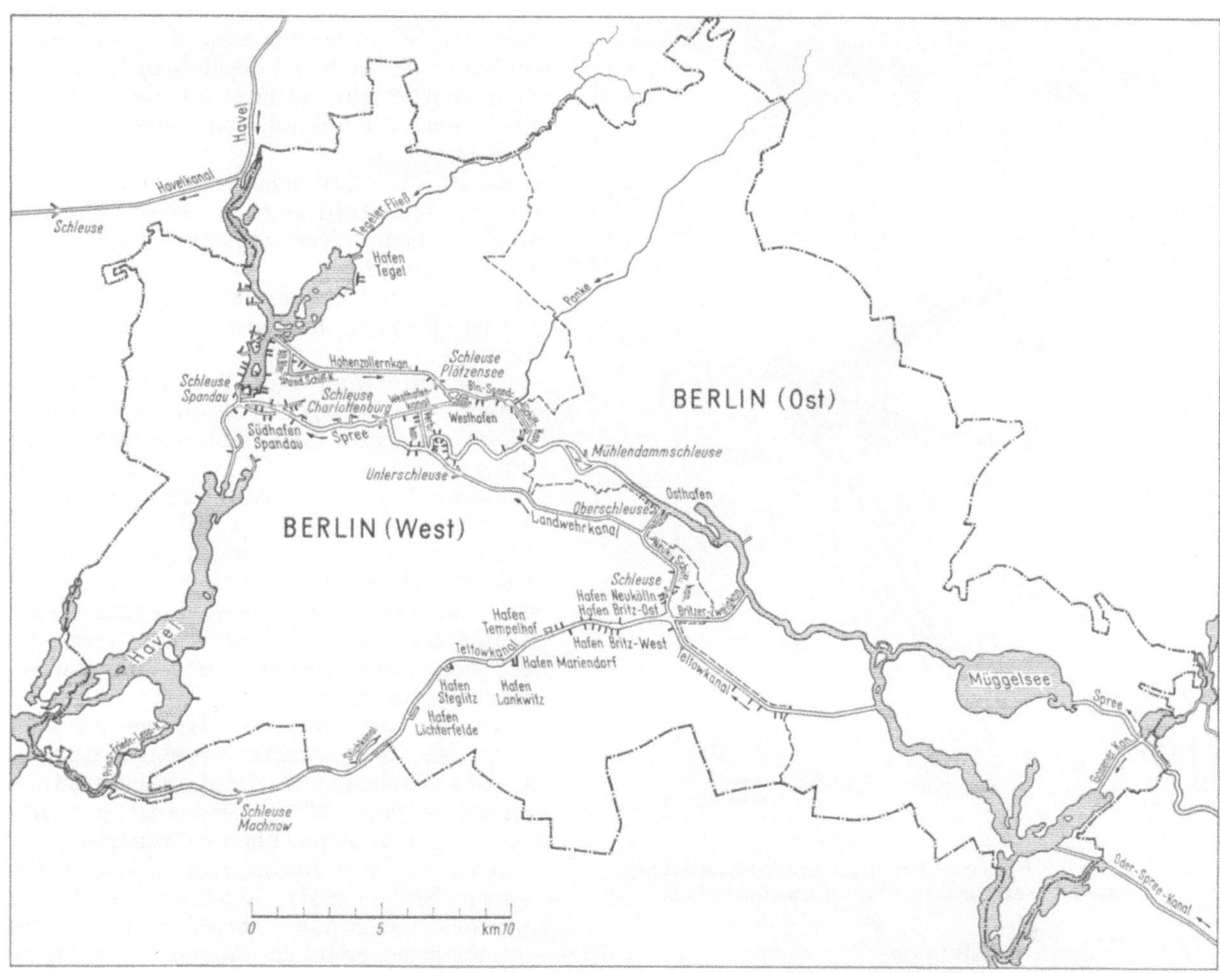

Abb. 16. Die Berliner Wasserstraßen. Private Umschlagstellen in Berlin (West) 1965.

lich für die Ansiedlung von Gewerbe, Handel und Industrie vorgesehen waren. Bei der Zulassung und Gestaltung dieser Anlagen wird selbstverständlich auf die Sicherheit des Schiffsverkehrs und den Gewässerschutz besonders Bedacht genommen. Das gilt vor allem für den Mineralölumschlag.

Die Anzahl der privaten Umschlaganlagen in Berlin(West) beträgt rund 100, hiervon entfallen 14 auf städtische Einrichtungen, insbesondere auf Versorgungsbetriebe. Die Verteilung der Anlagen über das Stadtgebiet geht aus Abb. 16 hervor.

Industriegrundstücke mit Wasseranschluß werden immer knapper, man wird deshalb künftig sehr darauf achten müssen, daß nur diejenigen Betriebe Umschlagplätze erhalten, die tatsächlich darauf angewiesen sind, während sich die übrigen der leistungsfähigen städtischen Anlagen bedienen können. Der Binnenschiffsumschlag an den privaten Umschlagstellen bezieht sich hauptsächlich auf feste und flüssige Brennstoffe sowie auf Baustoffe. Diese Güter erreichten 1963 allein einen Anteil von 77%. Der Rest setzte sich aus Stahlerzeugnissen, Schrott, chemischen Stoffen, Lebensmitteln und anderen Gütern zusammen.

Berlin war vor dem letzten Weltkriege einer der wichtigsten Verkehrsknotenpunkte Mitteleuropas im Eisenbahn-, Straßen- und Flugverkehr, in dem die Verkehrswege strahlenförmig zusammenliefen.

Durch den Krieg und die Ereignisse der Nachkriegszeit wurde die Stellung Berlins im Verkehr völlig verändert. Aus einem bedeutenden Knotenpunkt aller Verkehrsträger wurde eine Endstation. Es fehlt zudem die Freizügigkeit. Sämtliche Verkehrsverbindungen führen über vorgeschriebene Wege und Übergänge sowie über 3 Korridore im Flugverkehr (Abb. 17).

Im Güterverkehr von und zur übrigen Bundesrepublik bestehen die folgenden Verkehrswege: Im Eisenbahnverkehr gab es bis zum 30. 6. 1965 nur einen einzigen Übergang (Helmstedt/Marienborn). Erst vom 1. 7. 1965 an wurden im Zusammenhang mit der Einführung neuer Interzonentarife drei weitere Übergänge eingerichtet.

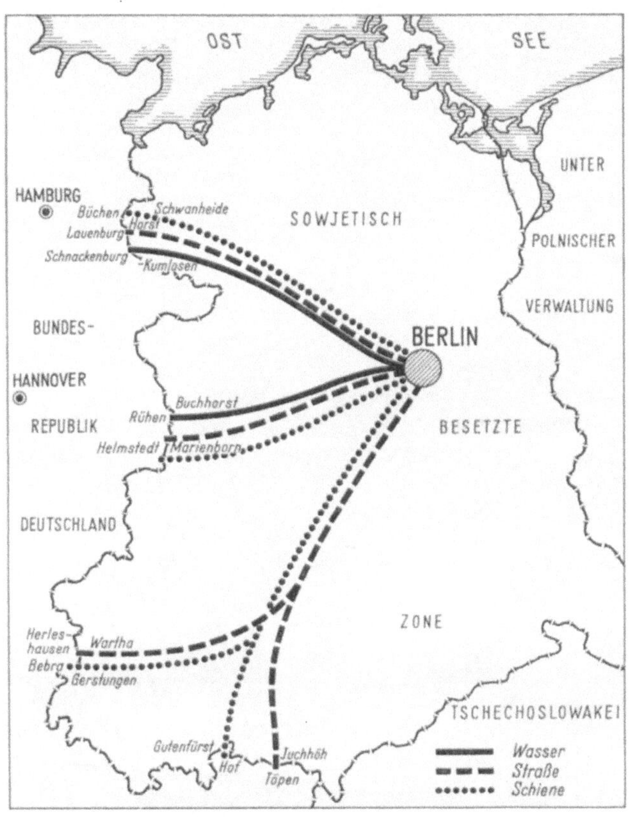

Abb. 17. Übergänge des Güterverkehrs zwischen Berlin (West) und der übrigen Bundesrepublik.

Im Straßenverkehr sind es 4 Übergänge und bei den Wasserstraßen 2, einer davon an der Elbe für den Verkehr von Hamburg nach Berlin, der zweite für den Verkehr über den Mittellandkanal aus Richtung Westen.

Es ist klar, daß sich bei einer derartigen Verkehrsbeschränkung ein echter Wettbewerb unter den Verkehrsträgern nicht entwickeln konnte.

Der Güterflugverkehr ist in der Menge so gering, daß ich ihn hier unberücksichtigt lasse.

Betrachtet man zunächst den Güterumschlag — Ein- und Ausfuhr — in Berlin (West), so kann man eine erfreuliche Aufwärtsentwicklung während der letzten 10 Jahre feststellen (Abb. 18). Der Güterumschlag stieg von 9,4 Mill. t im Jahre 1955 auf 14,7 Mill. t im Jahre 1964 an; davon entfielen 1964 rund 12,1 Mill. t oder 82% auf den Güterumschlag mit Westdeutschland und nur 2,6 Mill. t oder 18% auf den Güterumschlag mit der sowjetischen Besatzungszone.

Ähnlich wie vor dem Kriege ist auch heute die Gütereinfuhr wesentlich größer als die Güterausfuhr, die damals im Mittel immerhin rund 22%, 1964 aber erst rund 14% des Güterumschlages erreichte.

An der Gütereinfuhr nach Berlin(West) waren Binnenschiff, Eisenbahn und Lkw ziemlich gleichmäßig beteiligt (Abb. 19). Dabei konnte das Binnenschiff seinen Anteil am meisten steigern, er betrug über 36%, während die Eisenbahn auf fast 36% und der Lkw auf 28% kamen.

Gänzlich anders waren die Verhältnisse bei der Güterausfuhr. Hier beherrschte der Lkw mit einem Anteil von über 66% im Jahre 1964 den Verkehr völlig, der Eisenbahn blieben 15% und dem Binnenschiff 19% (Abb. 20).

Rechnet man die Güterein- und -ausfuhr für 1964 zusammen, so waren die Eisenbahn mit 32,5%, das Binnenschiff mit 33,7% und der Lkw mit 33,8%, also alle drei Verkehrsträger mit rund einem Drittel der Gütermengen daran beteiligt. Vor dem Kriege beförderte die Eisenbahn etwa zwei Drittel, das Binnenschiff etwa ein Drittel und der Lkw nur eine geringe Menge der ein- und ausgehenden Güter. Die Eisenbahn hat ihre Vormachtstellung damit in Berlin(West) an den Lkw verloren. In der übrigen Bundesrepublik konnte sich die Bahn hingegen 1964 mit 52% an der Güterbeförderung behaupten, während sich das Binnenschiff mit rund 29% und der Lkw mit rund 19% begnügen mußten.

Für das Hafenwesen besonders interessant ist ferner die Entwicklung des Binnenschiffsumschlages selbst (Abb. 21). 1955 betrug der Umschlag knapp 2 Mill. t, stieg in den folgenden Jahren aber recht gleichmäßig an und erreichte 1964 schon fast 5 Mill. t. Von diesem Aufschwung haben sowohl die öffentlichen Hafenanlagen als auch die privaten Umschlagstellen profitiert, letztere jedoch wesentlich mehr. Die öffentlichen Hafenanlagen waren 1964 nur mit rund einem Viertel am Binnenschiffsumschlag beteiligt.

Die wichtigsten mit dem Binnenschiff eingeführten Güter sind Baustoffe, Kohle, Kraft- und Leuchtstoffe, die 1963 allein 84% der Gesamtmenge ausmachten. Der Rest setzt sich aus Getreide und sonstigen Gütern zusammen.

Das Verhältnis zwischen der mit dem Binnenschiff beförderten ein- und ausgehenden Gütermenge betrug 1963 11,4 : 1. Vor dem Kriege war es im Mittel 6 : 1. Die Güterausfuhr durch das Binnenschiff ist damit zum Teil auf Kosten des Lkw's erheblich geringer geworden.

Waren 1963 über 12 000 Schiffe mit einer durchschnittlichen Ladung von rund 320 t am Güter-

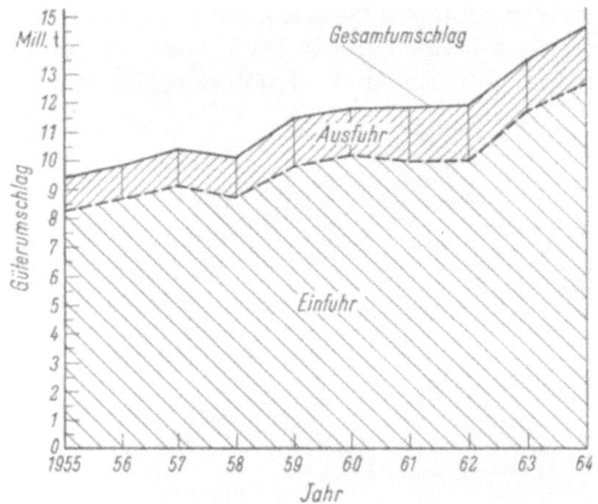

Abb. 18. Gesamtumschlag in Berlin (West): Binnenschiff, Eisenbahn und Lkw. Ein- und Ausfuhr 1955—1964.

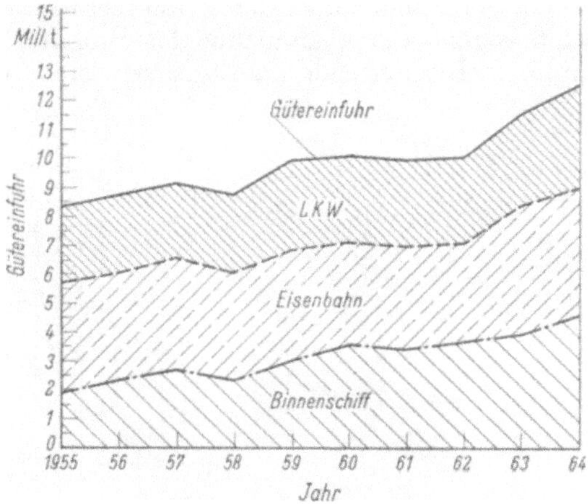

Abb. 19. Gütereinfuhr nach Berlin (West). Anteile der Verkehrsträger 1955—1964.

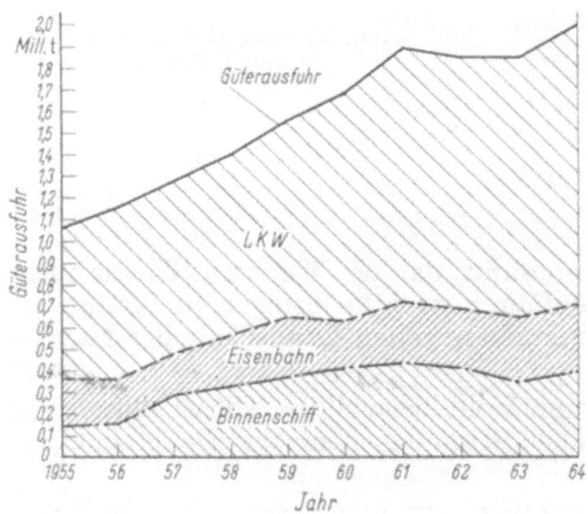

Abb. 20. Güterausfuhr aus Berlin (West). Anteile der Verkehrsträger 1955—1964.

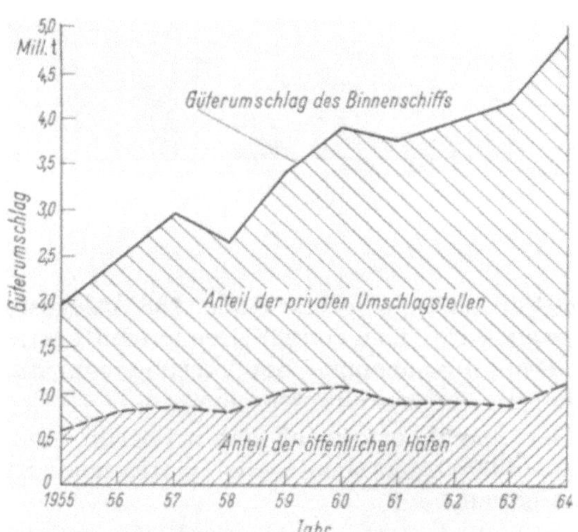

Abb. 21. Güterumschlag des Binnenschiffs in Berlin (West) 1955—1964.

eingang beteiligt, so konnten nur knapp 2 100 Schiffe durchschnittlich mit rund 160 t in Berlin (West) wieder beladen werden.

Von den ein- und ausgehenden Gütern gelangt etwa die Hälfte über den Mittellandkanal. Dieser Kanal ist damit zum wichtigsten Schiffahrtweg für Berlin(West) geworden.

Stets ist Berlin in der Hauptsache ein Versorgungshafen gewesen. Man kann deshalb einen guten Vergleichsmaßstab gewinnen, wenn man den jeweiligen Güterumschlag auf die entsprechende Einwohnerzahl bezieht. Der sich hieraus ergebende Güterumschlag in t je Einwohner wurde für Jahre mit besonders geringem Güterumschlag und für solche mit Spitzenumschlägen in Abb. 22 zusammengestellt. Danach wurde der 1964 in Berlin(West) erreichte Güterumschlag je Einwohner in Höhe von 6,66 t nur noch im Jahre 1929 übertroffen. Ebenfalls sehr günstig war auch der Binnenschiffsumschlag je Einwohner im Jahre 1964. Auch dieser liegt nur unter den Werten der absoluten Spitzenjahre, aber über dem Ergebnis von 1938.

Zur Abrundung der Betrachtung über den Güterumschlag ist noch die Frage zu beantworten, welchen Rang der Binnenhafen Berlin in der übrigen Bundesrepublik einnehmen würde. Legt man die Ergebnisse des Jahres 1964 zugrunde, würde Berlin(West) allein mit 4,943 Mill. t hinter Karlsruhe an 14. Stelle liegen. Zählt man aber den Güterumschlag in Berlin(Ost) hinzu, der im Jahre 1964 2,725 Mill. t betrug, würde Großberlin mit 7,668 Mill. t schon wieder den 4. Platz dicht hinter Köln (7,689 Mill. t) und Mannheim (8,172 Mill. t) einnehmen. Dieses Ergebnis ist um so beachtlicher, wenn man bedenkt, daß die Stadt heute rund 1 Mill. Einwohner weniger hat als vor dem Kriege.

Ein Bild von der Hafenstadt Berlin wäre unvollständig, wenn man sich nur mit der Beschreibung des Güterverkehrs und der Frachtschiffahrt mit ihren Umschlageinrichtungen begnügen wollte. Entsprechend der Bedeutung des Binnenhafens Berlin sind selbstverständlich auch in der Stadt namhafte Binnenreedereien ansässig oder unterhalten hier Zweigstellen. Ebenso spielt die Fahr-

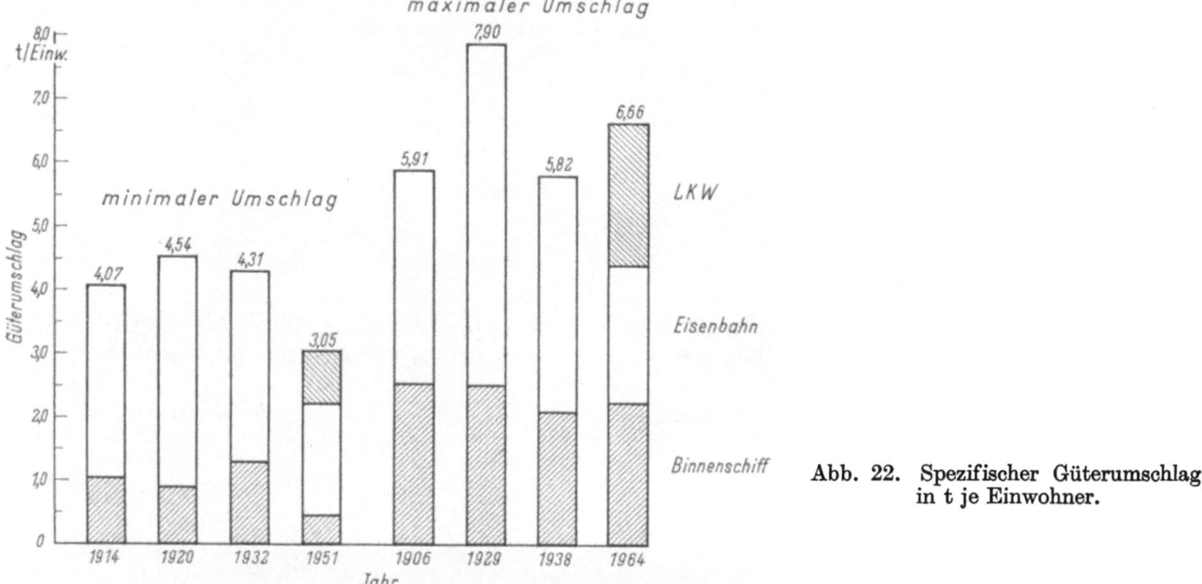

Abb. 22. Spezifischer Güterumschlag in t je Einwohner.

gastschiffahrt eine große Rolle. 138 Anlegestellen sorgen dafür, daß der Weg zum Wasser nirgends zu weit wird. Die von 33 Reedereien betriebenen 74 Fahrgastschiffe bringen im Linienverkehr die erholungssuchende Bevölkerung vom Stadtinneren zur reizvollen Landschaft der Havel oder laden dort zu Rundfahrten ein.

Der Sportbootverkehr hat in Berlin eine für Europa wohl beispiellose Entwicklung erlangt. Etwa 40 000 Sportboote aller Gattungen und rund 3 000 Steganlagen an der Havel sind hierfür bezeichnend.

Schließlich dürfen auch die Berliner Schiffswerften nicht vergessen werden, die im Bau von Sportbooten, von Frachtschiffen und von Spezialfahrzeugen beachtliche Leistungen aufweisen.

Der Überblick über die Entwicklung Berlins vom Fischerdorf zur Weltstadt beweist, daß die natürliche verkehrsgeographisch günstige Lage allein niemals ausgereicht hätte, diesen Aufstieg herbeizuführen. Einen entscheidenden Anteil daran hatte die gleichlaufende Entwicklung der Wirtschaft und des Verkehrs, der durch einen ständigen und weitsichtigen Ausbau der Verkehrswege planmäßig in die Stadt oder durch die Stadt gelenkt wurde.

Wirtschaft und Verkehr sind die tragenden Säulen einer Weltstadt. Sie zu erhalten und zu fördern ist deshalb gerade für Berlin eine lebenswichtige Aufgabe.

Für die Entwicklung Berlins war aber auch seine Stellung als Hauptstadt zunächst eines Landes und dann des Deutschen Reiches ausschlaggebend. Die im 14. Jahrhundert erlangte Selbständigkeit der Stadt ging dabei zwar verloren, ihre Entfaltungsmöglichkeit stieg aber von da an über die natürlichen Gegebenheiten sehr bald weit hinaus.

Als Folge der Gewaltherrschaft und des Krieges verlor Berlin seine Hauptstadtfunktion, seine wirtschaftliche Kraft und seine politische Einheit.

In scheinbar auswegloser Lage begannen die Bürger im freien Teil der Stadt mit dem Wiederaufbau. Ihrer Tatkraft, ihrem Selbstbehauptungswillen und der Hilfe, besonders des größeren Teils des freien Deutschlands, verdankt die Stadt ihren Aufstieg. Die Vorstellungen von einem neuen Berlin können zur Zeit nur im westlichen Teil der Stadt verwirklicht werden. Das politische Ziel, wieder geeinte Hauptstadt eines geeinten Landes zu sein, ist das Leitbild beim Planen und Bauen.

Berlin wird dann auch wieder ein Mittelpunkt — nicht mehr eine Endstation — sein. Dazu gehören Bau und Ausbau der Berliner Häfen und Wasserstraßen. In ihren Hauptadern sind sie dem Verkehr mit 1000 t-Schiffen zugeordnet.

Der Anschluß Osteuropas an die westeuropäischen Wasserstraßen für den Verkehr mit Europa-Schiffen wird zur Zeit geplant. Dieses Wasserstraßennetz wird einmal vom Rhein bis zum Dnjepr reichen. In diesem Wasserstraßennetz, dafür sorgen wir schon heute durch unsere Planungen, wird am Ende das wiedervereinigte Berlin ein wichtiger Hafen im Zentrum Europas sein.

Die deutsche und europäische Politik wird und muß sich bemühen, die Handelsbeziehungen zwischen dem freien Europa und den Ostblockstaaten zu vertiefen und zu verstärken. Dabei wird der Wasserverkehr eine nicht unbedeutende Rolle spielen. Wir hoffen, daß dabei im Interesse der allgemeinen politischen Entwicklung Berlin nicht etwa ausgeklammert wird, sondern eine wichtige Funktion im Ost-West-Verkehr erhält, die hinzielt auf die Zentralsituation der Deutschen Hauptstadt Berlin.

Abb. 23. Westhafen, Teilansicht (BEHALA).

Schrifttum

[1] Wasserstraßenjahrbuch 1924, München: Richard Pflaum.

[2] Die Häfen im Deutschen Reich 1941, bearbeitet von P. Ostmann, Berlin: Hoppenstedt u. Co.

[3] Geleitschrift zur Eröffnung des Berliner Westhafens und zur Inbetriebnahme der Neuorganisation der Berliner Häfen. Herausgegeben von der Nachrichten-Abt. der Zentraldirektion Aktiengesellschaft Schenker u. Co., Berlin im Auftrage der Generaldirektion der Berliner Häfen.

[4] Berlin Sowjetsektor. Herausgegeben vom Büro für Gesamtberliner Fragen. Berlin: Colloquium-Verlag Otto H. Hess.

[5] „Berlin als Hafenstadt" von Stadtbaurat Hahn, Sonderdruck aus: Die Wasserwirtschaft Deutschlands und ihre neuen Aufgaben, Berlin 1925.

[6] Havel und Spree — Spandaus Lebensadern, Hengsbach, Arne; Sonderdruck aus dem Jahrbuch für brandenburgische Landesgeschichte 1961.

[7] Methling, Harry: Mittelraddampfer „Prinzessin Charlotte von Preußen", das erste in Deutschland gebaute Dampfschiff, Sonderdruck aus dem Jahrbuch für brandenburgische Landesgeschichte 1961.

[8] Kropp, Paul-Erdmann: Die geschichtliche Entwicklung des Staues am Mühlendamm in Berlin. Zbl. Bauverw. 61. Jg., H. 15.

[9] Heimatchronik Berlin, Archiv für Deutsche Heimatpflege GmbH, Köln 1962.

[10] Kloos, Rudolf: Die innerstädtischen Berliner Kanäle. Bohrtechnik-Brunnenbau-Rohrleitungsbau 1963, H. 10.

[11] 50 Jahre Hafenstadt Berlin. Herausgegeben von BEHALA — Berliner Hafen- und Lagerhausbetriebe —, Eigenbetrieb von Berlin, Berlin-West / Basel: Länderdienst-Verlag.

[12] Krause, Friedrich: Der Osthafen zu Berlin, Berlin: Ernst Wasmuth AG. 1913.

[13] Statistische Jahrbücher der Stadt Berlin 1891—1938, herausgegeben vom Statistischen Amt der Stadt Berlin.

[14] Statistische Jahrbücher 1955—1964, herausgegeben vom Statistischen Landesamt.

Die Berliner und die mitteldeutschen Wasserstraßen[1]

Von Regierungsbaudirektor **Helmut Seifert**, Bonn

1. Das mitteldeutsche Wasserstraßennetz als Einheit

Wenn ich heute zu Ihnen über die mitteldeutschen Wasserstraßen, mit Berlin als beherrschendem Mittelpunkt, zu sprechen habe, so kann ich ein Wasserstraßennetz behandeln, daß schon länger zusammengeschlossen ist als jedes andere Teilnetz der deutschen Wasserstraßen. Berlin als Hauptstadt der brandenburgisch-preußischen Großmacht war der Zielpunkt solch frühzeitiger Kanal- und Flußbauten. Zudem begünstigte die Natur, die flache Bodengestaltung der Mark Brandenburg, das Entstehen des zwischen Elbe und Oder gelegenen, die beiden Ströme verbindenden märkischen Wasserstraßennetzes. An keiner anderen Stelle Deutschlands finden wir infolge dieser beiden Einflüsse eine so starke Konzentration und Verästelung von Wasserstraßen, und wie stark Berlin mit Wasser durchsetzt ist, möge einmal aus der Zahl von 450 Brücken hervorgehen, die über die dortigen Wasserläufe führen. Im Westen Deutschlands blieb dagegen der Bau von Kanälen, die Wasserscheiden überwinden, lange Zeit zurück, so lange, daß noch 1913 der Rhein, der Dortmund-Ems-Kanal, die Weser und natürlich auch die Donau isolierte Wasserwege darstellten. Freilich überragte der Rhein in seiner Verkehrsbedeutung schon damals alle Wasserstraßen. Der technische Fortschritt hat aber auch aus den mitteldeutschen Wasserstraßen im Laufe der Zeit bedeutende Verkehrswege gemacht. Die erst durch ein Wasserstraßen-Netz ermöglichten vielfältigen Schiffsverbindungen gaben der Schiffahrt in Mitteldeutschland von altersher eine Bedeutung, die die Beschränkung auf kleinere Schiffsgrößen als im Westen in vieler Beziehung wett machte. Um so bedauerlicher ist es, daß die heutigen politischen Grenzen diesem Netz seine Geschlossenheit und damit auch der dortigen Binnenschiffahrt ihre frühere Bedeutung genommen haben[2].

2. Die Entwicklung in früherer Zeit

Lassen Sie mich zum Verständnis der heutigen Situation zunächst einen ganz kurzen Überblick über die Anfänge des Zusammenschlusses der Stromgebiete von Elbe und Oder geben. Als erste deutsche Scheitelkanäle überhaupt wurden schon um 1550 gleich zwei Elbe-Oder-Verbindungen in Angriff genommen; davon wurde die nördliche, der 70 km lange Finowkanal, 1619, die nach dem Großen Kurfürsten Friedrich-Wilhelm-Kanal genannte südliche Verbindung 1667 vollendet. Die letzte hat über zwei Jahrhunderte dem Verkehr gedient, bis sie um 1900 durch den Oder-Spree-Kanal ersetzt wurde, der seinerseits 1914 für 600-t-Schiffe ausgebaut und nach 1921 in seinen Schleusen abermals modernisiert wurde, so daß er vor allem dem Kohlenverkehr von Oberschlesien nach Berlin dienen konnte. In diesem Zustand hat dieser Scheitelkanal auch heute noch wichtige Verkehrsfunktionen zu erfüllen. Der Finowkanal hat eine ähnliche Entwicklung durchlaufen. Friedrich der Große hat den im 30 jährigen Krieg untergegangenen ersten Finowkanal neu gebaut. Er sollte helfen, das 1720 preußisch gewordene Stettin zu einem bedeutenden Seehafen zu machen sowie Berlin zu versorgen, und diese schmale Wasserstraße, wenngleich später für das 250-t-Schiff erweitert, hatte in Erfüllung dieser beiden Aufgaben noch um 1910 etwa die gleiche Verkehrsleistung zu verzeichnen, wie der für das 700-t-Schiff gebaute Dortmund-Ems-Kanal, nämlich fast 3 Mio t. Kein Wunder, daß der Finowkanal durch eine größere Wasserstraße ersetzt werden mußte, den für 700-t-Schiffe eingerichteten Hohenzollernkanal von 1914, dem großen Jahr der deutschen Wasserstraßen. Dieser Kanal erfuhr 20 Jahre später seine entscheidende Verbesserung durch das bekannte Schiffshebewerk Niederfinow. Aber auch die Oder selbst wurde frühzeitig verbessert, und zwar, nachdem sie 1742 auf ihre ganze Länge preußisch geworden war, ebenfalls im Hinblick auf Stettin. An erster Stelle steht der große Durchstich bei Hohensaaten, nahe von Niederfinow, der die Oder um 23 km abkürzte, das Oderbruch entwässern half und bis heute den Stromlauf bestimmt. Den technischen Verbesserungen aber fügte Friedrich der Große, noch bevor es eine Rheinschiffahrtsakte gab, solche administrativen hinzu wie den Verzicht auf Schiffahrtszölle, außerdem eine die Stromunterhaltung sehr fördernde Ufer-, Wart- und Hegungsordnung. Um 1800 folgten der Aus-

[1] Als Vortrag gehalten auf der 30. ordentlichen Hauptversammlung in Berlin.

[2] Hierzu vgl. Karten und Abbildungen im 27./28. Band des Jahrbuches der Hafenbautechnischen Gesellschaft (Aufsatz „Die Binnenschiffahrtstraßen in den vergangenen 50 Jahren — 1914 bis 1964").

bau von Warthe und Netze, der Bromberger Kanal zur Weichsel und der Klodnitz-Kanal in Oberschlesien. Auf der anderen Seite Berlins entstand im Stromgebiet der Elbe schon in der Mitte des 18. Jahrhunderts — aus den gleichen Gründen wie der Finowkanal — der Plauer Kanal zur direkten Verbindung Magdeburgs mit Berlin und Stettin, ein Vorläufer des heutigen Endstückes der West-Ost-Magistrale Ruhr—Berlin. An der Elbe selbst arbeitete man schon vor 1700 am Fahrwasser des bis heute neuralgisch gebliebenen Punktes Magdeburg.

Nach diesem Exkurs in die Anfänge des mitteldeutschen Wasserstraßennetzes seien vom weiteren Ausbau bis 1921 nur die übrigen wichtigsten Neubauten hervorgehoben: der Ihle-Kanal, der von Niegripp bei Magdeburg parallel zur Elbe bis zum Plauer-Kanal verläuft (1871), der Elbe-Lübeck-Kanal (1900), der Lübeck an das mitteldeutsche Wasserstraßennetz anschließt, der Teltowkanal, die sowohl für die Vorflut als auch für den Verkehr dringend notwendig gewordene südliche

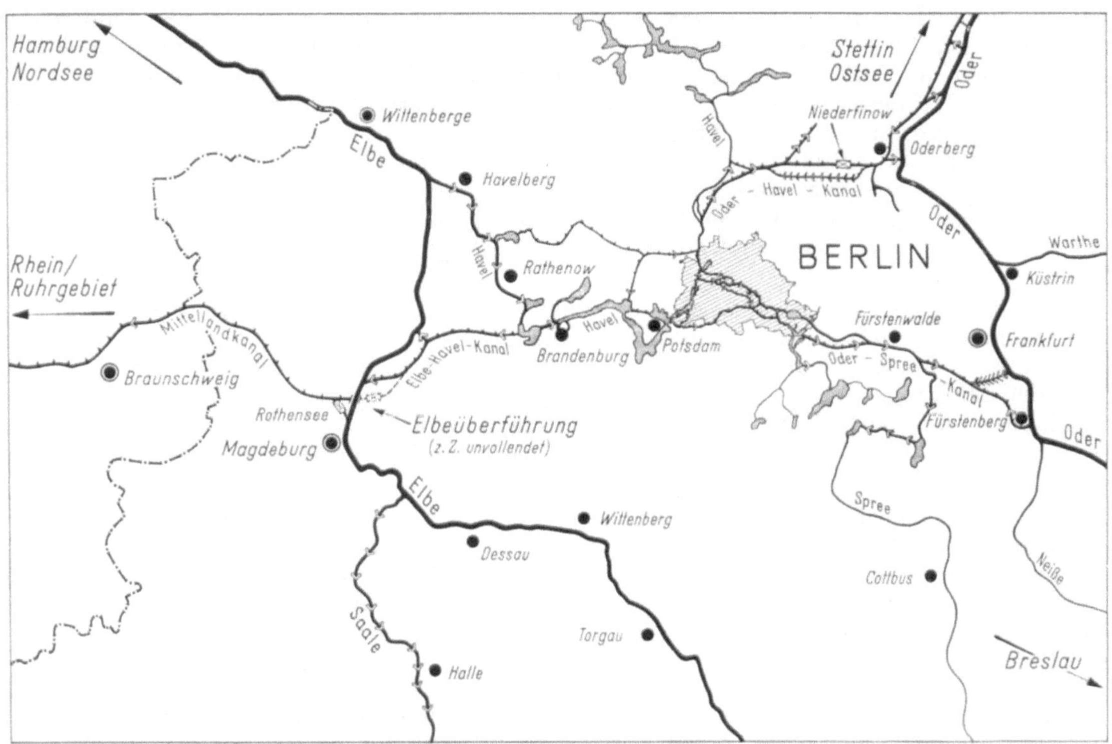

Abb. 1. Die märkischen Wasserstraßen.

Umgehung Berlins (1906), die Oderkanalisierung für 640-t-Schiffe (in 2 Etappen, 1898 und 1913) von Breslau bis zum neuen Kohlenhafen Cosel, wo 1913 fast 4 Mill. t umgeschlagen wurden. Für die Elbe ist die Elbeschiffahrtsakte von 1821 mit der Additionalakte von 1844 bedeutungsvoll geworden: Die Elbeuferstaaten haben darin zur Ausschaltung der sommerlichen Schiffahrtsunterbrechungen eine Fahrwassertiefe bei NW von mindestens 1 m angestrebt und schließlich auch weitgehend erreicht. Dies gilt selbst für die Moldau bis Prag und wurde innerhalb Böhmens durch Kanalisierung erzielt. Infolge der Stromregelung der Elbe in Preußen und Sachsen konnten 1913 Schiffe bis 1100 t Tragfähigkeit verkehren, das Regelschiff faßte 700 t; der Hamburgverkehr erreichte 12 Millionen t, war relativ ausgeglichen und kam an den damaligen Mittelrheinverkehr heran. Havel und Spree hielten ebenfalls mit der technischen Entwicklung Schritt. Nicht unerwähnt bleiben dürfen die weitverzweigten, aber nur schmalen mecklenburgischen und pommerschen Wasserstraßen.

Auch in Berlin, wo besonders die starke Bautätigkeit, trotz der Eisenbahnen, Wasserstraßen erforderte, wurde das Netz vervollständigt: 1850 durch den Landwehrkanal, 1859 durch den Spandauer Schiffahrtskanal, der die Innenstadt unmittelbar mit der oberen Havel verbindet, und später 1875 durch den Charlottenburger Verbindungskanal, 1914 durch den Neuköllner Schiffahrtskanal vom Landwehrkanal zum Teltowkanal, und ebenfalls 1914 durch den Ausbau des Spandauer Schiffahrtskanal westlich vom heutigen Westhafen als Teilstrecke des Hohenzollern-Kanals. Die Bedeutung der Berliner Wasserstraßen in dieser Zeit spiegelt sich in der Umschlagziffer des Jahres 1906 von 10 Millionen t wieder (Groß-Berlin).

3. Die neuere Entwicklung im Wasserstraßenausbau (1921—1945)

3.1 Mitteldeutsche Wasserstraßen

Um nun den heutigen Zustand des mitteldeutschen Wasserstraßennetzes zu beschreiben, sind eigentlich nur noch die Maßnahmen der Reichswasserstraßenverwaltung zu nennen, denn es befindet sich heute im wesentlichen in dem Zustand, in dem sie es hinterlassen hat. Die bedeutendste Ergänzung des Netzes bis Kriegsende ist die Heranführung des Mittellandkanals an die Elbe (1938), mit dem Schiffshebewerk Rothensee bei Magdeburg, das den Abstieg zum Elbehafen Magdeburg vermittelt. Dieses Hebewerk, das erste deutsche Zwei-Schwimmer-Hebewerk, ist im Hinblick auf das gleichartige, unvollendete Doppelhebewerk Hohenwarthe östlich der Elbe heute von großem Interesse; auch ist es heute ein für die Versorgung Berlins lebenswichtiges Verbindungsglied. Seine Hubhöhe beträgt max. 18,5 m; der Trog ist für den 1938 maßgebenden 1000-t-Sympher-Kanal-Kahn von 80 × 9 × 2,0 m oder auch das damalige sogenannte 1000-t-Fluß-Kanal-Schiff von 80 × 10,50 × 1,60 m bemessen und hat deshalb die Maße 85 × 12 × 2,50 m. Das Hebewerk Rothensee ist somit leider nicht für den heute durchweg geforderten Schiffstiefgang von 2,50 m ausreichend. Der Trog mit einem gesamten bewegten Gewicht von 5400 t ruht auf 2 Schwimmern und wird an vier senkrechten Spindeln von 27 m Länge gefahren, die so an den Führungsgerüsten aufgehängt sind, daß sie nur Zugkräfte erhalten. Spindeln und Spindelmuttern sind stark genug ausgebildet, daß sie im Notfalle das ganze Gewicht des Troges oder den überschüssigen Auftrieb der Schwimmer aufnehmen können. Die Antriebsmaschinen fahren mit dem Trog mit.

Das Schlußstück des Mittellandkanals, die Elbeüberführung mit Abstieg zum Ihle-Plauer-Kanal, ist nicht mehr fertig geworden, dagegen der großzügige Ausbau dieses Kanals und der weiteren Wasserstraße bis Berlin für das 80 m lange, 2,0 m tiefgehende 1000-t-Schiff. Die Kanalschleusen sind mit den Maßen 225 × 12 m denen des Mittellandkanals angepaßt, die Havelschleusen allerdings behielten die aus früherer Zeit stammende Breite von 10 m. Die Havelmündungsschleuse wiederum, wichtig für den Verkehr Hamburg—Berlin, ist als Eingangsschleuse mit 20 m Breite besonders leistungsfähig neu gebaut worden.

Die Elbe hatte trotz der früher erzielten Verbesserungen immer noch unbefriedigende Fahrwasserverhältnisse. Die Reichswasserstraßenverwaltung hat sie nach einem Entwurf reguliert, dessen Ziel die ständige Fahrmöglichkeit für das zu drei Viertel beladene 700-t-Schiff war, d. h. eine Mindest-Fahrwassertiefe von 1,5 m. Zur Unterstützung der Regulierung durch Zuschußwasser wurden im Thüringer Wald zwei große Talsperren am Bleiloch und bei Hohenwarthe gebaut, aber ein voller Erfolg hat sich nicht eingestellt. Die Staustufe Magdeburg wurde angefangen, blieb aber unvollendet. Ebenso ging es mit dem Südflügel des Mittellandkanals, d. h. dem Ausbau von Elbe und Saale mit Zweigkanal nach Leipzig; dort sind zwar noch ein Hafenbecken, eine Kaimauer und Getreidespeicher fertig geworden, dagegen nicht die Kanalverbindung. Die Saale, obgleich sie in ein wichtiges Industriegebiet führt, ist deshalb bis Halle nur mit 67-m-Schiffen (700 t), oberhalb davon bis Leuna sogar nur mit 50-m-Schiffen (380 t) befahrbar; die Abladetiefe und somit die Tonnage sind sehr beschränkt.

Die bis 1945 ausgeführten Verbesserungen an den beiden von Berlin zur Oder führenden Kanälen wurden schon gestreift. Besonderes Eingehen verdient aber das Schiffshebewerk Niederfinow, diese große technische Leistung der Reichswasserstraßenverwaltung, das zu den bedeutendsten jemals ausgeführten Bauwerken gehört. Abgesehen von einer 42 m hohen Schleuse in Rußland, ist es mit seiner Hubhöhe von 37 m noch heute die höchste Schiffahrtsanlage zur Überwindung einer Gefällstufe und es hält immer noch den Rekord aller Hebewerke oder Aufzüge. Es ersetzte damals die baufällig gewordene Schleusentreppe am Abstieg des Hohenzollern-Kanals zur Oder. Dabei wurde statt des 67-m-Schiffes (von 700 t) das 80-m-Schiff (von 1000 t) berücksichtigt, und zwar mit 2,0 m Tiefgang, so daß der Trog wie beim Hebewerk Rothensee 85 × 12 × 2,5 m mißt. Nach langen Vorarbeiten hat man, auch wegen des schlechten Baugrundes, eine Bauweise gewählt, bei der das Troggewicht von 4300 t durch Gegengewichte ausgeglichen wird. Sie hängen an 256 Drahtseilen. Die Sicherheitseinrichtung sah folgendermaßen aus: vier kurze, mit dem Trog verbundene und von ihm aus angetriebene Spindelabschnitte, Drehriegel genannt, laufen in vier sogenannten Mutterbackensäulen, d. s. geschlitzte Muttergewinde, die über die ganze Hubhöhe reichen. Durch vorgespannte Federn in Verbindung mit dem Antriebsritzel gehalten, bewahren die Drehriegel einen Abstand im Gewinde von 3 cm. Die Spannung wird aber bei Störung des Gewichtsausgleichs des Systems, also bei Leerlaufen des Troges oder bei Reißen der Seile, überwunden, und der Trog setzt sich über die Drehriegel weich auf die Mutterbackensäulen auf. Das Schiffshebewerk hat alle Anforderungen, die der Verkehr stellte, in den jetzt 30 Jahren seines Betriebes einwandfrei erfüllt.

Die Oder selbst schließlich wurde soweit verbessert, daß auf ihrer Regulierungsstrecke unterhalb von Breslau 400-t-Schiffe mit zwei Drittel Ladung und auf ihrem Unterlauf in der Fahrt Berlin—Stettin 600-t-Schiffe jederzeit verkehren können. Dies war der Erfolg, namentlich in der oberen Strecke, des bekannten großen Staubeckens von Ottmachau; auf 2200 ha überstauter Fläche faßt ein 7 km langer Staudamm rund 150 Mio m³ Wasser. Drei weitere Staubecken wurden im oberen Odergebiet noch in Angriff genommen, aber nur das von Turawa vollendet. Zum Odergebiet gehört noch der vor 1945 fertiggestellte, großzügig angelegte Neue Klodnitzkanal von Kosel nach Gleiwitz.

3.2 Berliner Wasserstraßen

In Berlin verfolgte die Reichswasserstraßenverwaltung seit 1921 die Absicht, die Wasserstraßen für die Aufnahme des künftigen Mittellandkanalverkehrs geeignet zu machen. Wegen des bevorstehenden Zusammenschlusses des west- und des mitteldeutschen Wasserstraßennetzes mußte man sich in Berlin auf das Erscheinen des 80-m-Schiffes von 1000 t Tragfähigkeit vorbereiten. Vorher

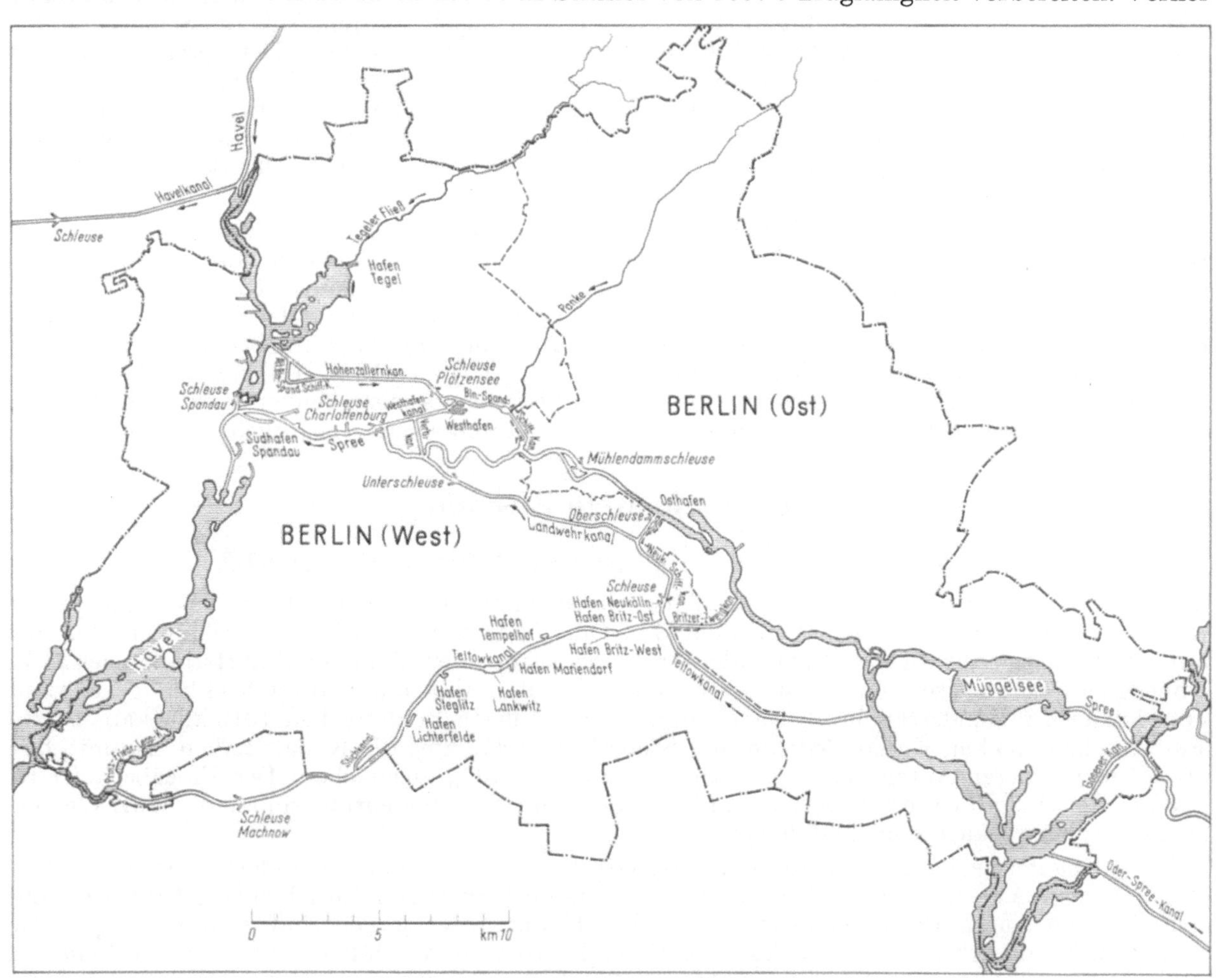

Abb. 2. Die Berliner Wasserstraßen.

waren, mit kleinen Abweichungen in der Schiffsgröße nach oben und unten, die Hauptwasserstraßen in und um Berlin nur für das 600-t-Schiff eingerichtet. Außerdem waren mehrere ausgesprochene Engpässe zu beseitigen, denen der nach dem ersten Weltkrieg in Berlin rasch wieder steil ansteigende Schiffsverkehr ausgesetzt war. Notwendig war folgendes:

1. den Osten Berlins unter Umgehung der Innenstadt für das 1000-t-Schiff an den Westen anzuschließen, also den Teltowkanal dafür auszubauen,

2. den Schiffahrtsweg vom Westen her zum wichtigsten Umschlagplatz von Berlin, dem Westhafen, für den neuen Verkehr auszubauen, d. h. die Unterspree zu begradigen, zu vertiefen und zu verbreitern einschließlich des Neubaues der Schleuse Charlottenburg sowie die gänzlich unzureichende Zufahrt von der Schleuse Charlottenburg zum Westhafen, die über das sogenannte Spreeeck führte, durch eine gradlinige Verbindung zu ersetzen.

3. den Norden Berlins durch eine größere Schleuse bei Spandau anzuschließen,

4. Westhafen und Osthafen für den Verkehr mit 1000-t-Schiffen unter Umgehung der sehr ungünstigen westlichen Spreestrecke, d. h. durch Ausbau des Spandauer Schiffahrtskanals zu verbinden und dabei die alte unzulängliche Mühlendammschleuse zu ersetzen,

5. die Innenspree von den kleineren Schiffen zu entlasten durch Ausbau des Landwehrkanals auf den Breslauer Maß-Kahn von 550 t.

Nur ein Teil dieser Absichten konnte noch bis Kriegsende verwirklicht werden. Unter den verschiedenen in dieser Zeit vollendeten Bauten verdient der Umbau der Mühlendammstaustufe hervorgehoben zu werden, auch weil er im Herzen der Stadt das Stadtbild stark veränderte. Dort entstand anstelle der unter der Mühlendammbrücke liegenden alten Schleuse eine moderne Doppelschleppzugschleuse, die allein schon wegen ihrer großen Abmessungen von zweimal 140 × 12 m nur mit Mühe in der engen Innenstadt unterzubringen war. So wurde notwendigerweise der Hauptarm der Spree stark eingeengt. Deshalb mußte vorweg der südliche, an der Reichsbank vorbeiführende „Spreekanal", der zusammen mit dem Hauptarm die Spreeinsel, mit dem früheren Schloß und den Museen, bildet, für eine höhere Wasserführung (50 m^3/s) ausgebaut werden. Der Spreekanal erhielt ein modernes Wehr mit Sportschleuse, womit sich zugleich der starke Sportbootverkehr quer durch Berlin vom gewerblichen Verkehr trennen ließ. Die Gesamtanlage, hergestellt in den Jahren 1935—1940, hat die Schiffahrtswege, die Abflußverhältnisse und nicht zuletzt das Städtebild erheblich verbessert. Fertig geworden ist ferner noch die neue dritte Schleuse des Teltowkanals bei Klein-Machnow für 1000-t-Schiffe (85 × 12 m).

1938 mußten die erwähnten Ausbauabsichten der Reichswasserstraßenverwaltung den überspannten städtebaulichen Plänen der Nationalsozialisten angepaßt werden. Es blieb zwar im wesentlichen die Substanz der vorgenannten Absichten, wichtige Änderungen bestanden jedoch in einem völligem Neubau des Spandauer Schiffahrtskanals, einer langen Unterführung der Spree — in 2 Fahrten — unter einem Aufmarschplatz am Königsplatz und einer ebenso phantastischen Spreebegradigung östlich etwa bis zum Bahnhof Friedrichstraße. Diese fremden Einflüsse sind jetzt verschwunden, verfolgt werden aber die ursprünglichen Pläne der Reichswasserstraßenverwaltung im Rahmen des Möglichen noch heute, z. T. sind sie in den letzten Jahren sogar verwirklicht worden.

4. Der heutige Zustand

4.1 Wasserstraßennetz und Binnenschiffsverkehr der SBZ

Wie sieht nun in unseren Tagen das Wasserstraßennetz Mitteldeutschlands aus? Infolge der neuen politischen Verhältnisse ist aus dem Elbe-Oder-Netz der Torso herausgeschnitten, der sich auf dem Gebiet der heutigen SBZ befindet. Die Gesamtlänge der Binnenschiffahrtstraßen der SBZ, wobei allerdings auch sehr unbedeutende Wasserwege mitgezählt sind, beträgt 2644 km (gegen rund 4000 km in der Bundesrepublik). Davon umfassen regulierte Flußstrecken 1013 km, kanalisierte Flußstrecken 633 km, Kanäle 580 km und Seenstrecken 418 km; die Kanäle haben also mit fast 30% einen höheren Anteil als im Bundesgebiet, wo sie 20% ausmachen. Der Elbeabschnitt ist 558 km, der Oderabschnitt 162 km lang. Für die Schiffahrt von Bedeutung sind in der SBZ Wasserstraßen in einer Länge von rund 2000 km.

Die Ausbaugröße der mitteldeutschen Wasserstraßen — seit 1945 unverändert — ist fast durchweg geringer als die der westdeutschen. Das war entsprechend den natürlichen Gegebenheiten und den früheren Ausbauzielen schon immer so. Die Hauptwasserstraßen sind größtenteils für das 67-m-Schiff zugänglich, mit Ausnahme der Elbe, die vom 80-m-Schiff befahren werden kann; in den Kanälen und kanalisierten Flüssen ist eine Tauchtiefe von 2 m oder weniger zulässig. Auf der Elbe innerhalb der SBZ beträgt die Tauchtiefe im Sommer sogar oft weniger als 1,30 m und im Sommer 1964 z. B. waren es zeitweise sogar nur 70 cm. Auf den vom Westen nach Berlin führenden Wasserstraßen ist das 80-m-Schiff mit 2,0 m Tiefgang (außer der Elbe), also ein 1000-t-Schiff, zugelassen. So ist es auch möglich, daß die jetzt vielfach auf Westberliner Werften gebauten 1350-t-Schiffe ins übrige Bundesgebiet fahren und sogar in zunehmendem Maße — aus steuerlichen Gründen — die Fahrt von und nach Berlin wiederholen. Bezogen auf die wichtigen Wasserstraßen von zusammen rund 2000 km Länge können verkehren:

41-m-Schiffe (270 t) auf der ganzen Länge,
67-m-Schiffe (700 t) auf 80% der Länge,
80-m-Schiffe (1000 t) auf 50% der Länge.

In der Bundesrepublik — mit doppelter Netzlänge — steht dem 80-m-Schiff etwa die dreifache Streckenlänge zur Verfügung.

Die SBZ besitzt nur ein verstümmeltes Wasserstraßennetz. Was ihm am meisten fehlt, ist der freie Zugang zum Meer. Politische Grenzen sind es, die ihn versperren, nicht die Natur. Hamburg und Stettin, die Mündungshäfen der beiden Ströme des mitteldeutschen Netzes, einst von größter Bedeutung dafür, gehören nicht mehr dazu. Die kleineren Wasserstraßen, die zu den Ostseehäfen zwischen Lübeck und Stettin führen, erschließen kein nennenswertes Hinterland. Rostock, der einzige bedeutende Seehafen, verfügt nicht über eine ins Hinterland führende Wasserstraße. Wichtige Industriegebiete sind trotz wertvoller Ansätze aus früherer Zeit noch immer nicht oder nicht vollwertig angeschlossen, so das von Halle (mit den Leuna-Werken) und das von Leipzig, andere wie die von Erfurt, Chemnitz, Cottbus und das Lausitzer Kohlenrevier lassen sich auf Grund der natürlichen Gegebenheiten überhaupt kaum anschließen. Die einst so wichtige Oder gehört nur mit einem für die Wirtschaft der SBZ wenig erheblichen Abschnitt zu ihrem Wasserstraßennetz, und auch das nur mit einem Ufer. Schließlich sind für die Wirtschaft der SBZ die Westberliner Wasserstraßen weitgehend aus ihrem Wasserstraßennetz ausgeklammert. Hier sei allein auf den Umweg von 80 km hingewiesen, der z. B. von Fürstenberg a. d. Oder nach Sachsen zu machen ist, wenn Westberlin umfahren werden muß.

Was hat sich nun seit 1945 an den mitteldeutschen Wasserstraßen selbst verändert? Sehr wenig! Ein Kanalneubau ist hinzugekommen, der Havelkanal. Dieser Kanal wurde 1951/52 zur Umgehung von Westberlin gebaut. Er zweigt bei Niederneuendorf oberhalb von Spandau von der Havel ab und erreicht sie wieder bei Paretz, zwischen Potsdam und Brandenburg. Er ist 34 km lang und damit 8 km kürzer als der Weg über die Havel selbst. Seine Linienführung lehnt sich weitgehend an frühere Entwässerungskanäle an. Der Havelkanal, mit 35 m Sohlenbreite, ist für 2 schiffigen Verkehr von 750-t-Schiffen eingerichtet. Für den Verkehr von 1000-t-Schiffen sind Ausweichstellen angelegt, spätere Erweiterung auf einem Ufer ist vorgesehen.

1957 wurde bei Nienburg ein die Saale um 1,3 km verkürzender Durchstich in Betrieb genommen, eine örtlich wertvolle Schiffahrtsverbesserung. Ferner wurden in letzter Zeit Meißelarbeiten am Domfelsen von Magdeburg geleistet mit dem Ziel einer Fahrwasservertiefung um 15 bis 20 cm. Aber darüber hinaus wurde das Wasserstraßennetz nicht nennenswert verbessert oder erweitert.

Leider ist das mitteldeutsche Wasserstraßennetz jetzt sogar verkürzt durch die dauernde Sperrung des westlichen Teiles des Teltowkanals, die die Behörden der SBZ verfügt haben. Die Sperrung ist nicht technisch bedingt, sie könnte jederzeit aufgehoben werden. Dann wäre wieder der normale Weg von Westen her zu den zahlreichen und wirtschaftlichen bedeutenden Umschlagsstellen des Kanals frei; z. Z. sind diese nur über die Innenberliner Wasserstraßen zu erreichen.

Daß der Wert, den die Wasserstraßen für die mitteldeutsche Wirtschaft haben, trotz der relativ großen Ausdehnung des Netzes nur gering ist, kann nach dem Gesagten nicht verwundern. Lassen wir die Leistungen der Binnenschiffahrt der SBZ sprechen. Sie hat 1963 11 Mio Gütertonnen befördert. Damit hat sie einen Anteil am Gesamtverkehr von nur 4%, wenn man unter Gesamtverkehr dasselbe versteht wie in der Bundesrepublik, d. h. den Verkehr nach Abzug des Straßennahverkehrs. Dort hat die Binnenschiffahrt bekanntlich einen Anteil von rund 30%. Die SBZ veröffentlicht allerdings nur den Verkehr mit ihren eigenen Schiffen; bei dem geringen Verkehr fremder Schiffe mit der SBZ wird aber deren Einbeziehung die Bewertung der Binnenschiffahrt für die Wirtschaft der SBZ kaum ändern. Zwei von der Statistik der SBZ nicht gezählte Transitverkehre sind jedoch beachtlich: 1. der Verkehr auf der Oder zwischen Schlesien und Stettin in der Größenordnung von 2 Mio t, 2. der Verkehr zwischen Westberlin und dem übrigen Bundesgebiet in Höhe von rund 4 Mio t. Ferner gibt es noch den Übereckverkehr Hamburg—Mittellandkanal, den tschechoslowakischen und den polnischen Verkehr, jeder etwa mit $^1/_2$ Mio t. Mit der um diese letzteren Werte (also ohne den Oderverkehr zwischen Schlesien und Stettin) erhöhten Gütermenge von insgesamt rund 16 Mio t werden aber auf den 2000 km schiffahrtswichtigen Wasserstraßen der SBZ immer noch unvergleichlich weniger Güter gefahren als in der Bundesrepublik, wo rund 180 Mio t über 4000 km Wasserstraßen gehen. Zählt man den vorgenannten reinen Oderverkehr hinzu, so ergibt sich mit rd. 18 Mio t ein Transitverkehr von rund ein Drittel. — Die Verkehrsleistung 1963 der Binnenschiffahrt der SBZ von rund 2 Mrd tkm (gegenüber 40 Mrd. tkm in der Bundesrepublik) steht mit ihrem Anteil von 5% an der Gesamtverkehrsleistung um ein weniges besser da als die beförderte Gütermenge. — Besonders aufschlußreich ist die Entwicklung des Binnenschiffsverkehrs der SBZ. Er ist von 10 Mio t im Jahr 1950 auf 15 Mio t im Jahre 1958 angestiegen (Anteil 8,5%), dann aber auf die genannten 11 Mio t (Anteil 4%) des Jahres 1963 zurückgegangen.

Der Grund für den geringen Binnenschiffsverkehr ist die bereits genannte künstliche Abschnürung des Wasserstraßennetzes und seine ungünstige Lage zu den Wirtschaftsschwerpunkten. Die Wasserstraßen liegen eben nicht da, wo man sie braucht. Der Verkehrsanteil der Binnenschiffahrt am Gesamtverkehr wäre aber nicht derartig gering, wenn hier nicht ein circulus vitiosus vorläge. Die ungünstige Gestalt des Wasserstraßennetzes brachte die Wasserstraßen von vornherein ins

Hintertreffen; sie war Anlaß, beim Wiederaufbau nach dem Kriege die Eisenbahn eindeutig zu bevorzugen. Auch in der SBZ war, wie in der Bundesrepublik, der bis 1945 vorherrschende West-Ost-Verkehr auf die Nord-Südrichtung umzustellen. Da man dabei die Wasserstraßen vernachlässigte, fügte man den ursprünglichen Nachteilen einen neuen hinzu, was sie wiederum noch weniger anziehend und somit noch weniger für einen Ausbau lohnend machte. Das bezieht sich auch auf die Modernisierung der veralteten Binnenflotte, die nur sehr langsame Fortschritte machte. So sind noch 88% aller Güterschiffe Schleppkähne, wogegen in der Bundesrepublik dieser Anteil heute bereits auf 35% abgesunken ist. Die Binnenflotte umfaßt heute 700 000 t (Bundesrepublik 5 Mio t).

Auch die politische Neuorientierung ist verantwortlich für den Rückgang des Binnenschiffsverkehrs. Fast 80% des Ex- und Imports der SBZ werden heute mit den „sozialistischen Ländern" in östlicher- und südöstlicher Richtung abgewickelt. Diese Strukturveränderung der mitteldeutschen Handelsbeziehungen blieb auch auf die Binnenschiffahrt nicht ohne Einfluß. Der traditionelle Verkehr mit dem Hafen Hamburg geht ständig zurück, er wird aus Devisengründen zugunsten „östlicher" Häfen gedrosselt. Stettin liegt praktisch im „Ausland". Die Ein- und Ausfuhren der SBZ werden vorzugsweise mit der Eisenbahn über Rostock geleitet. Die wertvolle Wasserstraßenverbindung nach Westen über den Mittellandkanal wird infolge der einseitigen Orientierung des Handels der SBZ dafür nicht genügend ausgenutzt. Andererseits wird das klassische Transportgut Kohle von Oberschlesien nur in geringem Maße nach Berlin oder in das Elbegebiet befördert; der Kohleverkehr nach Stettin steht voran. Daher ist auch diese Verkehrsbeziehung stark zurückgegangen. So läuft über die politischen Grenzen des mitteldeutschen Wasserstraßennetzes sowohl im Westen als auch im Osten nur ein geringer Verkehrsstrom.

4.2 Binnenhäfen der SBZ

Die Binnenhäfen der SBZ sind in den circulus vitiosus der Binnenschiffahrt einbezogen, d. h. ihr schlechter Zustand ist mit verantwortlich für die geringen Leistungen der Binnenschiffahrt, aber gerade dieser geringen Leistungen wegen hat man zu geringe Investitionsmittel zur Verfügung gestellt, um die von den Kriegs- und Nachkriegsereignissen stark mitgenommenen Häfen auf einen modernen Leistungsstand zu bringen. Wirkliche Bedeutung haben heute nur Magdeburg, Berlin-Osthafen, Fürstenberg, Königswusterhausen und Schwedt an der Oder, und nur in diesen Häfen sind die Verladeeinrichtungen auf einem modernen Stand. Magdeburg, Mittelpunkt eines kräftig industrialisierten Gebietes, ist der größte Binnenhafen der SBZ und konnte seinen Verkehr von 1939 mit 2 Mio t sogar auf 2,7 Mio t im Jahre 1959, heute allerdings nur 2,1 Mio t steigern. Der Berliner Osthafen schlägt als Versorgungshafen der Stadt 2 Mio t um, davon sind 80% Empfangsgüter. Fürstenberg an der Oder hat einige Bedeutung sowohl als Transithafen für den Verkehr mit der Sowjetunion und Polen als auch für die Versorgung des Eisenhüttenkombinats Ost mit Kohle und Erz. Hier ist sogar ein neues Hafenbecken als Stichkanal zum Oder-Spree-Kanal hergestellt worden; der Umschlag dürfte 1,8 Mio t. betragen. Königswusterhausen dient fast ausschließlich dem Versand von Briketts und Braunkohle aus dem Senftenberger Braunkohlengebiet mit einem Umschlag von 1,5 Mio t; Bestimmungsorte sind vor allem Plätze jenseits von Berlin, aber gerade für Plätze wie Brandenburg oder Magdeburg bedeutet von hier aus eine Umgehung von West-Berlin einen erheblichen Umweg. Der Hafen Schwedt wird Bedeutung erlangen wegen einer Raffinerie am vorläufigen Endpunkt der von der Sowjetunion kommenden Rohölleitung und wegen weiterer neuer Industriewerke. Sonst verdienen höchstens noch die Häfen Halle, Dresden, Anklam und Riesa Beachtung. Außer in diesen 9 Häfen ist überall die Ausstattung mit Verladeeinrichtungen unzulänglich. Alles in allem ist die Tätigkeit der 57 Binnenumschlagsplätze der SBZ nicht im entferntesten mit der der 250 Binnenhäfen der Bundesrepublik zu vergleichen. So fügen sich die Binnenhäfen in das Bild ein, das die Wasserstraßen und die Binnenschiffahrt in der SBZ heute bieten.

4.3 Westberliner Wasserstraßen

Und nun ein Blick auf die heutigen Wasserstraßen in der geteilten deutschen Hauptstadt. Was liegt im Westteil von Berlin ? Fast das ganze reizvolle Seengebiet der Havel von Potsdam bis Tegel, heute unentbehrlich für die erholungsuchende Westberliner Bevölkerung, gleichzeitig Zufahrtsweg der Schiffahrt vom Bundesgebiet her; die Spree stromaufwärts bis zum ehemaligen Lehrter Bahnhof; der Hohenzollernkanal, Westhafen und eine Teilstrecke des Spandauer Schiffahrtskanals; der ganze Landwehrkanal mit Neuköllner Schiffahrtskanal und schließlich der Hauptteil des Teltowkanals mit seinen vielen Industrie- und Umschlagsanlagen, aber nicht seine am Westeingang liegende, gesperrte Schleuse Klein-Machnow. Landwehrkanal und Neuköllner Schiffahrtskanal haben eine unerwartete Bedeutung dadurch erlangt, daß sie es Schiffen bis max. 500 t Tragfähigkeit erlauben, vom Westteil Berlins aus den Teltowkanal ohne Durchfahren des Ostsektors zu erreichen, eine Möglichkeit, von der so viel wie möglich Gebrauch gemacht wird. Größere Schiffe freilich können in den Teltowkanal nicht ohne Durchfahren des Ostsektors gelangen.

Insgesamt liegen in West-Berlin rund 100 km ehemalige Reichswasserstraßen, außerdem der Neuköllner Schiffahrtskanal, der eine Landeswasserstraße ist. Seine Schleuse wird deshalb vom westlichen Bezirksamt Neukölln verwaltet, während die fünf anderen in West-Berlin gelegenen Schleusen Spandau, Charlottenburg und Plötzensee, dazu die Ober- und die Unterschleuse des Landwehrkanals sich in der Hand des Ostens befinden, allerdings ohne daß er dort Hoheitsrechte besitzt. Es ist ein ungewöhnlicher und nur im geteilten Berlin möglicher Zustand, daß die freien Strecken der Wasserstraßen einerseits, die Schleusen andererseits verschiedenen Verwaltungen unterstehen. Er ist auf kurz nach dem Kriege getroffene Abmachungen der Siegermächte zurückzuführen.

Als West-Berlin den mit den Wasserstraßen verbundenen Problemen zunächst allein gegenüberstand, hat es nicht gezögert, das große Erbe der in seinem Gebiet befindlichen ehemaligen Reichswasserstraßen nach besten Kräften selbst zu pflegen und für ihre Instandsetzung und Unterhaltung erhebliche Mittel aufzubringen. Außer der Behebung eigener Notstände hat Berlin dadurch bedeutende Werte vor dem Verfall bewahrt. Es ist natürlich, daß Berlin diese ihm fremde Last nicht länger tragen konnte. So sprang im Jahre 1952 der Bund mit laufenden Zuschüssen ein, die ungefähr die Aufwendungen decken, die der Unterhaltungs- und Ausbaupflicht für die Bundeswasserstraßen entsprechen. Da aber der Bund aus staatsrechtlichen Gründen in West-Berlin nicht selbst an seinen Wasserstraßen tätig werden konnte, liegt auch weiterhin die bauliche Verwaltung der Wasserstraßen in der Hand des Senators für Bau- und Wohnungswesen, während die Vermögensverwaltung treuhänderisch vom Senator für Verkehr und Betriebe ausgeübt wird. Beide Senatsverwaltungen sind treue und fachkundige Sachwalter der ehemaligen Reichswasserstraßen in West-Berlin.

Abb. 3. Abflachung des Holsteiner Ufers (Spree) mit Ersatz der Ufermauer durch eine Böschung und Unterwasserspundwand.

Schon innerhalb der ersten 10 Jahre nach Kriegsende konnten zwei wichtige Vorhaben der früheren Reichswasserstraßenverwaltung verwirklicht werden, die beide zur Aufnahme des 80-m-Schiffes in Berlin beabsichtigt, aber nicht gleichzeitig mit der Vollendung des Mittellandkanals fertig geworden waren. Das erste ist der $1^1/_2$ km lange Durchstich an der Spreemündung, 1952/53 ausgeführt, der dort eine sehr ungünstige S-Kurve ausschaltet. Mit 52,50 m Wasserspiegelbreite bei 3,50 m Wassertiefe ist hier eine neuzeitliche Wasserstraße geschaffen worden. Viel bedeutender ist der in den Jahren 1954 bis 1956 gebaute Westhafenkanal, die 3 km lange geradlinige Kanalverbindung zwischen der Charlottenburger Schleuse und dem Westhafen. Schon ein flüchtiger Blick auf den Stadtplan läßt den großen Vorteil für die Schiffahrt erkennen. Diese Kanalverbindung erspart ihr die Benutzung der Spree und des Charlottenburger Verbindungskanals mit unhaltbar scharfen Krümmungen. Der Westhafenkanal mit 45 m Breite und 3,50 m Tiefe ist gleichzeitig ein Teilstück der geplanten großzügigen Hauptschiffahrtsstraße für das 1000-t-Schiff quer durch Gesamt-Berlin, die die Spree über den ausgebauten Spandauer Schiffahrtskanal erst wieder am Lehrter Bahnhof erreichen und vor allem später einmal hohe verkehrliche Bedeutung haben wird.

Das Hauptaugenmerk richtete sich nach Erreichen dieser beiden Ziele — und richtet sich noch heute — auf die Ufereinfassungen. Großenteils sind sie erneuerungsbedürftig. Vielfach handelt es sich darum, ungünstige Schiffahrtsverhältnisse zu verbessern. besonders die in der Innenstadt immer noch bestehenden viel zu scharfen Krümmungen abzuflachen, ein bei der großstädtischen Bebauung schwieriges Unterfangen. Außerdem ergibt sich infolge der überaus lebhaften Bautätigkeit Berlins für sein Verkehrsnetz vielfache Gelegenheit, die Wasserstraßen an den Berührungs- und Kreuzungsstellen zu verbessern und besonders die Ufereinfassungen neuzeitlich zu gestalten.

Bei allen diesen Maßnahmen am Wasser war es das Bestreben, die Sünden der Vergangenheit Schritt für Schritt möglichst wieder gutzumachen. War doch früher gerade die Innenspree, auch der Landwehrkanal, auf lange Strecken leider in keiner Weise dem Stadtbild nutzbar gemacht worden, obgleich es genug Vorbilder gibt, die zeigen, welche städtebaulichen Akzente durch das Wasser gesetzt werden können. Hier muß nun der Name von Baudirektor Natzschka genannt werden, der als Leiter des Wasserwesens beim Senator für Bau- und Wohnungswesen, von Kriegsende bis zu seinem Eintritt in den Ruhestand im vorigen Jahr, die Ufer der Berliner Wasserläufe wahrhaft verschönt und in großem Ausmaße der Bevölkerung zugänglich gemacht hat. Ich brauche nicht zu betonen, wie wichtig für die eingeschlossene Bevölkerung von West-Berlin freie Räume, Grünflächen und Wege am Wasser sind. Natzschka hat sein Hauptziel, einen durchgehenden Fußweg im Grünen von der Kongreßhalle und vom Tiergarten bis zum Schloßpark Charlottenburg

Abb. 4. Flache Ufergestaltung an der Spree nahe der Kongreßhalle.

Abb. 5. Uferweg am Landwehrkanal (Sedanufer, Bezirk Kreuzberg).

und weiter die Spree und Havel entlang bis zu den Havelseen, schon weitgehend erreicht; auch andere Wasserstraßen sind bereits von schönen Uferwegen eingefaßt. An vielen Stellen sind Ufermauern tiefer gelegt worden, das Grün ist bis ans Wasser herangeführt. Der Bund hat diesem Vorhaben des Landes Berlin gern die Hand geboten. Heute ist es eine Freude zu sehen, wie stark etwa an einem sonnigen Tage die neugeschaffenen Uferwege von jung und alt bevölkert werden.

Die Absichten, die an den Westberliner Wasserstraßen heute verfolgt werden, richten sich im wesentlichen nach den schon genannten, immer noch grundlegenden Plänen der früheren Reichswasserstraßenverwaltung. Diese zielten auf die Fahrmöglichkeit in den meisten Berliner Wasserstraßen für das 80-m-Schiff mit 2 m Tiefgang. An einen größeren Tiefgang ist z. Z., allein schon in Anbetracht der bestehenden Zufahrtswege nach Berlin, nicht zu denken. Bei den Baumaßnahmen wird aber jetzt Vorsorge getroffen, später einmal die Tauchtiefe von 2,50 m ermöglichen. Somit wird also bereits auf das Europaschiff Rücksicht genommen. Der alte Plan, den Landwehrkanal zur Entlastung der Innenspree für das 550-t-Schiff auszubauen, hat neue Aktualität gewonnen. Voraussichtlich wird man die Planung — mit gewissen Einschränkungen, vor allem hinsichtlich der Tauchtiefe — vorsorglich auf das 67-m-Schiff erweitern können, so daß dieser gängige Typ später nicht vom Landwehrkanal ausgeschlossen zu werden braucht. Verwirklichen lassen sich die Absichten jedoch vorerst nur schrittweise, im Rahmen von Bauarbeiten an Ufermauern, Uferstraßen, Brücken, U-Bahnkreuzungen mit Wasserstraßen. Ungewiß, da vom Osten abhängig, ist der Zeitpunkt des noch fehlenden Neubaues der Schleusen Charlottenburg und Spandau.

5. Wasserstraßenplanungen

Zum Abschluß ist auf die Pläne und Notwendigkeiten für den Ausbau der in der SBZ gelegenen Wasserstraßen einzugehen. Bei der Planungsfreudigkeit des Ostens ist den häufig in seiner Presse auftauchenden Plänen gegenüber Vorsicht geboten. Um ernsthafte Absichten dürfte es sich aber angesichts des Fehlens eines Seehafens mit Wasserstraßenanschluß bei den Plänen handeln, den stark ausgebauten Seehafen Rostock an das mitteldeutsche Wasserstraßennetz anzuschließen. So soll jetzt ein etwa 90 km langer Binnenschiffahrtsweg vom Breitling bei Rostock nach dem Saaler Bodden angelegt werden. Zeitungsmeldungen zufolge hat der Bau bereits begonnen. Die Fahrt von Rostock ins Landesinnere würde über den Strelasund, den Greifswalder Bodden, die Peene, das Stettiner Haff und oderaufwärts führen. Möglicherweise wird aber der Nachteile der Küstenstrecke wegen vom Saaler Bodden ab ein reiner Binnenweg angelegt werden. Es ist auch davon die Rede, den Elbehafen Wittenberge auszubauen und die Seehäfen Rostock und Wismar von dort mit Pendelzügen zu erreichen.

Für die West-Berliner Wirtschaft von größter Bedeutung ist das immer noch unvollendete Vorhaben der Elbeüberführung des Mittellandkanals bei Magdeburg, und zwar nicht nur für den Verkehr aus Richtung Westen, sondern auch — über den künftigen Elbe-Seitenkanal — für die Verbindung Hamburg—Berlin. Bekanntlich ist die West-Ost-Verbindung bei Magdeburg noch pro-

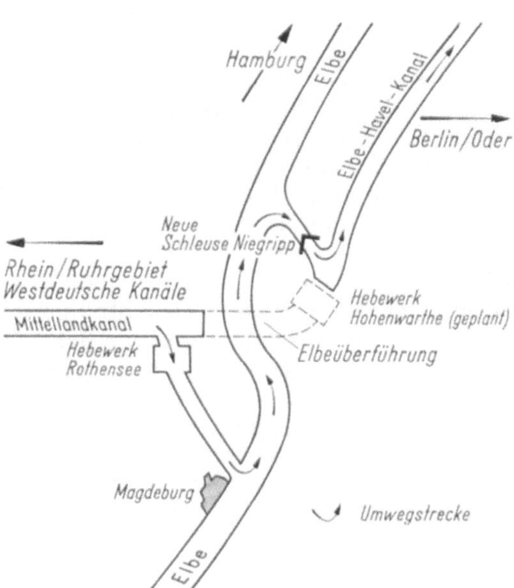

Abb. 6.
Die geplante Elbüberführung des Mittellandkanals.

visorisch. Die von Westen nach Berlin fahrenden Schiffe müssen vom Mittellandkanal über das Hebewerk Rothensee absteigen, auf dem sogenannten Abstiegskanal zur Elbe gelangen und von hier elbeabwärts bis zur Schleuse Niegripp fahren, wo sie den Ihle-Plauer-Kanal erreichen. Der Umweg über die Elbe beträgt gegenüber der vorgesehenen geradlinigen Verbindung rund 12 km. Z. Z. müssen ihn jährlich 12 000 Schiffe nehmen. Er ist vor allem abhängig von der wechselnden Wasserführung der Elbe mit ihrer langen und ausgeprägten Niedrigwasserperiode. Bekannt sind die Einschränkungen der Tauchtiefe, die die Schiffahrt dort im Sommer 1964 hinnehmen mußte; sie ging im Juli/August bis auf 80 cm zurück.

Die infolge des Krieges nicht vollendete geradlinige Fortsetzung des Mittellandkanals sollte enthalten: eine 900 m lange Kanalbrücke, bestehend aus 20 Flutöffnungen (Stahlbetonbögen) zu 35 m und einer 200 m langen Strombrücke in Stahlkonstruktion (Hauptöffnung 100 m, 2 Seitenöffnungen von je 50 m) und ein Hebewerk von 19,30 m Hubhöhe für den Abstieg zum Ihle-Plauer-Kanal; es war, da im Zuge der großen West-Ost-Verbindung gelegen, als Doppelhebewerk angelegt. Fertiggestellt worden sind: 4 Bögen der Flutbrücke, mehrere Flutbrückenpfeiler, die Pfeiler und das östliche Widerlager der Strombrücke, ferner im wesentlichen die Tiefabuarbeiten für das Hebewerk, d. h. vor allem die 4 Schwimmerschächte, und sogar mindestens zwei (wenn nicht vier) der acht 27,3 m langen Spindeln.

Die Lücke bei Magdeburg ist nicht nur eine Lücke im deutschen Wasserstraßennetz. Sie zu schließen kann geradezu eine europäische Aufgabe genannt werden. Die wirtschaftliche Vernunft wird ihre Lösung eines Tages fordern, gegebenenfalls auch vor der Wiedervereinigung Deutschlands. Schwierige technische Probleme stellen sich dabei.

Die Kanalbrücke war entworfen für 30 m Wasserspiegelbreite und eine Wassertiefe von 3,0 m über den Flutöffnungen und 2,75 m über den Stromöffnungen. Alle drei Maße sind zu gering für einen modernen zügigen Verkehr. Die Strombrücke wird man auf 3,0 m Wassertiefe bringen müssen und können, indem man das Stahlgewicht durch neuzeitliche Bauweise senkt. Aber auch dabei wird für das Europaschiff nur ein Querschnittsverhältnis von knapp 4 :1 erreicht werden. Eine weitere Vertiefung wird größere Schwierigkeiten bereiten. Die Breite von 30 m wird man beibehalten müssen. Offen ist die Frage, ob man nicht, vor allem aus Gründen der Unterhaltung, zur Bauweise in vorgespanntem Beton übergehen kann.

Auch beim Hebewerk Hohenwarthe stellen sich besondere Probleme. Es ist fast genau wie das von Rothensee entworfen, also auch nur für eine Wassertiefe im Trog von 2,50 m. Es würde demnach nicht für das 2,50 m tief abgeladene 1350-t-Schiff ausreichen. Wenn auch der Wasserweg nach Berlin z. Z. nur 2 m Tauchtiefe erlaubt, so muß doch im Hinblick auf die Zukunft ein so bedeutendes, eine Schlüsselposition einnehmendes Bauwerk, wie das Hebewerk Hohenwarthe, die jetzt für alle Hauptwasserstraßen West-Europas maßgebende Tauchtiefe von 2,50 m zulassen. Es wird noch zu untersuchen sein, wie man zu gegebener Zeit den Entwurf des Stahlbauteiles des Hebewerks Hohenwarthe so ändern könnte, daß die Wassertiefe im Trog um 50 cm auf 3,0 m vergrößert wird. Die ersten Überlegungen ergaben folgendes: Bei Trogabmessungen 85 × 12 m wiegt eine Wasserschicht von 50 cm Höhe rund 500 t. Um den Auftrieb der Schwimmer entsprechend zu vergrößern, wäre bei dem vorgesehenen Durchmesser von 10 m eine Verlängerung jedes Schwimmers um 3,25 m notwendig. Die Abmessungen der fertigen Schächte lassen eine solche Änderung der Schwimmermaße natürlich nicht zu. Jedoch dürfte es möglich sein, bei der Stahlkonstruktion der beweglichen Teile, d. h. von Trog, Tragkörpern und Schwimmern, durch Anwendung der in Henrichenburg entwickelten Bauweise erhebliche Gewichtsersparnisse zu erzielen und so mit den Schwimmermaßen auszukommen. Beim Hebewerk Rothensee, dem Muster für Hohenwarthe, wird der Trog von einer schweren Brückenkonstruktion getragen. Der Hauptantrieb fährt auf dem Trog mit. Demgegenüber wurde beim Hebewerk Henrichenburg der Trog selbsttragend ausgebildet, die Schweißtechnik angewandt, wurden die Antriebe auf die Führungsgerüste gelegt, Trogtore von geringstem Gewicht gewählt. Das Stahlgewicht je Tonne Wasserlast, ohne Maschinenbauteile, konnte dadurch auf 0,41 t gesenkt werden, während es beim Hebewerk Rothensee 0,9 t beträgt. Die Umrechnung auf die Verhältnisse beim Hebewerk Hohenwarthe läßt erwarten, mit den vorhandenen Schwimmerschächten die erforderliche Wassertiefe im Trog von 3 m erreichen zu können. So erscheinen wenigstens die technischen Voraussetzungen als gegeben, bei Magdeburg die west- und mitteldeutschen Wasserstraßen endlich vollwertig zusammenzuschließen, den Binnenschiffsverkehr zwischen West und Ost zu beleben und, als Nahziel, einen der wichtigsten Verkehrswege nach Berlin zu verbessern.

250 Jahre Entwicklungsgeschichte der Duisburg-Ruhrorter Häfen

Von Hafendirektor Dipl.-Ing. **Hermann Bumm**, Duisburg-Ruhrort

1. Die Lage Ruhrorts im Mündungsgebiet von Rhein und Ruhr

Vor 250 Jahren lag die kleine Stadt Ruhrort, die damals gerade 500 Einwohner hatte, in einer weiten, von zahlreichen Altarmen durchzogenen, verwilderten Flußniederung von Rhein und Ruhr (Abb. 1). Die Schiffahrt war in dieser Flußniederung, insbesondere im Unterlauf der Ruhr, durch

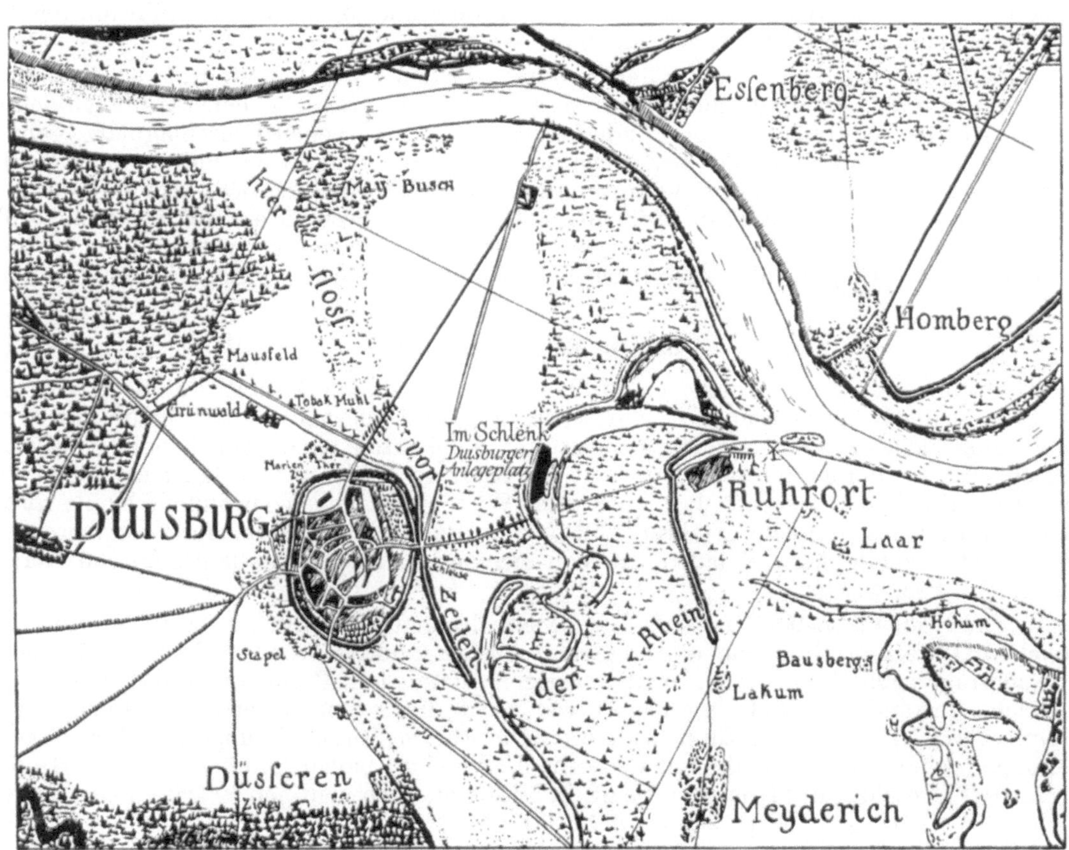

Abb. 1. Rheinniederung.

schnell wechselnde Versandungen und Untiefen sehr behindert. Da die Vorländer äußerst niedrig lagen, traten Rhein und Ruhr häufig über die Ufer, so daß der Treidelverkehr oft eingestellt und gesegelt werden mußte, was aber bei der starken Strömung auf dem Rhein sehr zeitraubend war.

Besonders ungünstig wirkte sich die Häufigkeit der Hochwässer aus, die zudem noch außerordentlich hohe Wasserstände aufwiesen. Die Stadt Ruhrort selbst war nicht einmal hochwasserfrei. So standen während des großen Hochwassers im Jahre 1799 nach der Chronik die Häuser in Ruhrort bis zum First unter Wasser. Das höchste überhaupt bekannte Hochwasser des Rheins wurde im Jahre 1799 mit 13,63 m am Ruhrorter Pegel gemessen. Wenn auch dieses Hochwasser mit Eisgang verbunden war, so sind diese extremen Werte in der damaligen Zeit doch auffallend, da man eigentlich annehmen sollte, daß nach der Eindeichung und Flußregulierung im 19. Jahrhundert, bei der

der Strom begradigt und zwischen den Deichen in ein eingeengtes Abflußprofil gezwängt wurde, die Hochwasserstände angehoben wurden. Dieses ist aber offensichtlich nicht der Fall, denn das höchste Hochwasser im 20. Jahrhundert, im Jahre 1926, hat nur einen Stand von 13,00 m am Pegel Ruhrort erreicht. Die Ursache für die hohen Hochwasserstände in der damaligen Zeit dürfte darin zu suchen sein, daß früher die Hochwässer in die flachen und weiten Vorländer nur zurückstauten oder zumindest nur eine geringe Fließgeschwindigkeit vorhanden war. Die Eindeichung und Stromregulierung im vorigen Jahrhundert hatte trotz der Einengung des Mittelwasserbettes von 450 auf 350 m keine Veränderung des wirksamen Abflußquerschnittes zur Folge, so daß die Hochwasserstände nach der Regulierung gleich blieben.

Besonders hinderlich war für die Schiffahrt der sehr häufige Eisgang auf dem Rhein, der heute fast unbekannt ist. Dies liegt nicht etwa an einer Klimaveränderung, sondern in der Tatsache, daß das in den flachen Altarmen stehende Wasser bereits bei geringem Frost vereiste, welches bei steigendem Wasser abtrieb, und daß der Rheinstrom damals noch reines Wasser führte. Heute bewirken die zahlreichen Kühlwasser- und Abwässereinleitungen sowie der starke Salzgehalt des Rheins und die chemikalischen Verunreinigungen, daß erst bei wesentlich tieferen Temperaturen die Eisbildung eintritt. Die Schwankungen der Rheinwasserstände zwischen dem höchsten Hochwasser und dem niedrigsten Niedrigwasser waren schon damals mit 9,00 m gegenüber heute 11,20 m sehr hoch, wobei der größere Unterschied auf die Vertiefung des Rheinbettes durch die anläßlich der Regulierung verstärkt auftretende Erosion zurückzuführen ist. Bei diesen großen Wasserstandsbereichen war die Anlage eines sicheren Hafens im Mündungsgebiet der Ruhr mit den damals zur Verfügung stehenden Mitteln nicht möglich.

Die kleine Lände, die bereits im 17. Jahrhundert vor den Toren der Stadt bestand, wurde von der Schiffahrt nur als Versorgungsplatz benutzt, es wurde nur im bescheidenen Umfange Schiffsbau betrieben. Für die Schiffahrt bot die Lände keinen günstig gelegenen Umschlagplatz, ganz abgesehen davon, daß auch kein großer Bedarf bestand, weil die kleine Gemeinde kaum Eigenbedarf aufwies und ein wirtschaftlich entwickeltes Hinterland nicht vorhanden war. Ein geringer Kohlenumschlag konnte zudem nur mühsam aufrechterhalten werden, weil die auf den Kohlenlagerplätzen gestapelte Kohle durch die Hochwässer immer wieder abgeschwemmt wurde und die Holznachen jeden Winter durch Eis, das über die niedrigen Vorländer gedrückt wurde, sehr gefährdet waren.

2. Die Ruhrschiffahrt

Das 13 km oberhalb Ruhrort gelegene Mülheim lag damals am Austritt der Ruhr aus der Gebirgsstrecke in die Ruhrniederung viel günstiger. Während oberhalb von Mülheim auf der Ruhr wegen der zahlreichen Stauanlagen, der sogenannten Schlachten, ein durchgehender Schiffsverkehr nicht möglich war, konnte auf dem Unterlauf der Ruhr ab Mülheim Schiffahrt betrieben werden. Die in der preußischen Grafschaft Mark im Raume Witten und Hagen gewonnene Kohle wurde mit Pferdefuhrwerken bis Mülheim gefahren und dort in flachgehende Holzkähne, sogenannte Acen von 5 bis 10 t Tragfähigkeit, verladen, um von hier aus in das gleichfalls preußische Herzogtum Kleve verschifft zu werden.

Für diesen Kohlentransport bestand damals ein dringendes Bedürfnis, weil die Kohle in der waldreichen Grafschaft Mark nur ungenügenden Absatz fand, während in dem waldarmen Kleve große Nachfrage nach Brennstoffen für die dortigen Schmieden, Brennereien und sonstigen Industriebetriebe bestand. Der Schiffstransport war trotz dieser kurzen Strecke lohnend, weil das Straßennetz am Niederrhein unzureichend war. Die weiten Flußniederungen stellten damals den Bemühungen, eine direkte Straße von Essen nach Wesel zu bauen, unüberwindbare Hindernisse entgegen. Der Umschlag der Kohle auf Schiff in Mülheim, nach heutigen Begriffen also ein doppelt gebrochener Verkehr, war der einzig mögliche Transportweg.

Die Ruhrschiffahrt, die sich bis zum Jahre 1588 zurückverfolgen läßt, war im 17. Jahrhundert schon sehr lebhaft, an Ruhrort ging der Verkehr aber vorbei. Um von der teuren Anfuhr der Kohle mit den Pferdefuhrwerken abzukommen, hat sich bereits der Große Kurfürst nach dem Dreißigjährigen Krieg bemüht, die Ruhr von der Grafschaft Mark bis zur Mündung zu kanalisieren, aber der Plan scheiterte damals an den hohen Baukosten und aus politischen Gründen, denn die Abteien Essen und Werden fürchteten um ihre Abgaben und hintertrieben den Ausbau.

Anfang des 18. Jahrhunderts wurde der Rheinstrom durch Beseitigung von Stromgabelungen und Begradigungen teilweise so weit reguliert, daß er mit größeren Schiffen von 100 bis 200 t Tragfähigkeit einigermaßen sicher, wenn auch nicht zur Niedrigwasserzeit, befahren werden konnte. Trotz der kurzen Entfernungen erwies es sich dann als wirtschaftlich, die Kohle nochmals an der Ruhrmündung von den Ruhracen auf die größeren Rheinschiffe umzuschlagen. Voraussetzung hierfür war aber der Bau eines sicheren Hafens, in dem die Kohle zwischengelagert werden konnte.

3. Der erste Hafen in Ruhrort

So kam es im Jahre 1715 zu dem Beschluß, einen Hafen in Ruhrort anzulegen, für den ein Jahr später, am 16. 9. 1716, der erste Spatenstich getätigt wurde. Dieses Hafenbecken, das oberhalb der heutigen Schifferbörse lag, hatte nur bescheidene Abmessungen. Es war eigentlich nur eine natürliche Wasserfläche von 536 Quadratruten = 7000 qm Größe, dessen stadtseitiges Ufer auf 250 m Länge begradigt wurde (Abb. 2). Über die Art der Uferbefestigung liegt eine Stadtrechnung aus dem Jahre 1730 vor. Danach wurden alte Kohlennachen auseinandergeschlagen, um die damals wertvollen eichenen Planken zu verwenden, die längs des Ufers gesetzt und mit Pfählen befestigt wurden. Hinter die Planken wurde Erde geworfen, die mit Faschinen befestigt und anschließend „bekribbet" wurden, d. h. also, sie wurden mit einem Steinbewurf abgedeckt. Das gegenüberliegende, mit Buschwald bestandene Ufer wurde mehr oder minder unregelmäßig belassen. Die Wassertiefe hat ungefähr 1,2 m betragen. Gleichzeitig wurden an der Ruhrmündung die Kribben verlängert, um die Gefahr der Versandung des Hafenmundes zu verringern.

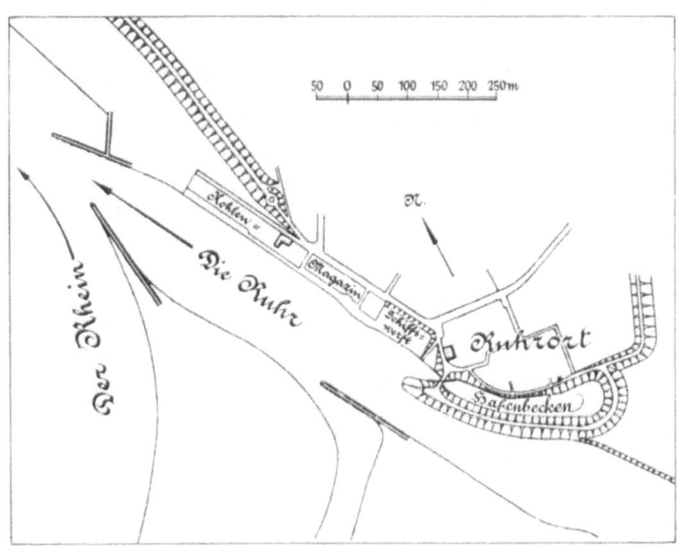

Abb. 2. Der erste Hafen in Ruhrort 1737

Große Schwierigkeiten bereitete die Finanzierung des Hafenbaues, denn die kleine Gemeinde Ruhrort war nicht in der Lage, die erforderlichen Geldmittel selbst aufzubringen. Es ist bemerkenswert, wie immer wieder das 500 km weit abliegende Preußen, für damals eine sehr große Entfernung, die Ruhrschiffahrt und den Standort Ruhrort förderte, mit dem Erfolg, daß durch die Regierung in Kleve ein Kredit bereitgestellt wurde, dessen Höhe leider nicht bekannt ist. Ferner wurde bereits im Jahre 1724 ein Hafengeld für die Tilgung und den Zinsendienst eingeführt. Da das Hafengeld nur sehr unregelmäßig einging, schritt der Ausbau des Hafenbeckens nur sehr zögernd weiter, so daß erst im Jahre 1732 der Hafen in Betrieb genommen werden konnte, in dem die Schiffe einigermaßen sicher bei Hochwasser und Eisgang liegen konnten. Gegen größere Hochwässer bot der Hafen allerdings noch keinen ausreichenden Schutz.

Es stellte sich bald heraus, daß die Hafenmündung schnell versandete und sich im Hafen größere Schlammablagerungen bildeten. Schon im Jahre 1740 war man daher zu einer neuen Austiefung des Hafens gezwungen. Um nicht die ganze natürliche Wasserfläche von 7000 qm Größe ausbaggern zu müssen, entschloß man sich, das Hafenbecken auf knapp 5000 qm Größe durch Bau eines allerdings noch nicht hochwasserfreien Deiches zu verkleinern, durch den aber ein wesentlich besserer Schutz gegen die ewigen Hochwässer erreicht wurde.

Zur Finanzierung wurden im Jahre 1750, wiederum durch die preußische Finanzverwaltung in Kleve, Obligationen mit einer Verzinsung von 5% ausgegeben, die fast zur Hälfte vom Waisenhaus der Stadt Duisburg gezeichnet wurden. Der erste Ausbau des Hafens in Ruhrort, der rd. 2200 Taler gekostet hat, wurde also im wesentlichen von der Stadt Duisburg finanziert. Zwei Jahre später, im Jahre 1752, war der Hafen fertiggestellt.

Der Kohlenumschlag hatte in Ruhrort mit dem Bau des ersten Hafenbeckens zwar eine erfreuliche, aber durchaus keine stetige Entwicklung genommen. Die Mülheimer Kohlenhändler versuchten anfangs, die in Ruhrort aufkommende Konkurrenz zu unterbinden. Man muß den Mülheimern aber das Zeugnis großen Weitblicks ausstellen, daß sie bald die bessere Lage von Ruhrort erkannten und begannen, ihre Kohlenmagazine von Mülheim nach Ruhrort zu verlegen. In der Geschichte von Ruhrort tauchen zu dieser Zeit die bekannten Namen wie „Stinnes" und „Haniel" auf. Einen Rückgang im Kohlenumschlag gab es, als im Jahre 1756 belgische Kohle plötzlich in die Liefergebiete der märkischen Kohle eindrang. Der Verlust der Absatzgebiete führte bereits damals in Mülheim und Ruhrort zu Kohlenhalden.

Mit besonderem Interesse setzte sich Friedrich der Große für die Ruhrschiffahrt ein, um den Absatz der Kohle aus seiner Grafschaft Mark zu sichern. Unter seinem politischen Druck wurde in den Jahren 1776 bis 1780, trotz erheblichen Widerstandes der anliegenden Ruhrstaaten, der Ausbau der Ruhr mit 16 Schleusen für Schiffe mit 15 t Tragfähigkeit von Ruhrort bis Herdecke durchgeführt, wobei die Finanzierung aus Krediten einer in Ruhrort schon lange bestehenden Kohlenkasse erfolgte. Im Jahre 1781 wurde auch von Friedrich dem Großen die erste Strom- und Uferordnung für diese Wasserstraße erlassen.

4. Der Ruhrschiffahrtsfond

Einen wichtigen Fortschritt in der Weiterentwicklung brachte der Übergang des Ruhrorter Hafens in die preußische Verwaltung im Jahre 1756. Es wurde eine Generalhafenkasse gegründet, die nunmehr die Hafengelder einzog, wobei auch von jenen Kohlenschiffen Abgaben erhoben wurden, die die Ruhr abwärts fuhren, ohne in Ruhrort umzuschlagen. Im Jahre 1765 wurde bestimmt, daß die Gelder der Generalhafenkasse nur für den Ausbau des Hafens verwendet werden durften.

Das Interesse Preußens an den Ruhrorter Häfen und die große Unterstützung, die es diesen Häfen zuteil werden ließ, unterstreicht die höchste Kabinettsorder von König Friedrich Wilhelm III. vom Jahre 1805, durch die aus der Generalhafenkasse der Ruhrschiffahrtsfond, der sogenannte „Ruhrfiskus", gebildet wurde, in dem gleichzeitig mehrere in Ruhrort bestehende Sonderkassen, die Kohlenniederlage- und Importkassen sowie die Schiffahrts- und Schleusengeldkassen in Hamm und Werden, aufgingen. Die Kohlenhändler und Verfrachter hatten damit nur noch eine Abgabe zu zahlen. Die Bindung der Mittel an den Verwendungszweck wurde übernommen. Aus dieser Kasse sollten „durchaus keine Staatsreserven entstehen", sondern sie sollte „wie bisher der Erhaltung der Schiffahrt auf der Ruhr dienen, übrigens sollte auch für die Erhaltung der Schutzanlagen in Ruhrort aus diesem Fond" gesorgt werden.

Der Ruhrfiskus wurde zur finanziellen Grundlage aller zukünftigen Hafenbauten. Er entwickelte sich aufgrund des steigenden Kohlenumschlages so gut, daß die flüssigen Mittel von 330 000 Taler im Jahre 1838 auf 466 000 Taler im Jahre 1850 und 642 000 Taler im Jahre 1859 anstiegen, mit denen in Zukunft der Ausbau der Ruhrorter Häfen ohne Fremdmittel durchgeführt werden konnte.

5. Die Entstehung des Ruhrgebietes

Rund 100 Jahre hat der erste bescheidene Hafen dem Kohlenumschlag in Ruhrort gedient. Als mit Beginn des 19. Jahrhunderts die stürmische Entwicklung des Ruhrgebiets einsetzte, wurden in einem Zeitraum von nur 80 Jahren die Duisburg-Ruhrorter Häfen mit ihren ausgedehnten Anlagen gebaut, die Duisburg im 20. Jahrhundert zum größten Binnenhafen und zur Drehscheibe der Binnenschiffahrt an Rhein und Ruhr und dem westdeutschen Kanalnetz werden ließen. Als im Jahre 1814 die erste Dampfmaschine in einer Schachtanlage in Essen zur Wasserförderung aufgestellt wurde, begann die Industrialisierung des Ruhrgebiets. Sie brachte den Übergang vom Tage- zum Stollenbau, der einen sprungartigen Anstieg der Kohlenförderung zur Folge hatte. Im Jahre 1830 erschienen die Radschlepper auf dem Rhein, die der Ruhrkohle das Gebiet des Oberrheins erschlossen, und im Jahre 1847 wurde die erste Eisenbahn eröffnet, die eine besonders stürmische Entwicklung nahm. Im Jahre 1855, also innerhalb 8 Jahren, war bereits das heutige Schienennetz des Ruhrgebietes in seinen Grundzügen vollendet.

Günstig wirkte sich für Ruhrort auch die Tatsache aus, daß Preußen 1802 nach der Säkularisation als Schadloshaltung für die linksrheinischen Gebietsabtretungen von Kleve an Frankreich die Abteien Essen und Werden erhielt, die damit ihre Hoheit über die Ruhr verloren, und daß nach dem Wiener Kongreß auch das Herzogtum Westfalen, bisher zum Großherzogtum Hessen-Kassel gehörend, und damit das ganze Ruhrgebiet preußisch wurde. Es kam unter die einheitliche Verwaltung des Oberpräsidenten von Münster.

Die Schiffahrt auf der inzwischen kanalisierten Ruhr konnte sich nun ohne die politischen Hemmnisse der Kleinstaaterei entwickeln. Die Ruhrschiffahrt erlebte damals ihre große Zeit mit einer Transportleistung von fast 850 000 t in den Jahren 1846 bis 1860. Entsprechend stieg damit auch der Kohlenumschlag im Hafen Ruhrort an.

6. Die erste Hafenerweiterung

Der Zustand des alten Hafenbeckens war zu Beginn des 19. Jahrhunderts infolge der dauernden Hochwässer, die große Schäden anrichteten, wieder so schlecht, daß der Umschlag nur mühsam aufrechterhalten und der Verkehrszuwachs kaum verkraftet werden konnte. Der Bau eines neuen leistungsfähigen, gegen Hochwasser und Eisgang gesicherten Hafens wurde daher mehr als dringend. Die Hafenbaupläne der preußischen Regierung in Ruhrort ließen aber den alten Gegensatz zu der Stadt Duisburg wieder aufkommen, die bereits im Mittelalter einen blühenden Handel mit der sogenannten Börtschiffahrt, besonders nach den Niederlanden, betrieben hatte.

Duisburg verlor seine günstige Lage am Rhein im Anfang des 13. Jahrhunderts durch die Naturkatastrophe als der Strom beim Durchbruch einer Flußschleife sein altes Bett vor der Stadt verließ und sich eine neue Stromrinne 2 km abseits von der Stadt suchte. Zunächst konnte zwar noch die alte Stromrinne benutzt werden, bis auch diese nach 200 Jahren vollständig versandete und der Schiffsverkehr ganz zum Erliegen kam. Die Stadt Duisburg hat sich seitdem immer wieder bemüht, Anschluß an den Rhein zu finden, weil sie wohl zu Recht befürchtete, ihren Handel an Ruhrort vollständig zu verlieren. Da der Ausbau des 2 km langen Altrheinarmes aber die finanziellen Kräfte von Duisburg überstieg, suchte die Stadt Anschluß an die Ruhr, die näher an der Stadt vorbeifloß (Abb. 1). Die Stadt Duisburg betrieb hier auf der Mitte zwischen den beiden Städten am sogenannten

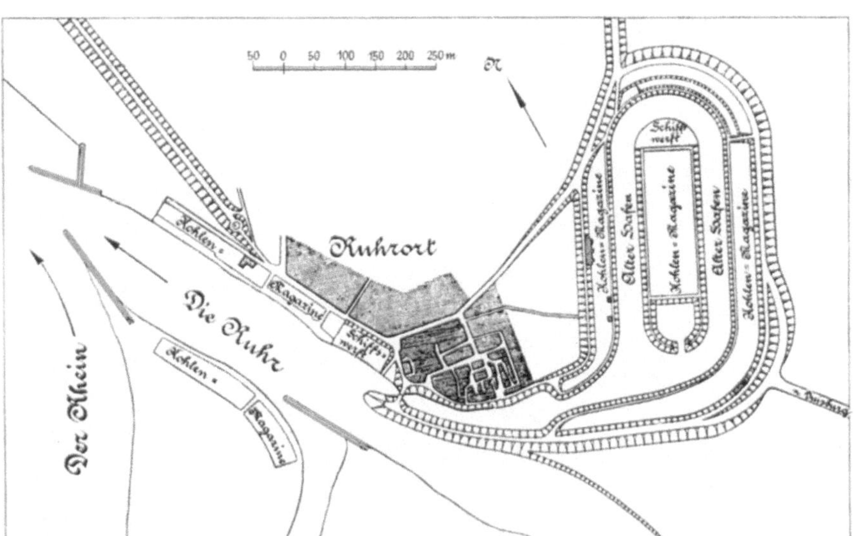

Abb. 3.
Der Ruhrorter Hafen 1826.

Schlenk einen Güterumschlag, der sich aber nur notdürftig aufrechterhalten ließ. Sie forderte daher von der preußischen Regierung zur Erhaltung ihres Handels den Ausbau dieser Lände zu einem sicheren Hafen, der beiden Städten — Duisburg und Ruhrort — als Umschlagplatz dienen sollte. Die Verhandlungen mit der preußischen Regierung, vertreten durch den Oberpräsidenten in Münster, zogen sich mit wechselndem Erfolg jahrelang hin. Da sich aber die Pläne der Stadt Duisburg als undurchführbar erwiesen, weil inmitten der sumpfigen Ruhrniederung ein hochwasserfreier Hafen und eine hochwasserfreie Zufahrtsstraße nicht anzulegen war, entschied sich die preußische Regierung für den Ruhrorter Hafen.

Es sollte aber noch lange dauern, bis der Hafen gebaut wurde, weil in den Wirren der napoleonischen und Freiheitskriege alle Ausbaupläne vereitelt wurden. Erst nach 1816 wurden die Planungen wieder aufgenommen. Zunächst bestand die Absicht, den Hafen unterhalb der Stadt Ruhrort auf der Mühlenweide anzulegen. Aber auch hier war es, wie am Schlenk, nicht möglich, einen hochwasserfreien Hafen zu bauen. Der neue Hafen wurde schließlich nach langen, eingehenden Planungen in die Ruhrwiesen oberhalb Ruhrort verlegt, wo im Anschluß an die Stadtumwallungen im Rückstaugebiet der Ruhr ein hochwassergeschützter Hafen gebaut werden konnte (Abb. 3). Über die Gründe, die zu der eigenartigen Ellipsenform des Hafens mit einer 400 m langen Insel, für die es bisher kein Vorbild gab, geführt haben, sind keine eindeutigen Aufzeichnungen vorhanden. Da die größte Schwierigkeit in der hochwasserfreien Eindeichung lag, wird wahrscheinlich der Grund darin zu suchen sein, daß mit dem ellipsenförmigen Grundriß bei geringster Deichlänge eine 1500 m lange Uferstrecke und für den Umschlag die meisten Kohlenlagerplätze gewonnen werden konnten.

Die Sohle des Hafenbeckens erhielt eine Breite von 30 m, damit die Schiffe jederzeit ohne Behinderung zu den hinteren Lagerplätzen gelangen konnten. Da das Wenden von Schiffen viel Platz brauchte und das damals übliche Staken einen erheblichen Kraftaufwand erforderte, konnte durch die ellipsenförmige Gestalt das Wenden vermieden werden und ein Rundverkehr stattfinden. Die Anordnung der sonst nicht üblichen Insel war hier möglich, denn die Kohle kam in Ruhrort mit Schiffen an und ging auf Schiff weiter, so daß eine Landverbindung nicht erforderlich war. Die Rundungen vor Kopf der beiden Hafenbecken wurden für Schiffsbauplätze genutzt, wobei die südliche Seite der Insel mit der halbkreisförmigen Wasserfläche als Lagerplatz für das Floßholz der Schiffszimmereien diente.

Mit dem elliptischen Grundriß des Hafens und der in der Mitte liegenden Insel wurde tatsächlich eine bestmögliche Ausnutzung bei geringster Deichlänge erreicht. Der Deich bot sicheren Schutz, auch gegen größtes Hochwasser und Eisgang, wenn auch das Hochwasser durch die Hafenmündung in das Becken zurückstaute. Dieser Nachteil war aber unwesentlich, weil im Hafen keine Strömung herrschte. Die Kohlenlagerplätze selbst wurden wegen der Gefahr des Abschwemmens hochwasserfrei angelegt. Nach der Hafenpolizeiverordnung war übrigens der direkte Umschlag Schiff/Schiff verboten, wahrscheinlich, weil beim Überschaufeln zuviel Kohle über Bord ging. Die Kohle mußte daher in Körben aus den parallel zum Ufer liegenden Kähnen an Land auf die Stapelplätze getragen und beim Beladen auf die größeren Rheinkähne zurückgetragen werden.

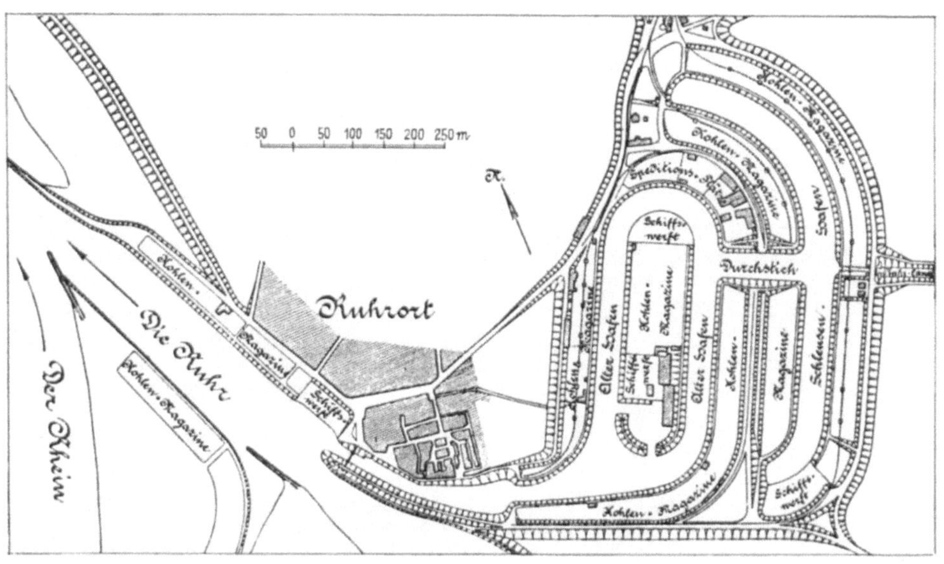

Abb. 4. Der Schleusenhafen 1837.

Der Hafen lag ungefähr dort, wo heute das „Tausendfensterhaus" steht. Reste dieses Hafens sind in dem heutigen Werfthafen noch vorhanden. Für den Bau des Hafens, der 165 000 Taler gekostet hat, wurde eine Anleihe mit 5% Zinsen vom Ruhrschiffahrtsfond aufgelegt, die bereits im Jahre 1837 aus dem Hafengeld zurückgezahlt war. Der Bau des Hafens bereitete den Ruhrorter Bürgern erhebliche Sorgen, denn 1000 Bauarbeiter sollten eingesetzt werden. Um unliebsame Zwischenfälle mit den „rauhen und selbstherrlich auftretenden" Bauarbeitern zu vermeiden, wurde eine besondere Polizeiorder erlassen, die aber nicht mehr in Aktion zu treten brauchte, weil für den Bodenaushub das erste Mal 5 Baggermaschinen eingesetzt wurden. Es waren Eimer-Ketten-Bagger mit Dampfantrieb und einer Leistung von 10—20 PS, die nach anfänglichen Schwierigkeiten anscheinend gut gearbeitet haben. Die verhältnismäßig hohen Böschungen des Hafens wurden mit schwerem Bruchsteinpflaster abgedeckt, deren Fuß durch eine Steinschüttung gesichert war.

7. Der Schleusenhafen

Der neue Hafen sollte bald seine Bewährungsprobe bestehen, denn der Kohlenumschlag stieg vom ersten Jahr der Inbetriebnahme 1826 von 160 000 t bis zum Jahre 1834 auf 340 000 t. Diesen Zuwachs konnte der Hafen kaum noch bewältigen, so daß man bereits im Jahre 1837 eine Erweiterung vornehmen mußte und den 1000 m langen Schleusenhafen parallel zu dem ellipsenförmigen Hafenbecken baute, den man mit einem Durchstich an das bestehende Hafenbecken anschloß (Abb. 4). Die Baukosten von 205 000 Taler wurden, wie vorher, durch eine neue Anleihe des Ruhrfiskus gedeckt, die auch wieder vorzeitig getilgt werden konnte. Die Nachteile der ellipsenförmigen Becken zeigten sich, als der Hafen 1848 Eisenbahnanschluß erhielt und die Gleise in die gekrümmten Ufer eingezwängt werden mußten.

8. Der Nord- und Südhafen

Den entscheidenden Auftrieb gab dem Hafen die Industrialisierung des Ruhrgebiets in den Gründerjahren von 1850 bis 1870, die gleichzeitig mit der Entstehung der Rheinschiffahrt verbunden war.

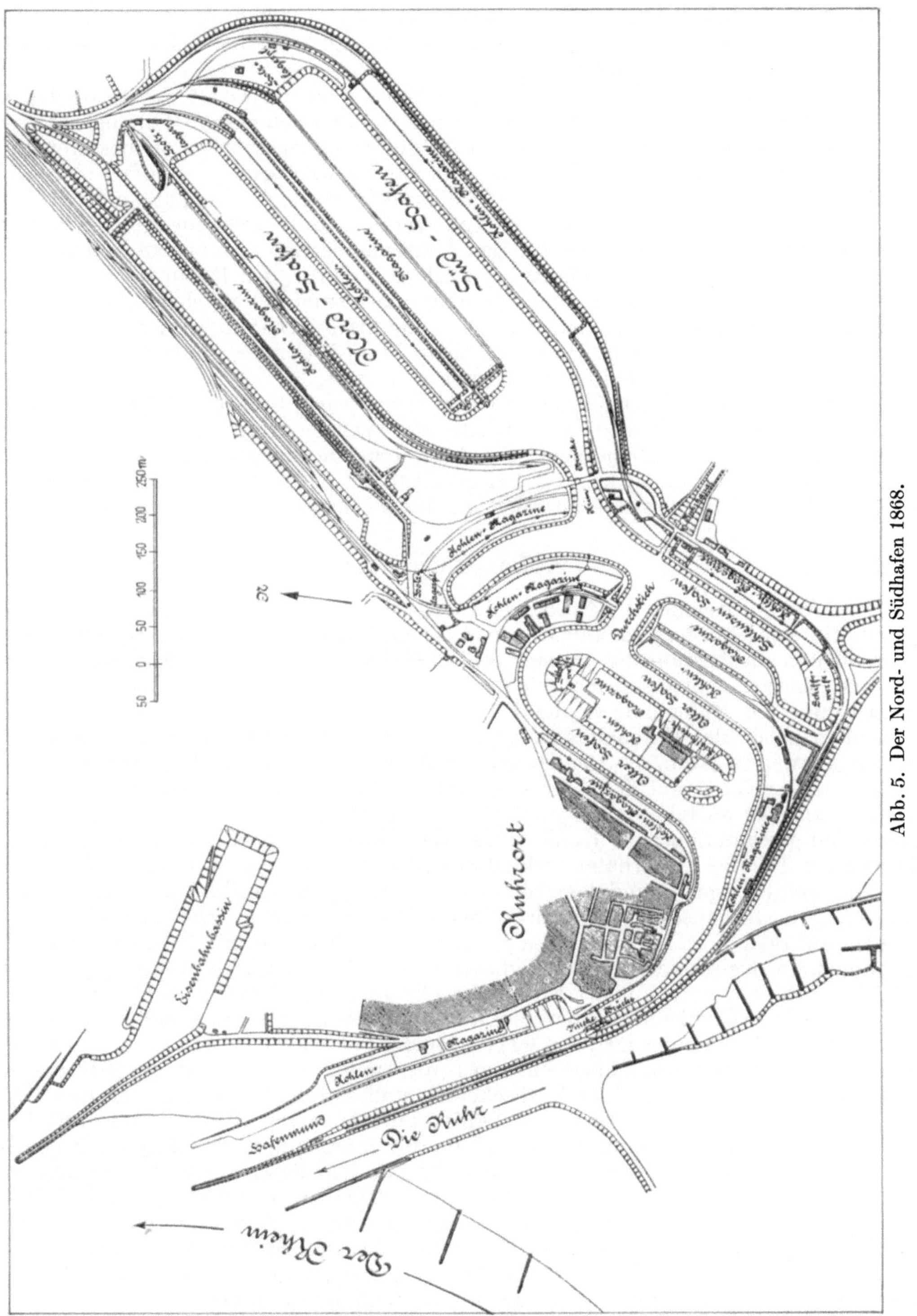

Abb. 5. Der Nord- und Südhafen 1868.

Im Raum von Duisburg wurde im Jahre 1859 die erste Schachtanlage, die Zeche „Java“, in der Nähe des heutigen Parallelhafens abgeteuft. Im Jahre 1868 folgte die Zeche „Westende“ — die heute die Kohle unter den Ruhrorter Häfen abbaut — und im Jahre 1871 begann die Gewerkschaft Deutscher Kaiser auf dem heutigen Gelände der Phoenix-Hütte mit der Kohlenförderung. Frühzeitig setzte auch die Entwicklung der chemischen Industrie mit dem Bau der ersten deutschen Schwefelsäurefabrik „Curtius“ im Jahre 1824 in der Nähe des Außenhafens ein. Im Jahre 1838 folgten die Sodafabrik von Matthes & Weber, 1850 die Zinkindustrie in Hamborn und 1876 die Kupferhütte. Die Stahlindustrie errichtete ihre ersten Werke, die Niederrheinische Hütte in Hochfeld 1851, die Phoenix-Hütte 1853 in Ruhrort und 1854 die Krupp'sche Johannis-Hütte sowie die Hütte Vulkan. 1891 entstanden die August-Thyssen-Hütte in Hamborn und 1909 die Mannesmann-Werke in Huckingen. Obwohl diese Werke gleichzeitig eigene Häfen und Umschlaganlagen direkt am Rheinstrom anlegten, die heute vor der Stadt rechts und links das Ufer säumen, stieg der Verkehr in den Ruhrorter Häfen ständig an.

Im Jahre 1860 waren die vorhandenen Hafenbecken wieder überlastet. Es wurde der Nord- und Südhafen gebaut, der wiederum mit einem Durchstich an den Schleusenhafen angeschlossen wurde (Abb. 5). Diese beiden neuen Hafenbecken von je 1000 m Länge wurden zur besseren Einbindung der Eisenbahn parallel angeordnet. Mit Rücksicht auf die wachsenden Schiffsgrößen erhielten sie eine erheblich größere Sohlenbreite von 70 m. Gleichzeitig wurde der Engpaß an der Ruhrmündung beseitigt, indem man die häufig versandende Ruhr verlegte und durch eine Mole abtrennte, auf der man Eisenbahngleise verlegte, um sie für den Umschlagbetrieb nutzbar zu machen. Der Hafen mündete von nun an nicht mehr in die Ruhr, sondern direkt in den Rhein.

Mit dem Anschluß von Ruhrort an das Eisenbahnnetz entstand gleichzeitig im Jahre 1845 der von der Bahn erbaute Eisenbahnhafen, der aber nur als Fährhafen für den Eisenbahn-Trajektverkehr zum linken Rheinufer nach Homberg diente. Das Hafenbecken diente nie dem Güterumschlag und wird heute nur als Schiffsreparaturplatz genutzt.

Mit dem fortschreitenden Ausbau der Eisenbahn verlor gegen Ende der siebziger Jahre die Ruhrschiffahrt von Herdecke bis Mülheim jede Bedeutung. War der Hafen in Ruhrort bis zur Blütezeit der Ruhrschiffahrt mehr ein unliebsamer Nebenbetrieb der Ruhrverwaltung, so wurde mit der Einstellung der Ruhrschiffahrt umgekehrt die Ruhrschiffahrt ein Anhängsel des Hafenbetriebes, der erst mit Gründung der Reichswasserstraßen im Jahre 1926 von der Hafenverwaltung getrennt wurde.

9. Der Kaiserhafen

Nach 12 Jahren reichte auch der Nord- und Südhafen nicht mehr aus, so daß wiederum eine Erweiterung nötig wurde. Sofort nach dem französischen Krieg kam 1872 der Kaiserhafen mit einer Länge von 3000 m zur Ausführung. Da sich im Laufe der Jahre auch die Schiffsabmessungen ganz erheblich vergrößerten, entschloß man sich, die Ruhr noch einmal nach Süden zu verlegen und unter Beseitigung der Hafenmole an der Rheinmündung einen 130 m breiten Hafenmund anzulegen, von dem neben der Hafeneinfahrt zu den alten Hafenteilen der in der Sohle 75 m breite Kaiserhafen abzweigte (Abb. 6). Der Hafen wurde mit großzügigen Bahnanlagen ausgestattet, erhielt aber wie der Nord- und Südhafen noch keinen Straßenanschluß. Die Finanzierung erfolgte aus laufenden eigenen Mitteln ohne Aufnahme von Anleihen.

Zu dieser Zeit gewann außer der Kohle bereits der Umschlag von Erz und Fertigeisen an Bedeutung. Der untere Teil des Kaiserhafens erhielt auf 1000 m Länge eine Kaimauer, die hauptsächlich der Verladung von Fertigeisen und dem Löschen von Erz diente. Nördlich der Hafenanlagen hatten sich inzwischen die Rheinischen Stahlwerke, heute August-Thyssen-Hütte, angesiedelt, für deren Erzumschlag auf dem Nordufer die ersten großen Verladebrücken mit 70 m Spannweite zur Aufstellung kamen. Im Kaiserhafen waren zu dieser Zeit 30 fahrbare Dampfkräne eingesetzt.

Die Kohle wurde nur noch mit der Eisenbahn angefahren und auf hochgelegenen, sogenannten Pfeilerbahnen auf den Kohlenmagazinen durch Handarbeit abgeladen. Von den Kohlenmagazinen wurde sie mittels kleiner Kippwagen von 60 cm Spurweite über teils in Holz und Eisen konstruierte Ladebühnen über Schüttrinnen in die Schiffe gekippt. Im Jahre 1881 entstanden die ersten Kohlenkipper, bei denen die Waggons über Drehscheiben und Zuführungsbrücken zu den Kippbühnen liefen (Abb. 7). Die ersten Kipper waren mechanisch, bei denen der Waggon beim Auffahren auf die Kippbühne von selbst in die Kippneigung ging, da der Schwerpunkt der Bühne mit den beladenen Waggons wasserseitig der Drehachse lag, während nach dem Kippen der Schwerpunkt der Bühne mit dem entleerten Waggon nach der Landseite der Drehachse wanderte, so daß die Bühne nach Beendigung des Entleerungsvorganges in die Ausgangsstellung zurückkippte (Abb. 8). Der Wagen wurde während des Kippvorganges durch Fangarme gehalten. Später wurden anstelle der mechanischen Kipper hydraulische und elektrische Kipper gebaut, bei denen nicht mehr durch Wandern des Schwerpunktes, sondern durch Kraftantrieb die Kippbühne bewegt wurde.

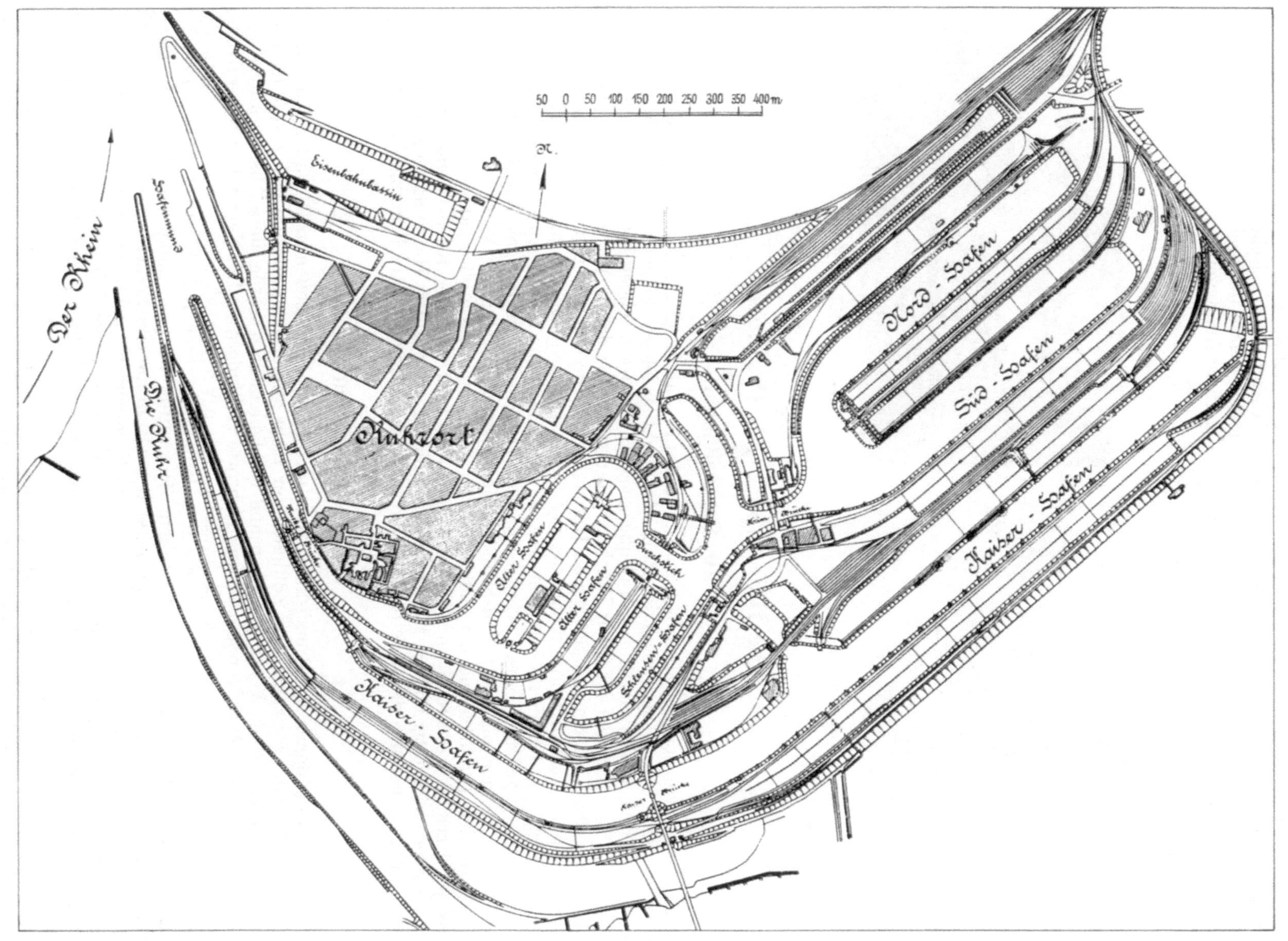

Abb. 6. Der Kaiserhafen 1872.

Wenn auch der Hafenverkehr weiterhin stetig zunahm und auch der Kaiserhafen bald wieder ausgelastet war, so war man zunächst mit neuen Plänen vorsichtig, weil die Auswirkungen der zahlreichen Privathäfen und Umschlaganlagen direkt am Rhein, die inzwischen ihren Betrieb aufgenommen hatten, noch nicht zu übersehen waren. Außerdem waren inzwischen auch die Häfen der Stadt Duisburg ausgebaut, die den Ruhrorter Häfen Konkurrenz machten.

Abb. 7. Kippbühnen.

Abb. 8. Kohlenkipper.

Die Häfen der Stadt Duisburg

10. Der Zollhafen

Nachdem die von der Stadt Duisburg zu Anfang des 19. Jahrhunderts eingeleiteten Bestrebungen, im Schlenk eine Umschlagstelle an der Ruhr einzurichten, fehlgeschlagen waren (Abb. 1) und der preußische Staat den Bau des neuen Hafenbeckens in Ruhrort durchgeführt hatte, erstreckten sich die weiteren Bemühungen der Stadt Duisburg auf den Ausbau des im Mittelalter verlassenen alten Rheinbettes durch Anlegung eines neuen Hafens direkt vor den Toren der Stadt am Marientor (Abb. 9). Dieser Ausbau wurde nicht von der Stadt, sondern von der privaten Wirtschaft aus Kreisen Duisburger Kaufleute betrieben, die im Jahre 1828 zur Finanzierung einen Rhein-Kanal-Aktien-Verein gründeten, dessen Aktien nur aus Kreisen der Duisburger Wirtschaft gezeichnet wurden. Die Einnahmen des Rhein-Kanal-Aktien-Vereins bildeten die Werftgebühren, die aber anfangs für den Tilgungs- und Zinsendienst nicht ausreichten. Es mußte daher mehrfach das Aktienkapital erhöht werden. Nach 5 Jahren, im Jahre 1832, war der Rhein-Kanal zunächst mit 8,5 m Sohlenbreite fertig und am Marientor der Zollhafen erstellt. Der Hafen nahm eine erfreuliche Entwicklung, wenn auch der neue Kaiserhafen in Ruhrort eine fühlbare Konkurrenz darstellte.

11. Der Innenhafen

Die hohen Einnahmen des Ruhrfiskus aus dem Kohlenverkehr ließen in Duisburg den Wunsch nach einem Verbindungskanal vom Zollhafen zur Ruhr aufkommen, um die Kohle von der Ruhr nach Duisburg zu ziehen. Von den Zechen und Kohlenhändlern wurde diese Absicht unterstützt, da man eine unerwünschte Monopolstellung Ruhrorts verhindern wollte. Neben dem Rhein-Kanal-Aktien-Verein wurde daher 1839 ein Ruhr-Kanal-Aktien-Verein auch wieder nur von der privaten Wirtschaft gegründet, der den Bau dieses Kanals in den Jahren 1840 bis 1844 durchführte. Der erste Teil dieses Ruhrkanals, heute der Innenhafen, wurde auf 1 km Länge mit 43 m Fahrwasserbreite ausgebaut, während der Verbindungskanal zur Ruhr nur eine Sohlenbreite von 12,5 m erhielt. Dieser Ruhrkanal war mit beiderseitig kehrenden Kammerschleusen abgeschlossen (Abb. 9).

Dieser Kanal kam jedoch für Duisburg zu spät, denn bereits vier Jahre später wurden die Häfen an das Bahnnetz angeschlossen. Die Kohle wanderte auf die Bahn ab, und die Ruhrschiffahrt kam zum Erliegen.

Der Güterumschlag der Duisburger Häfen nahm aber trotzdem in kurzer Zeit so stark zu, daß mit den Einnahmen nicht nur der Schuldendienst und die Betriebs- und Unterhaltungskosten bestritten werden konnten, sondern noch erhebliche Mittel für den Ausbau des Rheinkanals zur Verfügung blieben. So konnte schon im Jahre 1861 die Verbreiterung des Rheinkanals, der heute den Außenhafen bildet, auf 60 m Fahrwasserbreite durchgeführt werden.

12. Die Hochfelder Häfen

Die erfreuliche Verkehrsentwicklung im Duisburger Hafen wurde unterbrochen, als im Jahre 1868 die Rheinische Eisenbahngesellschaft in Hochfeld einen eigenen Hafen anlegte, der durch außerordentlich vorteilhafte Eisenbahnfrachten begünstigt wurde. Erst nach zehnjährigen Verhandlungen gelang es, für beide benachbarte Häfen gleiche Tarife zu vereinbaren. Im Jahre 1912 wurde dieser Hafen mit dem Eisenbahnhafen in Ruhrort vom Ruhrfiskus der Eisenbahnverwaltung abgekauft und in die Verwaltung der Duisburg-Ruhrorter Häfen eingebracht (Abb. 10).

13. Übernahme der Duisburger Häfen durch die Stadt

Als der ständig zunehmende Güterverkehr und die größer werdenden Schiffe wiederum erhebliche Investitionen für einen weiteren Ausbau erforderlich machten, übernahm im Jahre 1889 die Stadt Duisburg die Häfen von den beiden Aktien-Vereinen mit allen Schulden und Lasten in eigene Verwaltung. In kurzer Zeit wurden erhebliche Hafenerweiterungen durchgeführt und der Außen- und Innenhafen weiter ausgebaut. Die schienengleichen Kreuzungen mit dem städtischen Straßennetz wurden durch Anheben des Hafenbahnhofs und der Zufahrtgleise zum Außenhafen in die zweite Ebene beseitigt, so daß die Schrankenanlagen entfielen. Das Hafengelände wurde durch Ladegleise und dahinterliegende 40 m tiefe Lagerplätze aufgeschlossen. Der Innenhafen wurde um 600 m nach Osten für die Ansiedlung von Mühlenbetrieben verlängert und der Ruhrkanal bis auf das Wendebecken, dem heutigen Holzhafen, zugeschüttet (Abb. 11).

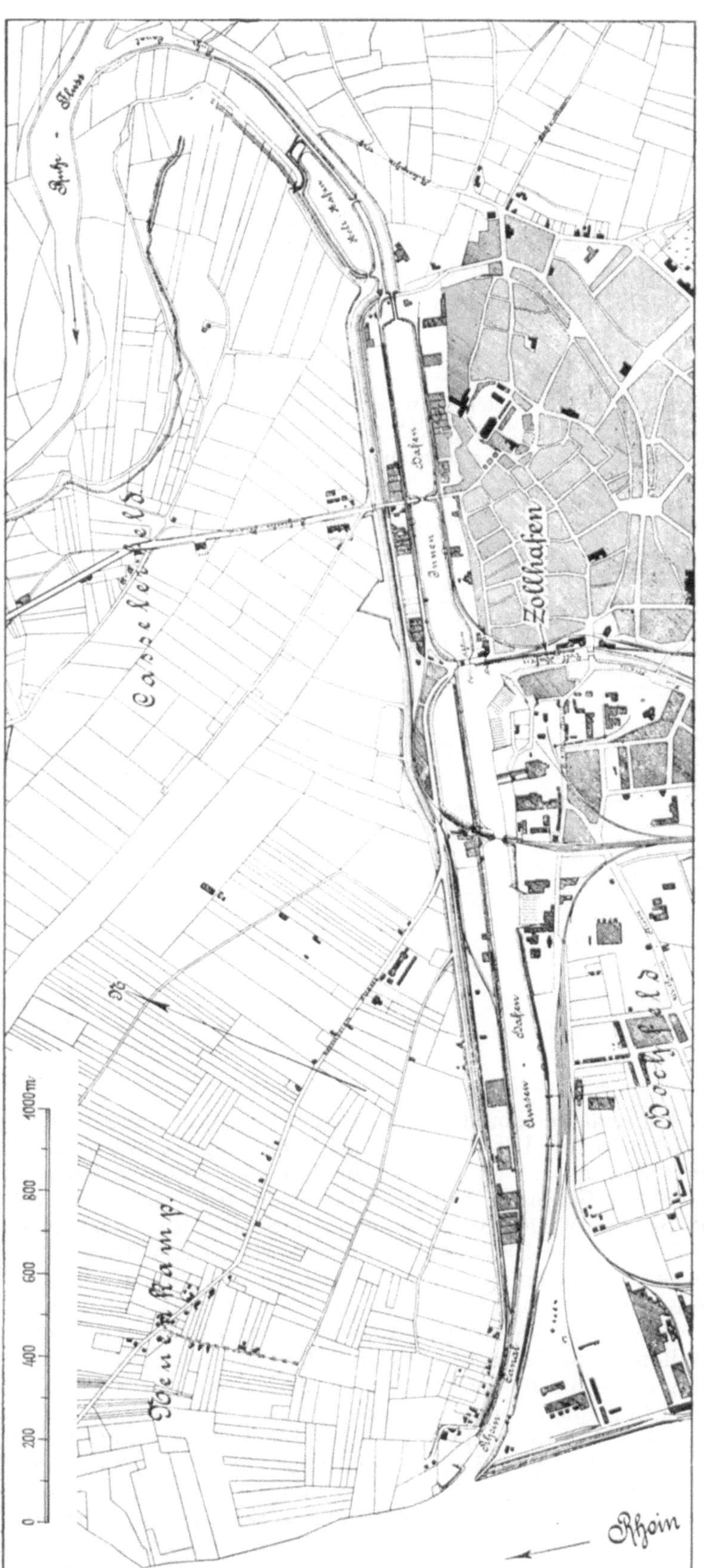

Abb. 9. Der Zollhafen 1889.

14. Der Parallelhafen

Da die immer noch zunehmenden Kohlenverladungen im Außen- und Innenhafen den durchgehenden Schiffahrtsverkehr erheblich behinderten, wurde in den Jahren 1895 bis 1898 ein besonderer Kohlenhafen, der Parallelhafen, gebaut (Abb. 12). An seinem Südufer wurden 6 Kohlenkipper erstellt, um dem dringenden Wunsch der Kohlenhändler nach weiterer Verladekapazität in unmittelbarer Nähe des Rheins Rechnung zu tragen. Das Nordufer des Parallelhafens war für den Stückgutumschlag vorbehalten. Die Ufer im Außen- und Innenhafen in den Duisburger Häfen waren fast alle mit schrägen Böschungen versehen. Der Böschungsfuß war durch einen hölzernen Holm mit einer starken Steinschüttung gesichert, die Böschung selbst abgepflastert. Nur das Nordufer des Parallelhafens erhielt für den Stückgutumschlag eine Kaimauer, die aus Pfeilern mit Brunnengründung und dazwischen gespannten Bögen bestand. Der Ausbau der Duisburger Häfen war damit in dem Umfange, wie sie heute noch bestehen, abgeschlossen.

15. Die Becken A, B, C

In Ruhrort hatte sich inzwischen der Verkehr so gesteigert, daß der Kaiserhafen schon kurz nach seiner Inbetriebnahme gerade noch für die derzeitigen Verkehrsbedürfnisse ausreichte. Entwicklungsraum für neue Verkehrsbedürfnisse war nicht vorhanden und der Nachfrage nach Umschlag-

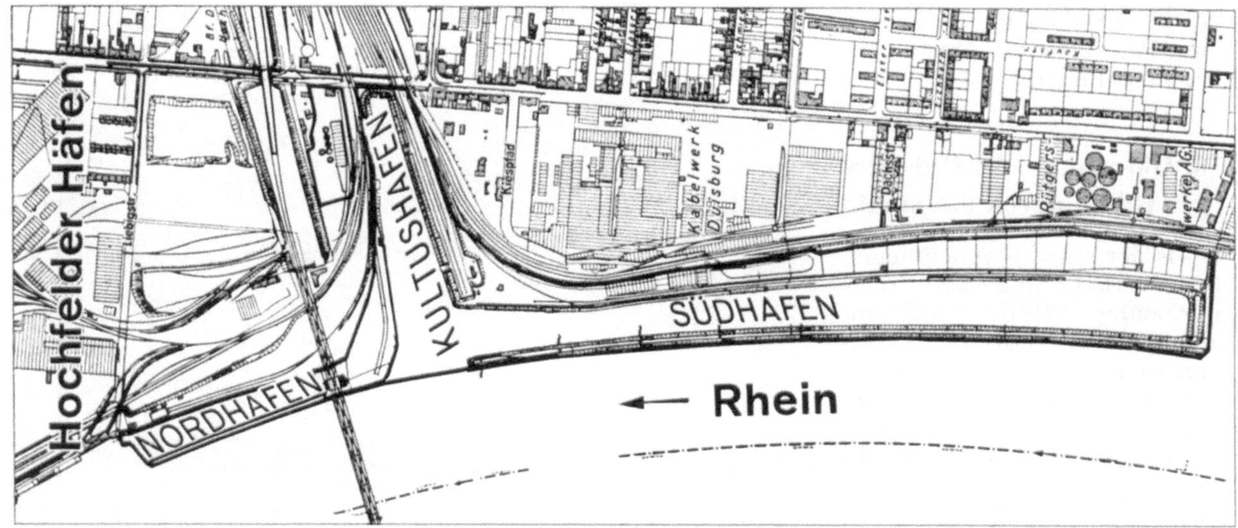

Abb. 10. Die Hochfelder Häfen 1868.

und Lagerplätzen konnte nicht annähernd genügt werden. Der Verkehrszuwachs an Kohle wanderte zunächst in den Parallelhafen nach Duisburg ab, mit dem Erfolg, daß die Duisburger Häfen im Jahre 1903 mit 8,4 Mio t einen um 100 000 t größeren Umschlag als Ruhrort hatten.

Die unaufhaltsame Entwicklung zwang bald zu neuen großzügigen Erweiterungen, bei denen auf die wachsenden Abmessungen der Schiffe Rücksicht zu nehmen — 1900 hatten bereits 60% der Schiffe über 1000 t Tragfähigkeit[1], die größten 4000 t — und leistungsfähige Eisenbahn- und Umschlagsanlagen zu schaffen waren. Parallel zum Kaiserhafen wurden drei große Hafenbecken, die Becken A, B und C, mit einer Länge von je rd. 1000 m und 100 m Sohlenbreite geplant. Durch einen neuen 3400 m langen Kanal sollten die Becken eine unmittelbare Mündung in den Rheinstrom erhalten, wozu die dritte Verlegung der Ruhr erforderlich war (s. Abb. 13 auf Tafel I, Gesamtplan). Die sehr großzügig bemessenen Beckenbreiten und Wasserflächen haben sich als außerordentlich weitsichtig und notwendig erwiesen, denn in den Jahren des Hochbetriebes an den Kohlenkippern waren die Becken vollständig ausgelastet. Hinzu kommt, daß die Duisburg-Ruhrorter Häfen außerdem Schutzhäfen für die Rheinschiffahrt sind. In Hochwasserzeiten werden bis zu 2000 Rheinschiffe in den Häfen aufgenommen, von denen die verfügbaren Wasserflächen weitgehend belegt werden. Die Kosten einschließlich des Grunderwerbs wurden mit 18 Mio M veranschlagt, von denen 4 Mio M aus aufgelaufenem Barkapital des Ruhrfiskus und 14 Mio M aus einer Anleihe des preußischen

[1] Jahrb. HTG 27/28 (1962/63) 242 ff.

Staates mit $3^{1}/_{2}\%$ Zinsen und 1% Tilgung finanziert werden sollten. Der Bau des neuen Hafenbahnhofs in Ruhrort, der mit 7 Mio M veranschlagt war, wurde von der Eisenbahnverwaltung übernommen.

16. Die Vereinigung der Preußischen und Duisburger Häfen zu einer Betriebsgemeinschaft

Durch den Erweiterungsplan in Ruhrort wurden wieder die alten Gegensätze zur Stadt Duisburg wach, die eine eigene, großzügige Erweiterung auch für den Kohlenumschlag nördlich des Parallelhafens plante, wo gleichfalls die Anlage von 3 Hafenbecken mit einer neuen Mündung in den Rheinstrom vorgesehen war. Die neuen Duisburger Hafenbecken waren wie die Ruhrorter Hafenanlagen für einen Kohlenumschlag von je 15 Mio t im Jahr vorgesehen. Als zu dieser Zeit die ersten Pläne zum Bau eines Kanals quer durch das Ruhrgebiet, des heutigen Rhein-Herne-Kanals auftauchten, die eine teilweise Abwanderung des Kohlenumschlags von Duisburg und Ruhrort zur Folge haben würden, kamen die ersten Bedenken einer Überdimensionierung der Häfen in Ruhrort und Duisburg auf. Die Gefahr eines unfruchtbaren Wettbewerbs führte schon aus Vernunftsgründen seitens der Stadt Duisburg zu dem Gedanken, die Vereinigung beider Häfen zu betreiben. Im Jahre 1905 kam es dann in Verhandlungen zwischen der Stadt Duisburg und dem preußischen Staat zur Bildung einer Interessengemeinschaft der Duisburger und der Ruhrorter Hafenverwaltungen mit dem Ergebnis, daß die Stadt Duisburg auf ihre Erweiterungspläne, obwohl bereits mit dem Aushub des ersten Beckens begonnen war, verzichtete und nur die Hafenbecken in Ruhrort gebaut wurden. Sie wurden im Jahre 1908 in Betrieb genommen. Diese Interessengemeinschaft arbeitete unter dem Namen ,,Verwaltung der Duisburg-Ruhrorter Häfen“. Diese Betriebsgemeinschaft war eine rein staatliche Behörde mit den besonderen Rechten und Pflichten, wie sie sich aus der Mitverwaltung des Ruhrfiskus ergaben. Der Etat dieser ,,Hafenverwaltung“ lief im Gesamtetat des preußischen Staates nur mit einer Schlußsumme durch und hatte den amtlichen Zusatzvermerk, daß er überschritten werden dürfe, wenn der Verkehr höhere Einnahmen einbringen und höhere Ausgaben erfordern sollte. Von der Verwaltung wurden alle Schulden und Lasten, auch die Ruhegehälter der staatlichen und städtischen Pensionäre übernommen.

Für die Stadt Duisburg und damit für den Duisburger Hafen wirkte sich der Vertrag günstig aus, da aus den Überschüssen des Ruhrorter Hafens die zum Teil nicht so großzügig angelegten Duisburger Häfen ausgebaut werden konnten. Damals wurden auch die Ortsteile Ruhrort und Meiderich, in denen die preußischen Hafenteile lagen, eingemeindet.

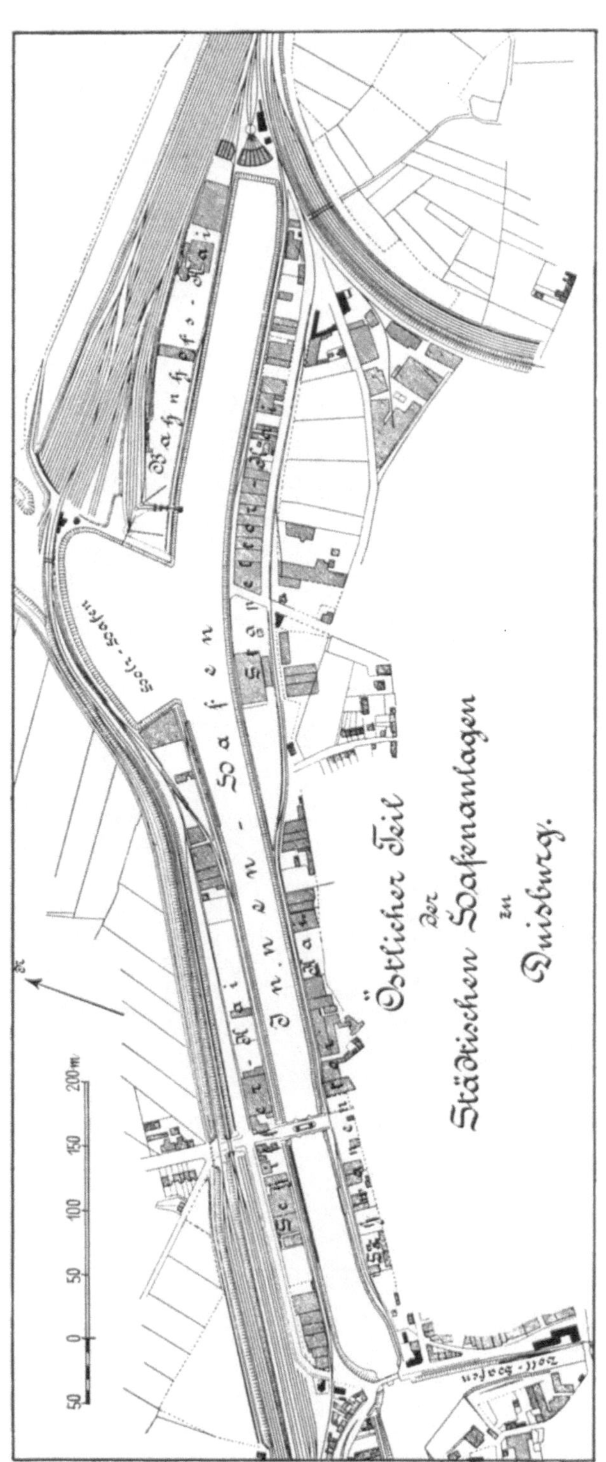

Abb. 11. Verlängerung des Innenhafens 1890.

Die neuen Hafenbecken A, B und C wurden mit dem alten Hafenteil durch einen Durchstich in den Kaiserhafen verbunden und gleichzeitig wurde eine neue Verbindungsstraße von Duisburg nach Ruhrort gebaut. Vor Kopf der Hafenbecken wurde ein neuer Hafenbahnhof mit mehreren Rangiergruppen von der staatlichen Eisenbahnverwaltung errichtet und das ganze Hafengebiet mit neuen Eisenbahnanlagen erschlossen. Der neue Hafenbahnhof und die Zufahrtgleise zu den Becken A, B und C sowie den alten Hafenteilen wurden niveaufrei mit Unterführungsbauwerken für die Hafenstraßen angeordnet. Schienengleiche Kreuzungen bestehen daher sowohl in den Ruhrorter als auch in den Duisburger Häfen nur an den Grundstückseinfahrten und einigen wenigen Kreuzungen mit Zustellgleisen. Im gesamten Hafengebiet bestehen daher nur vier Schrankenanlagen. Die Ufer in den Becken A, B und C erhielten eine neuartige Befestigung aus 11 cm starken Eisenbetonspundbohlen, die sich gegen durch Eisenbetonbögen verbundene Böcke lehnten. Die Böcke bestanden aus je zwei Eisenbetonpfählen, deren nach innen geneigte Pfähle Widerhaken erhielten (Abb. 14 und 15). Oberhalb dieses Betonbohlwerkes wurden die Böschungen wie üblich abgepflastert. Dieses Eisenbetonbohlwerk hat sich bis heute ausgezeichnet gehalten. Es war eine verhältnismäßig billige, heute allerdings überholte Konstruktion, die sich hervorragend bewährt hat. Das Ufer am Hafenkanal erhielt für den Kranumschlag eine senkrechte Mauer, bestehend aus Senkbrunnen von quadratischem Grundriß mit dazwischengespannten Bögen, deren Öffnungen an ihrer Rückseite durch eine 20 cm starke Eisenbetonspundwand geschlossen wurden (Abb. 16).

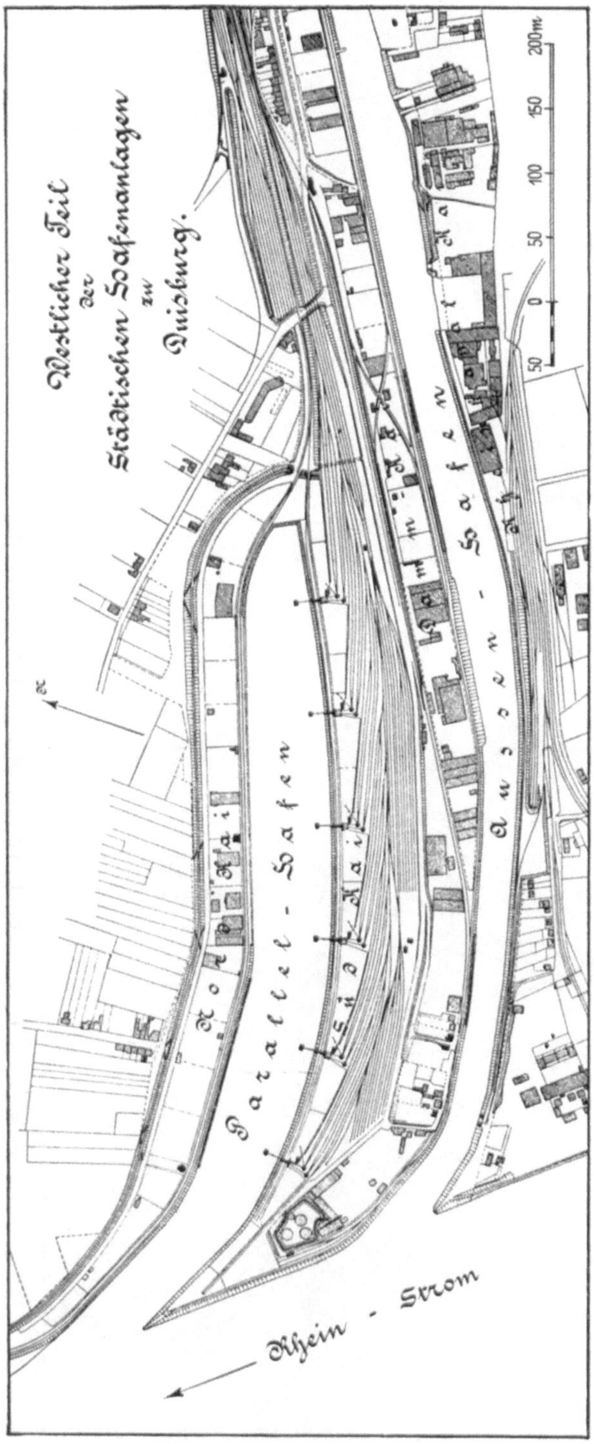

Abb. 12. Der Parallelhafen 1898.

In den neuen Becken A, B und C wurden 7 moderne elektrische Kohlenkipper erstellt und das Ufer am Hafenkanal mit Krananlagen ausgerüstet.

Vier Jahre nach der Inbetriebnahme — im Jahre 1912 — standen in dem Hafen allein für den Kohlenumschlag 28 Kohlenkipper zur Verfügung. Zusätzlich waren für die Kohle, die besonders schonend verladen werden mußte, zahlreiche Krananlagen und 142 Verladebühnen in Betrieb. Die Kohlenkipper wurden von der Hafenverwaltung betrieben, während der übrige Kohlenumschlag mittels Krananlagen und Verladebühnen von der privaten Wirtschaft ausgeführt wurde. Der Gesamtumschlag der Kohle betrug im Jahre 1913 19 Mio t. Außerdem standen für den Güterumschlag 120 Kräne, 22 Verladebrücken und 22 Elevatoren zur Verfügung. Auch dieser Umschlag und der Betrieb der fast 150 Lagerhäuser mit 200 000 cbm Fassungsraum wurde vom privaten Gewerbe betrieben.

Die Häfen hatten damals ihre größte Ausdehnung, denn im Jahre 1914 wurde das 1825 gebaute ellipsenförmige Hafenbecken und der Schleusenhafen wegen ihrer unglücklichen Eisenbahnanschlüsse aufgegeben und zugeschüttet. Der Nord- und Südhafen erhielten eine bessere Verbindung zum Rhein durch den heutigen Vinckekanal, und der bestehende Straßenzug über die Häfen wurde geradlinig über den neuen Vinckekanal verlängert und in zügiger Form an das Straßennetz in Ruhrort angeschlossen.

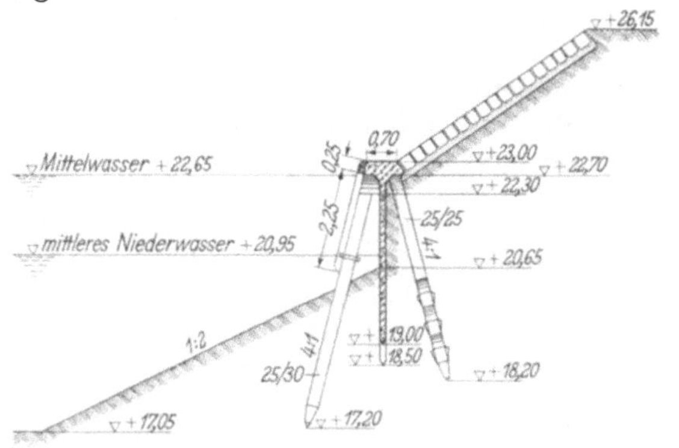

Abb. 14. Eisenbetonbohlwand in den Becken A, B und C.

Abb. 15. Ansicht der Eisenbetonbohlwand in den Becken A, B und C.

Damit hatten die Häfen ihre Gestaltung, wie sie heute noch bis auf geringfügige Änderungen besteht, erhalten.

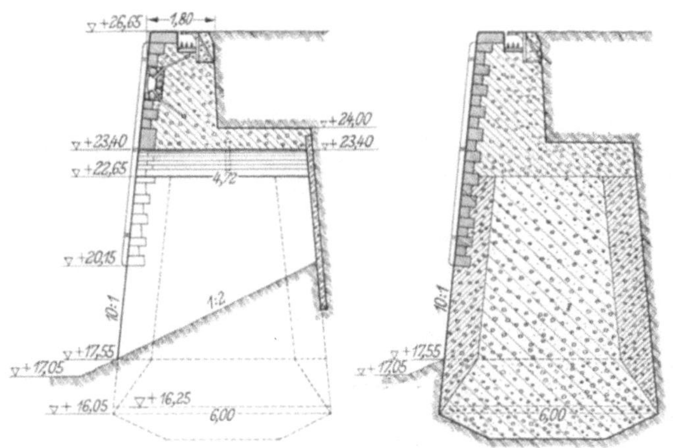

Abb. 16. Kaimauern.

17. Gründung der Aktiengesellschaft

Um der behördlichen Hafenverwaltung mehr Bewegungsfreiheit in ihrer Ausbauplanung und der Anpassung an die fortschreitende technische Entwicklung zu geben, setzten im Jahre 1914 die ersten Bemühungen ein, den Hafen in eine Aktiengesellschaft umzuwandeln. Der Grund war nicht darin zu sehen, daß die bisherige Form des Zusammenschlusses nicht mehr befriedigte, denn sie hatte sich bewährt. Durch den Kriegsausbruch konnten diese Pläne aber nicht weiterverfolgt und erst in den zwanziger Jahren wieder aufgegriffen werden. Nach dem Krieg kam als wesentlicher Grund hinzu, daß es für unzweckmäßig gehalten wurde, bei der geplanten Überführung der preußischen Wasserstraßen in das Reich auch die Häfen in die Hände des Reiches übergehen zu lassen. Preußen hatte nach wie vor das größte Interesse an Ruhrort und seinen Ideen des Ruhrfiskus, die es als sein ureigenstes Werk ansah und unbedingt erhalten wissen wollte. Man befürchtete, daß bei den ungeklärten Finanzverhältnissen der Nachkriegszeit das Reich nicht in der Lage wäre, für die Instandhaltung und fortschreitende Modernisierung der Häfen die erforderlichen Geldmittel aufzubringen. Nach der Währungsreform im Jahre 1924 kamen die Verhandlungen über die Gründung einer Aktiengesellschaft zum Abschluß, im Jahre 1926 wurden durch besonderes Gesetz die staatlichen Hafenanlagen in Duisburg an eine Aktiengesellschaft übertragen. Die Stadtverwaltung Duisburg folgte mit einem gleichlautenden Beschluß. Entsprechend den eingebrachten Werten erhielt Preußen 2/3 der Anteile, die 1960 mit 1/3 auf den Bund und 1/3 auf das Land Nordrhein-Westfalen übergingen. Die Stadt Duisburg erhielt 1/3 der Anteile, wobei berücksichtigt wurde, daß das erhebliche Vorratsgelände für die seinerzeit geplanten und nicht ausgeführten Hafenerweiterungen mit eingebracht wurde. Der umfangreiche Grundbesitz ist nach dem zweiten Weltkrieg mit einer verpachteten Fläche von 3,2 Mio qm eine wesentliche und sichere Grundlage für die Finanzkraft der Gesellschaft geworden.

Am Tage der ersten Währungsreform hatte die Gesellschaft aus den Anleihen des preußischen Staates und der Stadt Duisburg und dem Ankauf des Hafens Hochfeld noch eine Schuld von 23,5 Mio M, die bei der Gründung der Gesellschaft auf 3 Mio RM abgewertet wurden. Von der letzten Anleihe aus dem Jahre 1905 war also trotz der Kriegs- und Nachkriegszeit ein erheblicher Teil vorzeitig getilgt worden. Die Gesellschaft hat die Häfen ständig ausgebaut und der technischen

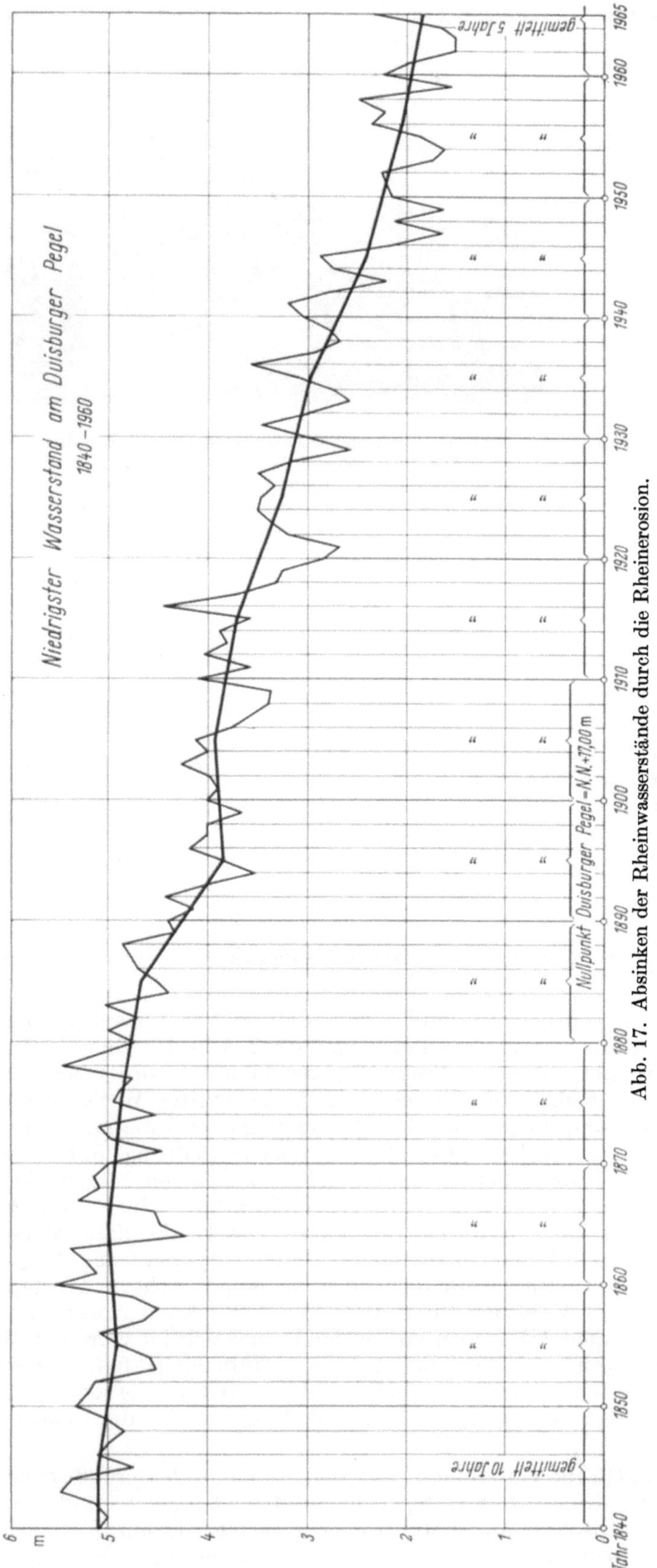

Abb. 17. Absinken der Rheinwasserstände durch die Rheinerosion.

Entwicklung angepaßt. Von 1926 bis 1938 wurden aus eigenen Mitteln 16 Mio RM für den Ausbau der Hafenanlagen aufgewandt. Erwähnt sei hier zum Beispiel nur der Neubau der Marientorschleuse, die Erweiterung der Mündung des Außenhafens, der Ausbau des Straßennetzes. Der Hafen hatte im Jahre 1929 eine Uferlänge von 44 km, war mit 14 mechanischen und 9 elektrischen Kippern, 116 Kränen, 34 Kranbrücken, 95 Ladebühnen, 20 Getreideelevatoren und 150 Speichern und Güterschuppen ausgerüstet. Im Jahre 1930 wurde die große Kohlenmischanlage am Becken B fertiggestellt, die über 31 mit Bandanlagen ausgerüstete Kohlenbunker 10000 t Kohle täglich verladen konnte.

In den dreißiger Jahren machten sich die ersten Erkenntnisse der Rheinerosion durch ein ständiges Absinken der Niedrigwasserstände bemerkbar. Wenn man auch anfangs über die Ursachen und das Ausmaß der Erosion noch keine Klarheit hatte, so wirkte sich das Absinken mit 4 cm/Jahr bereits sehr unangenehm aus, indem die in den Hafenbecken vorhandene Übertiefe allmählich verloren ging (Abb. 17). In den Hafenteilen mit geböschten Ufern konnte man sich zunächst mit Tieferbaggerung helfen, aber an den Ufern mit senkrechter Kaimauer mußten vorher zur Sicherung der Fundamente verankerte Spundwände vorgeschlagen werden. Diese Arbeiten wurden in den Jahren 1935 bis 1939 auf 3,5 km Länge vorwiegend am Hafenkanal und Kaiserhafen ausgeführt. In der gleichen Weise wurden die zahlreichen Brücken- und Kipperpfeiler gesichert[1] (Abb. 18).

Die gewählte Konstruktion hat sich sehr bewährt; der 1,0 m breite Vorsprung hat für die anlegenden Schiffe keine Nachteile gezeigt. Er ist, da er nur bei hohen Wasserständen an wenigen Tagen überflutet wird, als Betriebsweg zum Festmachen der Schiffe und als Zugang zu den Treppen zweckmäßig, weil die Schiffahrt mit den örtlichen Verhältnissen vertraut und durch große Hinweisschilder darauf aufmerksam gemacht wird.

18. Der Ausbau der Häfen nach 1945

Nach dem zweiten Weltkrieg zeigte sich, daß die Rheinerosion in unvermindertem Ausmaß mit 4 cm/Jahr anhielt. Die Niedrigwasserstände waren

[1] Bautechnik 1937, S. 101 ff.

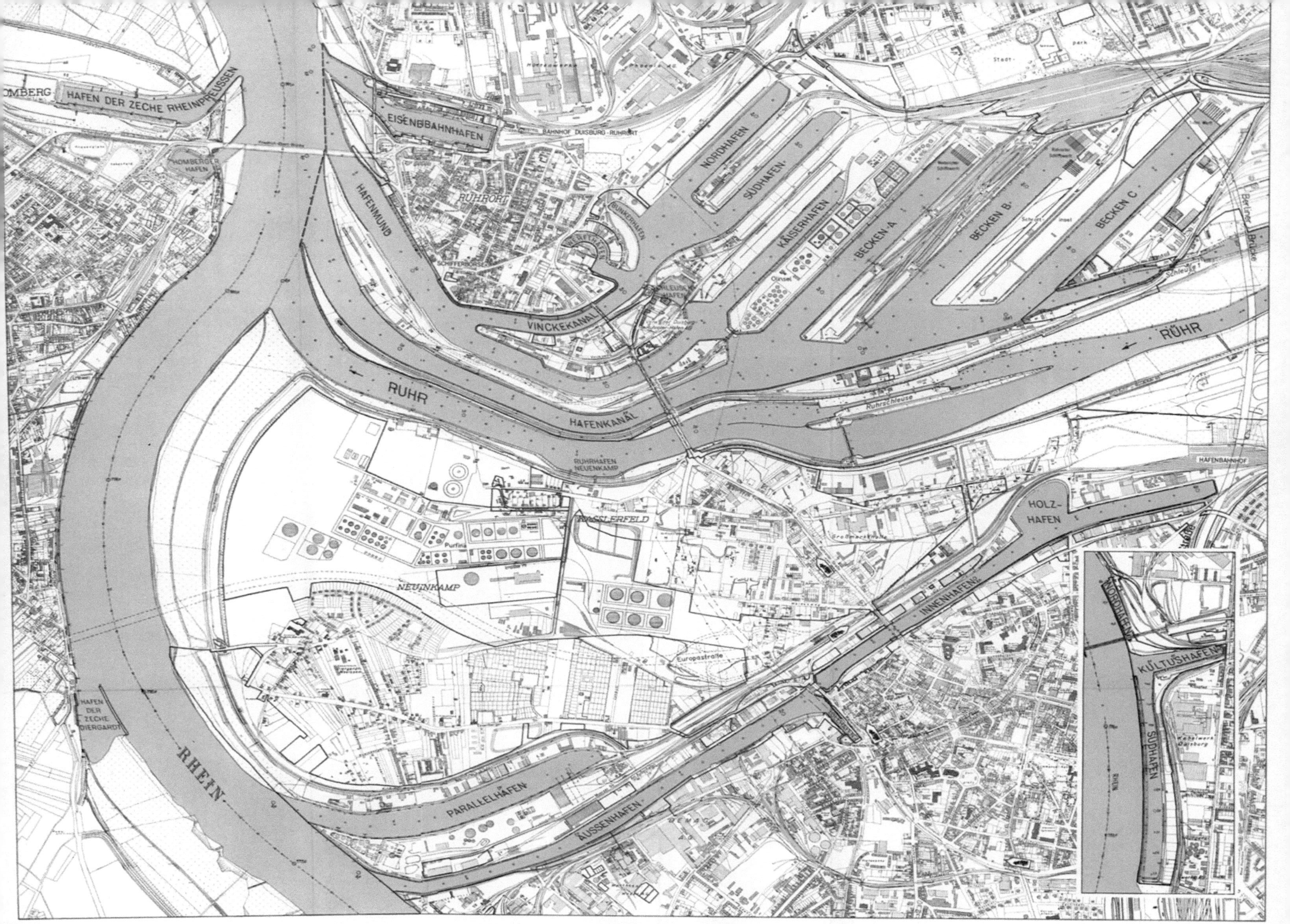

HAFEN DER ZECHE RHEINPREUSSEN
HOMBERGER HAFEN
EISENBAHNHAFEN
BAHNHOF DUISBURG-RUHRORT
NORDHAFEN
SÜDHAFEN
KAISERHAFEN
BECKEN A
BECKEN B
BECKEN C
Berliner Brücke
HAFENMUND
RUHRORT
BUNKERHAFEN
VINCKEKANAL
RUHR
Ruhrschleuse
HAFENKANAL
RUHRHAFEN NEUENKAMP
HAFENBAHNHOF
HOLZ-HAFEN
KASSLERFELD
Purfina
NEUENKAMP
INNENHAFEN
Europastraße
HAFEN DER ZECHE DIERGARDT
RHEIN
PARALLELHAFEN
AUSSENHAFEN
NORDHAFEN
KULTUSHAFEN
SÜDHAFEN

Abb. 13. Gesamtplan der Duisburg-Ruhrorter Häfen 1966 (Maßstab 1:12500).

Springer-Verlag, Berlin/Heidelberg/New York

seit der Jahrhundertwende bereits um rd. 2 m abgesunken, so daß auch an den geböschten Ufern der Umschlag sehr behindert war, weil die Kranausladungen nicht mehr ausreichten. In den verhältnismäßig schmalen Duisburger Becken war eine weitere Tieferbaggerung nicht mehr möglich, weil die verbleibende Fahrrinne zu schmal wurde.

Nachdem die umfangreichen Kriegsschäden im großen und ganzen beseitigt und die 300 im Hafen gesunkenen Schiffe gehoben waren, wurde im Jahre 1953 mit der Abspundung auch der geböschten Ufer in den Duisburger Häfen begonnen. Hier wurde die sogenannte gebrochene Uferwand gewählt, die sich inzwischen beim Ausbau in anderen Binnenhäfen durchgesetzt hat[1] (Abb. 19). Die Oberkante der verankerten Spundwand liegt wie bei den Kaimauersicherungen im Bereich des Mittelwassers, so daß sie nur selten überflutet und die abgepflasterte Böschung nur vom Hochwasser beansprucht wird. Auch diese Konstruktion hat sich sehr bewährt, wobei die Berme an der Oberkante Spundwand auch als Schifferbetriebspfad dient.

Abb. 18. Kaimauern mit Spundwand.

Insgesamt sind von den rd. 40 km Ufer, die der Hafen heute noch hat, bisher 14 km in den beiden Bauweisen abgespundet worden. Die Notwendigkeit, im Laufe der Zeit sämtliche Ufer abspunden zu müssen, ließ den Gedanken aufkommen, die Ruhrorter Hafenbecken A, B, C, den Kaiser-, Nord- und Südhafen, durch Abbau der unter dem Hafen liegenden Kohle durch den Bergbau i. M. um 1,60 m abzusenken. Diese Arbeiten begannen 1957 und sind heute mit vollem Erfolg zur Hälfte durchgeführt. Sie werden bis 1970 beendet sein[2].

Technisch besonders schwierige und neuartige Bauarbeiten waren die Absenkung der Marientorschleuse[3], eines eintorigen Bauwerks von 25 000 t Gewicht, das durch das nachträgliche Einziehen eines Senkkastens während des Hafen-Betriebes um 2,50 m abgesenkt wurde, und die Tieferrammung eines 35 Jahre alten Spundwandufers um 2,50 m unter gleichzeitiger Herstellung einer neuen Verankerung und Aufständerung mit einem 3,00 m hohen Betonholm.

Einen wesentlichen Einfluß auf die weiteren Ausbaumaßnahmen in den Häfen hatte aber der große Strukturwandel, der die Häfen nach dem Kriege getroffen hat.

19. Die Folgen des Strukturwandels seit 1945

Der Rückgang der Kohlenverladung von max. 19 Mio t im Jahr 1926 auf heute rd. 3 Mio t führte zum Abbau der meisten Kohlenkipper. Heute sind noch 4 Kohlenkipper, 2 eigene der Gesellschaft und 2 der Kohlenmischanlage, in Betrieb, und nach einem in Gang befindlichen Umbau und der Modernisierung der Kohlenmischanlage, die mit einer größeren Leistung verbunden ist, werden in zwei Jahren auch noch die beiden letzten Kipper der Gesellschaft abgebaut. Dann wird die Hafen A. G. keinen eigenen Umschlag mehr betreiben.

Abb. 19. Gebrochene Uferwand.

Im Güterumschlag trat an den ersten Platz anstelle der Kohle das Mineralöl und das Erz. Um den Mineralölverkehr nach Duisburg zu ziehen, wurde von der Gesellschaft im Jahre 1952 eine 35 km lange Ölleitung zu den Raffinerien im Raume von Gelsenkirchen gebaut, um das von Rotterdam mit Schiff ankommende Rohöl von Ruhrort nach Gelsenkirchen zu befördern[4]. Durch den Bau der Wilhelmshavener Pipeline verlor die Leitung im Jahre 1958 ihr Transportgut; sie wird aber seit dieser Zeit in umgekehrter Richtung mit Fertigprodukten betrieben. Sie befördert seitdem über 1 Mio t Fertigprodukte/Jahr nach Ruhr-

[1] Der Bauingenieur H. 5, 1961, S. 161—166: „Uferbau in Binnenhäfen".
[2] Die Bautechnik H. 10, 1952, S. 281 ff. u. Hansa 1966, H. 17.
[3] Die Bautechnik H. 10, 1952, S. 284 ff.
[4] Erdöl und Kohle, Juli 1953.

ort, die von hier größtenteils mit Schiffen weitergeleitet werden. Anstelle der Kohlenkipper mit den dazugehörigen umfangreichen Gleisanlagen wurden zahlreiche Umschlaganlagen für Mineralöl errichtet. So entstand zwischen dem Becken A und dem Kaiserhafen die sogenannte „Ölinsel“[1], die zur Zeit durch die teilweise Zuschüttung des Kaiserhafens eine erhebliche Erweiterung zur Aufstellung neuer Tanke erfährt. Hier steht ein Tanklager einer Mineralölgesellschaft mit einem Tankraum von 250 000 cbm. Am Parallelhafen wurden anstelle der dortigen Kipper große Ölumschlaganlagen gebaut und eine bestehende Anlage erheblich erweitert. Dabei wurden große Flächen des zum Teil nicht hochwasserfreien Geländes hochwasserfrei aufgehöht. Der Tankraum stieg von 41 000 cbm im Jahre 1936 auf heute 630 000 cbm. Zu diesen Tanklägern wurden 121 Lade- und Löschanlagen erstellt, die im Jahre 1965 einen Mineralölumschlag von 3,4 Mio t geleistet haben.

Für den Erzumschlag wurden von der privaten Wirtschaft neue Kräne und Kranbrücken aufgestellt. Im Nordhafen wurde die Umschlaganlage Thyssen-Hütte durch eine Bandanlage mit dem Werk bis zu den Hochöfen verbunden. Zwischen dem Becken B und C entstand die sogenannte „Schrottinsel“, die mit Kränen und Kranbrücken, Schrottscheren und Pressen ausgerüstet ist und auf der der unsortiert ankommende Schrott hochofenfertig paketiert wird. Die „Speditionsinsel“, die früher ganz mit Gleisanlagen für den Direktumschlag Schiff/Bahn von Schrott, Erz und Kohle usw. belegt war, wurde durch Rückbau der Gleise und den damit verbundenen Gewinn von nutzbaren Lagerplätzen für den LKW-Umschlag aufgeschlossen.

Die Gleislänge im Hafen beträgt heute noch 111 km gegenüber früher 312 km und anstatt 850 Weicheneinheiten sind heute noch 424 Stück vorhanden. Durch diesen Gleisrückbau wurden Lagerplätze in einer Größe von 650 000 qm gewonnen, die inzwischen alle vermietet sind.

Dadurch, daß anstelle des Kohlenumschlages über die Kipper über die vorgeschobenen Kipperpfeiler der Kranumschlag getreten ist, bei dem die Schiffe direkt am Ufer vorlegen, hat sich gezeigt, daß die Böschungen in den Becken A, B und C mit dem Steinbewurf vor den Eisenbohlwerken (Abb. 15) nicht mehr zu halten sind. Der Steinbewurf hat bisher bei Schleppschiffen durchaus genügt, ist aber den Beanspruchungen durch das Schraubenwasser der heute überwiegend vorlegenden Motorschiffe nicht mehr gewachsen. Trotz der Absenkung der Ruhrorter Hafenbecken durch den Kohlenabbau ist man daher gezwungen, große Strecken dieser Hafenbecken gleichfalls mit Spundwänden, wenn auch mit leichterem Profil und kürzerer Bohlenlänge, auszurüsten.

Besondere Berücksichtigung mußte auch die in den letzten Jahren aufgekommene Schubschifffahrt finden, für die durch Abgrabung von vorspringenden Landzungen größere Wendeplätze und zügigere Fahrrinnen geschaffen wurden[2]. Hierzu gehört insbesondere die Verbreiterung des Durchstichs zwischen dem Kaiserhafen und den Becken A, B, C von bisher 18 m auf 55 m Fahrwasserbreite[3]. Auf diesen Durchstich kann leider nicht verzichtet werden, da sonst die Hafenmündung durch die doppelten Ein- und Ausfahrten noch mehr belastet würde, was mit Rücksicht auf den starken Verkehr auf dem Rhein unerwünscht ist.

Im Gange ist weiterhin der Ausbau der Hafenstraßen für den ständig steigenden LKW-Verkehr, der schätzungsweise 300 000 LKW/Jahr beträgt. Weiterhin wurde die von der Gesellschaft betriebene Duisburger Hafenbahn im Jahre 1956 auf Diesellokbetrieb umgestellt, mit Dr-Stellwerken ausgerüstet und das ganze Bahnnetz vollständig erneuert[4].

Seit 1948 sind für alle genannten Baumaßnahmen 80 Mio DM aufgewandt worden. Die Finanzierung erfolgte, abgesehen von den Anlaufdarlehen in den ersten Jahren nach der Währungsreform 1948 in Höhe von 25 Mio DM, die in erster Linie für die Beseitigung von Kriegsschäden und für die Strukturänderung gegeben wurden, aus eigenen Mitteln der Gesellschaft.

Mit diesen Baumaßnahmen konnten die Hafenanlagen wieder in einen Zustand versetzt werden, der der Schiffahrt auch bei Niedrigwasser ausreichende Fahrwasserverhältnisse bietet, den Verladern und Spediteuren einen günstigen und schnellen Umschlag ermöglicht, auch konnten alle Bedingungen erfüllt werden, die bei der Ansiedlung neuer Umschlaganlagen gestellt werden.

20. Schlußbemerkung

Der Hafen Ruhrort hatte in den Anfängen seiner Entstehungsgeschichte keine günstige Lage für die Schiffahrt auf Rhein und Ruhr. Er ist aus den Verkehrsbedürfnissen der Grundstoffindustrien seines Hinterlandes und dem „wirtschaftlichen Weitblick“ des preußischen Staates entstanden. Die Duisburger Häfen wurden durch die Initiative der Privatindustrie der Duisburger Bürger gefördert. Sie wurden von der Stadt Duisburg übernommen, als der Umfang der Hafenerweiterungen den

[1] Erdöl-Informationsdienst Nr. 16, vom 15. Oktober 1965: „Drehscheibe Duisburg“.
[2] Hansa 1961, S. 1820 ff.
[3] Bautechnik 1966.
[4] Verkehr und Technik H. 12, 1965: „Das Dr-Stellwerk des Hafenbahnhofs Duisburg der Duisburg-Ruhrorter Häfen AG“.

Einsatz großer Mittel erforderte. Mit der Vereinigung beider Häfen zu einer Betriebsgemeinschaft und später zu einer Aktiengesellschaft wurden die Duisburg-Ruhrorter Häfen im Laufe von 250 Jahren zum größten Binnenhafen Europas.

Es verdient festgehalten zu werden, daß die großen Hafenanlagen mit ihren 20 Hafenbecken nur aus eigenen Mitteln oder Anleihen finanziert wurden, die alle, bis auf eine Restschuld bei der Gründung der Aktiengesellschaft, vorzeitig getilgt worden sind. Die großen Aufgaben, die die Häfen durch die Rheinerosion und durch den Strukturwandel — verursacht vor allem durch die Änderung der Energiewirtschaft — getroffen haben, konnten bis auf Anlaufdarlehen der Aktionäre Bund, Land und Stadt zur Beseitigung der Kriegsschäden — aus eigenen Mitteln der Aktiengesellschaft erfüllt werden. Sonstige öffentliche Mittel wurden dank der Einrichtung des ,,Ruhrfiskus" nicht in Anspruch genommen. Die vorausschauende Vorsorge des preußischen Staates, verbunden mit der Einrichtung des Ruhrfiskus — dessen Gedanken bis heute in der Aktiengesellschaft erhalten geblieben sind —, haben mit der tatkräftigen Beihilfe der Stadt Duisburg, die seit der Gründung der Hafenbetriebsgemeinschaft dem Hafen jede Förderung zukommen ließ, die Aktiengesellschaft so gestellt, daß sie heute und aller Voraussicht auch in Zukunft in die Lage versetzt ist, ihre Aufgaben aus eigenen Mitteln zu erfüllen.

Anordnung und Abmessungen neuer Binnenhäfen[1]

Von Oberregierungsbaudirektor **Alfred Hugel**, München

Das Thema, das mir gestellt ist, mag Ihnen vielleicht nicht sehr vielversprechend klingen, denn Sie befürchten wahrscheinlich eine ermüdende Aufzählung von Einzelheiten über Binnenhäfen, die in jüngster Zeit ausgeführt worden sind. Gerade das will ich aber vermeiden und das Thema nur von der grundsätzlichen Seite beleuchten.

Es handelt sich, wie aus der Ankündigung zu ersehen ist, um einen Bericht über die Arbeit des „Technischen Ausschusses für die Planung von Binnenhäfen". Dieser Ausschuß ist keine ständige Einrichtung eines Verbandes oder einer sonstigen Arbeitsgemeinschaft, sondern durch Vereinbarung zwischen dem Verband öffentlicher Binnenhäfen und der Wasser- und Schiffahrtsverwaltung des Bundes gegründet worden, um eine gemeinsame, einmalige Sonderaufgabe zu bearbeiten. Ihm gehörten neben mir

Oberregierungsbaurat Blech, Wasser- und Schiffahrtsdirektion Würzburg,
Regierungsbaudirektor Dörholt, Wasser- und Schiffahrtsdirektion Münster,
Regierungsbaurat a. D. Dr. Ing. Finke, Duisburg-Ruhrorter Häfen AG.

an. Sowohl Wasserstraßenverwaltung und Häfen waren also gleichmäßig vertreten, wie auch Norden und Süden des Bundesgebietes ihre örtlichen Besonderheiten zur Geltung bringen konnten.

Anlaß zu der Arbeit, die inzwischen bereits abgeschlossen werden konnte, war die Tatsache, daß der zunehmende Verkehrsumfang auf den Binnenwasserstraßen (260 Mio t Hafenumschlag), der Strukturwandel in den Schiffstypen (Selbstfahrer), das starke Ansteigen des Mineralölverkehrs und das Bedürfnis nach Ausweitung bestehender Umschlagplätze oder der Bau von neuen Anlagen teilweise zu recht unerfreulichen gegenseitigen Behinderungen von Schiffsverkehr auf den Wasserstraßen und dem Betrieb der Häfen sowie auch zu erhöhten Gefahren geführt haben. Wenn man sich auch darüber klar war, daß bei bestehenden Anlagen weiterhin manche Behinderung wird hingenommen werden müssen, so will man doch dafür sorgen, daß wenigstens mit dem Bau neuer Wasserstraßen oder bei der Erweiterung bestehender Schiffahrtswege neue Hafenanlagen durch ihre Unternehmensträger zweckmäßig angelegt werden. Die Wasserstraßenverwaltung hat ihre Sorgen mit dem Zusammendrängen wartender Schiffe vor den Häfen und würde am liebsten nur Stichhäfen sehen, da bei ihnen die durchgehende Schiffahrt am wenigsten behindert wird. Hingegen streben die Hafenunternehmer aus Kostengründen die weit billigeren und erweiterungsfähigen Parallelhäfen — also Verbreiterungen des Fahrwassers — an. Zwischen diesen Wünschen mußte ein Kompromiß erarbeitet werden.

Ihnen selbst ist das Thema im übrigen nicht ganz unbekannt, da Herr Hafendirektor Bumm in seiner Veröffentlichung im Jahrbuch 1962/63 der HTG bereits teilweise eine allgemeine Darstellung der zu behandelnden Fragen gab. Wir haben uns aber darauf beschränkt, nur die „nassen" Anlagen der Häfen zu untersuchen, nicht aber die Folgerungen, die sich aus dem Strukturwandel im Landverkehr und Umschlagbetrieb der Häfen ergeben.

I. Anordnung der Häfen

1. Schiffsmaße

Als erstes mußte man sich für die Bemessung der Anlagen auf eine einheitliche Schiffsgröße einigen. Das war verhältnismäßig einfach, denn die Europäische Verkehrsministerkonferenz hatte sich ja schon vor einigen Jahren auf 5 Wasserstraßen-Klassen festgelegt, von denen im Bundesgebiet der Regel die Klasse IV als Maßstab für den Ausbau oder Neubau von Wasserstraßen in Betracht kommt. Dieser Klasse IV liegt ein Typschiff von 1350 t Tragfähigkeit zugrunde, das 80 m Länge, 9,5 m Breite und eine größte Abladetiefe von 2,50 m aufweist. Es ist damit zu rechnen, daß bei Neubauten von Schiffen künftig überwiegend dieser Typ gewählt wird, weil er auf möglichst vielen Wasserstraßen verkehren kann. Wegen der notwendigen Zwischenräume zu den benachbarten

[1] Als Vortrag gehalten auf der 30. ordentlichen Hauptversammlung in Berlin.

Schiffen wurde ein Zuschlag gemacht und danach je Güterschiff ein Bedarf an Hafenwasserfläche von 90 × 10 m angesetzt. Dieses Maß reicht auch für Schubleichter aus, deren Abmessungen heute in der Regel bei 70 × 9,5 m liegen.

Für Schlepper soll bei der Planung kein eigener Raumbedarf vorgesehen werden, da ihre Zahl bei der gegenwärtigen Umstellung der Schiffstypen ständig sinkt und außerdem die bereits genannte Hafenwasserfläche je Schiff reichlich bemessen ist.

2. Hafenformen

Bei Binnenhäfen des Bundesgebietes gibt es die verschiedenartigsten Hafenformen, wie sie sich aus den örtlichen Verhältnissen und den Erfordernissen jeweils ergeben haben. Wir haben versucht, sie in vier große Gruppen einzuordnen, die dann für die Planungen neuer Anlagen einen Anhaltspunkt geben können.

Wir wollen unterscheiden in

a) Parallelhäfen,
b) Dreieckhäfen,
c) Molenhäfen,
d) Stichhäfen.

a) Parallelhäfen, Lände, Werft oder Schlagde (Abb. 1—3[1])

Sie stellen die einfachste und billigste Hafenform dar. Doch beeinträchtigen sie, worauf ich bereits hinwies, am meisten die vorbeikommenden Fahrzeuge, die ihre Geschwindigkeit vermindern müssen. Durch Sog und Wellenschlag werden aber auch die liegenden Schiffe in Mitleidenschaft gezogen, weil die Gefahr von Trossenbrüchen besteht. Besonders empfindlich sind ladende oder löschende Schiffe mit brennbarem, giftigem oder explosivem Ladegut, da im Falle einer Havarie noch eine zusätzliche Gefährdung durch das Ladegut hinzukommt.

Die Parallelhäfen an freien und kanalisierten Flüssen bieten auch keinen Schutz vor Hochwasser und Eisgang. Für die Schiffahrt können sie daher auch aus diesem Grunde keine Ideallösung darstellen und sind nicht gerne gesehen. Trotzdem wird man aus wirtschaftlichen Überlegungen nicht in jedem Fall den Hafenbauinteressenten zu einer kostspieligen anderen Lösung zwingen können. Aus den erwähnten Gründen sollen neue Parallelhäfen sowohl in ihrer Länge als auch in ihrer Zahl möglichst begrenzt bleiben.

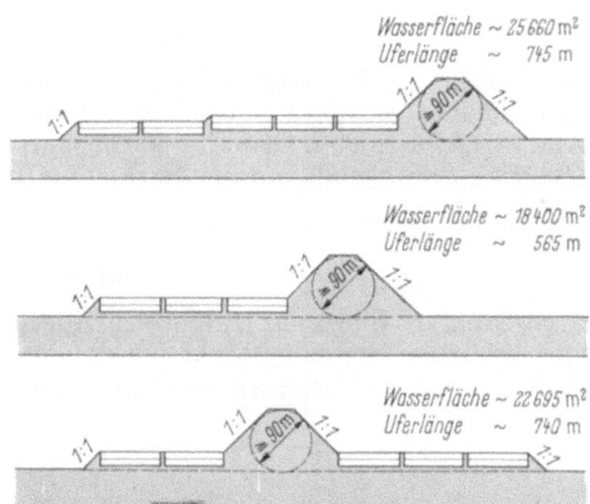

Abb. 1—3. Formen von Parallelhäfen[1].

b) Dreieckhäfen (Abb. 4—7)

Dreieckhäfen finden sich seltener als Parallelhäfen und eigentlich nur an bestimmten Wasserstraßen. Sie haben im wesentlichen die gleichen Vorzüge und Nachteile wie die Parallelhäfen.

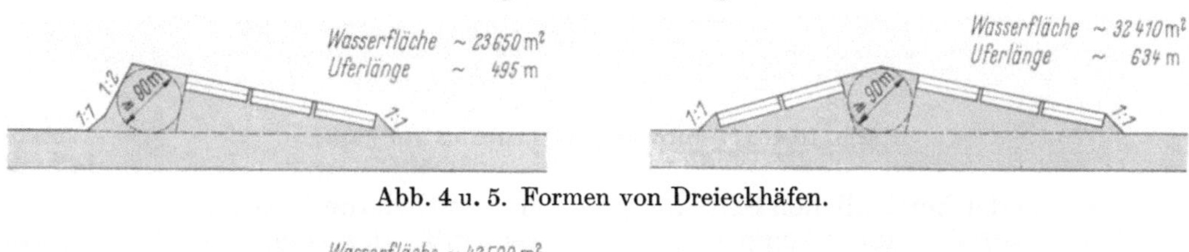

Abb. 4 u. 5. Formen von Dreieckhäfen.

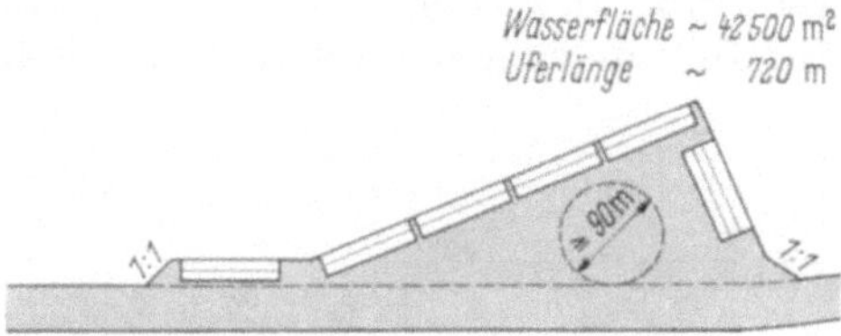

Abb. 6. Formen von Dreieckhäfen.

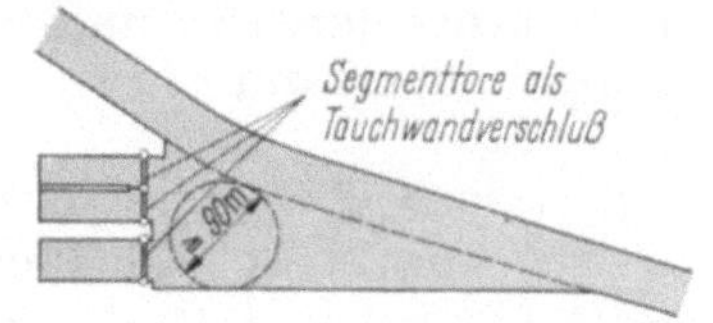

Abb. 7. Form eines Dreieck-Ölhafens.

Hinzu kommt als Vorteil, daß bei gleicher Länge der Grenze zwischen Hafen und Wasserstraße der Dreieckhafen eine größere Wasserfläche und damit eine größere Aufnahmefähigkeit für Schiffe

[1] Die Abb. 1—16 wurden den Empfehlungen für die technische Planung von Binnenhäfen vom Dezember 1964 entnommen.

besitzt. Nachteilig ist der große Flächenbedarf und die Schwierigkeiten bei Erweiterungen. Die erhebliche Verbreiterung des Wasserquerschnitts der Wasserstraße führt auch zu unerwünschten Ablagerungen und ungünstigem Wasserabfluß. Für freie und kanalisierte Flüsse können daher Dreieckhäfen nicht empfohlen werden. An Kanälen hingegen haben sie sich dort bewährt, wo große Schiffsansammlungen und enges Schiffahrtsprofil zusammentreffen. Es ist jedoch dafür zu sorgen, daß der Wendeplatz nicht als Liegeplatz benutzt wird.

c) **Molenhäfen** (Abb. 8 und 9)

Wie schon der Name sagt, sind Molenhäfen Parallelhäfen, die gegen die Wasserstraße durch einen Trenndamm abgegrenzt werden. Damit sind die liegenden Schiffe vor Wasserbewegungen und vor den Einflüssen des durchgehenden Verkehrs geschützt. Erwünscht ist natürlich eine hoch-

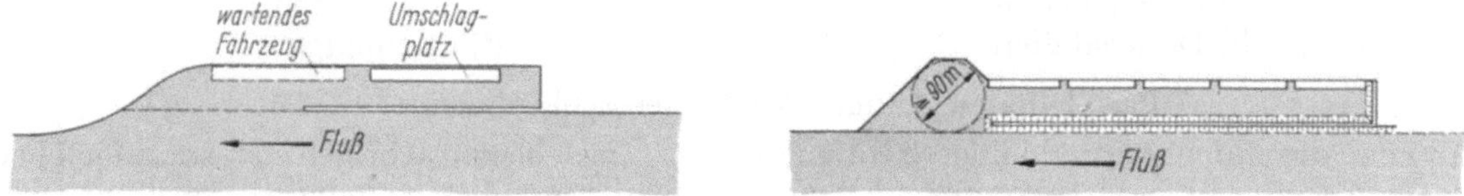

Abb. 8 u. 9. Formen von Molenhäfen.

wasserfreie Ausführung der Mole, da damit gleich ein Schutz- und Sicherheitshafen entsteht. Ob das gemacht werden kann, hängt von der Lage der Umschlagstelle im Hochwasserabflußgebiet ab. Aus wirtschaftlichen Gründen kann man anstreben, die Molenkrone so breit auszuführen, daß ein Umschlag an der Moleninnenseite ohne Zwischenlagerung erfolgen kann.

d) **Stichhäfen** (Abb. 10 und 11)

Stichhäfen sind eine Hafenform, die ganz allgemein den Vorstellungen von einem Hafen entspricht. Auch der Laie denkt bei dem Wort „Hafen“ sofort an Hafenbecken, die in einigem Abstand von der Wasserstraße liegen und mit dieser durch einen Zufahrtskanal verbunden sind.

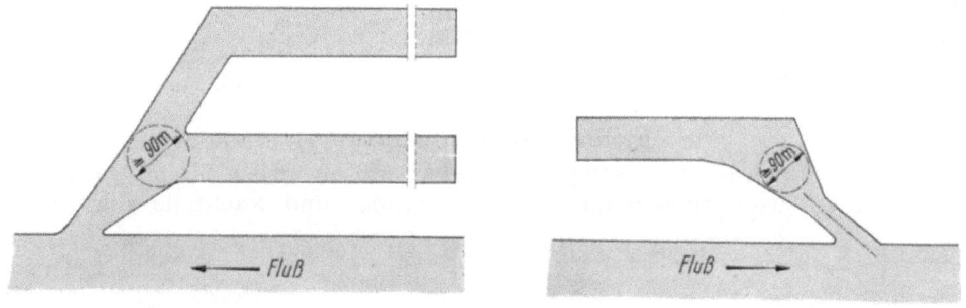

Abb. 10 u. 11. Formen von Stichhäfen am Fluß.

Stichhäfen sind von der betrieblichen Seite her gesehen eigentlich die Idealform der Häfen, weil der gesamte Hafenbetrieb sich unabhängig von der Wasserstraße abwickelt und eine Berührung des durchgehenden Verkehrs durch zu und- abfahrende Schiffe nur an einem Punkt, nämlich an der Hafeneinfahrt, stattfinden kann.

3. **Schiffsliegegrenze** (Abb. 12—16)

Die Schiffsliegegrenze ist eine gedachte Linie zwischen der Wasserstraße und dem Hafengebiet bei Parallel- und Dreieckhäfen. Sie soll die Grenze darstellen, bis zu der die Wasserfläche vor dem Umschlagufer durch liegende Schiffe benutzt werden darf.

Bei Kanälen ist diese Grenze die Uferlinie des Wasserspiegels der an den Hafen anschließenden freien Strecken. Bei freien oder kanalisierten Flüssen soll die Schiffsliegegrenze höchstens bis an den Rand des für den Durchgangsverkehr bestimmten Fahrwassers reichen.

4. Wasserbauliche Anlagen

Wenn ich nun versucht habe, die einzelnen Hafenformen und ihre Abgrenzung zur Wasserstraße darzustellen, will ich mich nunmehr den einzelnen Hafenteilen zuwenden, soweit sie wasserbaulicher Art sind. Zu ihnen zählen

a) die Hafeneinfahrt,
b) der Wendeplatz,
c) das eigentliche Hafenfahrwasser,
d) die Schiffsliegeplätze für umschlagende und solche für wartende Fahrzeuge.

Allgemein möchte zunächst gesagt werden, daß bei der Planung neuer Binnenhäfen vermieden werden sollte, daß Hafenanlagen auf beiden Seiten einer Wasserstraße entstehen, soweit damit

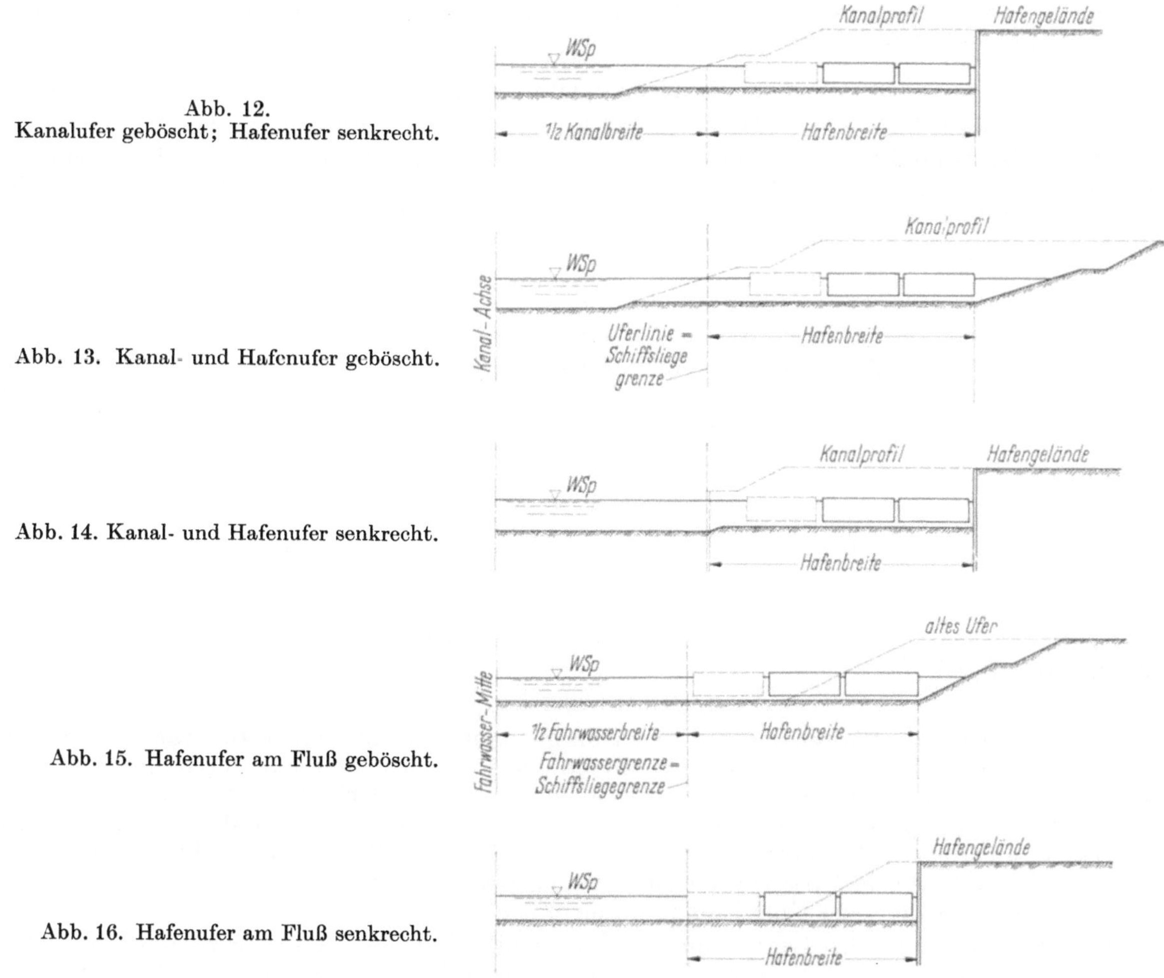

Abb. 12. Kanalufer geböscht; Hafenufer senkrecht.

Abb. 13. Kanal- und Hafenufer geböscht.

Abb. 14. Kanal- und Hafenufer senkrecht.

Abb. 15. Hafenufer am Fluß geböscht.

Abb. 16. Hafenufer am Fluß senkrecht.

Querschnittsvergrößerungen verbunden sind, denn es wird einmal die Ablagerung von Sinkstoff, Schlamm und Geschiebe dadurch begünstigt und auch für die durchgehende Schiffahrt sind zu große Querschnittsänderungen, vor allem bei engen Kanälen, ungünstig. Zudem werden durch gegenüberliegende Hafenanlagen deren Erweiterungen sowie etwa notwendige Änderungen an der Wasserstraße selbst sehr erschwert, wenn nicht überhaupt unmöglich.

a) Hafeneinfahrt

Die Lage der Hafeneinfahrt wird weitgehend durch die örtlichen Verhältnisse bestimmt. Bei Flüssen kommt auch noch den wasserbaulichen Gesichtspunkten — Strömung und Geschiebeablagerung — entscheidende Bedeutung zu. Jedem Wasserbauer ist es ja geläufig, daß Hafeneinfahrten an einem möglichst anlandungsfreien Uferabschnitt angelegt werden sollen. Dazu eignen sich sehr gut die Außenseiten von Flußkrümmungen, auch wenn hier natürlich Kolkbildungen auftreten können. Muß aus zwingenden Gründen die Einfahrt an der Krümmungsinnenseite eines Flusses angeordnet werden, so sollte man dies möglichst oberhalb des Krümmungsscheitels tun, da dort weniger Ablagerungen als unterhalb zu erwarten sind.

Eine große Sorge jedes Hafens sind ja ohnehin die Ablagerungen in Hafeneinfahrten und man ist stets bestrebt, sie zu vermeiden, möglichst klein zu halten oder künstlich an eine Stelle zu verlagern, an der ihre Beseitigung den Hafenverkehr nicht stört. Ich darf hier nur die Anordnung von Spornen oder von Walzenbuchten erwähnen. Ein allgemein gültiges Rezept gibt es aber nicht. Man muß in jedem Einzelfall eine den Gegebenheiten entsprechende Lösung — zweckmäßig auch durch einen Modellversuch — suchen. Bei Kanalhäfen liegen die Verhältnisse natürlich viel einfacher. Der Abzweig der Hafeneinfahrt von der Wasserstraße soll aus erklärlichen Gründen möglichst gestreckt erfolgen und übersichtlich sein. Eine trompetenförmige Erweiterung der Einfahrt ist zweckmäßig, damit Schiffe in beiden Richtungen ein- bzw. ausfahren können. Bei Ölhäfen empfiehlt sich aber wiederum keine zu große Breite der Einfahrt, um die Möglichkeit der Abriegelung bei Gefahren nicht zu erschweren.

b) Wendeplatz (Drehbecken)

Das Wenden der Schiffe in der Wasserstraße ist das Ärgernis der durchgehenden Schiffahrt, weil es mindestens zu Behinderungen, wenn nicht gar zu Gefährdungen führt. Für jeden Hafen soll deshalb Vorsorge getroffen werden, daß dieses Wenden den durchgehenden Verkehr nicht stört. Dies kann man dadurch erreichen, daß an geeigneter Stelle ein Wendeplatz vorgesehen wird. Seine Abmessungen richten sich nach Fahrzeugart, Uferform und Strömungsverhältnissen.

Mindestens soll er 90 m Durchmesser — in voller Fahrwassertiefe gemessen — haben. Über 120 m Durchmesser braucht man dagegen nicht zu gehen. Für das Wenden von Tankmotorschiffen sollte man aus Sicherheitsgründen bei der Bemessung nicht zu sparsam sein.

Die Schaffung eines Wendeplatzes stellt natürlich für den Hafenunternehmer eine erhebliche Belastung dar, die um so mehr ins Gewicht fällt, je kleiner der Umschlagplatz ist. Deshalb sollte bei Häfen mit nur einer Schiffslänge auf diese Forderung verzichtet werden, wenn die Wasserstraße selbst in nicht zu großer Entfernung eine geeignete Wendemöglichkeit bietet.

c) Hafenfahrwasser

Darunter versteht man den Fahrweg der Schiffe zu und von den Umschlagplätzen, der auch für das Verholen benutzt werden kann, aber nicht mit liegenden Schiffen belegt werden darf. Im Hafenbecken sollen dafür mindestens zwei Schiffsbreiten frei bleiben. Nur bei einfachen Verhältnissen reicht auch eine Schiffsbreite aus. Auch bei Parallel- und Dreieckhäfen genügt im allgemeinen eine Schiffsbreite.

d) Schiffsliegeplätze

Sie teilen sich in die Liegeplätze vor den Umschlaganlagen und solche für wartende Schiffe. Beide sind innerhalb des Hafenbereichs anzuordnen und so einzurichten, daß durch ihre Benutzung das Fahren und Verholen der Schiffe im Hafengebiet nicht behindert wird. Diese Liegeplätze sind im übrigen unabhängig von den Liegestellen, die dem Schiffahrtsbetrieb der Wasserstraße dienen, z. B. Schleusenvorhäfen, Warteplätze, Übernachtungsplätze oder Reeden. Dem Hafenunternehmer kann ja auch nur die Vorhaltung von Liegeplätzen insoweit zugemutet werden, als das Liegen mit vorherigem oder nachherigem Umschlag zusammenhängt.

Für Schiffe mit gefährlicher Ladung und für Tankschiffe sind gesonderte Liegeplätze vorzusehen. Für letztere ist dies dann nicht notwendig, wenn nur brennbare Flüssigkeiten der Gefahrenklasse K 3 und weniger in Betracht kommen. Auch für wartende Fahrzeuge der Schubschiffahrt empfiehlt es sich, eigene Liegeplätze vorzuhalten, weil die Leichter unbemannt sind und deshalb nicht bei Bedarf jederzeit verstellt werden können.

II. Abmessungen der Häfen

1. Länge

Bei Parallel- und Dreieckhäfen erweist es sich immer als besonders nachteilig, wenn sie sehr lang sind und damit die Fahrgeschwindigkeit der Schiffahrt auf der Wasserstraße zu lange gedrosselt werden muß. Andererseits sollen die Hafenunternehmer nicht schon bei bescheidenen Umschlagsverhältnissen zum Bau eines kostspieligen Hafenbeckens gezwungen werden. Wir hielten eine größte Länge von 5 Schiffen = 450 m als die Grenze des Vertretbaren, wobei eine Erweiterung auf sechs

Schiffslängen für den Bedarfsfall noch vorgesehen werden kann. Gleiches gilt auch für die Molenhäfen. Bei Hafenbecken bestimmen die Zahl der aufzunehmenden Schiffe und die Breite des Beckens die notwendige Länge. Sie sollte nicht unter drei Schiffslängen liegen und aus wirtschaftlichen und betrieblichen Gründen 1000 m möglichst nicht überschreiten. Ein Maß von 700 m findet sich häufig.

2. Breite

Die erforderliche Breite der Wasserfläche vor dem Umschlagufer ist durch die Reichweite der Umschlagseinrichtungen bestimmt. Diese können im allgemeinen höchstens das zweite liegende Schiff erreichen. Auch aus Sicherheitsgründen ist das Laden über mehrere Schiffe hinweg unerwünscht. Es genügt also, wenn nicht mehr als zwei Schiffsbreiten für den Umschlag vorgesehen werden.

a) Parallel- und Dreieckhäfen

Die Breite der Wasserfläche vor solchen Häfen wird nicht nur von den Schiffsbreiten bestimmt. Hier spielt der Abstand vom durchgehenden Verkehr, also von der Schiffsliegegrenze, von der ich bereits sprach, eine entscheidende Rolle. Hat man einen großen Querschnitt der Wasserstraße, so kann man sich bei der Hafenbreite bescheiden. Ist hingegen ein sehr enger Fahrwasserquerschnitt vorhanden, so sollte man im Interesse der durchgehenden Schiffahrt und der am Ufer liegenden Schiffe ein größeres Maß wählen. Als Kriterium haben wir das Verhältnis von Fahrwasserquerschnitt zum Schiffsquerschnitt (F/f) von 1 : 6 gewählt, weil im Jahre 1958 durch Versuche festgestellt worden ist, daß bei diesem Verhältnis ein mit 11 km/h vorbeifahrender Schleppzug keine fühlbare Einwirkung auf Schiffe mehr hat, die in 25 m Abstand vom Ufer liegen. Die maßgebenden Breiten bitte ich aus der Tabelle zu ersehen.

Verhältnis vom Fahrwasserquerschnitt der Wasserstraße zum Schiffsquerschnitt (F/f)	Hafenbreite	
	bei einfachen Verhältnissen	bei stärkerem Verkehr
< 6	25 m	35 m
> 6	20 m	30 m

b) Hafenbecken und Molenhäfen

In Hafenbecken wird im allgemeinen auf beiden Seiten Umschlag betrieben. Dann soll das Becken — und zwar in voller Fahrwassertiefe — 70 bis 100 m breit sein. Das kleinere Maß kann nur für kurze Hafenbecken, das größere Maß für lange Becken gelten. Sparsamkeit ist bei der Breite falsch am Platz, denn spätere Verbreiterungen sind in der Regel praktisch unmöglich. Das Drehen von Schiffen in den Becken vor den Umschlagufern ist nicht vorzusehen, weil es beim 1350-t-Schiff zu sehr großen Hafenbreiten führen würde. Praktisch wird es aber vorgenommen, wenn die Ufer schwach oder nicht belegt sind oder es sich um kleinere Schiffe handelt. Bei sehr langen Hafenbecken hat sich eine leicht konische Form, also mit größerer Breite an der Einfahrt, bewährt.

c) Hafeneinfahrt

Sie ist mindestens so breit vorzusehen, daß in ihr bei allen schiffbaren Wasserständen sich zwei der größten, für den Hafen in Betracht kommenden Schiffstypen ungehindert begegnen können. Meist ergeben sich durch die örtlichen Verhältnisse ohnehin größere Breiten, weshalb bei den Neubauten der letzten Jahre die Hafeneinfahrtsbreiten zwischen 40 und 70 m gewählt wurden.

3. Tiefe

Die Tiefe der Häfen und der Hafeneinfahrten muß der größten Abladetiefe der Schiffe auf der Wasserstraße entsprechen, also beim 1350-t-Schiff etwa 3 m betragen. Bei Flüssen ist auch eine etwaige Erosionstendenz zu berücksichtigen.

Es ist nun bekannt, daß sich in dem Umschlagbereich von Häfen die Sohle durch hineingefallenes Ladegut allmählich aufhöht. Da dies nicht mit anderen Mitteln zu vermeiden ist, muß man eben schon beim Bau des Hafens darauf Rücksicht nehmen und einen Absetzraum von etwa 0,50 m einplanen. An Parallel- und Dreieckhäfen ist dies aber leider ohne nachhaltige Wirkung, weil dort Übertiefen rasch verlanden und durch die Motorschiffahrt ständig Sohlenveränderungen eintreten.

In der Vergangenheit hat man auch besondere Tiefbecken angeordnet, um dort voll geladenen Schiffen bei fallenden Wasserständen oder bei Staulegung an kanalisierten Flüssen einen genügend tiefen Abstellplatz zu sichern. Wir konnten uns nicht entschließen, diese Übung auch für künftige Anlagen zu empfehlen, weil solche Tiefbecken erfahrungsgemäß rasch verschlammen, bei Vereisung ein Verstellen von Schiffen ohnehin nicht mehr möglich ist und bei Stausenkung, die im übrigen nur ganz selten kurzfristig erfolgt, Schiffe immer noch rechtzeitig zum nächsten Hafen oder zur nächsten Stauhaltung verbracht werden können. Auch sind heute an den Wasserstraßen überall Möglichkeiten zur Leichterung der Fahrzeuge vorhanden.

4. Uferhöhe

Uferhöhe ist der Abstand zwischen Normalwasserstand und Uferoberkante. An Kanälen sollte sie mindestens 1 m betragen — ein Maß, das auch an Binnenschiffahrtsschleusen üblich ist. Bei 1 m wird aber die Sicht durch liegende leere Schiffe behindert. Dies ist für den Umschlagbetrieb nachteilig. Deshalb haben wir empfohlen, wenn möglich auf eine Uferhöhe von mindestens 2 m zu gehen. An Flüssen wird das Maß durch die Wasserspiegelschwankungen und die Geländeverhältnisse bestimmt.

III. Umschlagplätze für brennbare Flüssigkeiten und andere gefährliche Güter

Es ist Ihnen allen zur Genüge bekannt, daß das Öl die große Sorge für die Sauberkeit unserer Gewässer ist. Besonders neuralgische Punkte sind dabei naturgemäß auch unsere Arbeitsgebiete, denn mit der Beschädigung eines Tankers oder mit dem Versagen einer Ölumschlaganlage können unabsehbare Schäden durch Wasserverseuchung sowie Brandgefahren entstehen.

Der Umschlag von brennbaren Flüssigkeiten und anderer gefährlicher Güter erfordert daher besondere Maßnahmen der Schadenverhütung. Es ist völlig verständlich, wenn die Wasser- und Schiffahrtsverwaltung des Bundes zum Schutze ihrer Wasserstraßen anstrebt, daß der Umschlag solcher Güter am Verkehrsweg selbst, also z. B. an Parallelhäfen, überhaupt nicht mehr zugelassen wird, denn in Hafenbecken lassen sich im Katastrophenfall doch leichter Abwehrmaßnahmen treffen als auf dem Verkehrsweg, der Wasserstraße.

Dieses Ziel aber läßt sich in der Praxis doch nicht so leicht erreichen, weil oft kleine Mineralölumschlaganlagen vorhanden sind oder entstehen, für die der Bau eines Hafenbeckens wirtschaftlich nicht zumutbar ist. Wir haben uns daher bemüht, in unseren Empfehlungen einen für alle Seiten gangbaren Weg zu weisen.

Einmal halten wir es für richtig, daß ein Beladen von Tankschiffen mit Mineralöl in Parallel- oder Dreieckhäfen, also unmittelbar an der Wasserstraße, überhaupt nicht mehr gestattet wird. Damit wäre schon ein großer Schritt getan.

Für das Entladen sollen je Umschlagplatz künftig 50 000 t Jahresmenge nicht überschritten werden. Bei bestehenden Anlagen kann diese Begrenzung natürlich zu ganz beachtlichen wirtschaftlichen Verlusten führen, so daß man in diesen Fällen widerruflich eine Jahresmenge von 100 000 t zugestehen sollte. Besonders kritisch ist es aber, wenn keine festen Löscheinrichtungen an Land vorhanden sind und deshalb der Einsatz von Schiffspumpen notwendig ist. Dann ist es möglich, daß durch lecke Stellen in den Schläuchen ganz erhebliche Mengen auf die Wasserfläche gelangen. In diesem Fall sollte an Parallel- und Dreieckhäfen nur eine Umschlagmenge von höchstens 10 000 t im Jahr zugelassen werden. Werden die vorgenannten Mengen überschritten, so ist der Umschlag in Hafenbecken auszuführen. Durch einen sogenannten Molenhafen läßt sich das verhältnismäßig gut erreichen, wenn nicht allzu große Mengen umgeschlagen werden.

Wenn wir uns nun die Gestaltung des Ölumschlags in den Häfen näher ansehen, so ist es einmal naheliegend, das Laden und Löschen von Mineralöl räumlich zusammengefaßt und abseits des übrigen Umschlagbetriebs ausführen zu lassen. Ölumschlagplätze liegen besonders günstig in der Nähe der Hafeneinfahrt. Selbstverständlich sind die Sicherheitsabstände einzuhalten, besonders in der Nähe von Betrieben, bei denen die Gefahr einer Funkenbildung besteht. Im übrigen ist es sehr wichtig, daß besondere Liegeplätze außerhalb des eigentlichen Umschlagplatzes — getrennt von den anderen Fahrzeugen — vorhanden sind. Mehr als 2 Schiffe sollen sich nicht nebeneinander befinden. Auch muß dafür gesorgt werden, daß die Schiffe beim Umschlag und auch beim Liegen möglichst ruhig liegen. An geböschten Ufern sind daher Dalben anzulegen.

IV. Schutzhäfen

Zum Schluß meiner Ausführungen möchte ich der Vollständigkeit halber nur noch die sogenannten Schutzhäfen erwähnen. Hafenbecken von Umschlaghäfen, die hochwasserfrei eingefaßt sind, erfüllen damit gleich die Funktion eines Schutzhafens, denn sie können den Schiffen bei Hochwasser und Eisgang Zuflucht bieten. Oft gibt es aber Schiffahrtsstrecken, an denen solche Häfen nur in sehr großem Abstand vorhanden oder die vorhandenen nicht aufnahmefähig genug sind. Dann muß die Wasserstraßenverwaltung selbst solche Häfen errichten. Es ist zweckmäßig, sie in der Nähe von Ortschaften und nicht mehr als 30 km vom nächsten Hafen entfernt vorzusehen. An die bauliche Gestaltung und bei der Form der Anlagen braucht man keine besonders großen Anforderungen zu stellen, weil diese Häfen ja nur verhältnismäßig wenig benutzt werden. Besteht die Aussicht, daß der Schutzhafen einmal auch Umschlagzwecken dienen soll und später dafür umgebaut wird, so soll die Planung gleich darauf abgestellt werden, daß mindestens an der Landseite des Beckens die Einrichtung eines Umschlagbetriebes ohne größere Investitionen möglich bleibt.

V. Schlußbemerkung

Ich habe versucht, Ihnen in großen Zügen das Ergebnis der langjährigen Untersuchungen unseres Ausschusses darzustellen. Manches mag Ihnen recht selbstverständlich geklungen haben. Aber es zeigt sich für den, der viel mit diesen Fragen zu tun hat, wie schwierig es ist, Wünsche der Schiffahrt und oft entgegenstehende Forderungen der Hafenunternehmen in eine beiderseits zufriedenstellende und vor allem in eine wirtschaftlich noch tragbare Form zu bringen. Unsere Empfehlungen sollen dazu beitragen.

Hochwasserschutz im Hafen Hamburg

Teil 1

Von Erster Baudirektor Dr.-Ing. **Hans Laucht**, Strom- und Hafenbau Hamburg

Vorbemerkung

Im Februar 1962 liefen in der Deutschen Bucht und somit auch in den ausgedehnten Gebieten der Elbe und des Hafens Hamburg mehrere schwere Sturmfluten ab, die ihren Höhepunkt in den frühen Morgenstunden des 17. 2. mit Wasserständen, wie sie bisher nicht gemessen oder überliefert worden waren, erreichten. In Hamburg wurde infolge zahlreicher Deichbrüche insbesondere das Stadt- und Landgebiet hart betroffen [*12, 39*], härter jedenfalls als alle anderen Küstenbereiche [*33, 41, 42*]. Zwar hatte man hier wie anderswo — zuletzt eindringlich gewarnt durch die Holland-Sturmflut von 1953 — längst mit der Verstärkung und Erhöhung der Deiche begonnen, doch waren diese Arbeiten bis dahin nur zu einem kleinen Teil abgeschlossen gewesen. Daß jedoch nicht nur diese baulichen Mängel, sondern auch menschliche und organisatorische Unzulänglichkeiten, für das katastrophale Ausmaß an Verlusten und Schäden ursächlich gewesen waren, wurde am Ende des Ereignisses offenkundig. Daher setzten das Parlament und die Regierung unverzüglich je einen Ausschuß zur Klärung des Sachverhaltes ein, und zwar die Bürgerschaft (das Hamburger Parlament) den aus Politikern bestehenden „Sonderausschuß Hochwasserkatastrophe", der sich in zum Teil öffentlichen Sitzungen durch Befragen vieler Beteiligter und einiger Sachverständiger ein umfassendes Bild vom Ablauf des Geschehens zu verschaffen suchte, und der Senat (die Regierung) einen „Sachverständigenausschuß zur Untersuchung des Ablaufs der Flutkatastrophe", in dem sich 15 außerhamburgische Sachverständige der in Betracht kommenden Tätigkeitsbereiche des öffentlichen Lebens demselben Ziel widmeten.

Neben voller Anerkennung der Hilfsbereitschaft aller Bevölkerungsschichten haben beide Ausschüsse Mängel im Zustand mancher Deiche und in Organisationsformen, aber auch im Erkennen und im Bewußtsein der Gefahren, die bei solchen Ereignissen drohen, festgestellt und Änderungsvorschläge unterbreitet. Dabei ließ bereits der dem Bericht des Sachverständigen-Ausschusses [*1a*] beigefügte Kurzbericht über den Ablauf der Sturmflut in der Elbe [*1b*] deutlich erkennen, daß der eingetretene Wasserstand unter noch ungünstigeren Umständen und vor allem ohne Deichbrüche beträchtlich hätte übertroffen werden können.

In deutlichem Unterschied zum Stadt- und Landgebiet wurde der Hafen weit weniger beeinträchtigt [*34*]. Trotzdem mußten aus den neuen Erfahrungen auch hier mancherlei Vorstellungen revidiert und die Überlegungen der Hafenplanung auf die veränderten Voraussetzungen eingestellt werden, wobei sich ganz andere Grundfragen des Hochwasserschutzes ergaben, als man sie sonst gewohnt ist. Darüber und über die aus solchen Überlegungen zu folgernden organisatorischen, juristischen und bautechnischen Maßnahmen soll nachstehend und in einem später folgenden 2. Teil berichtet werden, wobei weitgehend auf bereits erschienene Veröffentlichungen Bezug genommen wird.

I. Untersuchungen und Erkenntnisse

A. Die Sturmflut von 1962

1. Ablauf und Vergleich mit früheren Sturmfluten

Ursachen, Entstehung und Ablauf der Sturmflutperiode vom Februar 1962 in der Nordsee und den einmündenden Tideströmen sind schon bald darauf von verschiedenen Seiten untersucht und beschrieben worden [*20, 25, 35, 36, 37, 38*]. Dabei ergaben sich bereits mehrere Erkenntnisse, die zum Verständnis der Zusammenhänge hier noch einmal ganz kurz mitgeteilt seien, soweit sie auch für das Hamburger Gebiet von Bedeutung sind:

1. Die meteorologischen Vorbedingungen waren am 16./17. 2. 62 keineswegs extrem schlecht. Zwar mußten die Windrichtungen im gesamten Windfeld der Nordsee schon als sehr ungünstig

angesehen werden, doch erreichten die Windstärken mit Beaufort 9 (vereinzelt10), das sind etwa 22 m/s (vereinzelt bis zu 25), Werte, die nicht als Orkan zu bezeichnen waren und sicher gelegentlich höher werden können.

2. Durch die unmittelbar vorangegangenen Sturmfluten hatte die Nordsee einen ziemlich hohen „Füllungsgrad" erreicht. Überdies konnte an Hand schottischer und englischer Pegelmessungen nachträglich einwandfrei festgestellt werden, daß zu gleicher Zeit eine Fernwelle (external surge) aus dem Nordatlantik in die Nordsee eingelaufen war, die in der deutschen Bucht zu einer zusätzlichen Wasserstandserhöhung von rd. 80 cm geführt hat.

3. Die Windstaukurve, unter der man die über die Zeit aufgetragenen Differenzen zwischen der eingetretenen und der astronomisch vorausberechneten Tidekurve versteht, war infolge des lang anhaltenden Windes besonders „füllig", was auch zu einem besonders starken Auflaufen der Flut in der Elbe führte.

4. Der Oberwasserzufluß aus der Oberelbe war mit 1050 m^3/s zwar stärker als im langjährigen Mittel (650 m^3/s), reichte aber bei weitem nicht an den bisher ermittelten höchsten Abflußwert von rd. 3800 m^3/s heran.

5. Die zahlreichen Deichbrüche hatten allein im Hamburger Raum dazu geführt, daß über 200 Mio m^3 Wasser in die Marschpolder eingeströmt waren. Hätten die Deiche gehalten und wären sie hoch genug gewesen, so wäre zwar — entsprechend der Natur des Tidegeschehens und entgegen einer oft geäußerten, laienhaften Befürchtung — nicht diese selbe Wassermenge, sondern eine wesentlich geringere zusätzlich in den Sturmflutraum Hamburgs eingedrungen, doch hätte dies zweifellos zu einer Erhöhung der Wasserstände geführt.

6. Astronomisch herrschte etwa mittlere Tide; wäre Springtidezeit gewesen, hätte man mit einer weiteren, wenn auch geringen, Wasserstandserhöhung rechnen müssen.

7. Das Wehr bei Geesthacht oberhalb Hamburgs hatte — entgegen einer ebenfalls oft geäußerten Ansicht — keinen Einfluß auf den Ablauf der Sturmflut haben können, da es zu dieser Zeit vollständig geöffnet war.

Aus diesen Umständen wurde einigermaßen erklärlich, weshalb fast überall in der Unterelbe die Scheitelwasserstände über denen von 1825, der bis dahin als höchste bekannten Sturmflut, lagen. Berücksichtigt man jedoch die „säkulare Wasserstandshebung", die unbeeinflußt von Sturmflutwetterlagen und anderen zeitlich und örtlich begrenzten Ursachen gegenwärtig sehr stetig verläuft und in der Nordsee seit 1825 rd. 40 cm beträgt, so stellt man fest, daß unter Einbeziehung dieses Wertes die Wasserstände 1962 nur ober- und unterhalb der Stromenge bei Finkenwerder höher waren, und zwar beginnend etwa 20 km stromab und auslaufend im Hafengebiet. Hier, am Pegel St. Pauli, ist 1825 ein höchster Wasserstand von NN + 5,24 m ermittelt worden (der gegenwärtig nach Beschickung durch die säkulare Wasserstandshebung vergleichsweise zu etwa NN + 5,64 m anzunehmen wäre), während am 17. 2. 62 der Wert von NN + 5,70 m gemessen worden ist.

Bereits diese ersten Überlegungen führten ferner zu der Gewißheit, daß noch beträchtlich höhere Sturmfluten möglich sind, wofür allerdings zunächst zahlenmäßige Vorstellungen fehlten. Aber man hatte nun, trotz des Ausfalles etlicher Schreibpegel, wenigstens genügend Meßwerte, um darauf eine wissenschaftlich begründete Vorausschau aufbauen zu können. Das war bis dahin kaum möglich gewesen, weil lange Zeit keine extrem hohen Sturmfluten mehr eingetreten waren, die mit neuzeitlichen Geräten und Methoden hätten gemessen und analysiert werden können. Wasserstände über NN + 5 m waren in Hamburg — auch unter Berücksichtigung der säkularen Wasserstandshebung — nach 1825 nur noch 1845, 1847 und 1855 eingetreten, also in Zeiten, in denen die Ergebnisse von der gesamten Unterelbe auf wenigen und für die weitere Forschung unzureichenden visuellen Beobachtungen beruhten.

Obwohl auch die Folgerungen aus der verheerenden Holland-Sturmflut vom 1. 2. 1953, von der die deutschen Küsten nicht betroffen gewesen waren, wegen der völlig anderen Verhältnisse nicht unmittelbar auf die deutsche Bucht und noch weniger auf den Elbebereich übertragen werden konnten, hatte dieses Ereignis doch in allen Küstenländern die Bestrebungen gefördert, zu besseren Hochwasserschutzanlagen zu kommen. So waren z. B. in Hamburg von 1955 bis 1961 viele schwache Stellen der Deiche auf insgesamt rd. 30 km Länge mit einem Aufwand von 4,7 Mio DM verstärkt worden, während 1962 weitere 0,7 Mio DM dafür vorgesehen waren. Ab 1963 sollte alsdann ein zweites Programm mit einem Gesamtaufwand von 15 Mio DM beginnen mit dem Ziel, die Deichhöhen auf durchweg etwa NN + 6,50 m zu bringen. Diese Pläne waren jedoch nur äußerst langsam zu verwirklichen, weil es ihnen an dem nötigen Nachdruck und vor allem an entsprechenden Rechtsgrundlagen fehlte. Hier mußte erst die Februar-Sturmflut von 1962 grundlegend Wandel schaffen. Zugleich aber wurde erkannt, daß dieses Vorhaben in vielen Punkten entschieden erweitert werden mußte.

2. Gefahren und Schäden im Hafengebiet

Obwohl die Gefahr einer so unerwartet hohen Sturmflut zu spät und erst mitten in der Nacht vom 16. zum 17. 2. erkannt wurde, entstanden im ganzen Hafengebiet (Abb. 1) nirgends lebensgefährliche Situationen. Wo routinemäßig, wie bei jeder Sturmflut, ohnehin Hilfskräfte alarmiert waren, konnten durch ebenso entschlossenen wie selbstverständlichen Einsatz größere Schäden vermieden werden, soweit das durch tätiges Eingreifen überhaupt möglich war. Wo dagegen in Verkennung der Lage keine Vorsorgemaßnahmen getroffen und keine Einsatzkräfte herangezogen worden waren, entstanden stellenweise beträchtliche Sachschäden. Ein großer Teil von ihnen wäre indessen bei dem eingetretenen Wasserstand und unter den gegebenen örtlichen Verhältnissen ohnehin nicht zu vermeiden gewesen.

Ein kurz zusammengefaßter Überblick aus anderen Veröffentlichungen [*34*, *37*] ergibt folgendes: Da der größte Teil des Hafens, und zwar sowohl der Umschlaganlagen wie der Hafenindustrie, Geländehöhen von NN + 5,70 m und mehr aufweist, wurden nur einige — vor allem ältere —

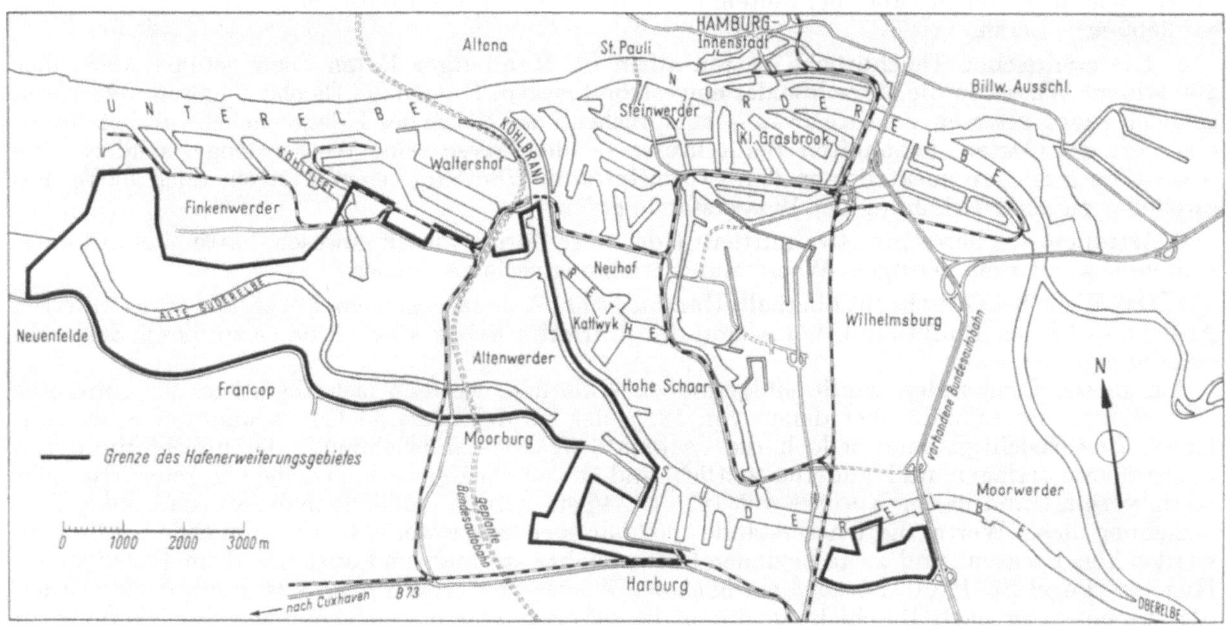

Abb. 1. Der Hafen Hamburg[1].

Bezirke bis zu etwa 1 m überflutet. Dabei traten bei den Nachrichtenmitteln, teilweise an Versorgungseinrichtungen, insbesondere aber bei den betroffenen Industrie- und Lagereibetrieben mehr oder weniger große Schäden auf. Die Umschlaggüter in den Kaischuppen waren nur an wenigen Stellen unbedeutend betroffen, weil fast alle Hamburger Schuppenböden in Rampenhöhe, d. h. 1,10 m über dem Gelände liegen, was sich besonders in den alten, niedriger gelegenen Hafenteilen günstig auswirkte.

Dagegen liegen die Kellergeschosse der zahlreichen Speicher mit ihren wasserseitigen Luken sogar unter den bis dahin gelegentlich aufgetretenen Sturmflutwasserständen. Die vorhandenen Notverschlüsse waren jedoch nicht überall eingesetzt worden, und noch viel weniger hatte man den seit Bestehen der Speicherstadt geltenden Rat befolgt, in den Kellern nur wasserunempfindliche Güter zu lagern.

An Bauwerken entstanden verhältnismäßig wenige Schäden, im wesentlichen an Verkehrseinrichtungen, insbesondere Bahnanlagen, in denjenigen Gebieten, die infolge von Deichbrüchen überflutet worden waren.

Alles in allem betrugen die im Hafengebiet angerichteten Schäden an öffentlichen und privaten Anlagen sowie Gütern aller Art etwa 40 bis 45 Mio DM. Sie waren also angesichts der vorhandenen Werte und der Seltenheit eines derartigen Ereignisses gering; sie wären bei rechtzeitigem und besserem Erkennen der Gefahren noch wesentlich geringer gewesen.

Aus dieser Betrachtung herausgehoben werden müssen jedoch die Schäden an einem Hafendamm südlich des Spreehafens, der vor ungefähr sechs Jahrzehnten im Zuge des Ausbaues des Hamburger Hafens mit 23 m Kronenbreite und der Sollhöhe der Deiche gebaut worden war. Ob-

[1] Einzelheiten können dem Übersichtsplan (Tafel I) im Jahrb. der Hafenbautechnischen Gesellschaft 27./28. Bd., 1962/63, S. 92 entnommen werden.

wohl er die Funktion eines Deiches zum Schutze der Elbinsel Wilhelmsburg zu erfüllen hatte, war er wegen seiner Breite niemals als solcher, sondern als sturmflutfreie Hafenfläche betrachtet, wie diese keinem Deichverband unterstellt und daher auch nicht geschaut worden. Aus der Sicht des Hafens war dieser Damm nur als Träger des Zollzaunes auf der Freihafengrenze und als Ufer des Spreehafens interessant, das für die Ablage von Hafenschuten mit Stegen und Pfählen ausgebaut und mit einer Zufahrt dorthin versehen war. Infolgedessen war der größte Teil der Kronenfläche von der Liegenschaftsverwaltung der Stadt in Dutzenden von Parzellen an Kleingärtner vermietet worden. Dies erwies sich als außerordentlich folgenschwer, weil das zunächst nur in wenigen Zentimetern Höhe überströmende Wasser statt einer festen Grasnarbe lockeres Gartenland vorfand, das an mehreren Stellen sehr schnell mitsamt dem darunterliegenden Sandkern erodiert wurde, so daß in den dahinter noch aus Kriegszeiten befindlichen Behelfsheimen neben großen Schäden zahlreiche Menschenleben zu beklagen waren.

3. Beeinträchtigung des Hafenbetriebes

Durch direkte Einwirkung der Sturmflut war der Hafenbetrieb nur kurzfristig und wenig beeinträchtigt [*34*]. Seeschiffe kamen nicht zu Schaden, lediglich an Hafenfahrzeugen waren die bei fast jeder Sturmflut auftretenden Schäden zu verzeichnen. Die Landeanlagen, über die sich der Personenverkehr zu Wasser abwickelt, waren jedoch diesmal stärker betroffen, weil sich die Führungsdalben der Pontons häufig als nicht lang genug erwiesen, zumal wenn noch Wellenwirkung hinzukam.

Schiffsverkehr und Lotsendienst waren infolge Ausfalles der Nachrichtenverbindungen nur kurze Zeit behindert und konnten alsbald über behelfsmäßigen Funk wieder aufgenommen werden. Lästiger war der Ausfall einiger Fernsprechzentralen, ganz besonders der Hafenzentrale, an die über rd. 900 Nebenstellen alle einigermaßen wichtigen Dienststellen der Behörden und der Hamburger Hafen- und Lagerhaus-Aktiengesellschaft angeschlossen sind. Obwohl auch hier bald ein behelfsmäßiger Betrieb aufgenommen werden konnte, dauerte die völlige Instandsetzung längere Zeit [*14*, *34*]. Die Rückwirkungen von Störungen in den Versorgungseinrichtungen [*10*, *11*, *32*] erwiesen sich im Hafengebiet nicht als so schwer, daß sie etwa zu lähmenden Schwierigkeiten geführt hätten.

Erheblich bedenklicher entwickelten sich die Verhältnisse auf dem Gebiet des Landverkehrs. Durch die Überflutung des zwischen den Hauptstromarmen der Elbe gelegenen Ortsteiles Wilhelmsburg waren alle unter Benutzung der Elbbrücken in nordsüdlicher Richtung verlaufenden Verkehrswege, Straßen einschl. Autobahn und Eisenbahn mit dem Verschiebebahnhof Wilhelmsburg längere Zeit unterbrochen [*15*, *34*/. Dadurch entstanden für den Hafenbetrieb in zweierlei Hinsicht Beeinträchtigungen: Einmal durch die Behinderung des Zu- und Ablaufverkehrs, der auf umständliche Weise umgeleitet werden mußte, und zum andern infolge des Ausweichens des Personen- und Güterverkehrs auf die im Hafengebiet weitgehend intakt gebliebenen oder rasch wiederhergestellten Straßen- und Bahnverbindungen, die mit diesem Notverkehr überlastet waren.

Außer den bedauerlichen Verlusten an Menschenleben und Gütern sowie den Schäden an privaten und öffentlichen Einrichtungen in den überfluteten, hafennahen Wohngebieten, erwies sich diese Überflutung auch für den Hafenbetrieb als sehr nachteilig, weil dadurch zahlreiche im Hafen Beschäftigte betroffen waren, die nun wegen ihrer eigenen Sorgen eine Zeitlang der Arbeit fernbleiben mußten. Das machte sich beim Beseitigen von Schäden und im Betrieb aller Art störend bemerkbar.

Alles in allem ist aber auch aus der Sicht des Hafenbetriebes zu sagen, daß er im Hinblick auf ein so seltenes und extremes Ereignis bemerkenswert wenig benachteiligt war und die entstandenen Schwierigkeiten rasch überwunden werden konnten. Wenn man weiter bedenkt, daß die wesentlichsten Behinderungen ihre Ursachen außerhalb des Hafengebietes hatten und daß die gemachten Erfahrungen dazu führen müssen, ähnliche Situationen in Zukunft zu verhindern, dann brauchen selbst höhere Sturmfluten nicht zu schrecken.

B. Bautechnische Sofortmaßnahmen

1. Beseitigung der Schäden

Soweit die unter I.A.2, S. 74 erwähnten Schäden im Hafengebiet nicht an Handelswaren und anderen beweglichen Gütern, sondern an Bauwerken, Nachrichtenmitteln, Verkehrs- und Betriebseinrichtungen entstanden waren, mußten sie so schnell wie möglich behoben werden. Angesichts der Fülle verschiedenartiger und meist kleinerer Schäden bestimmte sich die Reihenfolge der Instandsetzungsarbeiten nach mehreren Faktoren, so der Wichtigkeit für den weiteren Betriebsablauf, der notwendigen bautechnischen Vorbereitungsmaßnahmen, der Lieferzeiten für Ersatz-

oder Ergänzungsteile und insbesondere Materialien sowie — nicht zuletzt — der personellen Bearbeitungsmöglichkeiten. Stellenweise mußten zunächst Provisorien angeordnet werden. Da aber alle diese Sofortmaßnahmen in sehr bemerkens- und dankenswerter Weise von sämtlichen in Betracht kommenden Firmen des In- und Auslandes aufs äußerste unterstützt wurden, sofern sie auf irgendeinem Sachgebiet dazu beitragen konnten, und da von privaten und öffentlichen Dienstherren eine Zeitlang technische Hilfskräfte und Hilfsmittel zur Verfügung gestellt wurden, auch unter Beeinträchtigung anderer Aufgaben, war der Hafen schon bald nach dem Schadensfall wieder voll aktionsfähig. Wesentliche betriebliche Einbußen hat er nicht zu verzeichnen gehabt. Selbstverständlich wurde bereits bei diesen Instandsetzungen versucht, neu gewonnene Erkenntnisse zu verwirklichen und im Hinblick auf künftige ähnliche Sturmfluten Verbesserungen einzuführen.

Das war bei der Beseitigung der Schäden, die an zahlreichen Stellen der Deiche und deichähnlicher, hoch liegender Flächen entstanden waren, nicht möglich. Hier galt es, zuerst und mit aller Kraft zu verhindern, daß etwa folgende Sturmfluten erneut in die Polder einbrechen konnten. Deshalb mußten alle Anstrengungen darauf gerichtet sein, die Schäden schnellstens derart zu beheben, daß weitere Deichverteidigungen wenigstens einige Aussicht auf Erfolg versprachen. Um diesem Ziel möglichst nahe zu kommen, mußte gleich am Anfang eine sehr pragmatische Arbeitsteilung eingeführt werden, durch die der Strom- und Hafenbau, das für Bau und Unterhaltung sämtlicher Hafenanlagen zuständige Hamburger Amt, im Interesse der Sicherheit der Bevölkerung zusätzlich belastet wurde. Es übernahm die Behebung der unmittelbar am oder sogar im Hafengebiet entstandenen Deichschäden, vor allem in Teilen von Finkenwerder, Altenwerder und Wilhelmsburg, und zwar in einem Umfang, der 1962 zu Ausgaben in Höhe von 3,8 Mio DM für diesen Zweck führte.

2. Wiederherstellung der Deichsicherheit

Das gemeinsam mit der Hamburger Baubehörde und mit Billigung des Senates gesteckte erste Ziel war, die vor der Sturmflut vom 17. 2. 1962 vorhanden gewesene Deichsicherheit im Hamburger Raum wiederherzustellen und darüber hinaus Kronenhöhen von durchweg NN + 5,70 m zu schaffen. Das sollte bis zum Beginn der nächsten Sturmflutperiode, also bis etwa Ende Oktober 1962, erreicht sein. Eine weitergehende Sicherheit anzustreben wäre sinnlos gewesen, weil schon diese Aufgabe angesichts der schweren Deichschäden kaum zu bewältigen schien und weil schlüssige Folgerungen aus den neuen Erfahrungen erst nach umfangreicher wissenschaftlicher Bearbeitung denkbar waren, die abgewartet werden mußte, wollte man Fehlplanungen vermeiden.

Die dringendste Aufgabe war, die Deichbruchstellen wieder zu schließen. Sie schien auf der Strecke zwischen Neuenfelde und Moorburg (südlich der Alten Süderelbe) angesichts von rd. 50 Brüchen, der ohnehin unzureichenden Deichprofile und der engen binnenseitigen Bebauung und der für Bau, Unterhaltung und Verteidigung der Deiche unzulänglichen Straßenanschlüsse in der gesetzten Frist nahezu unlösbar und fragwürdig. Daher wurde bereits am Tage nach der Sturmflut ein Plan wieder aufgegriffen, der schon einige Jahre vorher kurz diskutiert worden war, aber damals aus Gründen der Hafenplanung wenig Anklang gefunden hatte: die Alte Süderelbe an beiden Enden abzudämmen und ihren dadurch entstehenden neuen Polder sturmflutfrei einzudeichen. Die Interessen der Hafenentwicklung mußten jetzt der Forderung nach einer gründlichen und dauerhaften Behebung des Notstandes untergeordnet werden, und es war bezeichnenderweise der mit der Hafenplanung betraute Strom- und Hafenbau, der diesen Vorschlag erneut aufgriff und anbot, ihn in kürzester Zeit zu verwirklichen. Denn man wurde sich schnell darüber klar, daß die planerische Entwicklung des betroffenen Hafenerweiterungsgebietes (vgl. Abb. 1) nach entsprechender Änderung des Gesamtkonzeptes nicht unbedingt zu leiden brauchte, daß vielmehr entweder nur die Planungsfreiheit unwesentlich eingeschränkt werden oder die Durchführung später höhere Kosten verursachen würde.

Über die Abdämmung selbst wird später in Teil 2 etwas ausführlicher berichtet werden. Trotz ihrer Durchführung ließ man — vorwiegend aus psychologischen und Ordnungsgründen — die zum Schlafdeich werdende, stark beschädigte Deichstrecke wieder instand setzen, was jedoch zum größten Teil durch wenig fachkundige Kräfte mit Behelfsmitteln geschah, so daß der technische Wert sehr gering blieb.

Demgegenüber wurde bei aller Eile große Sorgfalt auf das Schließen derjenigen Deichlücken verwandt, die noch längere Zeit stärkeren Beanspruchungen gewachsen sein oder später in bessere Neubauten einbezogen werden sollten. Dafür soll hier lediglich ein Beispiel vom Finkenwerder Auedeich gezeigt werden (Abb. 2). Da es ausgeschlossen erschien, die Lücke in dem alten Kleideich mit seinem viel zu schmalen Querschnitt derartig mit frischem Klei zu verfüllen, daß ein rascher und haltbarer Verbund eintrat, wurde — wie auch an mancher anderen Stelle — zusätzlich eine Stahlspundwand gerammt. Die Außenböschung wurde im Fußbereich bis zu einer Höhe, in der des öfteren Wasserstände zu erwarten waren, mittels angepflockten Flechtmatten bedeckt; dies genügte, da hier bei Sturmfluten kein Wellenangriff auftreten konnte und die Reparaturstellen besonders sorgfältig überwacht wurden.

Weit schwieriger gestalteten sich die Instandsetzungen der Bruchstellen des unter I. A. 2 erwähnten Hafendammes südlich des Spreehafens. Hier mußte im wesentlichen im Spülverfahren gearbeitet werden (Abb. 3), um auf die erforderlichen Leistungen zu kommen und die sowieso teilweise noch beschädigten Straßen nicht zu überlasten. Dabei mußte schon am Anfang soweit wie möglich die erst später festgelegte neue Form dieses Dammes berücksichtigt und die Verlegung einiger sehr wichtiger Versorgungsleitungen angestrebt werden. Auch über diese Arbeit wird in Teil 2 noch ausführlich und im Zusammenhang mit der endgültigen Gestaltung berichtet werden.

Abb. 2. Schließung eines Deichbruches im Auedeich Finkenwerder.

Abb. 3. Schließung eines Bruches im Spreehafendamm.

Abb. 4. Provisorische Erhöhung des Reiherstiegdeiches.

Abb. 5. Provisorische Erhöhung des Ernst-August-Deiches.

Abb. 6. Schließung provisorischer Deicherhöhungen im Gefahrenfall.

Von einigen Deichstrecken war schon vor der Sturmflut von 1962 bekannt gewesen, daß sie — teils aus historischen Gründen, teils wegen Setzungserscheinungen — nicht die Sollhöhe von NN + 5,70 m aufwiesen. Sie sollten im Rahmen der laufenden Deichverstärkungen ebenfalls erhöht werden, doch schien die Aussicht darauf äußerst gering angesichts der gerade in diesen Fällen meist sehr engen Bebauung und der Benutzung der Kronen als Straßen. Jetzt durfte indessen nicht mehr gezögert werden; man mußte wenigstens behelfsmäßig bis zur Herstellung eines neuen Vollschutzes, d. h. für etliche Jahre, die bisher geforderte Deichhöhe schaffen. Wo noch einigermaßen Platz war, geschah das durch kleine aufgesetzte Randdeiche (Abb. 4), die natürlich im Gefahrenfall besonders bewacht werden müssen, an allzu engen Deichstraßen in Wilhelmsburg und Altenwerder durch aufgesetzte Sandkisten oder kleine Steinmauern (Abb. 5) mit einigen Durchlässen, die bei Gefahr abgeschottet werden müssen. Es sollte festgehalten werden, daß bereits diese Maßnahmen kurz nach dem katastrophalen Ereignis teilweise gegen den Widerspruch weniger Betroffener, aber auch manchmal ohne Unterstützung durch kommunale Verwaltungsinstanzen und sogar Deichverbände nur schwer durchzusetzen waren.

Für einige Stellen im Nordwesten Wilhelmsburgs, wo Straßen- und Gleiskreuzungen viel zu breite Öffnungen in diesen provisorischen Aufkadungen erzwangen, um auf irgendeine übliche Weise einfach abgeschottet werden zu können, wurden Schläuche aus einem sehr reiß- und schlagfesten, mit Gummi beschichteten Kunststoffgewebe beschafft. Diese Schläuche können verhältnismäßig leicht ausgelegt, an den Enden wasserdicht mit den Sandkisten verbunden und sodann mit Wasser gefüllt werden (Abb. 6). Sie erreichen in voller, aber etwas abgeplatteter Form die Höhe von 60 bis 70 cm und halten — durch einige Seile gegen Abrollen verankert — einem entsprechenden Wasserdruck von der Seite stand, wie Großversuche bewiesen. Die Berührungsfläche zu ihrer Unterlage ist zwar nicht überall völlig dicht, aber selbst auf Kopfsteinpflaster zufriedenstellend. Bei Gefahr werden sie auf einfachste Weise von besonderen Einsatzgruppen in kurzer Zeit verlegt und gefüllt.

C. Untersuchungen über künftige Sturmfluten

1. Ausschuß wissenschaftlicher Gutachter

Das Ereignis der Februar-Sturmflut von 1962 warf sofort Fragen danach auf, ob und in welchen Zeiträumen noch höhere Sturmfluten denkbar seien und ob sich nicht ein Grenzwert für eine „höchste Sturmflut" ermitteln lasse. Die trotz des Ausfalles von Schreibpegeln für die Elbe zwar lückenhaften, aber im ganzen doch sehr umfassenden Meßwerte ließen zum erstenmal die Hoffnung berechtigt erscheinen, wissenschaftlich begründete Voraussagen zu erarbeiten. Daher berief der Senat der Freien und Hansestadt Hamburg über die Baubehörde als der hamburgischen Deichaufsichtsbehörde bereits am 13. 3. 1962 einen Ausschuß wissenschaftlicher Gutachter (vgl. [*1c*]). Die weiträumige Verflochtenheit von Ursachen und Wirkungen im Sturmflutgeschehen und der Wunsch, die Untersuchungen nicht auf den Hamburger Raum zu beschränken, führten zu einer Einladung und Beteiligung von Wissenschaftlern verschiedener Disziplinen und von Fachleuten des Bundes und der vier Küstenländer. Der Hauptausschuß wählte einen Arbeitsausschuß, bestehend aus den Professoren Dr.-Ing. W. Hensen (Vorsitz), Techn. Hochschule Hannover, für Wasserbau und Hydraulik, Dr. W. Hansen, Universität Hamburg, für Ozeanographie und Hydrodynamik und F. Defant, Universität Kiel, für Meteorologie, denen sich später noch Prof. Dr. A. Jensen, Kopenhagen, für mathematische Statistik anschloß. Mit diesen Herren wurden Verträge geschlossen. Ihre Aufgaben waren:

a) Untersuchung der Sturmflut vom 16./17. 2. 1962 und Nachbildung der in der Nordsee und in der Elbe gemessenen Wasserstände mittels hydrodynamischer und hydraulischer Modelle, wobei das numerische Modell des Institutes für Meereskunde der Universität Hamburg den gesamten Bereich von Nordsee und Elbe, das hydraulische Modell des Franzius-Institutes für Grund- und Wasserbau der Techn. Hochschule Hannover den Elbebereich umfaßten.

b) Klärung der Frage, ob und wie häufig unter natürlichen meteorologischen, ozeanographischen und hydrologischen Bedingungen Sturmfluten auftreten können, deren Wasserstände die bisher bekannten Werte übertreffen.

c) Ermittlung des Einflusses natürlicher Änderungen und baulicher Maßnahmen auf die Sturmflutwasserstände (vgl. auch [*18*]).

d) Folgerungen aus den Ergebnissen der Fachgutachten, die von jedem der vier Gutachter zu liefern waren, und Empfehlungen für die Bemessung des Hochwasserschutzes.

Da von vornherein anzunehmen war, daß bis zur Beantwortung der zuletzt genannten, aber für Planung und Bau neuer Hochwasserschutzanlagen wichtigsten Frage längere Zeit vergehen mußte, wurde sie nach ersten Überlegungen und Überschlagsrechnungen bereits am 14. 5. 1962 in einer Sitzung des gesamten Ausschusses eingehend diskutiert, um zunächst wenigstens zu einem brauchbaren Anhalt für die Bemessung der Kronenhöhe der neuen Hochwasserschutzanlagen zu gelangen.

Unter Berücksichtigung aller bis dahin erkennbar gewesenen äußeren Einflüsse (säkulare Wasserstandshebung, astronomische und meteorologische Ausgangslage, Windeinwirkung auf der Unterelbe, Luftdruckunterschiede, Dichteunterschiede im Elbwasser u. a.) und mutmaßlicher bautechnischer Auswirkungen (Verhinderung von Polderüberflutungen, Vertiefung des Fahrwassers, Abdämmung von Nebenflüssen und der Billwerder Bucht u. a.) sowie schließlich auch wirtschaftlicher Überlegungen kam die Empfehlung zustande, für das Hamburger Gebiet künftig einen Bemessungswasserstand von NN + 6,70 m am Pegel St. Pauli zugrunde zu legen, zu dem je nach Lage örtliche Zuschläge für Wellen und Windstau sowie im Bereich oberhalb des Hafengebietes für gleichzeitig auftretenden starken Oberwasserzufluß zu machen wären. Allen beteiligten Fachleuten war klar, daß unsere Kenntnisse vorläufig noch nicht ausreichen, um das Maß einer „höchsten Sturmflut" zu ermitteln. Es mag aber schon an dieser Stelle darauf hingewiesen werden, daß auch später keine Veranlassung mehr bestand, diesen Bemessungswasserstand zu ändern, so daß seitdem unverändert mit ihm gearbeitet wird.

2. Küstenausschuß Nord- und Ostsee

Der Küstenausschuß Nord- und Ostsee bildete — ebenfalls unter Vorsitz von Prof. Dr.-Ing. W. Hensen — eine Arbeitsgruppe Sturmfluten, in der Meteorologen, Ozeanographen und Wasserbauer für das gesamte Gebiet der deutschen Küsten wirkten und der zwei Arbeitsbereiche behandelte: Den Sturmflutseegang im Hinblick auf den Wellenauflauf auf Seedeichen und die Frage künftiger Sturmfluthöhen und -möglichkeiten. Zum ersten Thema hat sich die Gruppe bereits mit einem kurzen Bericht geäußert [*3*], der erkennen läßt, daß noch in erheblichem Umfang Forschungen betrieben werden müssen. Die Hamburger Verhältnisse werden davon jedoch kaum berührt.

In der Frage künftiger Sturmfluthöhen und insbesondere der Betrachtung extremer Verhältnisse ist die Arbeitsgruppe zu einer einheitlichen, abschließenden Meinung bisher nicht gekommen, weil die Vorstellungen seiner Mitglieder über die Gewichte der Anteile verschiedener Einflüsse auf das Sturmflutgeschehen noch nicht in Übereinstimmung zu bringen waren. Dennoch kann man wohl annehmen, daß der Vorsitzende eine vollständige, wenn auch kurze Zusammenfassung der Arbeitsergebnisse in einem Vortrag bei einer Tagung des Küstenausschusses im November 1965 in Hamburg gegeben hat [*6*]. Die hier inzwischen gefaßten Entschlüsse werden daraufhin in keiner Weise fragwürdig und brauchen also auch nicht geändert zu werden.

3. Ergebnisse

Der Arbeitsausschuß des Ausschusses wissenschaftlicher Gutachter hat neben einigen, sehr ausführlichen Teil- und Einzelberichten im Juli 1965 einen kurzgefaßten Gesamtbericht [*5*] erstattet. Die wichtigsten Ergebnisse daraus, nach den unter Ziffer 1. a—d verzeichneten Aufgaben geordnet, sind folgende:

a) Eingehende Analysen des atmosphärischen Geschehens am 16./17. 2. 1962 und der vorangegangenen Zeit lassen erkennen, daß die Windgeschwindigkeiten in der Deutschen Bucht mit 22 bis 25 m/s (9 bis 10 Bft) nicht ungewöhnlich hoch waren, daß aber dieser Wind sehr lange anhielt. Auf Grund einer energetischen Abschätzung der Zyklontätigkeit und unter Einschluß von Betrachtungen über die Böigkeit muß in Zukunft mit noch ungünstigeren Verhältnissen gerechnet werden. Da solche Verhältnisse bisher noch nicht aufgetreten sind, wurden hydrodynamisch-numerische Modelle in Verbindung mit elektronischen Großrechenanlagen zu ihrer Ermittlung verwendet. Für die Elbe wurde ferner ein hydraulisches Modell in Beton hergestellt. Alle Modelle konnten auf genügend genaue Naturähnlichkeit eingespielt werden und berechtigten daher zu weitergehenden Untersuchungen.

b) Es hat sich gezeigt, daß der Sturmflutwasserstand in der Elbe wesentlich von der räumlichen Verteilung der Windenergie über der Nordsee abhängt und am ungünstigsten bei Annahme von „stauwirksamsten" Windfeldern für Cuxhaven wird, die mit Lage, Windrichtungen, -geschwindigkeiten und -dauer über die gesamte Nordsee verteilt ermittelt wurden. Aus diesem Nordseesturmflutmodell errechnen sich für Cuxhaven Sturmflutwasserstände von NN + 5,4 bis 6,4 m. Bei gleichem Oberwasserzufluß der Elbe wie im Februar 1962 würden dann die Sturmflutwasserstände in Hamburg je nach den Phasenunterschieden zwischen Tide und Windstau zwischen NN + 6,0 bis 6,7 m liegen, also beträchtlich höher als am 17. 2. 1962. Trotzdem kann nicht ausgeschlossen werden, daß künftig Sturmfluten mit noch höheren Wasserständen auftreten, da bereits geringe Erhöhungen der Windgeschwindigkeiten in den angenommenen stauwirksamsten Windfeldern zu wesentlich höheren Wasserständen führen können. Gründliche mathematisch-statistische Untersuchungen der Sturmflutwasserstände haben ergeben, daß solche mit höheren Werten als NN + + 5,70 m (1962) am Pegel St. Pauli im statistischen Mittel alle 157 Jahre auftreten und daß nur jeder zehnte von ihnen 6,70 m erreicht.

c) Die Einflüsse baulicher Maßnahmen auf die Sturmflutwasserstände sind zwar von vornherein in geringerem Maße zu erwarten als die großräumig-meteorologischen, doch sind sie zur Beurteilung weiterer Bauabsichten und zur Erwiderung auf häufig übertriebene Befürchtungen, auch im Rechtsverfahren, besonders interessant. So zeigte sich, daß die Sturmflut vom 17. 2. 1962 in Hamburg um rd. 4 dm höher aufgelaufen wäre, wenn alle Deiche gehalten hätten und nicht überströmt worden wären; die Abdämmung der Alten Süderelbe hätte — wäre sie bereits ausgeführt gewesen — eine weitere Erhöhung um 0,5 bis 1 dm gebracht; eine modellmäßige Verstärkung des Oberwasserzuflusses von 1050 auf 2400 m^3/s ergab in Hamburg einen Anstieg des Sturmflutscheitels um noch 1 dm, während die Annahme von 3800 m^3/s weitere 4 dm erbrachte. Dies wurde jedoch nicht mehr berücksichtigt, weil ein Zusammentreffen sämtlicher ungünstigster Einflüsse nicht vorausgesetzt zu werden braucht. Eine inzwischen veröffentlichte Untersuchung [*43*] hat überdies ergeben, daß eine statistische Abhängigkeit des zeitlichen Zusammentreffens von Sturmflutwetterlagen und starkem Oberwasserzufluß für die Elbe nicht nachweisbar ist. Alle übrigen baulichen Maßnahmen, so z. B. die Absperrung der Billwerder Bucht, erwiesen sich als unbedeutend, und selbst eine Vertiefung des Hauptfahrwassers der Unterelbe zwischen Hamburg und Cuxhaven um 1,5 m brachte keine nennenswerte Erhöhung des Sturmflutscheitels in Hamburg.

d) Da eine „höchste" Sturmflut nicht vorausgesagt werden kann und die vorstehend kurz erläuterten Ergebnisse zu wirtschaftlich unsinnigen Maßnahmen bei den Schutzbauwerken führen würden, wenn man ihre volle Berücksichtigung forderte, kann es auch in Zukunft keine absolute Sicherheit gegen die Gefahren von Sturmfluten geben. Auf Grund der Untersuchungen wird empfohlen, bei der Bemessung des Hochwasserschutzes einen Wasserstand von NN + 6,70 m am Pegel St. Pauli nicht zu unterschreiten.

Da die Überlegungen der Arbeitsgruppe Sturmfluten des Küstenausschusses Nord- und Ostsee bei den vorstehenden Punkten in mancher Beziehung fördernd mitgewirkt hatten und infolgedessen aus dieser Sicht Änderungen nicht zu erwarten waren, wurde beschlossen, den schon frühzeitig für das gesamte Strom- und Hafengebiet Hamburgs festgesetzten Bemessungswasserstand (maßgebenden Wasserstand) endgültig beizubehalten. Dabei war überlegt worden, ob dieser ursprünglich nur für den Pegel St. Pauli ermittelte Bemessungswasserstand nicht durch örtliche Abweichungen innerhalb des verhältnismäßig großen Gebietes um einige Dezimeter zu variieren gewesen wäre. Es zeigte sich jedoch, daß die ohne Wellenbewegung gemessenen Ruhewasserstände der Scheitelwerte höherer Sturmfluten weder infolge der Gefälleverhältnisse noch infolge örtlichen Windstaues regelmäßige Gesetzmäßigkeiten innerhalb des Hafengebietes erkennen ließen, die unterschiedliche Festsetzungen gerechtfertigt hätten. Denn je nach den Umständen, wie vor allem Windrichtung, Form der Windstaukurve und Oberwasserzufluß, ergeben sich recht verschiedene Gefälle- und Stauverhältnisse, allerdings meist mit nur kleinen Differenzen. Deutliche Ausnahmen sind erstens der Bereich der Oberelbe mit seinem aufwärts rasch stärker werdenden Oberwassereinfluß, der in dem hydraulischen Modell des Franzius-Institutes besonders untersucht wurde, aber für die Betrachtungen innerhalb des Hafengebietes keine Rolle spielt, und zweitens die Verengung des Strombettes der Unterelbe unterhalb Finkenwerder, die bei jeder Sturmflut zu einem geringfügigen Anstau infolge der hier stattfindenden Teilreflexion der Tidewelle führt, aber belanglos ist gegenüber den für den Wellenauflauf zu machenden Zuschlägen.

Ausgehend von dem genannten Bemessungswasserstand und in Anbetracht der Tatsache, daß im Hafengebiet nicht mit wesentlicher Wellenbildung zu rechnen ist, wurde ferner festgesetzt, daß die Kronen der neuen Hochwasserschutzanlagen i. a. einen halben Meter höher, also auf NN + 7,20 m, zu liegen hätten, was zweifellos die Sicherheit noch erhöht. Von diesem Wert darf geringfügig nach unten nur dann abgewichen werden, wenn es die örtlichen und bautechnischen Verhältnisse zulassen und erfordern; und dieser Wert muß erhöht werden, wenn mit nennenswertem Wellenangriff zu rechnen ist. Das ist lediglich an der bereits erwähnten, nach Westen offen liegenden Engstelle unterhalb Finkenwerder der Fall, wo man rückschließend aus etwas fragwürdigen Beobachtungen und auf Grund theoretischer Überlegungen Wellenhöhen bis zu etwa 1,5 m mit Perioden bis zu etwa 3 s annehmen zu müssen glaubt. Daher ist hier die Krone des neuen Deiches an der Stelle seiner Einbuchtung bis auf NN + 9,00 m hinaufgeführt worden.

D. Folgerungen

1. Wohlgemeinte Ratschläge

Bevor auf die endgültigen Entschlüsse eingegangen wird, soll noch auf einige Ratschläge hingewiesen werden, wie sie in guter Absicht immer wieder — und nach der Sturmflutkatastrophe gehäuft — vorgebracht worden sind. Allerdings niemals von Fachleuten, die mit den Verhältnissen an der Elbe wirklich vertraut sind. Diese Vorschläge, die teils über private Zuschriften, teils über die Presse, über politische Gremien und sogar bedauerlicherweise im Bulletin der Bundesregierung geäußert wurden, laufen meistens darauf hinaus, aller Schwierigkeiten des Sturmflutschutzes an der Elbe und in Hamburg mit einer Radikallösung ledig zu werden, nämlich die Elbe unterhalb von Hamburg oder am besten im Bereich ihrer Mündung bei Cuxhaven abzudämmen und den Schiffsverkehr durch Schleusen zu leiten. Zuweilen wird dabei auf den bekannten DELTA-Plan der Niederlande hingewiesen.

Wie schon an anderen Stellen betont [*23*, *29*], gehen derartige Überlegungen leider von falschen Voraussetzungen aus. Die Verhältnisse bei der Abdämmung der Rheinmündungsarme können aus Gründen, deren Erläuterung hier zu weit führen würde, nicht mit denen an der Elbe verglichen werden. So richtig und kostensenkend der Gedanke ist, die Nebenflüsse der Elbe an ihrer Mündung abzusperren und damit lange Kampfdeichstrecken einzusparen und nicht mehr verstärken zu müssen, so richtig ferner — wenn auch vielleicht manchmal nicht so eindeutig billiger, aber dennoch zweckmäßig — dieses Prinzip bei Deichverkürzungen im Küstenverlauf ist, so grundlegend falsch wäre es bei der Abdämmung eines großen Tidestromes, der zugleich Seeschiffahrtsstraße ist.

Würde man die Unterelbe irgendwo bei Cuxhaven durchdämmen, so würden die wasserwirtschaftlichen Schwierigkeiten für alle Marschgebiete zu beiden Seiten der Unterelbe infolge der dann tidefreien Wasserspiegellage zwar noch mit beträchtlichen Kosten behoben werden können, ebenso die dadurch erforderliche Herstellung einer tieferen Sohlenlage, die allein schätzungsweise über 100 Mio DM beanspruchen würde. Vernichtende Gefahren und voraussichtlich das Ende der Seeschiffahrtsstraße Elbe mit dem Nordostseekanal und dem Hafen Hamburg würden jedoch durch die Tatsache heraufbeschworen, daß unterhalb der Sperrstelle durch die Veränderung der Tideverhältnisse die Versandung des Stromes in einem Ausmaß und Tempo einsetzen würde, denen man keinesfalls mit wirtschaftlich vertretbaren und möglicherweise nicht einmal mit technischen Mitteln begegnen könnte. Anstelle eines Abschlußdammes wäre zwar ein Sperrwerk denkbar, das nur bei hohen Sturmfluten geschlossen zu werden brauchte. Sollte jedoch damit erreicht werden, daß die gegenwärtigen Tideverhältnisse ungefähr erhalten bleiben, um ungünstige Folgen zu vermeiden, dann dürfte ein solches Bauwerk einschließlich der Seeschleusen und aller Folgemaßnahmen weit mehr kosten als alle jetzt an der Elbe durchgeführten oder noch geplanten Schutzmaßnahmen zusammen. Ebenso abwegig ist der Gedanke, den Sperrdamm oder das Sperrwerk mit einem neuen großen Hafen zu kombinieren, da schlechterdings alles dagegen spricht, dort einen größeren, neuen Universalhafen anzulegen oder einen vorhandenen, z. B. den Hamburger, dorthin zu verlagern.

Andere Vorschläge, einen besseren Sturmflutschutz durch den Bau sehr aufwendiger Leitdämme unmittelbar unterhalb des Hafens Hamburg oder im Bereich der Elbmündung zu schaffen, berücksichtigen entweder den Umstand nicht, daß die Tidewelle sich nicht nur in Strömungs-, sondern auch in Schwingungserscheinungen ausdrückt, oder sie führen ebenfalls zu nicht zu verantwortenden Änderungen der Tideverhältnisse. Selbst wenn ein solcher Vorschlag vielleicht in gewisser Weise doch dem erwünschten Ergebnis nahe kommen würde, wären die stets außerordentlich hohen Kosten nicht zu vertreten, ganz abgesehen von dem Risiko ungünstiger Veränderungen in anderen Bereichen als denen des Hochwasserschutzes. Darüber konnte auch nicht ein weiterer Vorschlag hinweghelfen, einen Damm an der Elbmündung „billig" unter Verwendung von Autowracks, die mit altem Zeitungspapier gefüllt werden sollen, zu errichten. Hierbei wurden nicht nur die hydraulischen, bautechnischen und wirtschaftlichen Verhältnisse mißachtet, sondern einfachste physikalische (z. B. Korrosion) und biologische (z. B. Papiervernichtung) Bedingungen außer Betracht gelassen.

2. Hochwasserschutz des Stadt- und Landgebietes

In Verfolg schon frühzeitig geäußerter Gedanken [*1a*, *1c*, *5*, *12*, *21*, *39*] und in Verwertung der gewonnenen Erkenntnisse sind inzwischen umfangreiche organisatorische Maßnahmen vielfacher Art getroffen worden, die ermöglichen sollen, den Ablauf ähnlicher Geschehen wie im Februar 1962 sehr früh beobachten sowie sich in notwendiger Weise darauf einstellen zu können und es selbst dann nicht mehr zu einer Katastrophe mit Lebensgefahren für die Bevölkerung kommen zu lassen, wenn eine noch wesentlich höhere Sturmflut eintreten sollte.

So sind z. B. zur Verbesserung des Sturmflutvorhersage- und -warnsystems direkte Fernsprechleitungen zwischen der Einsatzstelle bei der Baubehörde und dem deutschen Hydrographischen Institut sowie der Wasser- und Schiffahrtsdirektion Hamburg geschaffen worden, so daß sich nun die Einsatzstelle stets ungestört über die Entwicklung der Sturmfluten unterrichten kann. Für den Hafen ist das Amt Strom- und Hafenbau an dieses System angeschlossen. Während es schon früher über einen Fernpegel für die Wasserstände von Cuxhaven und St. Pauli verfügte, ist inzwischen auch die Baubehörde daran angeschlossen worden; zur Vervollständigung soll noch ein weiterer Pegel an der Unterelbe hinzugeschaltet werden.

Um Mißverständnisse weitgehend auszuschließen, ist die Formulierung der behördeninternen Meldungen und der Mitteilungen an die Bevölkerung über Rundfunk und Fernsehen so weit wie möglich festgelegt worden. Die Einsatzleitung und die in der Deichverteidigung tätigen Verbände und Dienststellen wurden mit Funksprechgeräten und in größerem Umfang mit kleinen Empfängern ausgestattet. Der Einsatz von Kräften und Material ist durch einen „Plan zur Verteidigung der Hochwasserschutzanlagen in Hamburg bei Sturmfluten" geregelt, in den mehrere Organisationen, so insbesondere der Bundesluftschutzverband, maßgebend eingebaut sind. Voralarm soll künftig spätens sieben Stunden vor Eintritt eines Hochwassers ausgelöst werden, das einen Wasserstand von 3 m über MThw erwarten läßt, Katastrophenalarm spätestens fünf Stunden vorher, wenn diese Höhe voraussichtlich noch wesentlich überschritten wird. Die Bevölkerung soll akustisch spätestens drei Stunden vor Eintritt des Hochwassers alarmiert werden.

Die neue Lage der Hochwasserschutzanlagen, ihr umfangreicher Schutz und ihre über den Rahmen früherer Deiche weit hinausgehende Technisierung erfordern eine Neuordnung auf dem Gebiet des Deichverbandswesens, und zwar sowohl hinsichtlich ihrer inneren Organisation als der Beitragspflichtigen. Hinzu kommt, daß heute mit Hilfeleistungen Unkundiger oder schlecht Ausgerüsteter nichts mehr getan ist. Daher laufen gegenwärtig Überlegungen zur Schaffung eines sehr leistungsfähigen Deichverbandes für das gesamte Hamburger Gebiet, dem eine technische Dienststelle anzugliedern wäre, die mit Personal, Gerät und Fahrzeugen so ausreichend ausgestattet werden müßte, daß sie die Unterhaltung und Verteidigung — diese mit Hilfe von Zusatzkräften — der Anlagen durchzuführen in der Lage wäre.

Ob es bei alldem jedoch gelingen wird, über längere „ruhige" Zeiträume hinweg das Bewußtsein der Gefahr hinter den Schutzwerken in ausreichendem Maße zu erhalten, kann in bezug auf die Mentalität des größten Teiles der Bevölkerung und leider bereits aus Erfahrungen der letzten Jahre nur mit einiger Skepsis betrachtet werden. Die größte psychologische Schwierigkeit liegt ja darin, daß einerseits einer stark zusammengeballten menschlichen Gesellschaft das Gefühl weitgehender Sicherheit gegeben werden muß, die nur unter ganz extremen Verhältnissen vielleicht irgendwann einmal nicht ausreichen wird, daß aber andererseits niemand den Zeitpunkt eines solchen Ereignisses vorauszusagen vermag und man trotzdem dauernd und möglicherweise viele Jahrzehnte lang darauf eingestellt bleiben muß. Hier besteht eine Aufgabe, die am wenigsten im technischen, mehr im verwaltungsmäßigen und am meisten im politischen Bereich liegt und zudem mit der Zeit immer unbequemer werden und allmählich unwichtiger erscheinen wird.

Bautechnisch bedeutet die Festsetzung einer verhältnismäßig, aber nicht absolut sicheren Höhe der Schutzwerke, daß sie nicht nur gelegentlichem Wellenüberschlag — der im Hamburger Bereich immer gering sein wird —, sondern auch einem kurzzeitigen Überströmen standhalten müssen, ohne zu Bruch zu gehen. Darauf mußten und müssen Planung und Konstruktion eingestellt werden, auch wenn der Platzbedarf unter Hamburger Verhältnissen nicht leicht zu befriedigen ist. Das war mit ein Grund dafür, die neue Kronenhöhe der Schutzbauwerke auf ein vernünftig erscheinendes Maß zu begrenzen. Ein weiterer Grund waren jedoch die Kosten, zu denen ganz allgemein noch etwas gesagt werden sollte.

Für so wichtige Schutzmaßnahmen müssen selbstverständlich erhebliche Anstrengungen gemacht werden. Es ist aber nicht selbstverständlich, Forderungen nach einem Schutz um nahezu jeden Preis zu erfüllen, wie sie manchmal aus ideellen Motiven allzu einseitig erhoben werden. Demgegenüber bleibt festzustellen, daß auch Hochwasserschutzbauten Wirtschaftsfaktoren sind, deren Fragwürdigkeit spätestens dann beginnt, wenn zu vermuten ist, daß ihre Gesamtkosten den erwarteten Nutzen oder den Wert der zu schützenden Objekte etwa erreichen oder gar übersteigen. Das kann wohl kaum jemals genau errechnet, sondern muß abgeschätzt werden, wobei unter dem Schutzwert auch irrationale Werte verstanden werden müssen, die mit den rationalen Kosten nicht exakt vergleichbar sind, und wobei überdies von der Voraussetzung auszugehen ist, daß genügend Vorsorge getroffen wird, um Menschen nicht in größere Gefahr zu bringen, als sie sich ohnehin im täglichen Leben darin befinden.

Alle diese Umstände wiegen in Stadt- und Industriegebieten bedeutend schwerer als in Landgebieten, aber gerade hier können auch übertriebene Forderungen schneller zu ganz unsinnigen Kosten führen, so daß man mehr als anderswo frei von Gefühlsbetonungen sachlich entscheiden muß. Darum hat man sich in Hamburg ernsthaft bemüht.

3. Folgerungen für das Hafengebiet

a) Lage der Schutzbauwerke. Hätte man nicht nur die Wohn- und Gewerbegebiete, sondern auch sämtliche Hafenanlagen und Hafenindustrieflächen entsprechend den neuen Erkenntnissen schützen wollen, so wären — wie ein Blick auf eine Karte des Hafens zeigt — damit betriebliche Erschwernisse verbunden gewesen, die nahezu unüberwindlich wären, ganz abgesehen von den sehr hohen

Kosten, die in keinem vertretbaren Verhältnis mehr zu den etwa selten auftretenden Schäden stehen würden.

Infolgedessen sind die Hochwasserschutzbauten so trassiert worden [*22*, *40*], wie in Abb. 7 auf Tafel II dargestellt; auf die eingetragenen Zahlen wird später bei der Erläuterung der einzelnen Baumaßnahmen Bezug genommen. Die Grundsätze dieser Planung lassen sich etwa folgendermaßen kurz zusammenfassen: Möglichst weitgehender Flächenschutz unter Berücksichtigung aller Erfordernisse des Hafens, also vor allem möglichst geringer Verkehrsbehinderungen; weitgehende Vermeidung komplizierter Bauwerke mit laufendem Betriebsaufwand, wie Durchlässe für Verkehrswege, was insbesondere bei den zahlreichen Bahnanlagen zu beträchtlichen Planungsschwierigkeiten führt; möglichst geringe Gesamtkosten für Grunderwerb, Entschädigungen, Verlagerungen, Bau und Unterhaltung.

Diese Gesamtkosten auch nur für längere Teilstrecken stets zu übersehen, ist in so eng und vielfältig bebauten sowie mit zahlreichen Versorgungsleitungen und Verkehrswegen versehenen Gebieten nicht leicht, lösen doch Änderungen in der Trassierung meist an verschiedenen Stellen und auf verschiedenen Sachgebieten erhebliche Kostenänderungen aus, die überdies noch mit betrieblichen Erschwernissen aller Art verglichen werden müssen. Außerdem gaben letzten Endes manchmal ganz andere Tatsachen, wie die Baugrundverhältnisse oder die fast unmögliche Verlagerung eines Betriebes, den Ausschlag. Diese Fragen konnten nur in engstem Zusammenwirken mit der Hafenplanung gelöst werden, wofür einige Beispiele noch mitgeteilt werden sollen.

Unter den gegebenen Verhältnissen war es nicht zu vermeiden, daß ein großer Teil des Hafengebietes mit Verkehrsanlagen, Umschlagbetrieben, Industrie und Verwaltungsgebäuden außerhalb des neuen Hochwasserschutzes verbleiben mußte. Da sämtliche aufgehöhten Flächen in diesem Bereich nach den Erfahrungen von 1962 und den angeschlossenen Untersuchungen nicht mehr als unbedingt sturmflutfrei angesehen werden können, ergab sich sofort die Frage, welche Folgerungen aus dieser Lage zu ziehen sind.

b) Maßnahmen der Hafenbauverwaltung im Überflutungsgebiet. Wenn auch eine Überflutung des außendeichs verbleibenden Hafengebietes nur äußerst selten in Betracht gezogen werden braucht, so kann doch ein solches Ereignis vielleicht schon bald eintreten, so daß man jedenfalls darauf gefaßt sein muß. Außerdem haben die Erfahrungen aus der Sturmflut vom 17. 2. 1962 gelehrt, daß mit verhältnismäßig einfachen und wenig aufwendigen Maßnahmen künftig größere Schäden und längere Betriebsstörungen vermieden werden können. Infolgedessen ist in den Zuständigkeitsbereichen des Strom- und Hafenbau und der (staatlich-städtischen) Hamburger Hafen- und Lagerhaus-Aktiengesellschaft einiges getan worden, worauf hier nur im ganzen hingewiesen werden kann, während die Bundespost und die Versorgungsunternehmen keine Veranlassung sahen, innerhalb des Hafengebietes nennenswerte Änderungen an ihren Netzen vorzunehmen.

Vor allem wurde Wert darauf gelegt, die behördlichen Nachrichtenverbindungen und Betriebseinrichtungen zu verbessern und auch nach kurzer Überflutung des Hafengeländes funktionsfähig zu erhalten. So sind neben anderem 14 Notstromaggregate, teils fest, teils fahrbar, mit Leistungen zwischen 6 und 140 kVA erneuert und neu beschafft worden, die für den Betrieb der Fernsprechzentralen, der nautischen Radaranlagen, umfangreicher Bahnbetriebsanlagen und eines UKW-Sprechfunk-Stützpunktes gedacht sind, an den im Notfall nicht nur die alarmierten Einheiten, sondern ganz allgemein mehrere Außenbetriebe angeschlossen sind. Außerdem sind einige zweckentsprechende Verbesserungen maschinenbaulicher und bautechnischer Art angebracht worden, die dem Schutz empfindlicher Anlagenteile dienen. Die Führungspfähle der zahlreichen Landeanlagen im Hafen wurden nach oben verlängert, um die Gefahr eines Ausschwimmens der Pontons auf ein Mindestmaß zu reduzieren. Bei der Hafenbahn wurden insbesondere umfangreiche signaltechnische Neuerungen eingeführt lediglich zu dem Zweck, künftig bei einem Ausfall parallel laufender Bahnverbindungen den Personen- und Güterverkehr ganz oder teilweise und so reibungslos wie eben möglich über die Hafenbahnhöfe Hamburg-Süd und Hohe Schaar leiten zu können.

Im Unterschied zu den geschützten Stadt- und Landgebieten der Hansestadt bedurfte es im Hafengebiet keiner grundsätzlichen Änderungen des Warn- und Bereitschaftssystems, mit der Ausnahme, daß der Hafen in die Arbeit eines neuen, stadtzentralen Katastrophen-Dienststabes einbezogen worden ist und dadurch einige Mehraufgaben erhalten hat. Die Stäbe und Außendienststellen der Hafenverwaltung waren schon immer auf Sturmfluten eing stellt und mußten sich jetzt nur noch mit dem Gedanken wesentlich höherer Wasserstände und allen sich im einzelnen daraus ergebenden Folgerungen vertraut machen.

c) Empfehlungen an die Hafenwirtschaft. Da von vornherein angenommen werden mußte, daß nicht alle Entscheidungen über den neuen Hochwasserschutz mangels ausreichender Kenntnisse der verzwickten Zusammenhänge ohne weiteres auf Verständnis stoßen würden, insbesondere nicht bei den außendeichs bleibenden Betrieben, sind viele Gelegenheiten zur mündlichen Aufklärung innerhalb von Vereinigungen und Körperschaften, aber auch in einzelnen Gesprächen, wahrgenommen worden. Sobald die Untersuchungen weit genug gediehen waren, um endgültige Entschlüsse zu fassen, wurde außerdem von Strom- und Hafenbau eine Denkschrift ,,Folgerungen aus der Sturmflut vom 17. 2. 1962 für die Betriebe im Hafen Hamburg" in möglichst allgemeinverständlicher Schrift verfaßt und im Herbst 1964 in fast 1000 Exemplaren an Betroffene und Interessenten systematisch verteilt. Ihrer Bedeutung wegen seien einige Auszüge daraus mitgeteilt.

Zuerst wurde der Ablauf der Sturmflut vom 17. 2. 1962, über den viele Unklarheiten bestanden, und die daraus gewonnenen Erkenntnisse über die Möglichkeit noch höherer Wasserstände erläutert, wobei darauf hingewiesen wurde, daß man ,,höchste" Sturmflutwasserstände nicht angeben könne. Dann hieß es: ,,Und selbst wenn man in der Lage wäre, einigermaßen fundierte Angaben über ,,höchste" Sturmfluten zu machen, so würden derartige Ergebnisse ja nur aus den bisher gemachten Erfahrungen zu erzielen und mit Sicherheit in wenigen Jahrhunderten, ja vielleicht schon in den nächsten Generationen, durch die nicht vorhersehbare geophysikalische und atmosphärische Entwicklung überholt sein. Es bleibt daher nichts anderes übrig, als sich auf Zeiträume zu beschränken, die noch annähernd überschaubar erscheinen, und dabei hinsichtlich der Höhe der Hochwasserschutzanlagen nicht ganz klar zu bestimmende, materielle Risiken in Kauf zu nehmen, wie das ja z. B. bei allen Sparten des Verkehrs und bei vielen anderen Gelegenheiten notgedrungen auch geschieht."

Sodann wurden die Maße für den angenommenen Bezugswasserstand und die festgesetzte Höhe der Hochwasserschutzanlagen angegeben und zu der immer wieder vorgebrachten Besorgnis über die Sicherheit u. a. folgendes gesagt: ,,Die Frage nach der Sicherheit der neuen Hochwasserschutzanlagen muß in zweifacher Hinsicht gestellt werden. Erstens bautechnisch: Nach dem vorher Erläuterten kann ein gelegentliches Überschwappen oder Überströmen nicht ausgeschlossen werden. Deshalb genügt es nicht, für einen solchen Fall gute Warn- und Schutzeinrichtungen für die Bevölkerung zu schaffen, was organisatorisch bereits geschehen ist und technisch noch geschieht, vielmehr müssen außerdem alle Deiche und Schutzbauwerke so gebaut werden, daß sie auch bei einer derartigen Beanspruchung nicht mehr zu Bruch gehen. Das glaubt man unter Anwendung der neuesten wissenschaftlichen und praktischen Erkenntnisse des In- und Auslandes, die zum Teil erheblich von dem Althergebrachten abweichen, vollkommen erreichen zu können, während die alten Deiche in dieser Hinsicht durchweg mehr oder weniger anfällig waren.

Zweitens wird nach dem Grad der Sicherheit im Hinblick auf die begrenzte Höhe der Schutzbauwerke gefragt, mit anderen Worten, wann und wie oft denn überhaupt noch höhere Wasserstände eintreten können." Dazu wurde zunächst auf das verbesserte Sturmflutwarnsystem und dann auf die Häufigkeitsstatistik von Sturmfluten hingewiesen. Zur Wahrscheinlichkeit des Eintretens hoher Wasserstände wurde erläutert, warum ihre Angabe ,,nur ein sehr fragwürdiger Notbehelf" sei und daß wegen der Unbestimmbarkeit des Zeitpunktes ,,Wahrscheinlichkeitsrechnungen kaum einen praktischen Wert" haben. Um nicht Verwirrung zu verursachen, sind keine Zahlen darüber angegeben worden.

Schließlich ist die Lage der neuen Hochwasserschutzanlagen kurz beschrieben und so gut wie möglich begründet worden. Der letzte Abschnitt der Denkschrift mit der Überschrift ,,Folgerungen für Hafenbetriebe und -industrie" lautete:

,,Aus allen diesen Tatsachen und Überlegungen für die gesamte Hafenwirtschaft allgemeingültige Folgerungen zu ziehen, ist schlechterdings nicht möglich. Denn einerseits sind die naturgegebenen Risiken ohnehin kaum abzuschätzen, was durch die örtliche Lage der Betriebe und die jeweils anders verlaufende (aber im voraus ebenfalls unbekannte) Entwicklung von Sturmfluten innerhalb der Unterelbe und des Hafengebietes noch erschwert wird, und andererseits sind diejenigen Risiken, die sich hinsichtlich der Hochwassergefährdung aus der äußerst verschiedenen Struktur der Betriebe ergeben, selbstverständlich in jedem Falle anders anzusehen. Daher können nur spezielle Folgerungen in Einzelfällen gezogen werden.

Auch dies sollte jedoch innerhalb einzelner Betriebe nicht zu generellen Annahmen und Maßnahmen, schon gar nicht in schematisierender Weise, führen. Wie fragwürdig das sein kann, möge an einem allgemein gehaltenen Beispiel erläutert werden. Angenommen, ein Industriebetrieb entschlösse sich dazu, trotz der zwangsläufig starken Verkehrsbehinderungen eine eigene Hochwasserschutzanlage rund um sein Werk herum zu errichten, dann müßte er sich über folgendes klar sein:

Eine absolut ,,sichere" Höhe des Hochwasserschutzes kann nicht angegeben werden, wenn man nicht in wirtschaftlich völlig unvernünftige Bereiche geraten will.

Je höher die Schutzanlagen, um so geringer die rein rechnerische Wahrscheinlichkeit, daß sie überströmt werden; diese Erkenntnis nützt jedoch praktisch kaum etwas, weil die Zeit eines derartigen Ereignisses unbekannt bleibt und es infolgedessen entweder schon demnächst oder erst nach vielen Jahrzehnten eintreten kann.

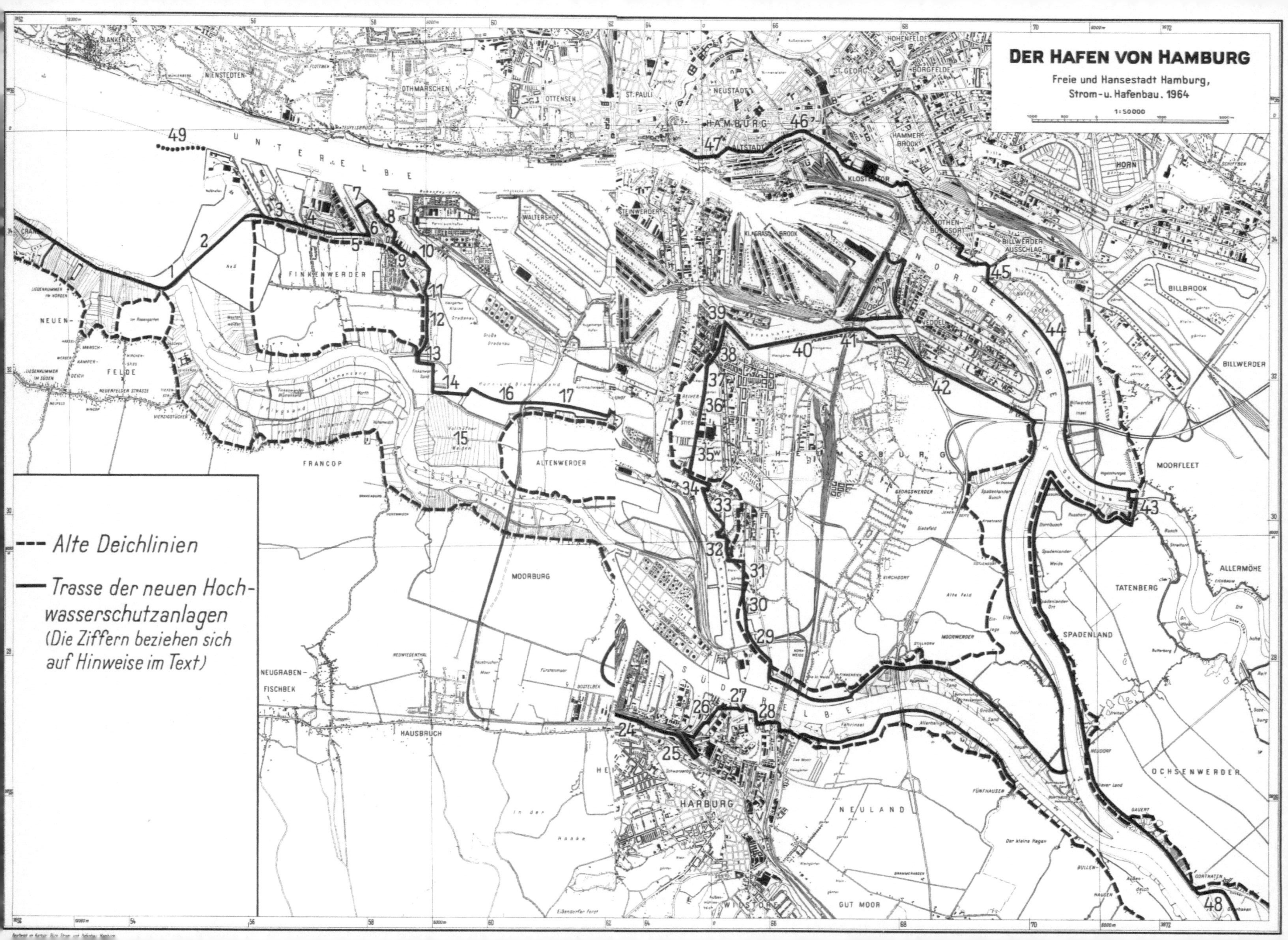
DER HAFEN VON HAMBURG
Freie und Hansestadt Hamburg,
Strom-u. Hafenbau. 1964
1:50000
--- Alte Deichlinien
— Trasse der neuen Hochwasserschutzanlagen (Die Ziffern beziehen sich auf Hinweise im Text)
BLANKENESE
NIENSTEDTEN
OTHMARSCHEN
OTTENSEN
ST. PAULI
NEUSTADT
HAMBURG
ALTSTADT
ST. GEORG
HOHENFELDE
BORGFELDE
HAMMERBROOK
HORN
KLOSTERTOR
ROTHENBURGSORT
BILLWERDER AUSSCHLAG
BILLBROOK
BILLWERDER
UNTERELBE
NORDERELBE
SÜDERELBE
WALTERSHOF
STEINWERDER
KLEINER GRASBROOK
VEDDEL
WILHELMSBURG
GEORGSWERDER
MOORWERDER
MOORFLEET
TATENBERG
SPADENLAND
ALLERMÖHE
OCHSENWERDER
FINKENWERDER
NEUENFELDE
FRANCOP
ALTENWERDER
MOORBURG
NEUGRABEN-FISCHBEK
HAUSBRUCH
HARBURG
WILSTORF
NEULAND
GUT MOOR
1 2 3 4 5 6 7 8 9 10 11 12 13 14 15 16 17 24 25 26 27 28 29 30 31 32 33 34 35 36 37 38 39 40 41 42 43 44 45 46 47 48 49

Jede Schutzanlage kann, wenn sie eben doch einmal überströmt wird, durch die dann plötzlich auftretenden starken Strömungen weit größere Schäden verursachen, als wenn das Wasser langsam steigt; je höher die Anlage gebaut wird, um so größer wird diese Gefahr und um so schwieriger und aufwendiger ist sie durch besondere Einrichtungen zur Energievernichtung des überfallenden Wassers wieder zu vermindern.

Versorgungs- und Abwasserleitungen sowie unterirdische Nachrichtenverbindungen und ähnliches stellen stets Punkte erhöhter Gefahren für Hochwasserschutzanlagen dar und bedürfen daher besonderer bautechnischer Maßnahmen.

Beim Versagen von Verschlüssen in Verkehrsdurchlässen bei Hochwasserschutzanlagen, das technisch wie menschlich begründet sein kann, oder gar bei einem Bruch in der Anlage würden bei einer sehr hohen Sturmflut mit Sicherheit größere Schäden an Gebäuden, Verkehrs- und Betriebseinrichtungen eintreten als bei allmählicher Überflutung.

Hochwasserschutzanlagen dieser Art müssen, je höher sie sind, um so breiter angelegt oder um so tiefer in den Untergrund eingebunden werden, um entweder die nötige Standsicherheit zu haben oder gegen Unterströmung gesichert zu sein. Das erfordert verhältnismäßig viel Platz. Vorhandene Bauwerke als Teile eines solchen Hochwasserschutzes mit heranzuziehen, ist sehr problematisch, wenn nicht sogar ausgeschlossen, weil sie den zu stellenden Sicherheitsbedingungen meistens nicht genügen.

Derartige Anlagen erfordern hohe Investitions- sowie häufig auch Unterhaltungs- und Betriebskosten, die häufig bereits in einigen Jahren höher sind als etwa gelegentlich auftretende Schäden.

Somit kann sich selbst in den Fällen, wo es räumlich und betrieblich möglich wäre, ergeben, daß die Aufwendungen in keinem rechten Verhältnis mehr zu dem Risiko stehen, das zwar hinsichtlich des Naturgeschehens selbst kaum abzuschätzen ist, das aber andererseits in sehr vielen Fällen durch geeignete Vorsorge erheblich vermindert werden kann. Darauf also wird es in erster Linie ankommen.

Natürlich können auch dafür keine allgemein gültigen Bedingungen aufgestellt werden, weil eben für jeden Betrieb etwas anderes gilt. Man kann aber doch einige Regeln angeben, nach denen zu verfahren sehr ratsam wäre.

So dürfte es immer richtig sein, wichtige und wasserempfindliche Anlagen oder Materialien, wie z. B. Kraft- und Fernsprechzentralen, Steuerungsanlagen, wertvolle Geräte, Akten, Zeichnungen u. a.m., genügend hoch anzuordnen, also in die oberen Stockwerke zu verlegen. Falls das nicht möglich sein sollte, müßten wenigstens die wichtigsten Einzelteile wasserdicht geschützt werden.

In anderen Fällen wäre vielleicht zu überlegen, die gesamten Keller- und Erdgeschosse mit einem vollständigen Schutz zu versehen. Das stößt indessen oft auf unüberwindliche Schwierigkeiten, weil es bei älteren Gebäuden kaum denkbar ist, alle unterirdischen Leitungen genau zu erfassen und mit automatisch arbeitenden Vorschlüssen zu versehen, Mauerdurchbrüche aller Art vollständig zu entdecken und vor allem die vorhandenen Wände und Fußböden ausreichend gegen Auftrieb zu sichern und damit vor Zerstörung zu bewahren. Außerdem müßten derartige Schutzmaßnahmen gegen das Eindringen von Wasser bis zu beträchtlicher Höhe ausgeführt werden, da andernfalls das Wasser wieder von oben hereinläuft. Und man muß ferner selbstverständlich mit dem Andringen des Wassers von allen Seiten her rechnen, auch z. B. aus öffentlichen oder privaten Sielen.

Trotzdem könnte gelegentlich eine solche Lösung für ganze Gebäude oder Bauwerksteile zu erreichen sein. Dabei braucht im Hafengebiet je nach örtlicher Lage mit Wellenangriffen häufig gar nicht oder nur in sehr begrenztem Umfang gerechnet zu werden, mit einer Ausnahme allerdings, nämlich des Gebietes im Nordwesten Finkenwerders.

In ganz besonders schwierigen Fällen wird man ferner daran denken müssen, Notstromaggregate geschützt aufzustellen für den Fall, daß die Stromversorgung ausfällt. Man wird auch gut daran tun, stets eine Art Alarmplan zur Hand zu haben, der den Einsatz bestimmter Hilfskräfte regelt. Einer nennenswerten Versorgung dieser Kräfte bedarf es nicht, weil die Straßenverbindungen immer nur für einige Stunden unterbrochen sein werden.“

Zum Schluß wurde allen Interessenten weiterhin fachkundige Beratung in Tidefragen zugesichert, sofern sie es wünschten. Inzwischen ist bekannt geworden, daß sich viele Firmen um Verbesserungen ihres Schutzes bemüht haben und noch bemühen.

4. Rechtsgrundlagen

Hätte man die eingetretenen Schäden beseitigen und dringend neue Bauvorhaben für Schutzwerke auf Grund der bis dahin gegebenen Rechtsgrundlagen beginnen wollen, so hätten langwierige Planfeststellungsverfahren vorausgehen müssen. Das wäre angesichts der in verstärktem Maße weiter drohenden Gefahren unverantwortlich gewesen. Deshalb beschloß das Parlament kurz nach der Katastrophe vom Februar 1962 einen neuen Paragraphen des Hamburger Wassergesetzes, kraft dessen die zuständigen Behörden (Ministerien) in die Lage versetzt würden, „die Überlassung von unbebauten und bebauten Grundstücken oder Grundstücksteilen zum Gebrauch für die Errichtung, die Umgestaltung und die Beseitigung von Hochwasserschutzanlagen und dadurch notwendigen Einrichtungen anzufordern". Bundesleistungsgesetz und Verwaltungsvollstreckungsgesetz sollen entsprechend angewendet werden, ferner soll nach der Anforderung unverzüglich ein Plan festgestellt werden.

Danach konnte in der ersten Zeit sehr zügig gearbeitet werden. Später ergaben sich Schwierigkeiten und einige Verzögerungen dadurch, daß die Wasserbehörde infolge Personalmangels die Planfeststellungsverfahren nicht rasch genug durchführen konnte, aber in letzter Zeit hat sich das Verfahren eingespielt. Im Hafen- und Elbegebiet sind bisher etwa 25 derartige Pläne festgestellt worden; ihre Zahl wird sich bis zum Ende der vorgesehenen Arbeiten verdoppeln. Im allgemeinen wird von der Wasserbehörde der sofortige Vollzug der Maßnahmen angeordnet, so daß Enteignungs- und Entschädigungsfragen anschließend geregelt werden. In aller Regel wird versucht und auch erreicht, mit den Betroffenen zu Vereinbarungen ohne Enteignungsverfahren zu kommen, was jedoch manchmal zu weiteren und nicht immer nur unbeträchtlichen Verzögerungen führt.

5. Behördliche Arbeitsteilung bei der Bauausführung

Die große Aufgabe zum Bau neuer Schutzbauwerke, vor die sich die Behörden der Hansestadt so plötzlich gestellt sahen, veranlaßte bereits ganz am Anfang Überlegungen, wie das weit gesteckte Ziel am besten und schnellsten zu erreichen wäre. Dabei war sehr bald zu erkennen, daß die Bereitstellung der in beträchtlichem Umfang erforderlichen Haushaltsmittel, in die sich der Bund und Hamburg nach einem bestimmten Schlüssel teilen, kein entscheidender Engpaß sein würde. Auch an Ausführungskapazitäten bei den Baufirmen waren wesentliche Mängel nicht zu erwarten. Dagegen mußte der ungeheure Arbeitsaufwand für Planung, Vorbereitung und Durchführung der Bauwerke auf der Behördenseite angesichts des ohnehin fühlbaren Personalmangels die Verantwortlichen mit Sorge erfüllen. Im ganzen gesehen sprachen folgende Gründe dagegen, die Hamburger Baubehörde, die zwar für den Hochwasserschutz, aber nicht für die Bauten im Hafengebiet zuständig ist, mit dieser Aufgabe allein zu lassen:

1. Sämtliche Planungen im Hafengebiet erfordern genaue Kenntnisse der Verhältnisse und Zusammenhänge, die nur haben kann, wer jahrelang damit zu tun hatte. Eine Mißachtung dieser Tatsache kann zu verhängnisvollen technischen und wirtschaftlichen Fehlentscheidungen führen, wie umgekehrt bei sorgfältiger Beachtung aller Faktoren manchmal sogar hafenplanerische Gesichtspunkte gefördert werden können.

2. Bei Durchführung von Bauten im Hafengebiet ist mehr als in der Stadt Rücksicht auf betriebliche Belange zu nehmen, die engen Kontakt mit allen direkt oder indirekt Betroffenen gebieten. Auch dazu bedarf es vieler persönlicher Erfahrungen.

3. Die Tideverhältnisse im Hafengebiet verlangen besondere strombauliche und gewässerkundliche Kenntnisse, die man weder im Stadtgebiet lernt noch durch eine normale Ausbildung mitbringt.

4. Die Arbeitslast mußte nach Sachkunde auf möglichst viele Schultern verteilt werden, um ein Optimum an Erfolg zu erzielen.

Infolgedessen übernahm der Strom- und Hafenbau die Planung, Konstruktion und Ausführung fast aller Hochwasserschutzanlagen im Hafen- und Hafenerweiterungsgebiet, wobei die Abgrenzung gegen die Arbeiten der Baubehörde im einzelnen nach praktischen Gesichtspunkten getroffen wurde. So ist ein sehr wesentlicher Bestandteil des Schutzes der Hamburger Innenstadt, die Anlagen an der nördlichen Grenze des Hafengebietes (Abb. 7 auf Tafel II, Ziff. 46 u. 47), der Baubehörde übertragen worden; auch darüber wird noch in Teil 2 berichtet werden. Andererseits führt der Strom- und Hafenbau mit seinen fachkundigen Außendienststellen die Wiederherstellung oder Verbesserung von Ufersicherungen im Tidebereich aus, auch wo sie jetzt durch Deichbauten der Baubehörde betroffen sind.

Um stets nach denselben technischen und rechtlichen Grundsätzen zu arbeiten, ferner den Ablauf der Arbeiten immer wieder aufeinander abzustimmen sowie Erfahrungen auszutauschen und schließlich eine ordnungsgemäße Bewirtschaftung der Haushaltsmittel sicherzustellen, haben von Anfang an laufend Routinebesprechungen der Planenden und Bauausführenden in kurzen Abständen sowie Behandlungen besonderer Themen nach Bedarf stattgefunden, was sich sehr bewährt hat. Nach vorläufiger Schätzung wird der Umfang aller Arbeiten der Baubehörde und des Strom- und Hafenbau, gemessen an den veranschlagten Kosten, etwa 60:40 sein. Unter den Hafenanteil fallen 26,8 km Deiche, 8,5 km Schutzmauern und rd. 37 km Deichverteidigungsstraßen mit Zuwegungen. Ein großes und zwei kleine Sperrwerke müssen neu gebaut, drei Binnenschiffsschleusen erhöht sowie elf Deichsiele oder Schöpfwerke neu bzw. umgebaut werden.

Dabei fällt nach den vorstehend aufgezählten Gesichtspunkten für das Hafengebiet erschwerend ins Gewicht, daß hier für Planung und Vorbereitung, jedoch abgesehen von wissenschaftlicher Mitarbeit (siehe II. A. 3), fremde Hilfskräfte und Ingenieurbüros aus den bereits erwähnten Gründen nur in sehr begrenztem Umfang, nämlich bei genau umrissenen konstruktiven Aufgaben, verwendet werden können. Versuche, solche Hilfskräfte wenigstens auf seiten der staatlichen Bauleitung einzusetzen, schlugen fehl, weil Außenstehende — und ganz besonders Ingenieure — entweder nur wenig Verständnis für die Erfordernisse einer geordneten Verwaltungsführung haben oder sich berufen fühlen, ohne Rücksicht auf Gesetze und Verordnungen Reformen durchzuführen. Beides belastet die behördlichen Organe erfahrungsgemäß mehr, als wenn sie diese Aufgaben selbst ausführen.

Infolgedessen mußte in Anbetracht der sowieso vorhandenen Knappheit an Personal aller Art mit einer verhältnismäßig kleinen Gruppe von Behördenbediensteten gearbeitet werden. Obwohl die Zahl der direkt im Hochwasserschutz Tätigen wegen der Verzahnung zahlreicher Teilaufgaben mit anderen Dienstbereichen und daher der indirekten Unterstützung durch weitere Fachkräfte der verschiedensten Gebiete des Ingenieurwesens nicht sehr groß zu sein braucht, war und ist doch diese Gesamtaufgabe des Hochwasserschutzes eine erhebliche zusätzliche Belastung für den ganzen Amtsbereich.

II. Allgemeine Grundsätze für Planung und Entwurf

A. Gesichtspunkte der Hafenplanung

1. Hafenbetriebliche Bedingungen

Betrieb und Verkehr des Hafens dürfen durch die neuen Hochwasserschutzbauwerke nicht nennenswert gestört werden. Der zunächst naheliegende Gedanke, aus diesem Grunde möglichst viele Durchlässe von Verkehrswegen durch Deiche und Schutzmauern anzuordnen, erweist sich jedoch als falsch. Denn einmal sind derartige Einrichtungen störanfällig und erfordern laufende Unterhaltung und Erneuerung sowie eine jederzeit einsatzbereite Bedienung. Zum andern sollen außendeichs bleibende Straßen möglichst nicht durch Tore abgesperrt werden, weil nur dann im Falle drohender Gefahr noch im letzten Augenblick Geräte, Schriftstücke oder dergleichen in Sicherheit gebracht werden können. Diese Lage wird ganz besonders mißlich, wenn bei geringfügiger Überflutung unglückliche Umstände durch den Einsatz von Menschen und Gerät noch ohne weiteres zu beheben wären, Hilfsfahrzeuge jedoch wegen der bereits geschlossenen Tore nicht mehr verkehren können.

Durchlässe müssen daher auf Fälle beschränkt werden, in denen andere Lösungen nicht mehr zu erzielen sind. Infolgedessen sind sämtliche Verkehrswege möglichst über die Hochwasserschutzanlagen zu überführen. Diese Forderung zwingt zu einem sehr beträchtlichen Planungsaufwand, aber sie ist so wichtig, daß alles nur Denkbare an ihre Erfüllung gesetzt wurde und man sich nicht gescheut hat, sogar ganze Gleisgruppen oder Bahnhofsteile anzuheben. So ist es schließlich gelungen, im Endzustand mit nur einem Durchlaß für die Eisenbahn im Hafengebiet auszukommen, aber 22 Straßen- und 41 Gleiskreuzungen in Kronenhöhe der Schutzbauwerke vorzusehen. In einigen Fällen konnten mit diesen Änderungen sogar Verbesserungen der Verkehrsverhältnisse gewonnen werden.

2. Rücksichtnahme auf vorhandene Bausubstanz

Schon wegen der meist hohen Folgekosten mußte darauf geachtet werden, vorhandene Bausubstanz aller Art möglichst zu schonen. Hinzu kommt, daß sich bei der Verlagerung von Gewerbebetrieben die Suche nach einem neuen Standort, der fast immer speziellen Bedingungen genügen muß, schwierig gestaltet und daß bei Fortfall von Wohnraum andere Wohnungen nachgewiesen werden müssen, was in Hamburg infolge des sowieso noch bestehenden Wohnraummangels und zahlreicher Sanierungs- und Bauvorhaben mit immer neuem Wohnraumbedarf auf noch größere Schwierigkeiten stößt. Die Planungen der neuen Hochwasserschutzanlagen mußten und müssen also in dieser Beziehung so rücksichtsvoll wie irgend möglich gestaltet werden, was natürlich viel Zeit kostet, entweder um ein Höchstmaß an Erhaltung der Substanz zu erreichen oder um Räumungen und Verlagerungen durchzuführen. Es leuchtet ein, daß trotzdem in eng bebauten Gebieten auf die Beseitigung von Bauten nicht ganz verzichtet werden kann und daß sie auch aus Gründen der Standsicherheit der Schutzbauwerke und ihrer Verteidigung zuweilen unerläßlich sind.

3. Verwertung von Hafenindustriegelände

Die gegenseitige Beeinflussung von Hochwasserschutz und Hafenplanung ist an manchen Stellen, bei denen es sich um größere Hafenindustrieflächen handelt, besonders augenfällig. So durchschneidet die neue Deichtrasse zwischen den beiden Abdämmungen der Alten Süderelbe das Hafenerweiterungsgebiet, das in der Entwicklung für industrielle Zwecke begriffen ist (Abb. 7 bei Ziff. 14 u. 16). Das nördlich der Trasse liegende Gelände war bereits auf die im Hafen in jüngster Vergangenheit üblichen Höhen von etwa NN + 6,0 m aufgehöht worden; der hindurchlaufende Deich ist daher nur niedrig, und es wäre kein Problem, seine Lage künftig nach Bedarf noch zu verändern und sie den erforderlichen Geländezuschnitten anzupassen. Das bleibt auch vorbehalten, doch hat diese Linienführung andere Überlegungen, die noch nicht weit gediehen waren, sehr gefördert.

Behält man sie ungefähr bei, so braucht man das im Schutz des neuen Deiches liegende Gelände, also den größten Teil des Hafenerweiterungsgebietes, nicht mehr auf eine ähnliche Höhe zu bringen, wenn man diesen Hafenteil durch Schleusen zugänglich macht. Dann braucht sich die Geländehöhe nur noch nach Fragen der Eisenbahnerschließung, des Grundwasserstandes und des künftigen Hafenwasserstandes zu richten; sie kann um einige Meter niedriger sein. Die Vorteile sind: Geringere Aufhöhungskosten pro Flächeneinheit, schnellerer jährlicher Flächengewinn bei gleicher Bagger- und Spülmenge, Schaffung wesentlich größerer aufschließungsreifer Flächen mit dem auch auf lange Sicht nur noch begrenzt zu gewinnenden Baggersand. Ein Überschlag zeigt, daß demgegenüber die Kosten selbst einer Seeschleuse weniger stark ins Gewicht fallen.

An einer anderen Stelle östlich von Moorburg (Abb. 7, Ziff. 23) war die Frage, ob der neue Deich an den Westrand des bereits bestehenden Industriegeländes angelehnt werden sollte, was verhältnismäßig einfach und billig gewesen wäre. Angesichts der Ausdehnungstendenz der Mineralölindustrie nach Westen und Norden entschloß man sich jedoch, den Deich an die gesetzlich festgelegte Grenze des Hafenerweiterungsgebietes (vgl. auch Abb. 1) zu legen und damit einen für längere Zeit „endgültigen“ Zustand zu schaffen. Der Deich wird hier also in einigen Jahren den rückwärtigen Abschluß eines in sich geschlossenen, außen bleibenden Industriegebietes bilden.

Und noch ein dritter bemerkenswerter Fall sei als Beispiel kurz erwähnt: Die Linienführung im nordwestlichen Wilhelmsburg (Abb. 7, Ziff. 35—37), die hier im wesentlichen aus Gründen der Bebauung, des Grundstückseigentums und der Erschließungsmöglichkeiten durch Bahn und Straße so gewählt werden mußte. Die dadurch geschaffenen neuen Verhältnisse werden dazu führen, daß in diesem Bereich das künftig binnendeichs liegende Hafengelände für die Zwecke des Hafens weniger interessant wird, so daß über seine Verwendung dann vielleicht nach anderen Gesichtspunkten beschlossen werden kann.

B. Vorarbeiten für Richtlinien

1. Mitwirkung niederländischer Fachleute

Bereits wenige Tage nach der Katastrophe im Februar 1962 besuchte eine Gruppe niederländischer Fachleute unter Führung von Prof. P. Jansen die Hansestadt, um ihre seit je umfangreichen und seit der Holland-Katastrophe von 1953 außerordentlich gewachsenen Erfahrungen auf allen Gebieten des Hochwasserschutzes zur Verfügung zu stellen. Auf diesen Besuch, der sehr fruchtbare Diskussionen und Anregungen brachte [*24*], folgten weitere von Kollegen verschiedener niederländischer Verwaltungen und Institute wie auch Studienreisen deutscher Fachleute in die Niederlande, teilweise im Rahmen fachlicher Vereinigungen, die über die bisher gepflogenen Kontakte weit hinausgingen und von großer Hilfsbereitschaft getragen wurden. Wenn auch die dortigen Verhältnisse nicht immer auf die an den deutschen Küsten und nur selten auf die Hamburger unmittelbar übertragen werden konnten, so halfen die zahlreichen, verständnisvollen Anregungen und die Erörterungen zahlreicher Fragen, in kurzer Zeit ausreichende Kenntnisse zur Bewältigung der eigenen Lage zu gewinnen. Das wird dankbar anerkannt.

Auch in späterer Zeit erwiesen sich weitere fachliche Diskussionen als fruchtbar. Überdies wurden umfangreiche spezielle Untersuchungen durchgeführt, so insbesondere von Prof. W. C. Bischoff van Heemskerck [*8*], die in Verbindung mit den niederländischen Erfahrungen zu wertvollen Erkenntnissen bei der konstruktiven Gestaltung der Deiche führten.

2. Küstenausschuß Nord- und Ostsee

Der Küstenausschuß Nord- und Ostsee hatte eine Arbeitsgruppe Küstenschutzwerke gebildet, in der unter Vorsitz von Regierungsdirektor a. D. Dr.-Ing. K. Lüders Fachleute der Küstenländer über allgemeine Empfehlungen für den Deichschutz berieten [*2*]. Es ist manchmal mißverstanden worden, daß in dem Ergebnis dieser Arbeit lediglich Empfehlungen und weder ein Leitfaden noch gar ein Lehrbuch zu sehen sind und man deshalb je nach den örtlichen Bedingungen davon abweichen kann bzw. muß [*7*]. Andererseits ist nicht zu verkennen, daß einige grundsätzliche Formulierungen dieser Empfehlungen infolge der zwangsläufig oft verschiedenartigen Auffassungen in den einzelnen Küstenbereichen nicht überall anwendbar und zum Teil sogar widersprüchlich sind, so wenn z. B. gesagt wird, daß „bei der Bestimmung der Deichhöhe . . . von dem zu erwartenden höchsten Sturmflutwasserstand . . . auszugehen" ist, später jedoch bei Begründung einer zweiten Deichlinie mit Recht betont wird, daß „sich die Ermittlung der höchstmöglichen Sturmflut . . . der menschlichen Voraussage entzieht". Oder wenn immer wieder bruchsichere Deiche und gute Maßnahmen zu ihrer Verteidigung empfohlen werden und sich dann „eine zweite Deichlinie . . . nach den letzten Erfahrungen wiederum als unbedingt notwendig erwiesen" habe, weil die Deiche eben bisher nicht bruchsicher waren.

Als bedenklich muß es angesehen werden, wenn zur Ermittlung der Deichhöhe Verfahren angegeben werden, die je nach Anwendung zu keiner größeren Sicherheit als in der Vergangenheit zu führen brauchen, dann aber behauptet wird, daß mit einer so ermittelten Deichhöhe „ein Überströmen der Seedeiche unmöglich wird und ein Wellenüberschlag nach menschlichem Ermessen nicht zu erwarten ist". Diese Aussage könnte sogar Fachleuten, sofern sie sich nicht eingehend mit den hier zur Rede stehenden Grundsatzfragen beschäftigt haben, eine Sicherheit vortäuschen, die tatsächlich nicht vorhanden wäre.

Diese Kritik mußte hier angebracht werden, weil gerade in diesen Punkten im Hamburg bewußt von den Empfehlungen abgewichen wird: Die Kronen der Hochwasserschutzwerke werden höher gelegt als nach den empfohlenen Verfahren zu errechnen wäre, und man ist trotzdem überzeugt, daß noch höhere Wasserstände eintreten können; darauf stellt man sich bautechnisch mit der Überströmungssicherheit der Bauwerke und organisatorisch mit Vorsorgemaßnahmen für die Bevölkerung ein.

Im übrigen enthalten die Empfehlungen zahlreiche gute Hinweise.

3. Beteiligung von Instituten und Beratern

Außer den an anderen Stellen dieser Schrift genannten Beratern sind für die Vorbereitung der Bauten im wesentlichen drei Institute tätig gewesen. Zwei davon, nämlich die Bundesanstalt für Wasserbau, Außenstelle Küste, Hamburg, und das Erdbaulaboratorium Dr.-Ing. K. Steinfeld, Hamburg-Altona, zur Bearbeitung sehr umfangreicher bodenmechanischer Fragen, zur Untersuchung und Beurteilung der Baugrundverhältnisse und der Eignung von Klei als Baumaterial sowie zur Beurteilung von Sickerströmungen unter den verschiedensten Verhältnissen. Ihre Mitwirkung war für die Entwicklung bestimmter Bauweisen und für die Bauausführung entscheidend.

Zur Klärung anderer Einzelfragen waren wasserbauliche Modellversuche unerläßlich. Wenn im Teil 2 bei der Darstellung der Baumaßnahmen von ihnen die Rede sein wird, so ist zu beachten, daß diese Versuche durchweg im Franzius-Institut für Grund- und Wasserbau der Techn. Hochschule Hannover unter Leitung von Prof. Dr.-Ing. W. Hensen ausgeführt worden sind, und zwar mit einer Ausnahme außerhalb des als Sturmflutfolge gebauten großen Elbemodells, dessen Maßstab für diese Einzeluntersuchungen i. a. zu klein war. Sie haben sich wie immer als ein wertvolles Hilfsmittel für Planung und Konstruktion erwiesen.

Hinweis auf Teil *2*: Im 2. Teil dieser Veröffentlichung, der im nächsten Jahrbuch der Hafenbautechnischen Gesellschaft erscheinen soll, werden die konstruktiven Grundsätze für Deiche, Schutzmauern und Kreuzungen von Versorgungsleitungen und Verkehrswegen aller Art erläutert sowie die interessantesten Bauausführungen beschrieben werden.

Schrifttum

a) Gruppenberichte

[*1a*] Friedrich, O. A.: Bericht des vom Senat der Freien und Hansestadt Hamburg berufenen Sachverständigenausschusses zur Untersuchung des Ablaufs der Flutkatastrophe. Hamburg, 13. 4. 1962. Darin enthalten als Anlage 2:

[*1b*] Hensen, W.: Kurzbericht über den Ablauf der Sturmflut in der Elbe vom 16./17. Februar 1962. Hannover, 5.3.1962.

[*1c*] Senat der Freien und Hansestadt Hamburg: Stellungnahme zu dem Bericht des Sachverständigenausschusses als Mitteilung des Senats an die Bürgerschaft, Nr. 98 vom 5. 6. 1962.

[*2*] Küstenausschuß Nord- und Ostsee, Arbeitsgruppe Küstenschutzwerke: Empfehlungen für den Deichschutz nach der Februar-Sturmflut 1962. Die Küste 10 (1962) H. 1.

[*3*] Küstenausschuß Nord- und Ostsee, Arbeitsgruppe Sturmfluten: Der maßgebende Sturmflutseegang und Wellenauflauf an den Deichen. Ergebnisbericht 1. Die Küste 10 (1962) H. 2.

[*4*] Baubehörde Hamburg: Hochwasserschutz in Hamburg. 1964.

[*5*] Defant, Hansen, Hensen, Jensen: Wissenschaftliches Gutachten über Grundlagen für die künftige Gestaltung des Hochwasserschutzes in Hamburg. Hamburg 1965.

[*6*] Hensen, W.: Bericht der Arbeitsgruppe Sturmfluten. Die Küste 14 (1966) H. 2.

[*7*] Lüders, K.: Bericht der Arbeitsgruppe Küstenschutzwerke. Die Küste 14 (1966) H. 2.

b) Einzelveröffentlichungen

[*8*] Bischoff van Heemskerck, W. C.: Wasserspannungen unter Asphaltdeckwerken von Deichen. Wasser u. Boden 1963, H. 5.

[*9*] Blaszyk, P.: Zur Vermeidung von Deichschäden durch Tiere und Unkräuter bei Sturmfluten. Wasser u. Boden 1962, H. 8.

[*10*] Drobek, W.: Einwirkungen der Flutkatastrophe auf die Hamburger Wasserversorgung. VDI-Z. 104 (1962) Nr. 32.

[*11*] Düwel, G.: Flutschäden bei den Hamburger Gaswerken. VDI-Z. 104 (1962) Nr. 32.

[12] Freistadt, H.: Die Sturmflut vom 16./17. Februar 1962 in Hamburg. Die Küste 10 (1962), H. 1.
[13] Führböter, A.: Modellversuche für das Sturmflutsperrwerk Billwerder Bucht/Hamburg. Mitt. des Franzius-Instituts für Grund- und Wasserbau der Technischen Hochschule Hannover 1964, H. 24.
[14] Große, G., u. D. Westendörpf: Das Fernmeldewesen der deutschen Bundespost nach der Hamburger Flutkatastrophe. VDI-Z. 104 (1962) Nr. 32.
[15] Helberg, W.: Die Auswirkungen der Flut bei der Bundesbahn. VDI-Z. 104 (1962) Nr. 32.
[16] Hensen, W., u. A. Führböter: Modellversuche über den Wellenauflauf an den Elbdeichen bei Finkenwerder. Mitt. des Franzius-Instituts für Grund- und Wasserbau der Technischen Hochschule Hannover 1962, H. 21.
[17] Hensen, W.: Modellversuche über den Wellenauflauf an Seedeichen im Wattengebiet. Mitt. der Hannoverschen Versuchsanstalt für Grundbau und Wasserbau 1954, H. 5.
[18] Hensen, W.: Stromregelungen, Hafenbauten, Sturmfluten in der Elbe und ihr Einfluß auf den Tideablauf. Festschrift: Hamburg — Großstadt und Welthafen, Hamburg 1955.
[19] Hensen, W.: Modellversuche zur Bestimmung des Einflusses der Form eines Seedeiches auf die Höhe des Wellenauflaufes. Mitt. der Hannoverschen Versuchsanstalt für Grundbau und Wasserbau 1955, H. 7.
[20] Hensen, W.: Die Sturmflut in der Elbe vom 16./17. Februar 1962. VDI-Z. 104 (1962) Nr. 32.
[21] Hensen, W.: Gedanken über den Hochwasserschutz nach der Sturmflut vom 16./17. Februar 1962. Wasser u. Boden 1962, H. 8.
[22] Hensen, W.: Gedanken über den Deichbau. Hansa 1962, Nr. 13.
[23] Hensen, W.: Lehren für Wissenschaft und Praxis aus der Nordsee-Sturmflut am 16./17. Februar 1962. Vortragsreihe der Niedersächsischen Landesregierung zur Förderung der wissenschaftlichen Forschung in Niedersachsen, Göttingen 1964, H. 28.
[24] Jansen, P. Ph.: Einige Betrachtungen über die Sicherheit an Deichen. Wasser u. Boden 1962, H. 8.
[25] Koopmann, G.: Die Sturmflut vom 16./17. Februar 1962 in ozeanographischer Sicht. Die Küste 10 (1962) H. 2.
[26] Laucht, H.: Neue Deichbauten im Hamburger Hafen. Hansa 1962, Nr. 17.
[27] Laucht, H., u. H. Hafner: Die Abdämmung der Alten Süderelbe. Die Bautechnik 40 (1963) H. 5.
[28] Laucht, H.: Das Sperrwerk Billwerder Bucht. Wasser u. Boden 1964, H. 8.
[29] Laucht, H.: Hochwasserschutzmaßnahmen im Gebiet des Hamburger Hafens. Die Küste 14 (1966) H. 2.
[30] Lehmann, K.: Lassen sich Deichbrüche vermeiden? Die Bautechnik 40 (1963) H. 5.
[31] Meenen, K., u. B. Cousin: Untersuchungen zur Profilgestaltung der neuen Hamburger Deiche. Wasser u. Boden 1964, H. 8.
[32] Meister, R.: Sturmflut und Stromversorgung, Erfahrungen bei den Hamburgischen Electricitäts-Werken. VDI-Z. 104 (1962) Nr. 32.
[33] Metzkes, E.: Welche Folgerungen zieht das Land Niedersachsen aus den Erfahrungen mit der Sturmflut vom Februar 1962 für seinen Hochwasserschutz? Wasser u. Boden 1962, H. 8.
[34] Naumann, K.-E.: Die Sturmflut im Hafen Hamburg. VDI-Z. 104 (1962) Nr. 32.
[35] Roediger, G.: Entwicklung und Verlauf der Wetterlage vom 16./17. Februar 1962. Die Küste 10 (1962) H. 1.
[36] Rodewald, M.: Zur Entstehungsgeschichte der Sturmflut-Wetterlagen in der Nordsee im Februar 1962. Die Küste 10 (1962) H. 2.
[37] Rodewald, M.: Zur Entstehungsgeschichte von Sturmflut-Wetterlagen in der Nordsee. Die Küste 13 (1965).
[38] Schulz, H.: Verlauf der Sturmfluten vom Februar 1962 im deutschen Küsten- und Tidegebiet der Nordsee. Die Küste 10 (1962) H. 1.
[39] Sill, O.: Welche Maßnahmen wird Hamburg treffen, um sein Stadt- und Landgebiet künftig vor Hochwasserkatastrophen zu schützen? Wasser u. Boden 1962, H. 8.
[40] Sill, O.: Planung und Bau von neuen Hochwasserschutzanlagen in Hamburg nach der Sturmflut vom Februar 1962. Die Wasserwirtschaft 54 (1964) H. 3.
[41] Suhr, H.: Welche Folgerungen zieht das Land Schleswig-Holstein für seinen Hochwasserschutz aus den Erfahrungen mit der Sturmflut vom 16/.17. Februar 1962? Wasser u. Boden 1962, H. 8.
[42] Traeger, G.: Welche Maßnahmen wird Bremen zur Sicherung seines Stadt- und Landgebietes treffen, um es vor Hochwasserkatastrophen zu schützen? Wasser u. Boden 1962, H. 8.
[43] Walden, H.: Zusammenhang zwischen Sturmfluten, Elbe-Hochwasser und Wetterlage? Deutsche Gewässerkundliche Mitteilungen 10 (1966) H. 1.
[44] Wohlenberg, E.: Deichbau und Deichpflege auf biologischer Grundlage. Die Küste 13 (1965).
[45] Zitscher, Fr.-F.: Möglichkeiten und Grenzen in der konstruktiven Anwendung von Asphaltbauweisen bei Küstenschutzwerken. Mitt. der Hannoverschen Versuchsanstalt für Grundbau und Wasserbau 1957, H. 12.

Das Verhältnis zwischen See- und Binnenschiffahrt[1] und sein Einfluß auf die Gestaltung der Häfen in der historischen Entwicklung der nordwesteuropäischen Seehäfen

Von Dr.-Ing. **Joachim Richter**, Braunschweig

[1] Von der Technischen Hochschule zu Braunschweig genehmigte Dissertation. Die Durchführung der Arbeit wurde von der Hafenbautechnischen Gesellschaft, Hamburg unterstützt.

1. Einleitung

Ein Seehafen ist im engeren Sinn eine Verkehrsanlage, die Verkehrsströme aus dem Binnenland und von See her miteinander verbindet und zugleich voneinander trennt. Ein Seehafen verbindet, indem das Handelsgut zwischen den Verkehrsträgern ausgetauscht wird. Er trennt, weil er gleichzeitig ein Endpunkt für die Binnenverkehrsmittel auf der einen Seite und die Seeschiffe auf der anderen Seite darstellt.

Auf der Seeseite ist in den Häfen ein Verkehrsmittel, das Seeschiff, vertreten. Auf der Binnenseite haben wir heute — Rohrleitungen ausgenommen — drei Verkehrsmittel, Lastkraftwagen, Eisenbahn und Binnenschiff, die sich stark voneinander unterscheiden, die außerdem zu verschiedenen Zeiten im Hafen Eingang gefunden haben und daher auch einen unterschiedlichen Einfluß auf das Hafenbild gehabt haben und haben.

Ohne Zweifel wird das Binnenschiff als ältestes, zunächst bedeutendstes, Verkehrsmittel im landseitigen Bereich schon frühzeitig einen besonders großen Einfluß auf den Betrieb und die Gestaltung gehabt haben. Wie groß dieser Einfluß im Laufe der Jahrhunderte in den einzelnen Häfen war und inwieweit er im Hafenbild sichtbar geworden ist, soll hier untersucht werden.

Die Untersuchung wurde auf die sieben nordwesteuropäischen Häfen Lübeck, Hamburg, Bremen, Emden, Amsterdam, Rotterdam und Antwerpen beschränkt. Die Beschränkung wurde vorgenommen, weil einmal der Stoff nicht zu weit ausgedehnt werden sollte, zum anderen, weil in diesen Häfen eine ununterbrochene Binnenschiffstradition vorhanden ist.

Im ersten Abschnitt wird die spezielle Rolle des Binnenschiffs in den einzelnen Häfen getrennt untersucht und versucht, den Einfluß, den die Binnenschiffahrt auf die einzelnen technischen Maßnahmen gehabt hat, herauszufinden.

Bei der Betrachtung des Themas wird ohne weiteres verständlich, daß die Entwicklung der Binnenschiffahrt in den Häfen nicht unabhängig von der allgemeinen Geschichte der Häfen gesehen werden kann. Bei der Bearbeitung stellte sich dann heraus, daß über die allgemeine Geschichte einzelner Häfen nur unzusammenhängende, zum Teil auch widerspruchsvolle Unterlagen vorhanden sind, die daher zunächst gesichtet und zusammengestellt werden mußten. Auf eine Wiedergabe dieser Zusammenstellung soll hier im Interesse der Kürze verzichtet werden. Um die Übersicht zu erleichtern, wird jedoch vor die Behandlung jedes Hafens ein stichwortartiger Leitfaden seiner Entwicklungsgeschichte vorangestellt.

Die neuere Geschichte der Häfen ist mit zahlreichen Männern verbunden, die durch ihr Wirken maßgeblich an der Gestaltung der Häfen beteiligt waren. Aus der älteren Geschichte der Häfen sind dagegen nur wenige Persönlichkeiten bekannt, es wurde daher aus begreiflichen Gründen auf die Hervorhebung einzelner Namen verzichtet.

In einem weiteren Abschnitt sollen dann die für das Binnenschiff getroffenen Maßnahmen in den einzelnen Häfen sowie die Entwicklung miteinander verglichen und vorhandene Gemeinsamkeiten besonders herausgestellt werden.

Am Schluß dieser Arbeit ist versucht worden, aus der bisherigen Entwicklung der Binnenschiffsanlagen in den Seehäfen die Folgerungen zu ziehen und daraus Richtlinien für die Anlage neuer Binnenschiffsanlagen abzuleiten.

2. Die Entwicklung der Binnenschiffahrt in den nordwesteuropäischen Häfen

2.1 Lübeck

Übersicht über die Geschichte des Hafens

1143 Gründung der Stadt durch Heinrich den Löwen.

1226 Friedrich II. verlieh der Stadt die Reichsfreiheit. Der damit verbundene Eigenbesitz an Land ermöglichte die Einbeziehung der Trave in die Stadtbefestigung. Der Holstenhafen und Hansahafen entstanden. Auf der Landseite erfolgte der Warentransport vorwiegend auf Landfahrzeugen, die Binnenwasserwege waren unzureichend.

1241 Bündnis mit Hamburg zur Sicherung des Überlandverkehrs, woraus sich die Deutsche Hanse entwickelte. Durch den Bau der Holstentorbrücke wurden See- und Binnenwasserverkehr getrennt. Hafengebiet war die Trave von der Spitze der Wallhalbinsel bis zum Mühlenteich. Das Ufer war teilweise durch Bohlwerk befestigt.
1398 Bau des ältesten deutschen Kanals, des Stecknitzkanals. Damit Anschluß an die Elbe und Verbindung zum salzreichen Lüneburg.
1536 Die Lübsche Flotte wird durch die Vlämische Hanse vernichtet und damit das Schicksal der Deutschen Hanse besiegelt. Der Handel mit Amerika nahm seinen Ausgang von den Häfen an der Nordsee; der Ostseeraum verlor an Bedeutung.
1700 Die Trave versandete und war für Seeschiffe kaum noch passierbar. Über den Stecknitzkanal kamen nur 550 Schiffe/Jahr in Lübeck an.
1823 Erweiterung des Stecknitzkanals abgeschlossen.
1850 Die Trave wurde wieder für den Ostseeverkehr frei. Der Lübecker Hafen wurde Eisenbahnhafen.
1868 Beitritt zum Deutschen Zollverein, jedoch ohne Subventionen zu verlangen, so daß der Ausbau des Hafens selbst bezahlt werden mußte.
1896 Bau des neuen Elbe-Lübeck-Kanals, mit dem Lübeck wieder eine ausreichende Binnenwasserstraße erhielt. Gleichzeitig wurde der Ausbau des bestehenden Hafens zu einer modernen Verkehrsanlage begonnen. Es entstanden in der folgenden Zeit nach und nach als Seeschiffhäfen der Hansahafen, der Wallhafen und die Uferhäfen längs der Untertrave; als Binnenschiffshäfen der Klughafen, der St.-Jürgen-Hafen und der Stadtgraben.
1945 Lübeck verlor einen großen Teil seines Hinterlandes und seiner seewärtigen Verbindungen durch den „Eisernen Vorhang".
1958 Ausbau des Konstinkais als Folge des stark gestiegenen Umschlages.
1961 Ausbau des Vorwerkerhafens.

Abb. 1. Mitteleuropäisches Wasserstraßennetz.

Das Binnenschiff tritt im Lübecker Hafen erst ziemlich spät als auf die Hafengestaltung Einfluß nehmender Faktor in Erscheinung. Erst als der zunehmende Salzhandel einen leistungsfähigeren Transportweg als den herkömmlichen Landweg benötigte, wurde der Stecknitzkanal zur Elbe gebaut. Seit dem Bau dieses Kanals um 1398 hat Lübeck überhaupt einen nennenswerten Binnenschiffsverkehr zu verzeichnen. Zwar war die Trave bis Bad Oldesloe befahrbar, doch fehlten dort die Absatzgebiete. Auch bestand eine Wasserverbindung über die Wakenitz mit Ratzeburg und weiter bis Mölln. Aber dieser Wasserweg war versumpft und nur zu Hochwasserzeiten passierbar. Der Stecknitzkanal verband die Trave entlang der Stecknitz durch den Möllner See und über die Delvenau mit der Elbe. In seinem Zuge befanden sich 15 Schleusen (12 Stau- und 3 Kistenschleusen — letztere sind Vorläufer der Kammerschleusen). Im ersten Jahr nach Vollendung des Stecknitzkanals liefen 30 Schiffe mit 450 t in Lübeck ein (Abb. 1).

Bis zum Ende des 14. Jahrhunderts war das Hafenbild hauptsächlich von Seeschiffen und Hafenfahrzeugen (Prähme) belebt worden. Die Prähme waren nötig, um die Verbindung der Seeschiffe mit dem Land herzustellen. Das Ufer bestand aus einem leichten, senkrechten Bohlwerk[1], das nicht dem Anlegen der Schiffe, sondern der Uferbefestigung diente. Davor waren in einigem Abstand Dalben gesetzt. Zwischen diese und das Bohlwerk ließen sich ein bis zwei Prähme legen. Die Koggen (Seeschiffe von ca. 200 t Tragfähigkeit bei 20 m Länge, 4,8 m Breite und 1,0 bis 1,5 m Tiefgang) machten an den Dalben fest. Über die Prähme wurden Planken gelegt und die Schiffe über diesen Weg gelöscht oder beladen. Diese gleiche Umschlagsart finden wir im Prinzip bis in das 18. Jahrhundert hinein, und zwar nicht nur in Lübeck, sondern auch in den anderen Häfen Nordwesteuropas.

Das Binnenschiff, das auf dem Stecknitzkanal verkehrte, war plump. Seine Größe betrug etwa 12 m in der Länge, 2,5 m in der Breite und hatte einen Tiefgang von nur 0,4 m. Meistens wurde es durch Treideln und Rudern fortbewegt. Bei günstigem Wind war Segeln möglich. Die Tragkraft dieses Schiffes soll bis zu 7,5 t betragen haben.

Der Stecknitzkanal mündete außerhalb der Stadt Lübeck in die Trave. Die Trave floß damals mit ihrem Hauptarm westlich an der Stadt vorbei. Die Binnenschiffe folgten diesem Weg und erreichten an der Stelle des heutigen Holstenhafens die Umschlagplätze. Dort trafen sie auf die Seeschiffe, die traveaufwärts bis vor die Mauern Lübecks gekommen waren. See- und Binnenschiffe wurden an dem gleichen stadtseitigen Ufer entladen. Liegeplätze für beide Verkehrspartner waren am Nordufer der Trave vorhanden (Abb. 2).

Seefahrzeuge und Binnenschiffe befanden sich als gleichberechtigte Partner im Flußgebiet vor den Mauern der Stadt.

Die Schiffsabmessungen nahmen im Laufe der Zeit zu. Im 15. Jahrhundert bereits finden wir Koggen und die ersten Hulks mit einer Tragfähigkeit von 300 bis 400 t, einer Länge von 30 m, einer Breite von 8 m und einem Tiefgang von 1,0 bis 2,0 m. So groß diese Abmessungen für die damalige Zeit auch waren, so waren sie doch so gering, daß die Schiffe auf dem breiten Strom vor der Stadt voll manövrierfähig blieben. Infolgedessen waren Kollisionen mit Binnenschiffen nicht zu befürchten und eine Trennung der Verkehrsträger aus verkehrstechnischen Gesichtspunkten nicht erforderlich.

Wenn trotzdem in Lübeck in der zweiten Hälfte des 15. Jahrhunderts eine Trennung und Schaffung gesonderter Umschlagsplätze erfolgte, so war das zwar städtebaulich bedingt, jedoch auch von der herrschenden Handelsform, dem Stapelhandel[2] her, möglich.

Die Waren aus den See- und Binnenschiffen wurden nach dem Ausladen zunächst in Speicher gebracht, dort gesammelt, sortiert und zum Verkauf angeboten. Der Transport der Waren an der Stadt vorbei und selbst der Weitertransport mit denselben Schiffen war durch das Stapelrecht untersagt. Ein Direktumschlag zwischen See- und Binnenschiff war also, so lange der Stapelhandel betrieben wurde, nicht möglich.

Die Handelsstruktur macht den Bau der Holstenbrücke verständlich. Diese Brücke, die 1477 beim Bau des neuen Holstentores über die Trave geschlagen wurde, trennte die Obertrave von dem heutigen Holstenhafen, der als Seeschiffsumschlagsplatz benutzt wurde. Ihre lichte Höhe war zu klein, um die damaligen, mit einem Mast versehenen Binnenschiffe durchzulassen, lediglich Leichterverkehr mit Prähmen war möglich gewesen.

Das Gut mußte vom Binnenschiff also in Speicher gegeben, von dort später über die Straße ans Bohlwerk transportiert und auf das Seeschiff verladen oder vom Speicher direkt wieder auf Leichter geladen werden, die es dann ihrerseits zum Seeschiff bringen konnten. Die Waren waren zu kleinen

[1] Nach der Definition von Schulze „Seehafenbau" werden hier Holzbauwerke als Bohlwerk, Massivbauwerke als Bollwerk bezeichnet.

[2] Mit Stapelhandel wird die Handelsform bezeichnet, die sich durch den aus dem mittelalterlichen Stapelrecht und Umschlagsrecht ergebenden Zwang zur Zwischenlagerung herausbildete.

Das Stapelrecht war die im Mittelalter an zahlreiche Städte zur Förderung des städtischen Handels verliehene Gerechtsame, wonach fremde Kaufmannswaren, die durch die Stadt oder in einem bestimmten Umkreis um die Stadt befördert wurden, vor ihrer Weiterbeförderung in der Stadt gelagert und eine bestimmte Zeit zum Verkauf angeboten werden mußten. Mit dem Stapelrecht war vielfach das Umschlagsrecht verbunden, das ist der Zwang, diese fremden Waren in der Stapelstadt zur Weiterbeförderung auf Fahrzeuge städtischer Fuhrleute und Schiffe umzuladen.

Partien abgepackt, die gut getragen oder gefahren werden konnten. Nur für den senkrechten Transport an den Speichern wurden Geräte (Winden) eingesetzt.

Da infolge der Sperrung die Speicher am Holstenhafen für Binnenschiffe nicht mehr erreichbar waren, mußten oberhalb der Holstenbrücke neue Speicher errichtet werden. Diese Speicher dienten lediglich der Aufnahme von Salz, das mit Binnenschiffen aus Lüneburg herangebracht worden war; ein Zeichen dafür, welche große Rolle der Salztransport mit Binnenschiffen spielte.

Die Speicher wurden ohne vorgesetzten Uferstreifen direkt an der Trave errichtet, so daß die Binnenschiffe an ihnen anlegen konnten. Damit war eine Anlage entstanden, die noch in keinem anderen Hafen vorhanden war. Ein unnötiger Zwischentransport des sehr schweren Salzes wurde also bewußt umgangen.

Um 1500 wurde auf dem Stecknitzkanal der größte Verkehr seiner Geschichte verzeichnet. Es sollen etwa 15000 t verschiedener Güter, hauptsächlich allerdings Salz, befördert worden sein.

Diese Zahlen sind unglaubwürdig, da der Stecknitzkanal nur mit Schiffen von 7,5 t Tragkraft befahren werden konnte. Doch muß der Verkehr recht erheblich gewesen sein, denn der Kanal wurde 1527 weiter ausgebaut, um auch größeren Schiffen die Benutzung des Stecknitzkanals zu ermöglichen. Das Schilff, das nach dem Ausbau zugelassen wurde, hatte 19 m Länge, 3,24 m Breite

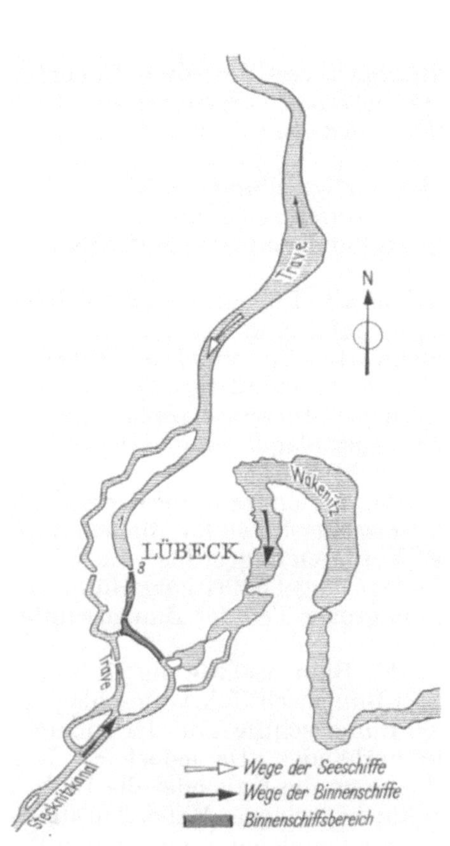

Abb. 2. Lübeck 1500.
1 Holstenhafen; *2* Obertrave; *3* Holstenbrücke.

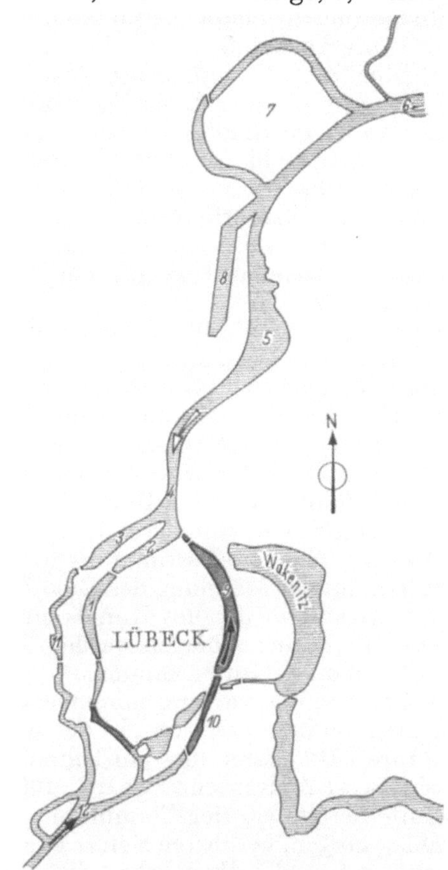

Abb. 3. Lübeck 1950.
1 Holstenhafen; *2* Hansahafen; *3* Wallhafen; *4* Burgtorhafen; *5* Umschlagshafen I; *6* Umschlagshafen II; *7* Teerhofsinsel; *8* Industriehafen; *9* Klughafen; *10* St. Jürgenhafen; *11* Stadtgraben; *12* Elbe-Lübeck-Kanal; *13* Wakenitz.

und einen Tiefgang von 0,41 bis 0,43 m; seine Tragfähigkeit soll 12,5 t betragen haben.

Im Prinzip bleibt das Verhältnis zwischen Binnenschiff und Seeschiff im Lübecker Hafen durch das ganze Mittelalter bis ins 19. Jahrhundert unverändert bestehen. Binnenschiff und Seeschiff bleiben getrennt voneinander, der Umschlag ging über die Speicher.

Der Verkehr auf dem Stecknitzkanal ging nach dem Niedergang der Hanse auf ca. 50% zurück. Die Verkehrsbelastung des Lübecker Hafens durch Binnenschiffe betrug dann etwa 400 bis 500 Binnenschiffe/Jahr und Richtung, eine Zahl, die trotz der am Kanal vorgenommenen Verbesserungen in der Folgezeit nicht mehr wesentlich überschritten wurde.

1700 waren es z. B. 550 und 1820 445 Schiffe, die in Lübeck ankamen.

Außer den politischen Ereignissen haben auch zwei Sturmfluten im 15. und 17. Jahrhundert zum Niedergang des Hafens beigetragen. Es wurde so viel Sand und Schlick in die Trave getrieben, daß sie nur noch für geleichterte Schiffe befahrbar war. Erst im Jahre 1850 konnte das Fahrwasser so weit vertieft werden, daß es dem Ostseeverkehr wieder ausreichende Zufahrtsmöglichkeiten bot.

Als mit der Eisenbahn um 1840 ein neues billigeres Transportmittel zum Hinterland gefunden und die Lübeck-Büchener Bahn gebaut wurde, ging der Salzhandel langsam von kleinen und daher teuer befördernden Binnenschiffen auf die preiswerter arbeitende Eisenbahn über. Die Folge war der Verfall des Stecknitzkanals.

Im Jahre 1880 kamen über diesen Kanal nur noch 8 Schiffe in Lübeck an, im Jahre 1894 sogar nur zwei. Eine 1821 bis 1823 vorgenommene Erweiterung des Kanals — ab 1828 wurden Kähne mit 20 t und ab 1845 mit 30 t Tragfähigkeit zugelassen — war also unzureichend, um einen gegenüber der Bahn konkurrenzfähigen Binnenschiffsverkehr zu ermöglichen.

Dagegen zeigt die Seeverkehrsstatistik seit der ersten Eisenbahnverbindung eine stetig ansteigende Tendenz. Von 882 Schiffen im Jahre 1840 steigt die Zahl der einlaufenden Schiffe auf 1153 im Jahre 1853 und 2816 im Jahre 1900. Der Gesamtumschlag nimmt zwischen 1850 und 1900 von 120000 t auf 830000 t im Jahr zu.

Diese durch die Eisenbahn hervorgerufene Verkehrssteigerung sowie das Aufkommen des Massengutes gaben Anlaß zum Bau eines neuen Kanals zur Elbe. Das jetzt wesentlich größer gewordene und technisch vervollkommnete Binnenschiff konnte Massengut wieder billiger transportieren als die Bahn.

Der Elbe-Trave-Kanal, heute Elbe-Lübeck-Kanal genannt, wurde 1900 gebaut. Er folgte im wesentlichen der alten Linie des Stecknitzkanals. Abweichungen von der alten Linienführung wurden, außer im Stadtgebiet von Lübeck, nur noch an der Delvenau vorgenommen. Der Kanal wurde für Schiffe bis zu 600 t Tragkraft bei 2 m Abladetiefe[1] ausgebaut. Diese Größe besitzt er heute noch (Abb. 3).

Da man mit einer erheblichen Verkehrssteigerung nach der Fertigstellung des Kanals rechnete, wurde gleichzeitig mit seinem Bau auch der Hafen wesentlich erweitert. Alle, bis auf den Vorwerkhafen, den Petroleumhafen und den Industriehafen, heute vorhandenen Seeschiffshäfen wurden damals angelegt.

Im Stadtgebiet von Lübeck behielt der Elbe-Lübeck-Kanal die alte Linienführung des Stecknitzkanals nicht bei. Der Kanal wurde östlich um die Stadt herumgeführt und endet seitdem in dem gemeinsamen Vorhafen von Hansa- und Wallhafen. Der rückwärtige Anschluß des Holsten- bzw. Hansahafens wurde nicht modernisiert und vergrößert. Einen Anschluß für die beiden Stückguthäfen Hansa- und Wallhafen hielt man nicht für nötig, weil das Stückgut hauptsächlich auf der Eisenbahn transportiert wurde. Die Anlagen für den Massengutumschlag lagen und liegen längs der Trave und können von den Binnenschiffen über den Fluß erreicht werden.

Um einerseits den Binnenschiffen unnötige Wege zu ersparen, andererseits die Seeschiffshäfen, soweit es ging, für ihre Bestimmung freizuhalten, wurde ein Umschlagshafen für Binnenschiffe, der Klughafen, an der Mündung des Elbe-Lübeck-Kanals in den Vorhafen angeordnet. Im Klughafen, der sich längs der Ufer des Kanals entlangzieht, sollen alle lagerungsbedürftigen Güter von den Binnenschiffen umgeschlagen werden. Das führt dazu, daß ein großer Teil der Binnenschiffe nicht in die Seehäfen zu fahren braucht.

Bei der Planung war angenommen worden, daß ca. 65% der Binnenschiffe die Hubbrücke an der Kanalmündung passieren. In den Jahren mit dem größten Binnenschiffahrtsumschlag, also bis zum Jahre 1912, waren dies jährlich zwischen 1000 und 2000 Binnenschiffe. Auf der anderen Seite war ein Seeschiffsverkehr von rd. 4000 Schiffen pro Jahr vorhanden. Da jedoch ca. 75% der Seeschiffe bereits vor der Einmündung des Kanals in die Trave an die Kais oder die Dalben zum Umschlag gingen, berührten sich Seeschiff und Binnenschiff nur in geringem Maße. Nur die Schiffe des Stückgut- und Viehverkehrs, die in den Wall- und Hansahafen einliefen, kreuzten den Weg der Binnenschiffe.

Unter den ungünstigsten Voraussetzungen sind also im Mittel alle zwei Stunden ein Seeschiff und alle halbe Stunde ein Binnenschiff durch den Vorhafen gefahren. Auch wenn man berücksich-

---

[1] Gemäß der Übereinkunft für die internationale Klasseneinteilung der europäischen Binnenwasserstraßen sind folgende sechs Klassen vorgesehen:

Wasserstraßen-Klasse	Charakt.-Tonnage t	Länge m	Breite m	Tiefgang m	Tragfähigkeit t
I	300	38,50	5,00	2,20	250— 400
II	600	50,00	6,60	2,50	400— 650
III	1000	67,00	8,20	2,50	650—1000
IV	1350	80,00	9,50	2,50	1000—1500
V	2000	95,00	11,50	2,70	1500—3000
VI	3000 u. mehr	—	—	—	3000 u. mehr

tigt, daß die einlaufenden Seeschiffe im Vorhafen gedreht werden mußten und im ungünstigsten Fall das Drehen der Seeschiffe 20 Minuten in Anspruch genommen hat, dürfte es zu keiner ernsthaften Schwierigkeit bei der Begegnung der beiden Schiffsarten im Vorhafen gekommen sein.

Mit dem Bau der neuen Umschlagshäfen für Binnenschiffe an der Mündung des Elbe-Lübeck-Kanals wurde die im Stadtgebiet liegende Obertrave als Umschlagshafen nicht mehr benötigt. Sie sowie der alte Stadtgraben, der mit Dalben versehen wurde, waren nunmehr als Liegehäfen für die Binnenschiffe vorgesehen. Die Binnenschiffe sollten hier getrennt von dem Umschlagsverkehr liegen. Daß hier jedoch heute fast nur noch Kleinschiffe, Yachten und Schiffe für die Hafenbesichtigung ihren Liegeplatz haben, dürfte mehrere Gründe haben. Diese Häfen sind zu weit von den Umschlagsstätten entfernt; sie sind aber auch zu eng, so daß das Ein- und Ausfahren erhebliche Mühe macht. Das Liegen in ihnen für nur kurze Zeit lohnt sich nicht. Folgerichtig meiden die Schiffe bis auf die Mündungsstrecke diese Häfen und liegen in den besser zugänglichen Häfen, dem St. Jürgens-Hafen, dem Klughafen und in den Umschlagshäfen längs der Trave. Dort aber nehmen sie kostbare, eigentlich für den Umschlag vorgesehene Plätze in Anspruch. Gut zugängliche und zweckentsprechende Liegehäfen für Binnenschiffe sind in Lübeck heute nicht vorhanden.

Abschließend soll noch ein Hafenerweiterungsprojekt erwähnt werden, das 1896 zusammen mit der Hafenneuplanung aufgestellt, aber bisher nicht verwirklicht wurde. Es berücksichtigte die Binnenschiffahrt in besonderer Weise.

Es war vorgesehen, bei einem ungewöhnlich starken Ansteigen des Verkehrs zwei zusätzliche Seeschiffshäfen bei Dänischburg anzulegen. Die Becken sollten auf der rechten Seite der Trave in dem Flußbogen liegen und sich in Richtung auf die See hin öffnen. Die Häfen waren hauptsächlich für Massengutumschlag vorgesehen und sollten deshalb einen rückwärtigen Anschluß durch einen Binnenschiffskanal erhalten. Der Kanal sollte etwa an der Stelle des heutigen Umschlagshafens I von der Trave abzweigen. Die Breite der Becken sollte mit Rücksicht auf die Binnenschiffe 200 m betragen. Für Umschlag im Wasser waren in der Mitte der Becken je eine Dalbenreihe vorgesehen.

Der Bau der neuzeitlichen Hafenanlagen war in Lübeck gleichzeitig der Auftakt zur Anlage von senkrechten Kaieinfassungen an den Umschlagsplätzen. Den See- und Binnenschiffen wurde damit für den Umschlag an Land Gelegenheit gegeben, direkt am Ufer festzumachen und die mechanischen Umschlagsgeräte zu benutzen.

Zur Befestigung der Seeschiffe wurden die neuen Kaimauern anfangs mit Schiffsringen, später mit Pollern an der Oberkante ausgerüstet. Diese Einrichtungen waren von Binnenschiffen und Hafenfahrzeugen schlecht zu erreichen. Deshalb wurden für sie zusätzliche Festmacheringe an der Vorderkante der Mauer eingelassen. Die Ringe haben einen Durchmesser von 0,40 m und sind durch lange Anker fest an der Mauer angeschlossen. Der Abstand von der Kaioberkante beträgt etwa 1,50 m.

Ebenfalls für Binnenschiffe und Hafenfahrzeuge wurden an den Kaimauern Leitern angebracht.

Mit Leitern und Ringen waren erstmalig in Lübeck besondere Uferausrüstungen für die Binnenschiffahrt geschaffen worden. Die bis dahin ausschließlich verwendeten Dalben hatten solche Ausrüstung nicht benötigt, da Binnen- und Seeschiffe herabhängende Ketten gleich gut zum Belegen der Leinen verwenden konnten.

Zusammenfassend kann gesagt werden, daß es in der Geschichte des Lübecker Hafens mehrmals Änderungen in dem Verhältnis von Binnenschiff zu Seeschiff gegeben hat. Das jeweilige Verhältnis hat das Hafenbild zu seiner Zeit beeinflußt.

In der ersten Phase, bis etwa um das Jahr 1400, waren das Seeschiff und das Binnenschiff an den Umschlagseinrichtungen des Hafens gleichberechtigt. Die Schiffe trafen sich in einem Hafen vor der Stadt und wurden auf die gleiche Weise be- und entladen.

In der zweiten Phase, zwischen 1400 und 1900, trafen Seeschiff und Binnenschiff nicht mehr aufeinander. Jede Schiffsart hatte ihren eigenen Umschlag- und Liegehafen. Beide Häfen lagen in der Trave hintereinander, waren aber durch eine Brücke, die nur den Hafenverkehr durchließ, voneinander getrennt. Oberhalb lagen die Binnenschiffe, unterhalb die Seeschiffe.

Seit 1900 sind beide Formen der Verkehrsbeziehungen nebeneinander vorhanden. Die Trave ist wieder ein durchgehender Fluß, auf dem die Binnenschiffe die Seeschiffe erreichen können. An den gemeinsamen Umschlagsstellen von See- und Binnenschiff spielt sich jedoch nur der direkte Güteraustausch zwischen den beiden Schiffsarten sowie die Be- und Entladung der Seeschiffe ab. Güter, die vom Binnenschiff auf Lager umgeschlagen werden sollen, müssen am Elbe-Lübeck-Kanal vor der Einmündung in die gemeinsame Flußstrecke gelöscht werden. Dieser Hafenteil ist für Seeschiffe nicht zugänglich. Das auf den Binnenschiffen beförderte Gut ist fast ausschließlich Massengut. Da Stückgut nur in geringem Maße auf Binnenschiffen befördert wird, wurde bei der Anlage der Stückgutumschlagsbecken für den Seeverkehr keine Rücksicht auf das Binnenschiff genommen. Etwaige Binnenschiffe fahren in diese Becken auf dem gleichen Weg wie die Seeschiffe ein.

2.2 Hamburg

Übersicht über die allgemeine Geschichte

833 Die Verlegung der skandinavischen Mission nach Hamburg deutet auf weitreichende Handelsbeziehungen hin.

1189 Hamburg erhält durch einen Freibrief Kaiser Barbarossas Freiheit von jeglichem Zoll und von Abgaben auf der Unterelbe. Im anschließenden 13. Jahrhundert wurde als erste größere wasserbauliche Maßnahme die Zufahrt zu den Anlegestellen an der Neuen Burg durch Faschinendämme gesichert.

1241 Zusammenschluß mit Lübeck zum Schutz der Landverkehrswege. Aus dem Bündnis entstand die Deutsche Hanse. Der s-förmig gekrümmte Lauf der Alster ist der Seeschiffshafen der Stadt.

1258 Durchbruch durch den großen Gasbrook und damit Schaffung einer kurzen Verbindung für Hafenfahrzeuge zwischen dem Alsterbogen und den Binnenschiffsliegeplätzen an der Billemündung und an der Wiedenburg.

1344 Die Gose-Elbe wurde gesperrt und damit die Heranführung der Elbe an die Stadt abgeschlossen. Elbe und Alstertief waren Außenreede geworden. Das Gebiet hinter der Neuen Burg bildete den Stadthafen.
Bau einer neuen Befestigungsanlage, die das Alstertief kreuzte. Im Schutz eines Niederbaumes entstand der Binnenhafen für Seeschiffe. Die Binnenschiffsliegeplätze an der Billemündung waren zum Oberhafen geworden.

1620 Durch die Erweiterung der Befestigungen entstand vor dem Binnenhafen der Niederhafen.

1767 Der Rummel- und der Jonashafen (1795) entstehen durch Pfahlreihen mit zwischengehängten Schlängeln im Anschluß an den Niederhafen.

1768 Erwerb der Elbeinseln als Gebiet für spätere Hafenerweiterungen (Gottorper Vergleich).

1791 Überschwemmung der Marschteile Hamburgs durch Sturmfluten verhindert Hafenerweiterung.

1825 Schwere Sturmflut.

1844 Eröffnung der Eisenbahn Hamburg-Berlin.

1858 Die im Anschluß an die schweren Sturmfluten entstandenen Pläne für einen Dockhafen wurden abgelehnt.

1862 Eröffnung des Sandtorkais als erster Schritt zum modernen Hafen.

1869 Ausbau des alten Petroleumhafens auf dem südlichen Elbufer und Verlegung der Holzhäfen von der Billemündung auf die Südseite der Elbe. Der Hafen greift über die Elbe.

1872 Fertigstellung der Eisenbahnbrücke über die Elbe und Anschluß Hamburgs an die Köln-Mindener Eisenbahn. Gleichzeitig Bau des Baaken-, Deich-, Bille-, Grasbrook- und Schiffbauerhafens sowie des Kaiserkais und des Magdeburger Hafens.

1883 Beginn des ersten Ausbaus des Freihafens im Hinblick auf den Anschluß an das deutsche Zollgebiet mit folgenden Bauten: Zollkanal zwischen Ober- und Niederhafen, Veddelkanal, Segelschiffs-, Moldau- und Saalehafen sowie der Straßenbrücke über die Norderelbe.

1888 Anschluß an das deutsche Zollgebiet.

1890 Spreehafen fertig.

1894 Grenzkanal, Hansa- und Industriehafen begonnen.

1897 Der Hafen dehnt sich auf das Gebiet östlich des Reiherstiegs aus.

1903 Die Gruppe der Kuhwärder Häfen ist bis auf den alten Kohlenhafen (1907) vollendet.

1908 Roßhafen entsteht.

1909 Durch die Einführung des Müggenburger Zollhafens wurde eine Verbindung zu den Kanälen auf der Peute geschaffen. Der Ausbau der Waltershofer Häfen wurde begonnen, aber durch den 1. Weltkrieg unterbrochen.

1930 In der Folgezeit entstehen die Häfen an der Rethemündung, der Reiherstieghafen, der Kattwykhafen und die Häfen 1 bis 4 bei Harburg.

1945 Zerstörung der Hafenanlagen und Demontage. Abschnürung großer Teile des Hinterlandes an der Elbe.

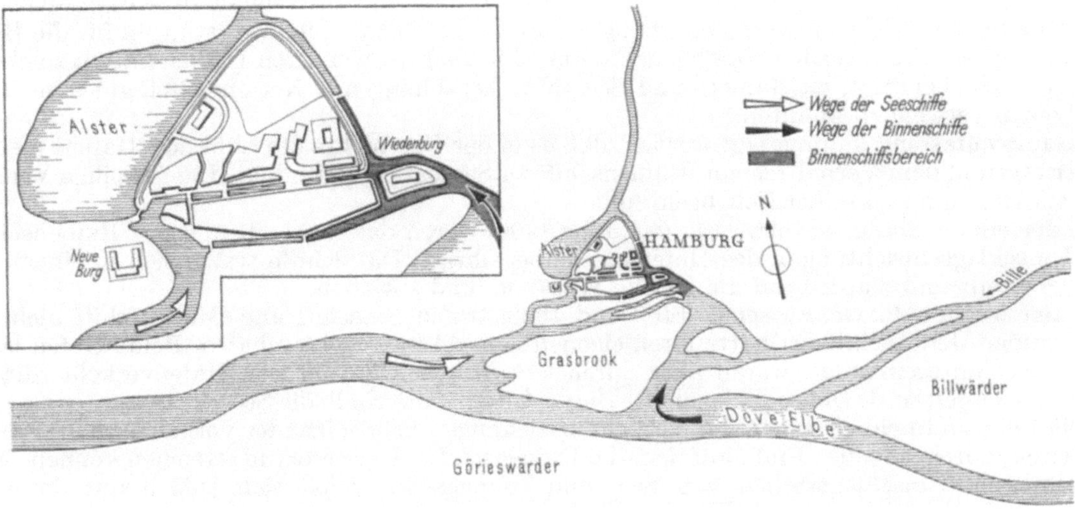

Abb. 4. Hamburg 1100.

Im 9. Jahrhundert lag der erste Hafen Hamburgs an der Nordseite des späteren Reichsstraßenfleets, das in den 70er Jahren des vorigen Jahrhunderts zugeschüttet wurde. Dieses Fleet war ursprünglich einer der zahlreichen Mündungsarme, durch die die Alster und die Bille gemeinsam in die Elbe flossen. Auf seiner Westseite war dieses Fleet durch den Hauptarm der Alster von der Unterelbe her zu erreichen. Auf der Ostseite hatte es eine Verbindung zur oberstromigen Elbe und somit einen Anschluß an das Binnenland. So war der Hafen damals auf zwei für See- und Binnenschiffe getrennten Wegen erreichbar. Selbstverständlich hat bei der ersten Anlage dieses Hafens niemand an eine Trennung der Verkehrsströme gedacht. Das war auch unnötig, weil sowohl Binnen- wie auch Seeschiffe die gleichen Abmessungen besaßen und auch die Verkehrsdichte denkbar gering war. Den sehr geschützt hinter mehreren Inseln von der Elbe getrennt am Geestrand liegenden Mündungsarm der Alster wird man wahrscheinlich gewählt haben, weil er sowohl wegen des bis hierher reichenden Tideeinflusses der Nordsee bei Ebbe als auch bei Flut durchströmt worden sein dürfte und so vor Verschlickung bewahrt blieb (Abb. 4).

Wie durch Ausgrabungen festgestellt worden ist, besaß der damalige Hafen bereits ein Bohlwerk von beträchtlicher Höhe. Die Höhe geht daraus hervor, daß man auch eine Treppe gefunden hat, auf der Reisende an Land gehen konnten. Damit war in Hamburg schon damals eine Kaiausrüstung für Binnenschiffe und Hafenfahrzeuge — Seeschiffe legten erst seit Beginn des 19. Jahrhunderts direkt am Ufer an — vorhanden, die sonst erst mit dem Beginn des modernen Kaimauerbaus üblich wurde.

See- und Binnenschiffe hatten also in der ersten Zeit des Hafens eine gemeinsame Umschlagsstelle. Etwa zwei Jahrhunderte später war dieser Zustand nicht mehr vorhanden. Im 11. Jahrhundert hatte sich die Stadt bis auf das südliche Ufer des Hafenarmes ausgedehnt und die beiden Teile der Stadt waren über den Hafenarm hinweg mit Brücken verbunden. Die Schiffahrt endete jetzt vor diesen Brücken. Auf der Alster lagen die von der Unterelbe kommenden Seeschiffe, an der Wiedenburg im Oberhafen, die von der Oberelbe kommenden Binnenschiffe (Abb. 5).

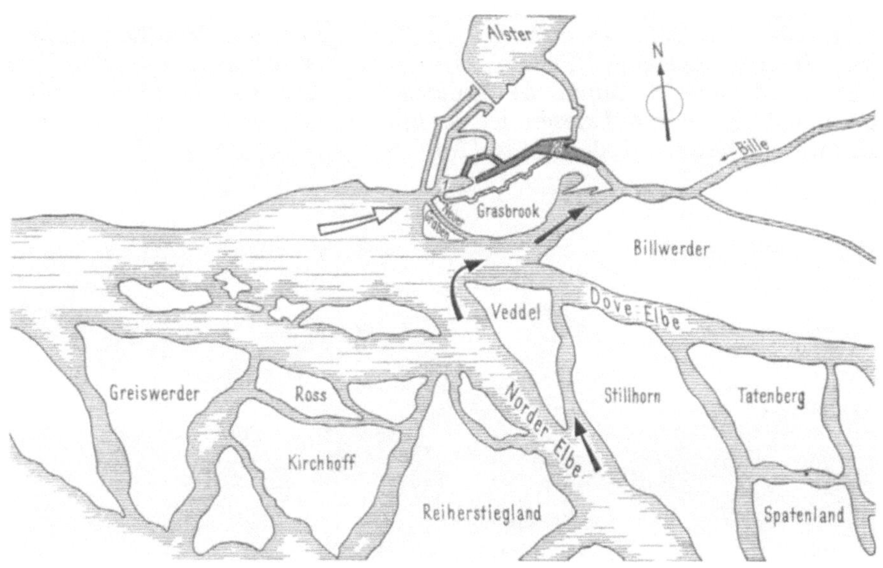

Abb. 5. Hamburg 1500.
1 Binnenhafen; *2* Oberhafen.

Damit war der Anfang zur Trennung des See- und Binnenschiffsverkehrs in Hamburg gemacht. Eine Berührung zwischen Seeschiffen und Binnenschiffen war nicht erforderlich, da der Stapelhandel einen Direktumschlag nicht zuließ. Die Güter wurden immer zunächst in Speicher gebracht, um dort sortiert, zwischengelagert und verkauft zu werden, ehe ein Weitertransport möglich war.

Eine Trennung der Verkehrswege von See- und Binnenschiff war aus verkehrlichen Gründen damals nicht erforderlich, nicht zuletzt wegen der geringen Verkehrsdichte. Im Jahre 1368 liefen aus Hamburg 598 Schiffe aus, nicht gerechnet der Nahverkehr mit kleinen Schiffen, der nicht gezählt wurde. Die Schiffe hatten eine Länge von 25 bis 30 m, eine Breite von 6 bis 8 m und einen Tiefgang zwischen 1 und 2 m. Ihre Tragkraft betrug nach heutigem Maß etwa 400 t.

Zum Umschlagen der Waren lagen die Seeschiffe entweder auf der Reede und wurden hier mittels Hafenfahrzeugen gelöscht und beladen, oder sie gingen in den Hafen an eigens dafür vorgesehene Dalben, um über zwischen Dalben und Ufer gelegene Prähme hinweg gelöscht werden zu können. Soweit die Waren nicht direkt zu den Speichern gebracht werden konnten, wurden sie am Ufer von Fuhrwerken oder Trägern in Empfang genommen und von diesen auf dem Landweg in die Speicher gebracht. Diese Umschlagsmethode hielt sich noch weit bis ins 18. Jahrhundert hinein.

Eine Änderung in der Verteilung der See- und Binnenschiffe im Hamburger Hafen schien sich 1529 anzubahnen. Der Aufschwung im Handelsverkehr zwischen dem Ostseeraum und den südeuropäischen Ländern hatte bereits im 15. Jahrhundert stark zugenommen. Hamburg wollte an diesem Handel teilnehmen und suchte nach einem geeigneten Weg zur Ostsee. Die Fahrt durch das Skagerrak und das Kattegat war mit den Seeschiffen der damaligen Zeit verhältnismäßig gefährlich. Der Wasserweg über den Stecknitzkanal war zu teuer, da er mit hohen Zollabgaben belastet war. So wurde der Bau eines neuen Kanals, des Kanals zwischen der Alster und der Trave in Angriff genommen. Er wurde 1529 fertiggestellt. Mit 23 Schleusen war er ein recht ansehnliches wasserbauliches Unternehmen, das aber wegen seiner hohen Betriebskosten nur zwei Jahrzehnte in Betrieb blieb.

Obwohl das inzwischen zum Binnenhafen ausgebaute Alstertief mit der Schiffbarmachung der Alster einen zweiten Anschluß an das Binnenwasserstraßennetz erhielt, wurden keine besonderen Maßnahmen zur Aufnahme des neuen Verkehrs im Hamburger Hafen getroffen. Wahrscheinlich hätte man in dieser Richtung die Initiative ergriffen, wenn der Verkehr auf dem neuen Kanal stärker zugenommen hätte. Aber er ließ nach und die Alster verlor ihre Bedeutung als Schiffahrtsstraße wieder.

Im 17. Jahrhundert war es nach und nach üblich geworden, daß die Binnenschiffe ihre Liegeplätze im Binnenhafen suchten. Um diesen für den Umschlag freizuhalten, wurde am Oberhafen die Zahl der Liegeplätze für Binnenschiffe erhöht. Wie notwendig diese Maßnahme war, zeigt ein Blick auf die Verkehrsstatistik. Danach liefen z. B. im Jahre 1629 etwa 2000 Schiffe den Hamburger Hafen an. Unter Berücksichtigung der verhältnismäßig langen Hafenliegezeiten von 14 Tagen bis 3 Wochen und wenn man bedenkt, daß im Winter See- und Binnenschiffe nicht verkehrten, kann man damit rechnen, daß sich mindestens 100 Seeschiffe gleichzeitig im Hafen befanden. Diese Zahl ist auch auf Abbildungen aus dieser Zeit zu erkennen.

Die Abmessungen der Seeschiffe waren recht erheblich geworden. Man kann größte Längen von 46 m, Breiten bis zu 11 m und einen Tiefgang von 4 bis 5,6 m annehmen. Die Tragfähigkeit der Seeschiffe betrug bis zu 850 t. Da auch die Binnenschiffe Längen um 20 m, Breiten um 5 m bei einem Tiefgang von 0,6 bis 1,0 m aufwiesen, ist es verständlich, wenn der Binnen- und Niederhafen von Binnenschiffen freigehalten werden sollte (Abb. 6)

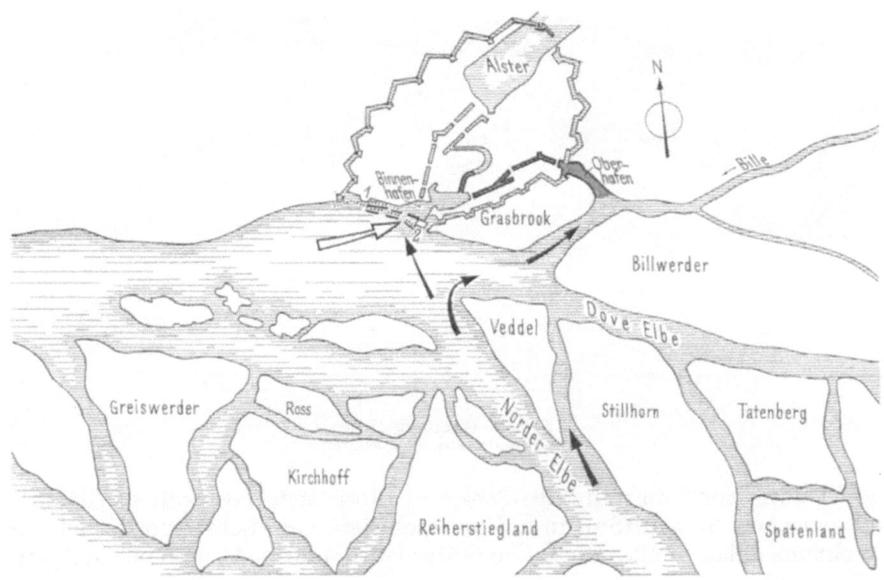

Abb. 6. Hamburg 1700.
1 Johannisbollwerk; *2* hölzerne Wambs.

Der Erfolg blieb jedoch allen Bemühungen, die Binnenschiffe wieder von den eroberten Liegeplätzen zu vertreiben, versagt. An Hand von zeitgenössischen Darstellungen ist die Entwicklung gut zu erkennen.

Während frühere Abbildungen meistens noch die scharfe Trennung des Verkehrs aufweisen, zeigen die der Zeit um 1700 in zunehmendem Maße Flußschiffe im Binnenhafen oder auf dem Weg dorthin. Ihre Liegeplätze im Binnenhafen waren die Wasserflächen zwischen Johannisbollwerk und Niederbaum hinter der Palisadenwand und an der Mündung des alten Festungsgrabens.

Das Bestreben der Binnenschiffe, nicht den Oberhafen, sondern den Binnenhafen anzulaufen, wird aus dem geänderten Hafenbild verständlich. Wie ein Blick auf den Stadtplan zeigt, waren damals die Speicher und Fleete vom Niederhafen und Binnenhafen aus besser zu erreichen als vom Oberhafen aus. Daher ist es auch verständlich, daß die Binnenschiffe, nachdem eine gute Verbindung über die künstlich geschaffene Norderelbe zum Binnen- und Niederhafen bestand, mehr und mehr diesen Weg nahmen und in den Seeschiffshäfen ihre Ware entluden, statt sie im Oberhafen auf die Leichter umzuschlagen. Da den inzwischen in ihren Abmessungen größer gewordenen Hafenleichtern das alte Reichsstraßenfleet zu unbequem geworden und die Speicherstadt Hamburgs sich allein auf den Seehafen hin orientiert hatte, hielt der Verkehr sich nicht mehr an die ursprüngliche Aufteilung. Er hat sich den günstigeren Wegen angepaßt. Damit ist die Trennung von See- und Binnenschiff im Hamburger Hafen wieder durchbrochen. Beide Schiffsarten benutzten eine gemeinsame Umschlagsstelle.

Neben den Binnenschiffen beheimatete der Binnenhafen noch eine große Anzahl von Schuten und anderen Fahrzeugen. Ihr Liegeplatz war der älteste Hafen Hamburgs, der s-förmige Bogen der Alster vor der Nikolaikirche, wo früher die Neue Burg stand. Um den Umschlag von den Hafenfahrzeugen leichter zu gestalten, wurde neben der Börse ein Kran gebaut.

Die Umschlagssituation im Hafen hat sich im 17. und 18. Jahrhundert gegenüber früheren Zeiten kaum geändert. Es herrschte also noch immer die Umschlagsart vor, die um 1400 im Hafenverkehr modern gewesen war. Durch die Anlage der Pfahlbündelreihe zwischen Johannis und Hölzerner Wambs, war der Binnenhafen bis vor die Mauer der Stadt erweitert worden. Die äußere Hafeneinfahrt und ein Teil der Elbe waren so zur Reede geworden, auf der die Schiffe vor Anker gehen konnten. Ihre Ladung gaben sie hier wie im Binnenhafen an Hafenfahrzeuge ab, die sie zu den vielen Fleeten in die Speicher brachten.

Der eigentliche Umschlagsplatz blieb aber nach wie vor der Binnenhafen. Auch hier kamen die Schiffe noch immer nicht mit dem Land in Berührung. Sie lagen an Dalben oder ankerten im freien Wasser. Die Ladung für die Binnenschiffe wurde ebenfalls auf Hafenfahrzeuge geladen, die sie zu den Schiffen, die am Johannis bereit lagen, brachten. Dort wurden die Binnenschiffe wie die Seeschiffe beladen.

Die im Laufe der Zeit erheblich angewachsene Holzeinfuhr aus dem Oberelbegebiet ließ neben den Seeschiffen, den Binnenschiffen und den Hafenschiffen noch ein viertes Verkehrsmittel im Hafen in Erscheinung treten. Es waren die Flöße.

Diese legten, von der Oberelbe kommend, den gleichen Weg wie die Binnenschiffe zum Oberhafen zurück. Doch sie endeten bereits in der Billemündung, wo auf dem Grasbrook und dem Hammerbrook verschiedene Holzhäfen eingerichtet worden waren. Schon um 1800 stellten die langsamen und schwerfälligen Flöße eine große Behinderung für die den gleichen Weg zum Oberhafen benutzenden Binnenschiffe dar. Es wurde daher bei einer stärkeren Ausweitung des Holzhandels keine Vergrößerung dieser Holzhäfen auf dem rechten Elbufer mehr vorgenommen. Neue Holzhäfen wurden vielmehr als erste Handelshäfen auf der Südseite der Elbe angelegt.

Hier ist also festzustellen, daß das erste Massengut den mit höherwertigen Gütern beladenen Binnenschiffen den Platz überlassen mußten, als es zur Kollision der beiderseitigen Interessen kam. Aus der Verlegung der Holzhäfen zur Südseite der Elbe ist aber auch zu schließen, daß die Binnenschiffe zwar gern den Binnenhafen und Niederhafen anliefen, jedoch der eigentliche Binnenschiffhafen, der Oberhafen, in der Zwischenzeit nicht überflüssig geworden war. Hier lag weiterhin der eigentliche Schwerpunkt des Binnenschiffsumschlages.

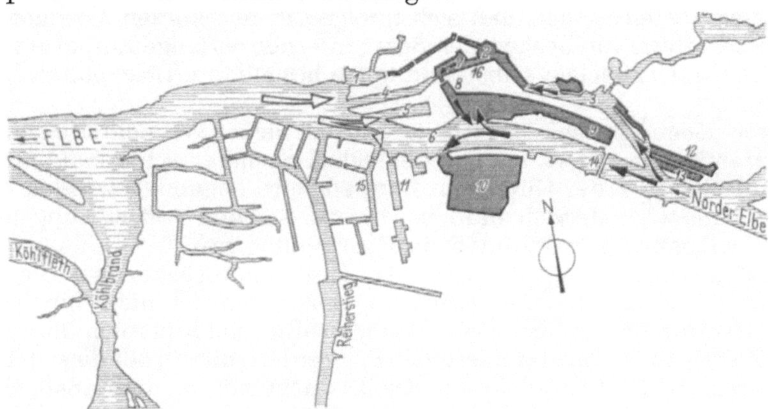

Abb. 7. Hamburg 1885.
1 Binnenhafen; *2* Oberhafen; *3* Oberhafenkanal; *4* Sandthorhafen; *5* Grasbrookhafen; *6* Strandhafen; *7* Brookthorhafen; *8* Magdeburger Hafen; *9* Baakenhafen; *10* Holzhafen (Flöße); *11* Petroleumhafen; *12* Haken; *13* Zollhafen; *14* Elbbrücke; *15* Grenzkanal; *16* Ericushafen.

Der Übergang vom Stapelhandel zum modernen Handel im 18. und am Anfang des 19. Jahrhunderts und zum Direktumschlag vollzog sich in Hamburg zunächst ohne Veränderung des äußeren Hafenbildes. Da See- und Binnenschiffe den Binnenhafen bereits gemeinsam benutzten, konnte auch der Direktumschlag dort abgewickelt werden.

Der erste moderne Hafenbeckenbau ist in Hamburg mit der Eröffnung des Sandtorkais im Jahre 1862 zu verzeichnen (Abb. 7). Dieser Hafen weist mehrere Neuerungen auf. Einmal war er das erste künstlich geschaffene Hafenbecken im Hamburger Hafen. Während bislang die Form der Häfen von der Natur weitgehend vorgezeichnet worden waren, wurde hier ein Becken direkt in das Land, und zwar in den Grasbrook, gegraben. Zwar folgt es in der Richtung noch dem ehemaligen Festungsgraben, doch sind seine Abmessungen erheblich größer, so daß man hier wohl von einem ersten künstlichen Becken sprechen kann. Des weiteren wurde dieses Becken als erstes mit einem Eisenbahnanschluß, und zwar an die Bahn nach Berlin, versehen. Außerdem, und das ist hier der wichtigste Punkt, vollzog sich mit dem Becken der Übergang vom Umschlag im Strom zum Kaiumschlag. Die Wände des Beckens wurden senkrecht begrenzt, so daß die Schiffe nicht mehr davor an Dalben zu liegen brauchten, sondern direkt an die Kaikante gehen konnten. Damit entfielen die Leichterfahrzeuge und Prähme als Zwischenträger bei dem Umschlag an das Ufer. Durch den Fortfall der Hafenleichter im direkten Schiff-Land-Umschlag wuchs nun auch bei der Binnenschiffahrt das Bedürfnis, ohne besonderen Zwischenträger direkt mit dem Seeschiff Kontakt aufzunehmen. Der Sandtorhafen erhielt wie der Binnenhafen bzw. Niederhafen eine direkte, rückwärtig angeschlossene Verbindung zum Oberhafen. Daß das Bedürfnis der Binnenschiffahrt nach direktem Kontakt mit der Seeschiffahrt wahrscheinlich schon bei der Planung erkannt wurde, geht daraus hervor, daß auch der Grasbrookhafen in seinen ersten Anfängen mit einem Binnenschiffanschluß ersehen worden war. Damit ist der Sandtorhafen der erste Hafen mit einem rückwärtigen Anschluß für Binnenschiffe und so das Modell für die meisten, in den folgenden Jahren gebauten Häfen.

Zwei Gedanken liegen dieser Konzeption zugrunde. Einmal sollte den Binnenschiffen ein möglichst kurzer Weg von den eigenen Liege- und Umschlagsplätzen zu den Seeschiffsplätzen gesichert werden, zum anderen sollten die beiden nach Größe so verschiedenen Verkehrsträger nicht in der Hafeneinfahrt zusammentreffen.

Beim Einfahren in die Hafenbecken müssen die Seeschiffe vor der Einfahrt des Hafens mit Schlepperhilfe gedreht und anschließend von den gleichen Schleppern an den Kai bugsiert werden. Da sie selbst nicht bewegungsfähig sind, bilden sie zusammen mit den Schleppern ein sich nur langsam bewegendes Hindernis in der Hafeneinfahrt und versperren diese dadurch für relativ lange Zeit. Die Binnenschiffe waren in der Mitte des vorigen Jahrhunderts noch überwiegend Segelschiffe und erreichten den Hafen durch Rudern oder Treideln. Darüber hinaus zeichnete sich jedoch schon die aufkommende Schleppschiffahrt ab. Der Schleppkahn muß wie das Segelschiff in den Hafen geschleppt werden. Auch er bildet dadurch zusammen mit dem Schlepper ein wenig bewegliches Fahrzeug. Ein Zusammentreffen von See- und Binnenschiff in der Einfahrt zu den Häfen bildete daher einen besonderen Gefahrenpunkt, der nach Möglichkeit vermieden werden sollte.

Der Vorteil der rückwärtigen Einfahrt ist, daß die gefährliche Berührung in der Hafenmündung vermieden wird. Die beiden Verkehrspartner kommen sich nun nur noch beim Umschlag nahe, also zu einer Zeit, in der einer der Partner bereits festliegt. Dadurch stellt jeweils ein Transportmittel nur noch ein stationäres Hindernis im Weg des andern dar und kann so gut berücksichtigt werden. Ein weiterer Vorteil ist der, daß sich infolge der nur kurzen Verbindungen zum eigenen Liegeplatz die Binnenschiffe im Becken der Seeschiffe nur so lange aufhalten können, wie es der Umschlag erfordert. In den Becken selbst sind keine besonderen Liegeplätze für Binnenfahrzeuge vorhanden.

Der Erfolg dieser neuen Umschlagsmethode und der neuen Verkehrsführung im Hafen macht sich nicht nur in Hamburg, sondern in allen deutschen Seehäfen schon bald bemerkbar. Wenn bis 1870 in den Häfen 10 bis 20% der Güter von Bord zu Bord behandelt wurden, waren es nach 1890 bereits 30% und 1913 40%. Jedoch muß bei diesem starken Aufschwung auch berücksichtigt werden, daß das Massengut mehr und mehr in Erscheinung trat.

Nach längeren Erwägungen über die Lage der Eisenbahnbrücke über die Elbe war diese im Jahre 1868 bis 1872 gebaut worden. Die Erwägungen bezogen sich nicht nur darauf, wie weit man dem Seeschiff ein Herauffahren in der Elbe erlauben sollte, sondern auch darauf, wie dem Binnenschiff künftig ein Zuweg zu seinen Häfen ermöglicht werden sollte. Daß diese Überlegungen wichtig und notwendig waren, geht schon allein aus der Tatsache hervor, daß 1856 9362 Flußschiffe, die für die Brücke vorgesehene Stelle durchfuhren. Der überwiegende Teil dieser Schiffe, nämlich etwa drei Fünftel, war nicht in der Lage, den Mast zu legen. Diesen Schiffen mußte also nach dem Bau der Brücke unter allen Umständen die Möglichkeit gegeben werden, diese Stelle zu passieren. Zwar war durch die beginnende Schleppfahrt ein Nachlassen des Segelverkehrs zu erwarten, doch bestand vorläufig das Problem noch. Ein ebenso wichtiges Problem war, den Baggern und Schwimmrammen den Weg zur Oberelbe zu gewährleisten.

Die Brücke wurde schließlich so gelegt, daß der Oberhafen durch eine besondere Zufahrt, den Oberhafenkanal, der um die Brückenrampe und den Hannoverschen Bahnhof herumgeführt wurde, erreicht werden konnte. Die Bahnanlagen lagen also zwischen dem Binnenschiffsweg und der Elbe. Die Binnenschiffe konnten nunmehr die Brücke auf dem neuen Weg: Oberelbe—Oberhafenkanal—Oberhafen—Ericushafen—Brooktorhafen und durch den neu geschaffenen Magdeburger Hafen umgehen. Der Ericus- und der Brooktorhafen wurden zu diesem Zweck erheblich verbreitert. Die Verbindungsgleise zwischen dem Hannoverschen Bahnhof und der Innenstadt wurden über bewegliche Brücken geführt, die für die Binnenschiffe geöffnet werden konnten. Der verhältnismäßig schwache Zugverkehr erlaubte dieses.

Die auf dem rechten Elbufer liegende Insel Baakenwärder wurde durch die neue Brücke bzw. die Brückenrampe zwangsläufig zur Halbinsel. Zwischen der Insel und dem Ufer entstand gleichzeitig mit dem Bau der Baakenhafen als Liegeplatz für Binnenschiffe. Der Magdeburger Hafen war so angelegt, daß seine Mündung mit der des Baakenhafens zusammenfällt. Dadurch konnten die Binnenschiffe nach Umgehung der Brücke diesen Liegehafen gut erreichen. Da der Oberhafenkanal zunächst von Binnenschiffsliegeplätzen freigehalten wurde und dem Umschlag diente, entstand vorläufig ein neuer Liegehafen abseits der Umschlagsstellen.

Die damit vorhandene Verkehrssituation war jedoch nicht befriedigend und konnte auf die Dauer nicht beibehalten werden. Die Binnenschiffe fuhren also von der Oberelbe durch den Oberhafenkanal in den Oberhafen und fanden hier sowie im neuen Deichhafen und Billhafen ihre Umschlagsstellen vor. Anschließend mußten sie dann durch den Ericus-, den Brooktorhafen und den Magdeburger Hafen zum Baakenhafen fahren, wo sie ihre Warteplätze hatten. Umschlagsstellen und Liegeplätze lagen also weit auseinander und konnten nur umständlich erreicht werden.

Erst nach dem Ausbau des Baakenhafens zum Seehafen klärte sich das Bild. Der Oberhafenkanal, der Oberhafen, der Ericushafen und der Brooktorhafen dienten jetzt sowohl als Liegestellen als auch als Umschlagshäfen für die Binnenschiffahrt. Von diesen Häfen sind die Seeschiffshäfen Magdeburger Hafen und Sandtorhafen durch rückwärtige Zufahrten für die Binnenschiffe erreichbar. Wenn der Magdeburger Hafen jedoch auch noch als Binnenschiffsdurchfahrt dient, so ist jetzt doch das System der Binnenschiffsringkanäle mit angeschlossenen Liege- und Umschlagsmöglichkeiten hinter den Seehäfen bereits ersichtlich.

Dieses Umgehungssystem ist also weniger bewußt als mehr zufällig entstanden. Bewußt erhielt der Sandtorhafen eine bewegliche Straßenbrücke und später auch eine bewegliche Eisenbahnbrücke und der Magdeburger Hafen eine bewegliche Eisenbahnbrücke, um den Binnenschiffen Durchlaß zu gewähren. Diese Art der Verbindung zwischen Seeschiffsbecken und Binnenschiffsanlagen war bei dem noch geringen Eisenbahnverkehr zu den einzelnen Becken möglich.

Eine Zufahrt zum Baakenhafen hätte sich mit dem gleichen Mittel nicht herstellen lassen, denn die stark befahrene Strecke auf der Brückenrampe vertrug schon damals keinerlei Unterbrechung durch eine bewegliche Brücke.

Erst der technische Fortschritt ermöglichte eine Ausbreitung des neuen Systems. Zwischen 1860 und 1900 fand der Übergang von der Segelschiffahrt zur Schlepp-, Ketten- und Dampfschiffahrt im Verkehr mit dem Hinterland statt. Diese Schiffe benötigten keinen Mast mehr, und waren so in der Lage, auch niedrige Brücken ohne Schwierigkeit zu passieren. Damit wurde das Ringkanalsystem für Binnenschiffe vollständig ausbaubar, die an den Beckenwurzeln liegenden Eisenbahngleise konnten mit den mastlosen Schiffen unterfahren werden, ohne daß die Verbindung unterbrochen werden mußte. Bewegliche Brücken wären bei der Zunahme des Verkehrs in den folgenden Jahren an den meisten Stellen erhebliche Hindernisse gewesen.

Mit dem Bau des Freihafens wurde der Zollkanal im Zuge der alten Verbindung zwischen Oberhafen und dem Binnenhafen bzw. Niederhafen für moderne Binnenschiffe befahrbar. Dieser neue Wasserweg ermöglichte den Binnenschiffen einen Verkehr zwischen der Elbe oberhalb der Stadt und der Unterelbe, ohne das Freihafengebiet des Hamburger Hafens zu durchfahren. Die Umfahrt war nötig, da nun auch das linke Ufer der Elbe und der Elbstrom selbst in das Freihafengebiet mit einbezogen wurden und so die Norderelbe für Binnenschiffe nur nach Erledigung der Zollformalitäten befahren werden konnte. Für den Hafenbetrieb selbst hatte dieser Kanal keine Bedeutung, da der Niederhafen, um einen reibungslosen Binnenschiffsverkehr zu ermöglichen, von den Seeschiffen, insbesondere den Segelschiffen, geräumt wurde. Der Zollkanal stellte so also keine rückwärtige Verbindung zu diesem Hafen dar, doch wurden die Ufer des Zollkanals gern von Binnenschiffen als Liegeplätze benutzt, da sie dort günstig zur Stadt lagen.

Mit dem Ausbau des Freihafens entstand auch die Speicherstadt auf der Kehrwieder-Wandrahminsel innerhalb des Freihafengebietes. Sie ist von Fleeten durchzogen, die jedoch nur den Hafenfahrzeugen dienten und nur ausnahmsweise von Binnenschiffen befahren wurden.

Als nach 1885 die Hafenneuplanungen auch auf das Südufer der Elbe übergriffen, berücksichtigte man die guten Erfahrungen, die man mit dem Ringsystem auf dem nördlichen Ufer der Elbe gemacht hatte. Für jedes neue Seehafenbecken wurde gleichzeitig ein Binnenschiffsbecken, das der Einfahrt gegenüberlag, geplant. Zum Verkehr zwischen den Becken wurden Stichkanäle angelegt.

So entstand ein fächerförmig sich ausbreitendes System von Seehafenbecken, umschlossen von einem Ring von Flußschiffsliege- und Umschlagsmöglichkeiten (Abb. 8).

Am deutlichsten sichtbar ist die konsequente Durchführung dieses Systems im ältesten Seehafenteil auf dem Südufer, bestehend aus den Seehäfen Segelschiffshafen, Hansahafen, Indiahafen und Südwesthafen und den Binnenschiffshäfen Moldau-, Saale- und Spreehafen. Hier wurden die beiden großen Häfen Segelschiffshafen und Hansahafen mit einem direkten Binnenschiffsanschluß versehen. Ihre Wasserflächen wurden im Verhältnis zur Kailänge so groß gemacht, daß eine ganze Anzahl von Dalbenreihen angeordnet werden konnten, an denen ein Direktumschlag zwischen Seeschiff und Binnenschiff möglich ist. Interessant ist, daß der Direktumschlag zwischen See- und

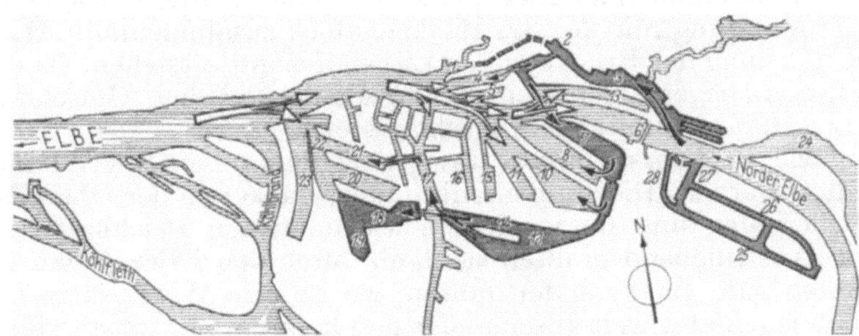

Abb. 8. Hamburg 1905.
1 Binnenhafen; *2* Oberhafen; *3* Oberhafenkanal; *4* Sandthorhafen; *5* Grasbrookhafen; *6* Elbbrücke; *7* Moldauhafen; *8* Segelschiffhafen; *9* Saalehafen; *10* Hansahafen; *11* Indiahafen; *12* Spreehafen; *13* Baakenhafen; *14* Veddelkanal; *15* Petroleumhafen; *16* Grenzkanal; *17* Reiherstieg; *18* Ellerholzhafen; *19* Oderhafen; *20* Kaiser-Wilhelm-Hafen; *21* Kuhwärder Hafen; *22* Vorhafen; *23* Kohlenschiffhafen; *24* Billwärder Bucht; *25* Müggenburger Kanal; *26* Hofekanal; *27* Peutekanal; *28* Marktkanal.

Binnenschiff und der Umschlag am Kai in die Schuppen nicht in getrennte Hafenbecken gelegt wurde. Die Ufer der neuen Häfen erhielten Kaianlagen mit Schuppen und Eisenbahnanschluß. Diese Mischung von Umschlagsformen, welche in einem Hafen zusammengefaßt war, wird sich sicher aus zwei Umständen ergeben haben, einmal aus der Tradition des Umschlages und zum anderen aus der Form der Hafenbecken. Im Binnenhafen war von jeher sowohl an Dalben im offenen Wasser als auch an Dalben am Uferrand, wenn auch über Prähme, umgeschlagen worden. Es waren also beide Umschlagsarten in einem Becken vorhanden gewesen.

In den kleineren Seehäfen dieser Hafengruppe, dem Indiahafen und dem Südwesthafen, hat man wegen der Kleinheit dieser Becken von vornherein mit wenig Binnenschiffsverkehr gerechnet. Bei diesen Becken wurde daher auf den rückwärtigen Binnenschiffsanschluß verzichtet. Die Binnenschiffe müssen gleichlaufend mit den Seeschiffen vom Hansahafen aus diese Becken erreichen.

Der Kranz der neuen Binnenschiffshäfen wurde schon frühzeitig mit Schuppen für den Umschlag und Speichern zur Lagerung ausgestattet. Nur der Spreehafen war lange Zeit reiner Liegehafen für die Binnenschiffe.

So ist hier das Ringsystem in seiner reinsten Form ausgebildet worden. Die Binnenschiffe liegen getrennt von den Seeschiffen in eigenen Becken und können an zweckentsprechenden Ufern ihre Güter umschlagen. Trotzdem liegen sie so dicht an den Seeschiffen, daß ein guter flüssiger Austausch der Waren möglich ist. Eines war jedoch nicht befriedigend gelöst: Die Einfahrt für die Binnenschiffe vom Strom aus in das für sie bestimmte Hafensystem.

Die Einfahrt in diese Häfen war die Mündung des Moldauhafens in die Elbe. Für die flußabwärts kommenden Binnenschiffe hat seine gleichgerichtete schmale Mündung eine für heutige Begriffe recht ungünstige Lage. Doch muß in Rechnung gestellt werden, daß beim Bau dieses Hafens noch viele Segelschiffe als Binnenschiffe verkehrten, d. h., daß nur ein Teil der Flußschiffe in der Lage war, die Elbbrücken zu passieren. Daher mußte noch ein erheblicher Teil der Binnenfahrzeuge weiterhin über den Oberhafenkanal und durch den Magdeburger Hafen fahren, um die Seehäfen auf dem Südufer der Elbe zu erreichen. Aus dieser Situation heraus betrachtet, hat auch der Magdeburger Hafen eine geeignete Lage; es besteht eine geradlinige Verbindung zwischen ihm und der Einfahrt zum Moldauhafen. Ungünstig war jedoch an diesem Weg, daß die Seeschiffe auf ihrem Weg zum Baakenhafen gekreuzt werden mußten. Die modernen geschleppten Binnenschiffe mußten sogar in diesem Bereich aufdrehen, um bei überwiegend ablaufendem stromaufwärts Wasser in den Moldauhafen zu fahren. Das ist besonders bedenklich, da ja auch die Seeschiffe vor den Einfahrten zum Magdeburger- und Baakenhafen gedreht werden mußten.

Dieser Gefahrenpunkt wurde 1909 beseitigt. Man sah sich gezwungen, durch Einfügen des Müggenburger Zollhafens den Anschluß zu den bereits zu Beginn des Jahrhunderts fertiggestellten Kanälen auf der Peute zu gewinnen und so eine Verbindung von der oberen Elbe mit dem Ringsystem der südlichen Hafengruppe unter Umgehung der Elbbrücke herzustellen. Damit war das Hafenbild wieder abgerundet. Jetzt konnte auch die Norderelbe westlich der Elbbrücke mit in den

Seehafen einbezogen werden. Sie hatte unter der Brücke hindurch selbst ihren Zugang für Binnenschiffe. Diese Binnenschiffe erhielten ihre Liegeplätze an der Elbe. Zusätzlich waren im Peutehafen und an den Dalben in der Billwärder Bucht weitere gegen Eis und Hochwasser geschützte Dauerliegehäfen vorhanden.

Auch als um die Jahrhundertwende das neue Hafensystem westlich des Reiherstiegs gebaut wurde, wurde an dem System der rückwärtigen Binnenschiffsanschlüsse festgehalten. Der Kaiser-Wilhelm-Hafen und der Ellerholzhafen erhielten ihren Anschluß vom Rodewischhafen und der Kuhwärder Hafen einen solchen vom Reiherstieg. Für die beiden ersten Häfen war zunächst der Oderhafen als Binnenschiffsliegehafen vorhanden. Für den Kuhwärderhafen wurde kein besonderer Liegehafen für Binnenschiffe angeordnet. Die Binnenschiffe erreichen den Rodewischhafen und den Kuhwärder Hafen durch den Spreehafen und den Veddelkanal unter Umgehung der Seeschiffswege.

Verbessert wurde das System erst durch den Umbau des Oderhafens zum Seeschiffshafen. Als Ersatz wurde der Travehafen als Liegehafen ausgebaut. Die Binnenschiffe müssen nun auf der Fahrt zum Ellerholzhafen in den Oderhafen gleichlaufend mit den Seeschiffen fahren. Diese Störung im reibungslosen Verkehr wurde wohl als nicht allzu ernst angesehen, denn gleichzeitig wurde der Ellerholzkanal vom Travehafen abgetrennt und so eine Zuführung zum rückwärtigen Anschluß des Roßhafens erreicht. Man erkennt also deutlich das Bestreben, die rückwärtigen Anschlüsse nach Möglichkeit beizubehalten.

Durch den Bau des Roßkanals ist das bis dahin vorhandene Ringkanalsystem auf seiner Rückseite von drei Wasserläufen aus zu erreichen: Durch die Norderelbe über den Müggenburger Kanal, vom Reiherstieg aus und durch den Köhlbrand.

Auch als die Häfen auf dem Waltershof eingerichtet wurden, wurde das nun schon fast zur Tradition gewordene rückwärtige Anschlußsystem für Binnenschiffe beibehalten. Der Rugenberger Hafen an der Beckenwurzel der beiden großen Massenguthäfen gelegen, ist der gemeinsame Liegehafen für Binnenschiffe. Um den Roßkanal zu erreichen, müssen die Binnenschiffe den Köhlbrand kreuzen. Hier liegt ein kritischer Punkt in dem Kanalsystem, denn der Köhlbrand ist der Seeschiffahrtsweg zu den Harburger Seehäfen. Eine starke Ausweitung der beiden Mündungen zu den Durchfahrten zum Roßkanal und zum Rugenberger Hafen erleichtert die Verhältnisse an diesem schwierigen Punkt etwas (Abb. 9).

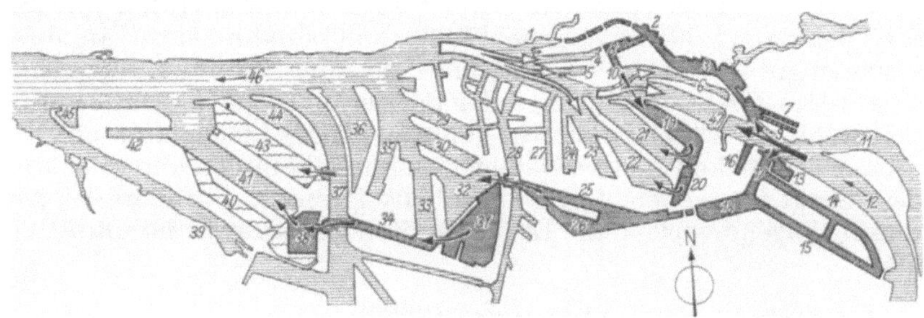

Abb. 9. Hamburg 1925.
1 Binnenhafen; *2* Oberhafen; *3* Oberhafenkanal; *4* Sandthorhafen; *5* Grasbrookhafen; *6* Baakenhafen; *7* Haken; *8* Brookthorhafen; *9* Zollhafen; *10* Magdeburger Hafen; *11* Billwärder Bucht; *12* Norderelbe; *13* Peutehafen; *14* Hofekanal; *15* Müggenburger Kanal; *16* Marktkanal; *17* Peutekanal; *18* Müggenburger Zollhafen; *19* Moldauhafen; *20* Saalehafen; *21* Segelschiffhafen; *22* Hansahafen; *23* Indiahafen; *24* Südwesthafen; *25* Veddelkanal; *26* Spreehafen; *27* Grenzkanal; *28* Reiherstieg; *29* Kuhwärder Hafen; *30* Kaiser-Wilhelm-Hafen; *31* Travehafen; *32* Oderhafen; *33* Rosshafen; *34* Rosskanal; *35* Vorhafen; *36* Kohlenschiffhafen; *37* Köhlbrand; *38* Rugenberger Hafen; *39* Köhlfleth; *40* Griesenwärder Hafen; *41* Waltershofer Hafen; *42* Neuer Petroleumhafen; *43* Mühlenwärder Hafen; *44* Maakenwärder Hafen; *45* Yachthafen; *46* Elbe; *47* Elbbrücke.

Die zuletzt entstandene Hafengruppe am Reiherstieg sowie an der Rehte besitzt ebenfalls einen rückwärtigen Binnenschiffsanschluß, doch ist dieser nicht künstlich angelegt worden, sondern war natürlich vorhanden. Die Seeschiffe laufen diese Häfen von Köhlbrand aus an, die Binnenschiffe kommen über die beiden Arme des Reiherstiegs.

Eine Änderung im Anschlußsystem ist bei dem geplanten Hafensystem am Köhlfleet und beim Massenguthafen Hohe Schaar zu erkennen. Es werden nicht mehr die einzelnen Becken, sondern die gesamte Beckengruppe mit einer einzigen Binnenschiffszufahrt versehen. Dem Binnenschiff, das als Selbstfahrer beweglich geworden ist, wird die Fahrt durch die Becken selbst bis an die Umschlagsplätze zugemutet.

Das Binnenschiffsbecken an der Zufahrt ist nur noch verhältnismäßig klein vorgesehen, die auf Abfertigung wartenden Schiffe müssen sich mit im Seeschiffsbecken aufhalten (Abb. 10).

Im Gegensatz zu der Hafengruppe auf dem rechten Elbufer und der ersten Hafengruppe auf dem linken Ufer besitzen die Binnenschiffshäfen für die Kuhwärder und Waltershofer Häfen keine Umschlagsanlagen, d. h., daß hier die Binnenschiffe nur die Seeschiffe bedienen. Stapelgut wurde hier von den Binnenschiffen nicht umgeschlagen. Dieser Verkehr blieb den stadtnäheren Häfen Moldau-, Saale- und Spreehafen vorbehalten.

Die Flußschiffshäfen des Ringsystems haben eine durchschnittliche Wassertiefe von 4,10 bis 6,10 m u. MHW. Ihre Ufer liegen, soweit sie nicht besonderen Zwecken dienen, in Böschungen und sind zum Festmachen der Schiffe mit Dalben versehen.

Einen großen Einfluß hatten die Binnenschiffe auf die Beckenbreite im Hamburger Hafen und damit auch auf sein Bild. Vergleicht man die verschiedenen Hafensysteme, so kann man feststellen, daß die Beckenbreite im Laufe der Zeit immer mehr zunahm, und zwar erhielten die neueren Häfen weit größere Ausmaße, als es der Größenzunahme der an den Kais abzufertigenden Schiffe

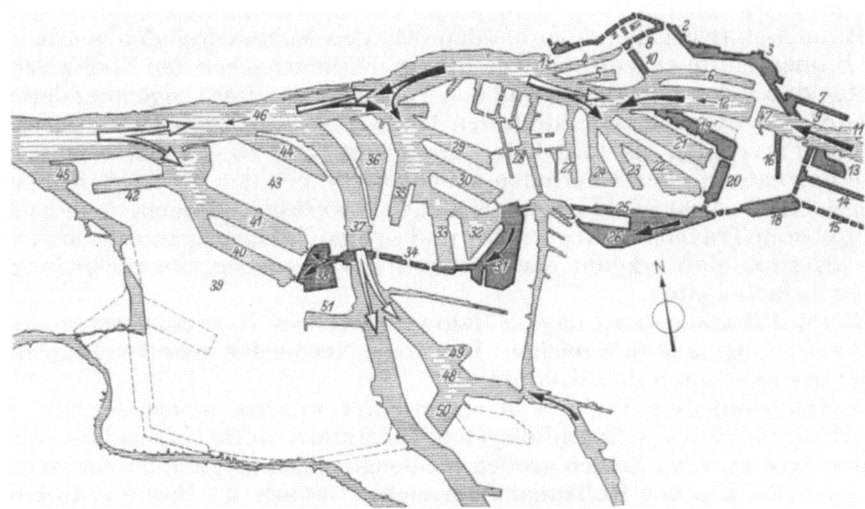

Abb. 10. Hamburg 1965.
48 Rethe; *49* Neuhofer Hafen; *50* Kattwykhafen; *51* Tankschiffhafen.

entsprochen hätte. Während man sich bei den drei Hafenbecken der rechtelbischen Hafenteile mit Breiten von 80 bis 120 m begnügte, hielt man beim Kaiser-Wilhelm-Hafen eine Breite von 220 m und auf Waltershof solche von 300 m für angebracht. Die Zunahme der Hafenbreiten findet ihre Erklärung in dem Massengutverkehr, der seit Beginn der 80er Jahre zu verzeichnen ist.

Das Massengut, das ohne Zwischenlagerung oder Sortierung vom Seeschiff auf das Binnenschiff oder umgekehrt umgeschlagen werden konnte, konnte auf die Liegeplätze am teueren Ufer verzichten. See- und Binnenschiffe konnten an Dalben zusammenkommen und die Ladung mit eigenem oder schwimmendem Gerät übergeben. Die Schiffe benötigten dazu größere Wasserflächen.

Dieser Notwendigkeit folgend wurden die Beckenbreiten der Kuhwärder und Waltershofer Häfen wie folgt bestimmt:

Kaiser-Wilhelm-Hafen

Reibpfahlreihe	2,50 m
Seeschiff am Kai	20,00 m
längsseits liegendes Binnenschiff	10,00 m
Durchfahrgasse für Seeschiff mit Schleppern	35,00 m
an der Dalbenreihe abgebäumtes Seeschiff mit je einem Binnenschiff beidseitig	40,00 m
1/2 Dalbenreihe	2,50 m
	110,00×2 = 220 m

Waltershofer Hafen

Reibpfahlreihe	2,50 m
Seeschiff	25,00 m
Zwei Binnenschiffe	25,00 m
Durchfahrgasse für Seeschiff	45,00 m
abgebäumtes Seeschiff mit zwei Binnenschiffen	50,00 m
1/2 Dalbenreihe	2,50 m
	150,00×2 = 300 m

Die Breiten der beiden Becken wurden für den Umschlag im Strom mittels eigenem Ladegeschirr berechnet. Soweit die Seeschiffe beim Umschlag von Massengut mit ihrem eigenen Ladegeschirr nicht auskommen, müssen sie die Hilfe von schwimmenden Hebezeugen in Anspruch nehmen. Diese Geräte müssen dabei an die Stelle des zweiten Binnenschiffes gelegt werden.

Das Abbäumen der Seeschiffe von den Dalben (es wird eine Spiere zwischen Schiff und Dalben eingelegt und so ein gewisser Abstand künstlich gehalten) bietet die Moglichkeit, daß Binnenschiffe beidseits am Seeschiff anlegen und gleichzeitig bedient werden können.

Das Abbäumen wird heute kaum noch durchgeführt, die größeren Schiffsabmessungen erlauben das Manöver nicht ohne Gefahr durchzuführen.

Mit dem Übergang zur senkrechten Beckenbegrenzung müssen sowohl See- als auch Binnenschiffe am Ufer Festmachevorrichtungen erhalten. Für die Seeschiffe werden zunächst die über die Kaikante hinaufgeführten Reibpfähle benutzt.

Später treten Ringe auf dem Kai und Plattformpoller an ihre Stelle. Diese Einrichtungen sind für Binnenschiffe und Hafenfahrzeuge nicht oder nur schlecht geeignet. Der große Wasserstandsunterschied in Hamburg verhindert ihre Benutzung vom tiefliegenden Boot aus. Daher werden schon in die ersten massiven Konstruktionen (1868) Ringe vor der Kaimauer auf ca. +7,0 m Hamburger Null eingebaut. Mit der Höhenlage geht man bis 1900 auf ca. +5,10 m Hamburger Null herunter.

Ab 1890 werden in Hamburg mehrteilige Ringe angewandt, weil sich daran die Leinen besser befestigen lassen, und eine schnellere Auswechslung der Ringe beim Bruch möglich ist.

Gleichzeitig mit den Ringen werden, speziell für die Hafen- und Binnenschiffahrt die Steigleitern eingeführt. Die Leitern wurden nicht hinter, sondern vor der Mauerflucht angebracht, damit sie von den an den Reibpfählen liegenden Schiffen erreichbar waren.

Auch die Schutenkästen — eine nur in Hamburg vorhandene Einrichtung — sind damals eingeführt worden. In den Schutenkästen können sich die Schiffer mit dem „Peekhaken" abstoßen, ohne an den glatten Wänden abzurutschen.

Seit etwa 1900 wurden die Ringe an den Kaimauern in Hamburg ganz aufgegeben und durch Ketten ersetzt. Die Ketten sind für die Kleinschiffahrt besser zu erreichen.

Ringe und Ketten eignen sich nur schlecht zur Anbringung von Stahlseilen. Die Folge davon war, daß mit der allgemeinen Einführung der Stahltrossen nach dem ersten Weltkrieg die Kaimauerneubauten auch mit Haltekreuzen neben den Ketten ausgerüstet wurden. Die Haltekreuze — heute meistens als Nischenpoller bezeichnet — werden heute zu mehreren übereinander angeordnet, damit sie bei dem jeweiligen Wasserstand gut zu erreichen sind. Ketten wurden bei den Neubauten nach etwa 1933 in Hamburg nicht mehr eingebaut.

Seinen größten Umfang hat der Binnenschiffsverkehr in Hamburg im Jahre 1914 erreicht. In diesem Jahr liefen 23000 Binnenschiffe den Hamburger Hafen an und schlugen 13,2 Mio t um. Von der Bahn wurden 3,3 Mio t übernommen. 1930 wurde dann noch einmal die 10 Mio-t-Grenze für den Binnenschiffsumschlag erreicht, dann jedoch nicht wieder.

Nach dem 2. Weltkrieg und den darauf folgenden politischen Veränderungen ließ auf der Elbe, dem einzigen, bedeutenden Binnenschiffsweg Hamburgs, der Binnenschiffsverkehr erheblich nach, außerdem haben die Binnenschiffe seit dem letzten Krieg in erheblichem Umfang eigene Antriebe bekommen und sind dadurch beweglicher und wendiger geworden. Aus diesen beiden Gründen benutzen heute in Hamburg die See- und Binnenschiffe zum größten Teil die gleiche Einfahrt zu den Hafenbecken. Die Binnenschiffe nehmen also nicht mehr nur den Weg durch den Müggenburger Zollkanal, sondern den viel bequemeren auf der Norderelbe, um zu den Seeschiffsbecken zu gelangen. Weiter benutzt werden jedoch die Liege- und Umschlagseinrichtungen in den Binnenschiffsbecken.

Zusammenfassend kann gesagt werden, daß Hamburg in der Frühzeit seiner Geschichte ein reiner Flußuferhafen war, wenn auch dieser Fluß nicht die Elbe, sondern ein Mündungsarm in der Alster-Bille-Mündung gewesen ist. Die vom Oberstrom und von der Unterelbe kommenden Schiffe trafen vor der Stadt zusammen und hatten dort gemeinsame Liege- und Umschlagsstellen.

Es ist schon sehr früh eine Trennung der beiden Verkehrsströme eingetreten. Von Verkehrsströmen, nicht Verkehrsarten, muß hier gesprochen werden, da die Schiffe noch gleich groß waren. Binnen- und Seeschiffe unterschieden sich nicht wesentlich. Die Trennung der beiden Verkehrsströme war nicht eine verkehrstechnische Maßnahme, sondern war auf die Handelsgewohnheiten der damaligen Zeit, den Stapelhandel, zurückzuführen. Als sich in der Folgezeit die beiden Verkehrsarten, Seeschiffsverkehr und Binnenschiffsverkehr, entwickelten, wurde die Trennung zwischen beiden als vorteilhaft beibehalten.

Etwa um 1700 wurde dieses Prinzip durchbrochen, und zwar nicht aus technischer Erfordernis oder der Notwendigkeit des Handels daraus, sondern in Folge technischer Unzulänglichkeit. Die Binnenschiffe benutzten nun teilweise die Seehäfen mit. Das hat zur Folge, daß der Direktumschlag zwischen Seeschiff und Binnenschiff in den kommenden Jahrhunderten allmählich zunahm.

Das wachsende Bedürfnis nach einem Direktumschlag zwischen den Schiffsgefäßen wurde beim Bau des ersten modernen Hafenbeckens, Sandtorhafen, berücksichtigt, indem man ihm einen Binnenschiffsanschluß zum Oberhafen gab. Damit sind die Umschlagsplätze von See- und Binnenschiff wieder getrennt, aber der Direktumschlag wurde jetzt durch eine kürzere Verbindung zwischen den beiden Häfen berücksichtigt.

Das Ringkanalsystem für die Binnenschiffahrt entstand, weil der Sandthorhafen direkt an den Oberhafen angeschlossen werden sollte und zum anderen, weil für die Umfahrung der Eisenbahnbrücke über die Elbe ein neuer Kanal gegraben werden mußte. Die Voraussetzung für die Einführung dieses Systems war das Aufkommen der modernen Binnenschiffahrt, die nicht mehr segelte, sondern bei der die Binnenschiffe geschleppt wurden. So konnten die mastlosen Schiffe die Eisenbahngleise an den Kaiwurzeln unterfahren. Es entstand damit folgende Situation: Die Binnenschiffe haben ihre eigenen Umschlags- und Liegeplätze hinter den Umschlagsbecken für die Seeschiffahrt und können dieses für den Direktwarenaustausch leicht erreichen. Dieses System wurde konsequent beibehalten, als der Hafen auf das linke Elbufer übergriff. So entstanden dort eine Reihe von Seeschiffsbecken mit einem Kranz von Binnenschiffskanälen, an denen Liegebecken und Umschlagsplätze angeordnet sind. Die dem Hauptumschlag dienenden Seeschiffsbecken können von jedem der beiden Verkehrsträger auf einem besonderen Weg erreicht werden. Nach dem zweiten Weltkrieg bestand zur strengen Durchführung des Prinzips der getrennten Einfahrten keine Notwendigkeit mehr. Vom Hinterland kommend wählen die Binnenschiffe auf dem Weg zu ihren eigenen Umschlags- und Liegeplätzen nicht mehr den beschwerlichen Weg durch die Ringkanäle, sondern den Weg über die Norderelbe und die Seeschiffsbecken. Sie fahren also in der gleichen Richtung in die Becken wie die Seeschiffe, haben aber getrennte Umschlags- und Liegeplätze.

2.3 Bremen

Übersicht über die allgemeine Geschichte

787 Karl der Große übertrug Willehad das Bistum Bremen. Die Balge, ein Seitenarm der Weser, der die Stadt durchfloß, war der Hafen der Stadt.

1200 Durch den Bau einer neuen Stadtbefestigung wurde der oberwasserseitige Zufluß zur Balge abgeschnitten und durch einen neuen im Stadtgebiet ersetzt.

1241 Bremen trat der Hanse bei.

1250 Die Schlachte wurde das erste Mal urkundlich erwähnt. Sie diente aber erst etwa ab 1500 als Liegeplatz und in geringem Maße auch als Umschlagsplatz.

1550 Die Balge verlor ihre Bedeutung als Hafen und wurde später zugeschüttet. Die Schlachte wurde Umschlagsplatz.

1590 Eine Darstellung aus diesem Jahre zeigt erstmals das durchgehende Bollwerk der Schlachte. Die Neustadt wurde zum Schutz des Umschlagsplatzes angelegt.

1619 Bau eines künstlichen Hafenbeckens in Vegesack als Liegeplatz für die Schiffe, die infolge der Versandung der Weser Bremen nicht mehr anlaufen konnten und geleichtert werden mußten.

1648 Bis 1820 wurde bei Elsfleth Zoll auf Bremer Handelsgut erhoben.

1818 Der Oberländische Hafen wurde als Überwinterungs- und Nothafen angelegt.

1837 Auf der Schlachte wurden der Holzkran und die fünf Wuppen nach und nach durch eiserne, handbediente Kräne ersetzt.

1842 Der Sicherheitshafen als Winterliegeplatz für die See- und Unterweserschiffahrt wurde fertiggestellt. Im Sommer diente er dem Auswandererverkehr und als Massenguthafen.

1845 Die Schlachte wurde mit Schuppen ausgerüstet.

1847 Die Eisenbahn nach Hannover wurde in Betrieb genommen.

1850 Durch den Bau der Eisenbahnbrücke und des Weserbahnhofes wurde der Seeschiffsverkehr von der Schlachte abgezogen. Sie diente fortan dem Stadtverkehr.

1864 Die Eisenbahn nach Oldenburg wurde gebaut.

1866 wurde der Weserbahnhof als Folge des Beitritts Bremens zum Norddeutschen Bund verbessert.

1872 Mit der Fertigstellung des Woltmershauser Kanals wurde der Sicherheitshafen zum Holzhafen ausgebaut.

1873 Bremen erhielt den Anschluß an die wichtige Eisenbahnlinie Antwerpen-Hamburg.

1880 Der Winterhafen wurde in Angriff genommen.

1883 Mit dem Durchstich an der Langen Bucht wurde die Korrektur der Weser begonnen.

1884 Im Hinblick auf den Zollanschluß Bremens wurde mit dem Bau des Freihafens I angefangen.

1889 Bau- des Holz- und Fabrikhafens in erster Linie für den Holzumschlag.

1895 Ausbau der Unterweser auf 5,0 m Tauchtiefe wurde abgeschlossen.

1899 Holz- und Fabrikhafen wurden erweitert und gleichzeitig beim Bau des Freihafens II der Winterhafen zugeschüttet.

1900 Sicherheitshafen und Woltmershauser Kanal wurden zum Hohentorshafen ausgebaut.

1903 genügte der Oberländische Hafen den Ansprüchen der größer gewordenen Binnenschiffe nicht mehr und wurde zugeschüttet.

1906 Der erste Bauabschnitt des Freihafens II (Überseehafen) und der Vorhafen wurden vollendet und konnten den infolge der Unterweserkorrektur angewachsenen Verkehr aufnehmen.

1907-1910 Der auf Wasseranschluß angewiesenen Industrie wurde mit dem Bau der Becken A, B und F sowie des Ölbeckens und der Schleuse des Industrie- und Handelshafens Gelegenheit gegeben, sich im Hafen niederzulassen.

1919 Der Getreidehafen mit den Piers A und B wurde am Vorhafen fertiggestellt.

1923 wurde mit dem Bau des Hafens D begonnen und der 8-m-Ausbau der Weser durch das Reich fortgesetzt.

1924 Der Vor- und Getredeihafen wurde weiter ausgebaut.

1935 Fertigstellung des Küstenkanals für 1000-t-Schiffe mit 750 t Abladung.

1954 bis 1958 wurden der Mittelsbührener Hafen mit den Liegeplätzen Osterort I bis VII für den Mineralölumschlag und den Direktumschlag auf Binnenschiffe und der Klöcknerhafen als Hüttenhafen gebaut.
Das Fahrwasser wurde so weit vertieft, daß Schiffe mit 8,7 m Tiefgang Bremen erreichen können.

1960 Vollendung der Weserkanalisierung und damit des für 1000-t-Schiffe befahrbaren Anschlusses an den Mittellandkanal. Baubeginn von vier Hafenbecken mit Wendebecken auf dem linken Weserufer (Niedervieland).

Der erste Hafen Bremens lag an einem Weserarm, der Balge. Zwischen Balge und dem Hauptstrom der Weser lag eine Düne, in deren Schutz sich der Hafen entfalten konnte. Es ist uns heute weitgehend unbekannt, wie sich der Verkehr auf der Balge abgespielt hat. Höchstwahrscheinlich liefen aber die von dem Meer und der Unterweser kommenden Schiffe von unterstrom und die von der Oberweser, also aus dem Hinterland kommenden Schiffe, von oberstrom in die Balge ein. Da die Insel zwischen Balge und Weser anfangs noch nicht bebaut war, fand der gemeinsame Umschlag der beiden Verkehrsströme am Nordufer im Stadtgebiet der Siedlung Bremen statt. Es war also ein Flußuferhafen für die Schiffahrt von Oberwasser und Unterwasser gemeinsam vorhanden. Doch die Zufahrten zu diesem Hafen waren getrennt (Abb. 11).

Der Verkehr zum Hinterland war damals schon rege. So wird schon im 11. Jahrhundert von einer Flußschiffahrt von Bremen bis zur Werra und bis zur Fulda berichtet.

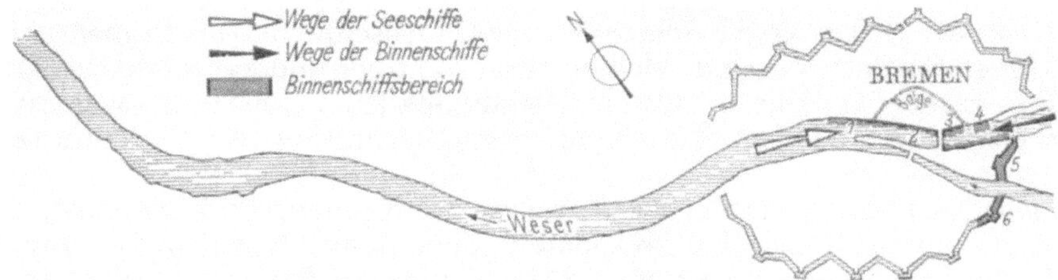

Abb. 11. Bremen 1830.
1 Untere und mittlere Schlachte; *2* obere Schlachte; *3* Tiefer; *4* Holzpforte; *5* Oberländischer Hafen; *6* Balge; *7* Pipe.

Mit der Bebauung der Insel zwischen der Balge und der Weser, dem Ausdehnen der Stadt in Ost-West-Richtung und Veränderungen im Lauf der Balge wurde diese vollständig in die Stadt einbezogen. Über den damaligen Verlauf der Balge ist uns heute nur noch sehr wenig bekannt, weniger allerdings noch über den Verkehrsablauf. Mutmaßlich wurde die getrennte Zufahrt für die See- und Binnenschiffahrt weiterhin beibehalten, ebenso die gemeinsamen Umschlagsplätze. Aus Ausgrabungen ist bekannt, daß sich Dalben längs des Ufers befanden, an denen die Schiffe festmachten.

Mit den größer werdenden Seeschiffen und der langsamen Verschlickung der Balge werden zunächst die Seeschiffe und später auch die Binnenschiffe zur Weser abgewandert sein. Das Umschlagsgut wurde von den Schiffen auf Leichtern in die Balge gebracht. Beide Schiffsarten, sowohl Seeschiff als auch Binnenschiff, lagen jetzt gemeinsam vor der Stadt im Weserstrom und hatten einen gemeinsamen Leichterhafen in der Balge.

Etwa um 1550 ist dann die Balge so unzureichend als Hafen geworden, daß selbst der Leichterverkehr von diesem Nebenarm der Weser abwanderte und sich neue Löschstellen an der Weser selbst suchte. Die an der Schlachte vorhandene leichte Uferbefestigung aus Flechtwerk eignete sich gut als Umschlagsplatz und wurde fortan als Hafen genutzt. Die See- und Binnenschiffe kamen weiterhin nicht mit dem Ufer in Berührung, sondern legten sich an eigens dafür vorgesehene Dalben, die längs dem Schlachteufer und am gegenüberliegenden Ufer eingerammt waren. Hafenfahrzeuge übernahmen das Lösch- und Ladegeschäft. Sie brachten die Waren an das Ufer, von wo sie auf dem Landweg weiter zu den Speichern transportiert wurden.

Schon um 1580 wurde die Schlachte mit senkrechten oder nahezu senkrechten Kaimauern ausgestattet. Nun wurde es Binnenschiffen und kleinen Seeschiffen möglich, ihre Waren direkt an Land zu bringen.

Es war nun ein Umschlagsplatz für alle Schiffstypen gemeinsam vorhanden. Da das mit zunehmendem Verkehr und zunehmender Differenzierung der Schiffstypen mehr und mehr zu Schwierigkeiten führte, begann man im 17. Jahrhundert mit einer Dreiteilung des Verkehrs. Die obere Schlachte stand dem oberländischen, die mittlere Schlachte dem seewärtigen und der untere Bereich der Schlachte dem Küsten- und Niederweserverkehr zur Verfügung. Die Umschlagsstelle für den Seeverkehr wurde von kleineren Fahrzeugen wie Küsten- und Binnenschiffen freigehalten, dafür lagen sie zu beiden Seiten der mittleren Schlachte. Diese Anordnung war sicher durch die Forderung bedingt, daß die verhältnismäßig großen Lasten der Seeschiffe auf kürzestem Weg in die Speicher gebracht werden sollten. Die dagegen geringen Warenmengen der Fluß- und Küstenschiffahrt vertrugen weitere Wege.

Um eine schnelle Behandlung aller Schiffe zu gewährleisten, durften die Segler nur die Zeit während des Löschens und Ladens am Kai verbringen, dann mußten sie sofort wieder auf einen Warteplatz auf der Reede verholen.

Schon kurz nach dem Bau der Schlachte blieben die Seeschiffe vor den Mauern von Bremen mehr und mehr aus. Die Verhältnisse im Strom hatten sich soweit verschlechtert, daß die strombaulichen Maßnahmen, die von der Stadt zur Regulierung der Weser getroffen wurden, nicht mehr ausreichten. Im Laufe der Zeit versandete die Weser immer mehr, so daß bereits 1620 Bremen nicht mehr für Seeschiffe erreichbar war. Da trotzdem die Stadt Umschlags- und Lagerplatz für die in die Weser einlaufenden Schiffe blieb, vermehrte sich die Zahl der Kleinfahrzeuge vor der Schlachte erheblich. Die Güter von den weit unterhalb Bremens auf der Weser liegenden Schiffen wurden durch Leichterfahrzeuge zum Hafen gebracht, die nun den Platz der Seeschiffe an der mittleren Schlachte einnahmen. Der Binnenschiffahrt, die mit etwa 250 bis 300 Schiffen pro Jahr ziemlich konstant blieb, stand weiterhin die obere Schlachte zur Verfügung. Die untere Schlachte blieb nach wie vor den Schiffen des Küsten- und Niederweserverkehrs vorbehalten.

Obwohl sich nunmehr die einzelnen Verkehrsträger an der Schlachte nicht mehr wesentlich von einander unterschieden, wurde die Dreiteilung des Bollwerks beibehalten. Die zunächst nur durch organisatorische Mittel erreichte Trennung wurde sogar durch eine bauliche Maßnahme besiegelt. Die Altstadt Bremens wurde mit der Neustadt auf dem anderen Weserufer durch eine Brücke verbunden. Die Brücke unterteilte die Schlachte in zwei Abschnitte: den Binnenschiffsteil auf der einen und die Anlagen für den See- und Küstenverkehr auf der anderen Seite. Da alle Schiffe eine Takelage besaßen, wurde die Brücke nur in Ausnahmefällen passiert. Es war auch keine Veranlassung dafür vorhanden, da der Stapelhandel eine Berührung der Verkehrsströme nicht erforderte.

Die erste bauliche Maßnahme zur Berücksichtigung der Binnenschiffahrt wurde erst zu Beginn des 19. Jahrhunderts durchgeführt. Um die leichten Binnenschiffe vor dem Eisgang auf der Weser zu schützen, sah sich der Senat gezwungen, 1818 als erste stadtinnere Häfen die Pipe und den Oberländischen Hafen anzulegen. Sie waren nur als Sicherheits- und Winterhäfen, nicht als Umschlagshafen gedacht. Der Umschlag wurde weiter an der Schlachte betrieben. Die Verkehrssituation im Hafen änderte sich nicht. Eine Änderung trat auch nicht ein, als der Hafen mit dem ersten Eisenbahnanschluß am Weserbahnhof versehen wurde und die Leichterfahrzeuge nicht mehr an der Schlachte, sondern am neuen Weserbahnhof behandelt wurden (Abb. 12).

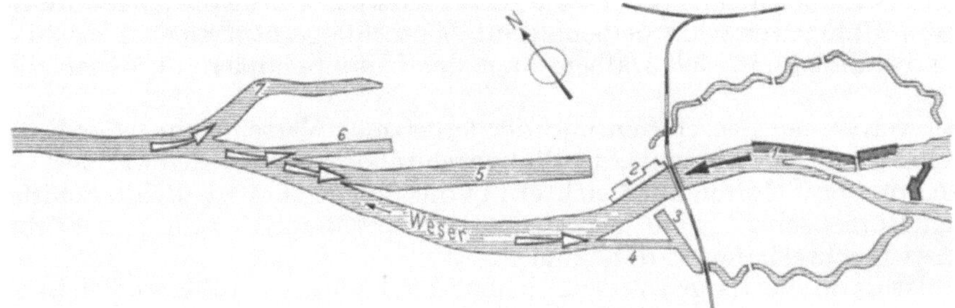

Abb. 12. Bremen 1890.
1 Schlachte; *2* Weserbahnhof; *3* Sicherheitshafen; *4* Woltmershauser Kanal; *5* Freihafen I; *6* Winterhafen; *7* Holz- und Fabrikhafen.

Die endgültige Sperrung der Schlachte für die Seeschiffahrt erfolgte 1864 mit dem Bau der Eisenbahnbrücke, die in Richtung Oldenburg über die Weser führte. Die Schlachte wurde danach zuerst vom binnenstädtischen Verkehr und später, als die mastlos gewordenen Binnenschiffe die Brücken ohne Schwierigkeiten passieren konnten, auch von der Binnenschiffahrt übernommen. Es hatten sich damit die Schwerpunkte des See- und Binnenverkehrs weserabwärts verschoben, die Schiffsgattungen aber behielten ihre eigenen, getrennten Umschlagsanlagen weiterhin.

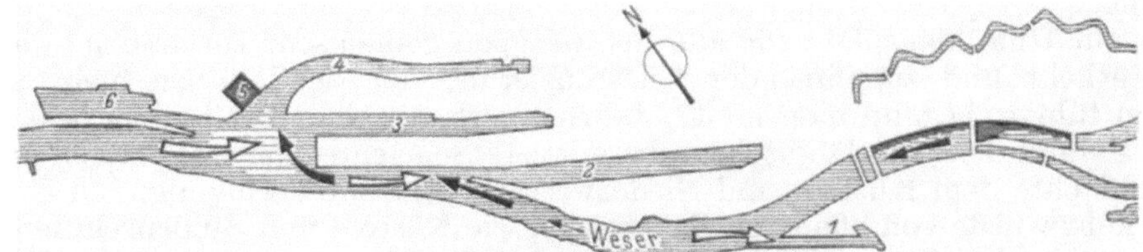

Abb. 13. Bremen 1910 (ohne Industrie- und Handelshafen).
1 Hohentorshafen; *2* Freihafen I; *3* Freihafen II; *4* Holz- und Fabrikhafen; *5* Hafen III; *6* Werfthafen.

Mit dem Anschluß an das binnenländische Eisenbahnnetz ging in Bremen die Binnenschiffahrt stark zurück. Vor dem Ausbau der Eisenbahnlinie war das Binnenschiff zu etwa 50% am Umschlag beteiligt. Der Rest verteilte sich zu 30% auf das Fuhrwerk und zu 20% auf die Unterweserschiffahrt. In der Folgezeit verlagerte sich das Schwergewicht auf die Eisenbahn, die schon bald mit 80% der fast alleinige Träger des Transportgeschäfts war. Die für den Zollanschluß an das Reich 1888 entstandenen neuen Seeschiffsanlagen im Nordwesten der Stadt berücksichtigen den Binnenschiffsverkehr nicht mehr (Abb. 13).

Der Strukturwandel auf der Binnenverkehrsseite hatte seine Ursache in erster Linie in der Unzulänglichkeit der Weser als Binnenwasserstraße. Daneben hat aber auch eine zeitbedingte Überschätzung der Möglichkeiten des Eisenbahnverkehrs eine Rolle gespielt.

Die Unzulänglichkeiten waren besonders flußbaulicher Natur. Die wasserarme Weser, die den Binnenschiffen schon von jeher durch die vielen Untiefen und ihren unregelmäßigen Lauf Schwierigkeiten bereitet hatte, war der modernen Schiffahrt mit den größeren Kähnen nicht mehr gewachsen. Zwar wurde die Schleppschiffahrt im Jahre 1877 aufgenommen, doch stieß sie auf zu viele Schwierigkeiten, um der Eisenbahn Konkurrenz machen zu können.

Hinzu kam noch die Ungunst der Geographie. An der Mittelweser und auch an ihrem Oberlauf waren keine größeren Wirtschaftszentren beheimatet. Die Binnenschiffe konnten ihre Ziele selten direkt erreichen. Die Güter mußten deshalb oft nochmals umgeladen werden, was natürlich bewirkte, daß die Verlader dazu neigten, das stärker verzweigte Eisenbahnnetz zu benutzen. Es war also auch kein Anreiz vorhanden, die Verkehrsverhältnisse auf der Weser durchgreifend zu verbessern. Eine gewisse Änderung dieser Haltung erfolgte erst mit dem Bau des Mittellandkanals und der gleichzeitigen Kanalisierung der Fulda.

Vor 1830 haben die Weserkähne bis 60 t Tragfähigkeit gehabt. Danach nahm die Tragfähigkeit der Schiffe verhältnismäßig schnell auf 160 bis 170 t zu. Das war eine Folge der ersten Regelung der Weser und der Schaffung von Leinpfaden in der ersten Hälfte des 19. Jahrhunderts. Zwischen 1870 und 1880 änderte sich das Bild erneut, und zwar vergrößerten sich die Kahnabmessungen mit der Einführung der Dampf- und Schleppschiffahrt von 160 auf 450 t Tragfähigkeit.

Eine Möglichkeit, dem Binnenschiffsverkehr bessere technische Bedingungen zu verschaffen und damit die Verkehrssituation des Hafens zu verbessern, zeigte der Vorschlag von Franzius aus dem Jahre 1903 für den Bau eines Seitenkanals zur Weser auf. Der danach zu erwartende Anstieg im Flußverkehr wurde jedoch so gering eingeschätzt, daß der Bau unterblieb.

Infolgedessen wurden auch die Hafenbecken des Freihafens II (1906) und des Industrie- und Handelshafens (1910) nur für den See- und Eisenbahnverkehr angelegt. Ihre verhältnismäßig geringe Breite ermöglicht zwar einen Bord zu Bord-Umschlag, läßt aber einen Umschlag „im Strom" nicht zu.

Doch kam man nicht umhin, den durchschnittlich 1500 Binnenschiffen, die jährlich den Hafen anliefen, Liegeplätze in der Nähe der Seeschiffe zu schaffen. See- und Binnenschiffahrt drängte auch in Bremen dem Direktumschlag entsprechend auf einen geringeren Abstand, um die Wege im Hafen kurz zu halten. Diese Liegeplätze erhielt man nach den Umgestaltungen beim Bau des Freihafens II in der Einfahrt von Holz- und Fabrikhafen. Im Vorhafen wurde ein Becken für den Direktumschlag von Schiff zu Schiff angelegt. Am Freihafen II wurde ein Teil des nördlichen, bereits fertiggestellten Kais zurückgesetzt, um hier den Flußschiffen Liegemöglichkeiten zu bieten.

In Kauf genommen wurde, daß durch die Hereinziehung der Binnenschiffahrt in die Seehafenbecken in den Einfahrten eine enge Berührung der beiden verschiedenartigen Verkehrsteilnehmer entstand.

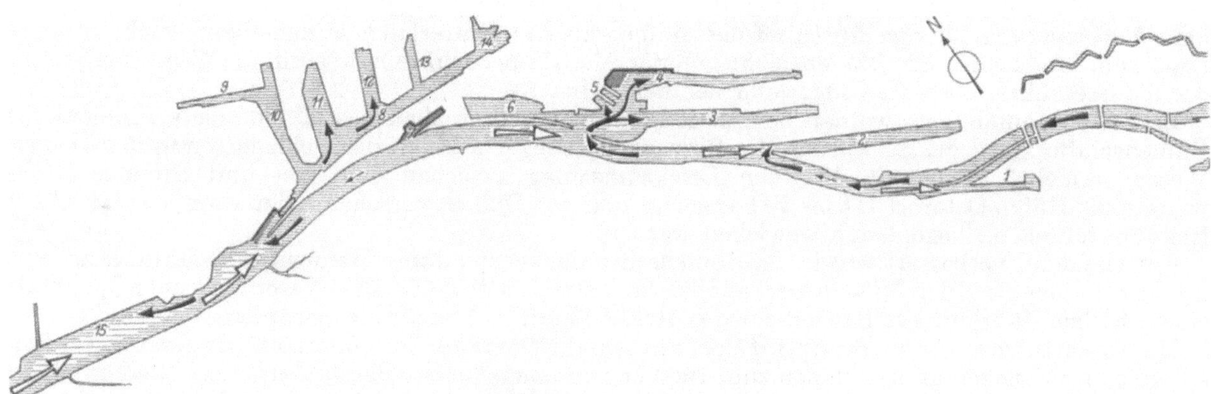

Abb. 14. Bremen 1960.
1 Hohetorshafen; *2* Europahafen; *3* Überseehafen; *4* Holz- und Fabrikhafen; *5* Getreidehafen; *6* Werfthafen; *7* Stichhafen; *8* Hafen A; *9* Ölhafen; *10* Hüttenhafen; *11* Kohlenhafen; *12* Kalihafen; *13* Hafen E; *14* Hafen F; *15* Osterort.

Am Industrie- und Handelshafen (Abb. 14) erhielten die Binnenschiffe nicht nur in dem von den Umschlagplätzen durch die Schleuse getrennten äußeren Vorhafen Liegestellen angewiesen, sondern zusätzlich auch zwischen den einzelnen Umschlagsanlagen. So war auf Kosten der Ausnutzbarkeit der Ufer mit seeschiffstiefem Wasser durch Seeschiffe eine enge Verbindung See- und Binnenschiffsverkehr möglich.

Liegeplätze für Binnenschiffe ohne direkte Verbindung zu den Umschlagsstellen waren außerdem noch im Stichhafen vorhanden.

In den Jahren 1916 und 1919 wurden die beiden Piers der Getreideanlage im Vorhafen in Betrieb genommen. Die an der Stelle vorhanden gewesenen Liegeplätze für die Binnenschiffahrt wurden mehr zum Holz- und Fabrikhafen hin verlegt.

Die Anlage war so gestaltet, daß See- und Binnenschiffe auch beim Direktumschlag nicht miteinander in Berührung kamen. Die beiden Piers wurden so angelegt, daß sie auf den Außenseiten nur binnenschiffstiefes Wasser für die Beladung der Binnenschiffe haben. Die seegehenden Schiffe wurden auf der inneren Seite der Piers gelöscht. Der Umschlag von den Seeschiffen in die Binnenschiffe wie auch in die Silos wird von den Hebern auf den Piers vorgenommen. Durch sie werden aber auch die Binnenschiffe von den Silos her beladen.

Von der Möglichkeit, die Schiffe beim Direktumschlag von Massengut nicht miteinander in Berührung kommen zu lassen, wurde damals nur in Bremen Gebrauch gemacht.

Beim Umschlag an der 1927—28 entstandenen Kalianlage gehen die Binnenschiffe zu zweien nebeneinander an den Seeschiffen längsseits. Sie werden von den Umschlagsbrücken aus entladen, die über das See- und die beiden Binnenschiffe hinwegreichen.

Eine andere Anordnung der Binnenschiffe ist im Kohlenhafen vorhanden. Hier liegen die Seeschiffe an Dalben, und zwischen den Dalben und dem Ufer liegen die Binnenschiffe. Die Umschlagsanlagen reichen vom Ufer aus über beide Schiffe hinweg. See- und Binnenschiffe kommen so nicht miteinander in Berührung. Diese Anlage wurde nach dem Krieg durch Beseitigung einer abgängigen Vorlage noch erweitert.

Zum Direktumschlag von Stückgut legen sich die Binnenschiffe neben die am Kai liegenden Seeschiffe und werden mit Bordgeschirr bedient. In den schmalen Hafenbecken liegen zwar öfters mehrere Binnenschiffe neben einem Seeschiff und werden auch schwimmende Umschlagsgeräte verwendet, doch ist ein Umschlag am ankernden Seeschiff nicht möglich.

Der Bau senkrechter Kaimauern — als erste moderne Mauer wurde 1857 der Kai am Weserbahnhof gebaut — ließ auch in Bremen die Forderung nach den Binnenschiffen und Hafenfahrzeugen angepaßten Festmacheeinrichtungen aufkommen.

Die ersten Mauern wurden deshalb mit Ringen, die an der Vorderseite eingelassen waren, ausgerüstet. Neben dem beweglich in einer Öse angebrachten Ring wurden an ihrer Stelle auch die Bootsbügel verwendet, Bootsbügel sind gebogene Rundeisen, die senkrecht in Mauernischen eingesetzt sind. Der Übergang vom einteiligen Ring zum mehrteiligen, auswechselbaren Ring erfolgte mit dem ersten Ausbau des Freihafens II im Jahre 1901. Seit 1924 sind an ihre Stelle Haltekreuze bzw. Nischenpoller getreten. Halteketten wurden in Bremen nur bei der Erweiterung des Holz- und Fabrikhafens im Jahre 1930 in den dortigen Spundwandkai eingebaut.

Der bessere Anschluß Bremens an den Dortmund-Ems-Kanal und damit an das westdeutsche Kanalnetz über den 1935 fertiggestellten Küstenkanal hat in den Hafenbauten des Hafens Bremen keinen Niederschlag gefunden. Wahrscheinlich genügten die Abmessungen des Kanals — er war einschiffig für das 1000-t-Schiff mit 750 t Abladung ausgebaut — nicht, um eine wesentliche Verbesserung für den Anschluß des Hafens an das Hinterland darzustellen. Auch ist seine Lage zum bremischen Stadthafen nicht günstig. Die Binnenschiffe müssen ihren Weg zum Hafen, wie die Seeschiffe, über die Unterweser nehmen (Abb. 14).

Erst nach dem Kriege wurden beim Wiederaufbau und Ausbau des Hafens neue Anlagen für Binnenschiffe angelegt. So wurden die Binnenschiffsliegeplätze an der Schlachte und der kleinen Weser vermehrt ausgebaut. Für den Direktumschlag zwischen den See- und Binnenschiffen wurden die Häfen Osterort III bis VII angelegt und mit Dalben versehen. Hier kann der Umschlag frei vom teuren Kailiegeplatz abgewickelt werden.

Entscheidend verbessert wurde die Binnenschiffahrtsverbindung Bremens zum Hinterland erst mit der Vollendung der Mittelweserkanalisierung im Jahre 1960. Die Weser war nach mehr als einem halben Jahrhundert Bauzeit für das 1000-t-Schiff voll schiffbar geworden.

Die Erwartungen, die in Bezug auf den Binnenschiffsverkehr im Hafen auf sie gesetzt werden, spiegeln sich deutlich in den Plänen zum 1960 begonnenen Ausbau des Hafenreviers Niedervieland auf dem linken Weserufer wider (Abb. 15).

Die Binnenschiffe bekommen eine eigene Zufahrt zu dem gemeinsamen Vorhafen und Wendebecken. Da der Zufahrtskanal für die Seeschiffe bis zum Wendebecken sehr lang ist und etwa parallel zur Weser verläuft, ist diese Abkürzung zweckmäßig. Die Begegnung mit dem in Fahrt befindlichen Seeschiff wird von der Hafenmündung in den Vorhafen verlegt.

Die geplanten Hafenbecken sind breiter als die bisherigen. Man richtet sich auch damit auf einen verstärkten Andrang von Binnenschiffen zu den Seeschiffsbecken ein, denn die Zunahme der Beckenbreite ist allein aus der größeren Breite der Seeschiffe nicht zu erklären. Besonders nicht bei dem mit Dalben versehenen zweiten Hafenbecken, das besonders breit werden soll. Auffällig ist das Fehlen jeglicher Liegeplätze für Binnenschiffe im Vorhafen. Für ihre Anordnung kann durch den Ausbau der Weserufer noch Platz geschaffen werden.

Zusammenfassend kann gesagt werden, daß Bremen bis zum Ende des 19. Jahrhunderts nur Flußuferhäfen besessen hat. Zunächst war es die Balge, die durch das Stadtgebiet floß, dann die Schlachte, die zunächst am Rande der Stadt und später auch in der Stadt lag.

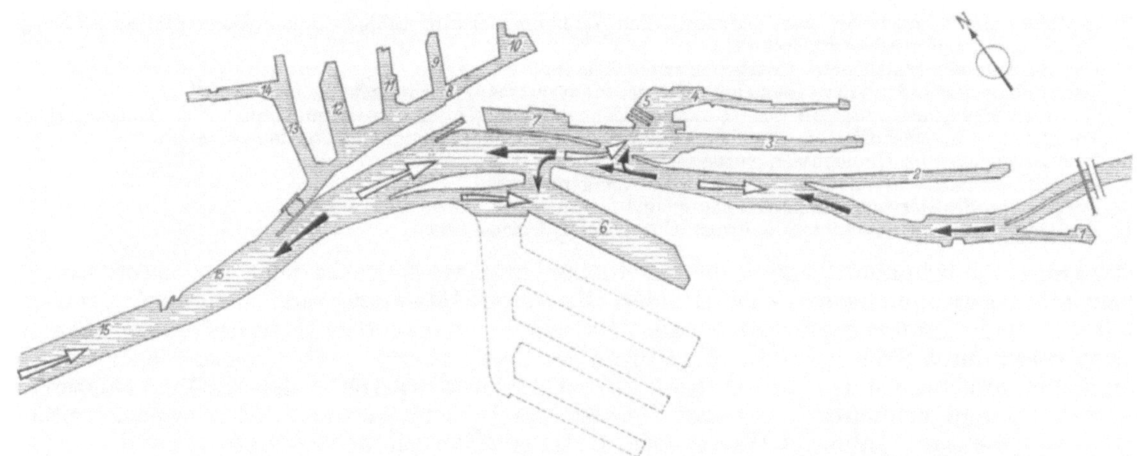

Abb. 15. Bremen 1965.
1 Hohentorhafen; *2* Europahafen; *3* Überseehafen; *4* Holz- u. Fabrikenhafen; *5* Getreidehafen; *6* Becken 2 (Niedervieland); *7* Werfthafen; *8* Hafen A; *9* Hafen E; *10* Hafen F; *11* Kalihafen; *12* Kohlenhafen; *13* Hüttenhafen; *14* Ölhafen; *15* Osterort.

Sieht man von der kurzen Übergangszeit ab, wo nur Binnenschiffe, aber keine Seeschiffe die Balge benutzen konnten, so wurden bis in die Mitte des 16. Jahrhunderts hinein die beiden Schiffsarten in gemeinsamen Häfen auf die gleiche Weise abgefertigt.

Die danach eingetretene Trennung der beiden Verkehrsträger ist interessanterweise zunächst nicht durch technische Maßnahmen unterstützt worden, sondern nur durch organisatorische Maßnahmen durchgeführt worden. Der spätere Brückenbau über die Weser machte diese Trennung auch äußerlich sichtbar.

Drei Faktoren sind es, die die Überwindung der Trennung der Umschlagsstellen von See- und Binnenschiff herbeiführen. Es sind der technische Fortschritt auf dem Gebiet des Schiffsbaus, die Änderung der Handelsgewohnheit und der Übergang vom Stückgut zum Massengut. Die Binnenschiffe suchten infolgedessen die Becken der Seeschiffe auf, um dort ihre Güter direkt abzugeben. In den Becken mischt sich der Kaiumschlag der Seeschiffe und der Direktumschlag vom Binnenschiff auf das Seeschiff und umgekehrt. Da die Bremer Hafenbecken für den Direktumschlag zwischen den beiden Verkehrsträgern nicht gebaut sind, wurden die Vorhäfen als Liegeplätze und teilweise auch als Umschlagsplätze für Binnenschiffe herangezogen.

Die Führung des Verkehrs durch die Vor- und Wendehäfen ist auch bei der Neuplanung von Seeschiffsbecken übernommen worden. Der Direktumschlag wird durch eine größere Breite der Hafenbecken berücksichtigt, jedoch sind Liegeplätze in dem Vorhafen nicht mehr vorgesehen.

2.4 Emden

Übersicht über die allgemeine Geschichte

1277 Zwei Sturmfluten durchbrachen die Emsdeiche und ließen die Ems verwildern. Liege- und Umschlagsplätze für die Emdener Schiffe waren die Rats- und der Falderndelft. Der für die verwilderte Ems kaum noch zugängliche Hafen wurde Unterschlupf für die Vitalienbrüder und gelangte dadurch zur Blüte.

1433 Dem Piratenwesen wurde durch die Hanse ein Ende bereitet. Da die Ems wieder in ihr ursprüngliches Bett zurückgekehrt war, wurde Emden als Zweigniederlassung Hamburgs der Hanse beibehalten.

1494 wurde Emden das Stapelrecht verliehen. Alle die Ems befahrenden Schiffe mußten in Emden ihre Waren zum Verkauf anbieten.

1516 Die Ems durchschnitt die Flußschleife, an der Emden lag, und bildete einen Einbruch, den Dollart. Die Emsschleife und damit die Hafenzufahrten begannen zu versanden.

1583 bis 1616 wurde das Nesserlander Höft gebaut.

1631 scheiterte der Versuch, die Ems wieder in das alte Flußbett zu leiten. Die Versandung der Emsschleife nahm zu und der Schiffsverkehr ließ langsam nach.

1750 Nachdem in der ersten Hälfte des Jahrhunderts das obere Fahrwasser unpassierbar geworden war und das untere Fahrwasser ebenfalls stärker versandete, entschloß man sich zum Bau eines künstlichen Fahrwassers.

1772 Der neue Kanal wurde fertig, versandete jedoch bereits ein Jahrzehnt später wieder. Der Versuch, den Verfall durch den Bau einer Spülschleuse aufzuhalten, scheiterte.

1806 Die Reste der Emdener Handelsflotte wurden ein Opfer des Krieges. Der Hafen war nur noch für die Kleinschiffahrt erreichbar.
1825 Nach der Sturmflutkatastrophe wurde der Bau eines neuen Fahrwassers zur Ems beschlossen. Das Fahrwasser sollte zum Schutz der Stadt und gegen Verschlickung eine Schleuse erhalten.
1849 wurde das neue Fahrwasser fertiggestellt. Statt einer Schleuse hatte es ein Sperrtor erhalten.
1855 Das Eisenbahndock auf der Ostseite des neuen Fahrwassers wurde gegraben und mit Eisenbahnanschluß versehen.
1881 bis 1883 wurde neben dem Sperrtor eine Kammerschleuse gebaut und der Hafen zum geschlossenen Hafen. Mit dem Ems-Jade-Kanal wurde eine Verbindung zum Kriegshafen Wilhelmshaven geschaffen.
1892 bis 1898 erhielt Emden mit dem Dortmund-Ems-Kanal eine leistungsfähige Binnenwasserstraße zum Ruhrgebiet.
1899 Der Binnenhafen wurde fertiggestellt.
1900 Der Binnenhafen erhielt drei Stichbecken nach Westen.
1901 Der Umbau des Außenfahrwassers zum offenen Hafen wurde abgeschlossen.
1905 bis 1913. Die Einmündung des Dortmund-Ems-Kanals in den Hafen wurde zum Industriehafen erweitert und für den gleichen Zweck seitlich ein Stickbecken angelegt. Der neue Binnenhafen wurde geschaffen.
1941 Das Liegebecken im Binnenhafen wurde fertiggestellt.
1960 Der Ölhafen wurde im ersten Abschnitt in Betrieb genommen.
1961 Der Umbau des Dortmund-Ems-Kanals für das 1000-t-Schiff wurde abgeschlossen.
1964 Der Dortmund-Ems-Kanal wurde für das Europaschiff freigegeben.

Etwa im 12. Jahrhundert beginnt die Geschichte Emdens als Seehandelhafen; davor war Emden nur ein Fischerort ohne bedeutenden Handel. Die ersten Häfen der Stadt lagen an Außentiefs von vier in die nach Norden stark ausbiegende Emsschleife mündenden Entwässerungsgräben. Diese Gräben waren durch Siele gegen das Eindringen der Flut gesperrt. Je zwei dieser Siele mündeten in einen Hafen, und zwar in den Ratsdelft und in den Falderndelft. Die beiden Häfen verfügten damit über gute Spülmöglichkeiten, mit denen sie vor dem Verschlicken bewahrt werden konnten. Sie hatten infolgedessen ständig eine Wassertiefe, die lange Zeit auch für Seeschiffe ausreichte (Abb. 16).

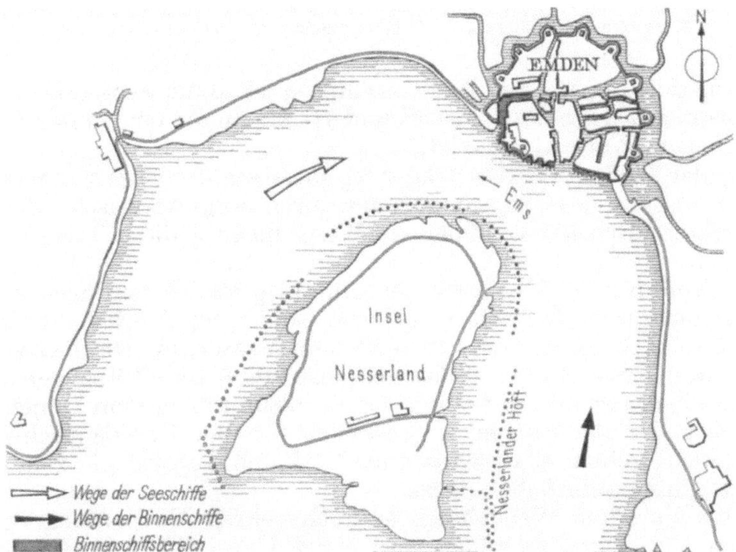

Abb. 16. Emden 1648.

Eine Binnenschiffahrt gab es in der ersten Zeit in Emden noch nicht. Die Ems hatte vor der Stadt noch die Breite eines Meeresarmes und die Seeschiffe fuhren noch bis Weener, Papenburg und Leer. So waren alle Schiffe, gleichgültig aus welcher Richtung sie den Hafen anliefen, Seeschiffe.

Erst nach dem Ende der Herrschaft der Vitalienbrüder im Jahre 1433 erreichte die Binnenschiffahrt Emden. Emden hatte das Stapelrecht bekommen und hielt dadurch die Seeschiffe weitgehend von der Weiterfahrt die Ems hinauf ab. Die Waren der einlaufenden Schiffe mußten zum Verkauf angeboten werden, wechselten dabei größtenteils den Besitzer, wurden nach einer Zwischenlagerung weiter ins Hinterland verkauft. Sie wurde dann auf der Wasserstraße angepaßten kleinen Schiffen weitertransportiert.

Außerdem war der Tiefgang der Seeschiffe so weit gewachsen, daß auch deshalb der Umschlag von einer Schiffsart auf die andere in Emden notwendig wurde. Nur noch wenige Seeschiffe konnten über Emden hinausfahren. Emden übernahm an der Ems die Mittlerrolle zwischen dem Binnenland und der See.

Das Laden und Löschen der Schiffe vollzog sich in Emden in der schon bei den anderen Häfen beschriebenen Form. Die See- bzw. Binnenschiffe machten an Dalben längs der Ufer fest, und die Waren wurden über zwischen Dalben und Ufer gelegte Prähme ans Ufer umgeschlagen. Da in den

Hauptverkehrszeiten die beiden Häfen Rats- und Falderndelft nicht alle Schiffe fassen konnten, wurden auch Dalben längs der Ems vor der Stadt angeordnet.

Dort wurde in Leichter gelöscht, die die Güter zu den Häfen brachten. Eine Unterscheidung zwischen Seeschiff und Binnenschiff wurde bei der Behandlung nicht gemacht. Beide löschten bzw. luden sowohl am Strom als auch in den beiden Hafenbecken. Keine der beiden Schiffsarten hatte nur für sie bestimmte Umschlagsplätze.

1516 veränderte die Ems ihren Lauf. Während einer Sturmflut wurden die Deiche der Landzunge des Emsbogens durchbrochen und die Ems verlegte ihr Hauptbett in den kürzeren Durchstich. Diese Veränderung führte zu der langsamen Versandung des gesamten Emsbogens.

Der Abschnitt der Ems von Emden nach Hook van Logum konnte durch Baggerungen und auf natürlichem Weg durch die Spülwirkung der Siele noch fast 250 Jahre offen gehalten werden, doch reichte die Tiefe in der Folgezeit immer weniger aus, um den in den Abmessungen wachsenden Handelsschiffen den Weg zum Hafen zu ermöglichen. So wurde das alte Emdener Seeschiffsfahrwasser bald nur noch für kleinere Schiffe und später auch für diese nur nach Leichterung passierbar.

Um 1650 war das obere Fahrwasser so stark versandet, daß es nur noch von Binnenschiffen passiert werden konnte. Nun war von Natur aus eine Zweiteilung des Verkehrs in Flußschiffahrt und Seeschiffahrt vollzogen worden. Was zuvor eine Folge der Handelspolitik gewesen war, daß nämlich der Hafen von Osten nur von Binnenschiffen und von Westen nur von Seeschiffen angelaufen wurde, wurde durch die Versandung für den Hafen nun für kurze Zeit naturbedingt.

Diese Verkehrsaufteilung hatte keinen langen Bestand. Der obere Abschnitt des Emsarmes konnte schon bald auch von Binnenschiffen nicht mehr befahren werden. Die Binnenschiffahrt war danach, wie die Seeschiffahrt, auf den unteren Altarm angewiesen.

Allerdings nahm die Zahl der den Hafen anlaufenden See- und Binnenschiffe mit der Verschlechterung der Fahrwasserverhältnisse ständig ab. Die Seeschiffe mieden die Emsmündung oder fuhren die Ems hinauf bis Halte, Papenburg, Weener oder Leer. Jedoch war diese Fahrt nur sehr kleinen Schiffen möglich. Leer und Weener konnten mit der Flut von Schiffen mit max. 60 t und Halte und Papenburg von Schiffen mit 30 bis 35 t Tragfähigkeit erreicht werden. Dagegen betrug die Tragfähigkeit des Regelschiffes um 1650 etwa 1000 t.

Die Binnenschiffe hatten um diese Zeit Tragfähigkeiten bis zu 35 t. Man konnte zwei Schiffsarten unterscheiden. Das größere, die Pünte, verkehrte nur auf der unteren Ems und hatte 16,6 m Länge, 5,3 m Breite, 1,0 bis 1,5 m Tiefgang und 30 bis 36 t Tragfähigkeit. Das Pünteschiff hatte nur 16 t Tragfähigkeit bei bis zu 0,8 m Tiefgang, 15,0 m Länge und 4,3 m Breite. Beide Schiffstypen waren mit nur wenig geänderten Abmessungen bis in das 19. Jahrhundert hinein auf der Ems bestimmend. Sie konnten nicht segeln und wurden getreidelt.

Etwa ein Jahrhundert später, um 1770, hatte sich die Lage so verschlechtert, daß Emdens Ruf als Hafen auf dem Spiel stand. Den Seeschiffen war es nicht mehr möglich, bis unter die Mauern der Stadt zu gelangen und auch den Binnenschiffen bereitete der Weg Schwierigkeiten. Aus diesem Grund sah sich Emden gezwungen, ein künstliches Fahrwasser anzulegen. Das künstliche Fahrwasser schloß an den noch brauchbaren unteren Emsbogen an. Dadurch erhielt Emden wieder einen brauchbaren Anschluß an die Ems. See- und Binnenschiffe mußten gemeinsam den ca. 3 km langen Weg von der Ems zum Hafen zurücklegen (Abb. 17).

Das Fahrwasser blieb nur ein Jahrzehnt in Gebrauch, dann verschlickte es erneut. Der Hafen sank bis zur Bedeutungslosigkeit herab.

Erst 1847 bis 1849 konnte man daran gehen, die Verhältnisse zu ändern. Eine neue Rinne wurde in gerader Richtung von der Stadt zur Ems gebaut. In der Deichlinie hatte sie ein Hochwassersperrtor (Abb. 17).

Da das Sperrtor im Interesse einer guten Entwässerung der in die Stadt mündenden Siele meistens offen stand, erlitt dieser Hafenkanal das gleiche Schicksal wie sein Vorgänger und fiel der Verlandung anheim.

Außerdem hatten sich die Stromverhältnisse auf der Ems oberhalb Emdens so weit verschlechtert, daß ein Binnenschiffsverkehr nicht mehr lohnend war. Um trotzdem die Verbindung mit dem Hinterland aufrecht zu erhalten, hat man eine Eisenbahn zum Ruhrgebiet gebaut und 1855 den Bau eines Eisenbahndocks mit senkrechten Kaimauern vorgenommen.

In den 80er Jahren wurde der Seeverkehrsweg erneut verbessert. Die Anlage nur einer Schutzschleuse hatte sich als nicht ausreichend erwiesen. Um einerseits die Spülwirkung der Siele zu erhalten, andererseits aber auch den Schiffsverkehr ohne Verzögerung in den Hafen zu schleusen, baute man neben der Spülschleuse eine Kammerschleuse (Abb. 18).

Gleichzeitig mit dem Ausbau der Seeverbindung versuchte man, auch den Binnenschiffsverkehr wieder zu beleben, denn in steigendem Maße wurden in Emden Massengüter wie Kohle und Erz umgeschlagen. Um damit auch den wichtigsten deutschen Kriegshafen, Wilhelmshaven, versorgen zu können, baute man eine Binnenwasserstraße, den Ems-Jade-Kanal. Er war für 250-t-Schiffe passierbar und mündete in den Ratsdelft.

Bei der Planung des Ems-Jade-Kanals war man nicht von verkehrstechnischen Überlegungen, sondern von den bestehenden topographischen Verhältnissen ausgegangen. So hatte man aus den natürlichen Gegebenheiten heraus einen rückwärtigen Anschluß der Seehäfen bekommen. Dadurch,

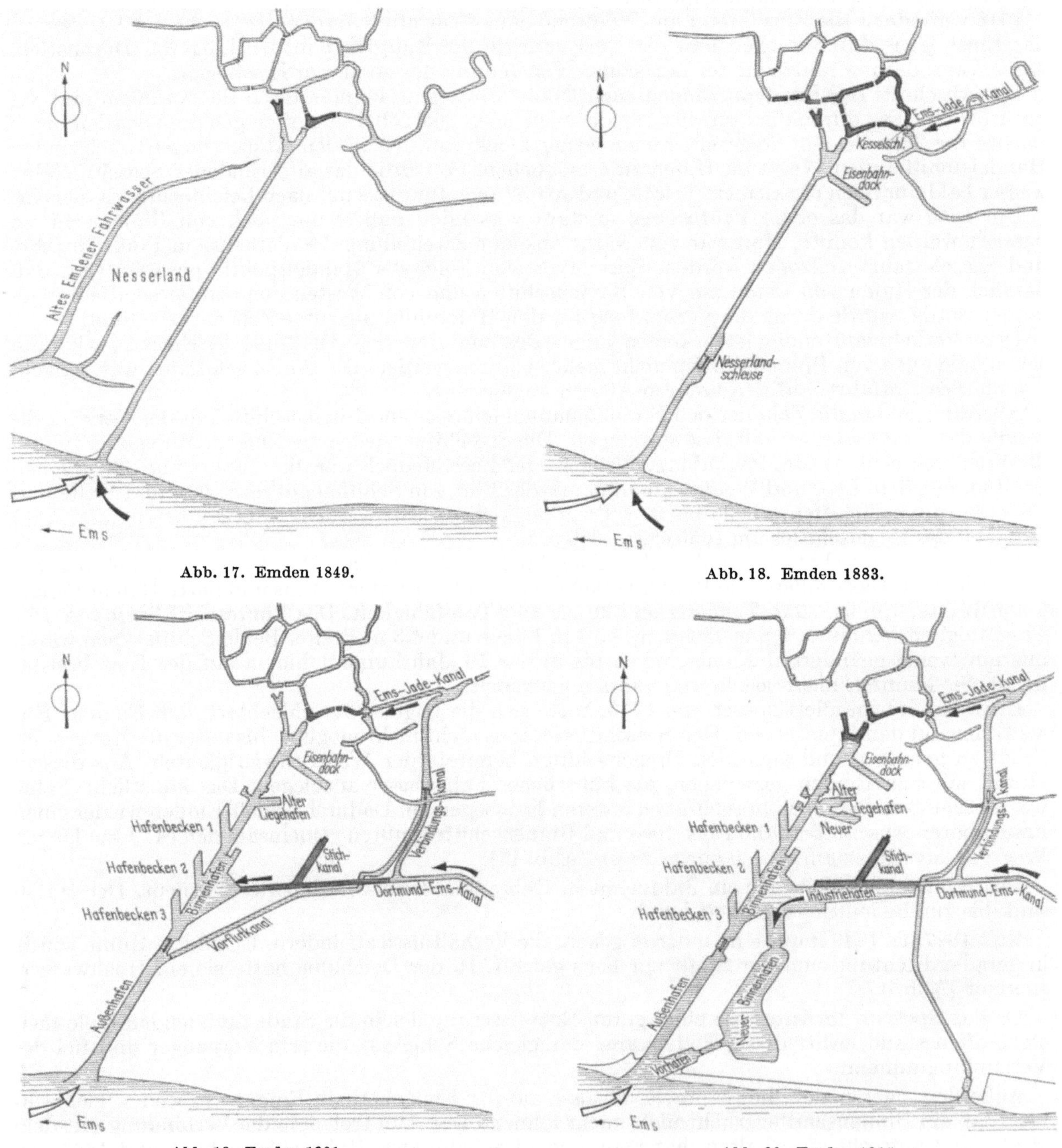

Abb. 17. Emden 1849.

Abb. 18. Emden 1883.

Abb. 19. Emden 1901.

Abb. 20. Emden 1915.

daß der Kanal entgegengesetzt zum Seeverkehr in den Hafen mündete, blieb der Hafenkanal auf seiner ganzen Länge der Seeschiffahrt vorbehalten. Die Liegeplätze hatten die Binnenschiffe in den für Seeschiffe unzugänglich gewordenen Delften. Sie trafen nur an den Umschlagsstellen im Binnenhafen mit den Seeschiffen zusammen (Abb. 19).

Die Bedeutung des Ems-Jade-Kanals als Hinterlandverbindung war jedoch nur gering. 80% des Handels mit dem Binnenland wurde über Eisenbahn abgewickelt und nur 20% des Gutes gingen auf das Binnenschiff über. Vom letzteren wurde jedoch die überwiegende Menge auf dem Ems-Jade-

Kanal abtransportiert. Auf der Ems war ein regelmäßiger Verkehr nicht mehr zu verzeichnen, da der ungeregelte Flußlauf seine Entwicklung unmöglich machte.

Die Erfahrung, die man mit dem rückwärtigen Anschluß der Binnenschiffe gewonnen hatte, wurde 1892 bis 1898 beim Bau des Dortmund-Ems-Kanals berücksichtigt. Der Dortmund-Ems-Kanal wurde so in den zum Binnenhafen gewordenen Hafenkanal eingeführt, daß der Umschlag zwischen seiner Mündung und der Seeschleuse in einer Erweiterung abgewickelt werden konnte. Die Liegeplätze für die Binnenschiffe wurden zum alten Stadthafen hin angeordnet.

Seit dem Bau des Dortmund-Ems-Kanals und dem Ausbau des Binnenhafens wurden die alten Stadthäfen und das Eisenbahndock nicht mehr für den Umschlag benutzt und der rückwärtige Anschluß dieser Häfen vom Ems-Jade-Kanal her wurde überflüssig. Auch die Binnenschiffe, die vom Ems-Jade-Kanal herkamen, hatten ihr Ziel im Binnenhafen. Aus diesen und städtebaulichen Gründen wurde an Stelle der alten Zufahrt ein Verbindungskanal zwischen dem Ems-Jade-Kanal und dem Dortmund-Ems-Kanal geschaffen. Alle Binnenschiffe wurden nun an einer Stelle in den Hafen eingeleitet, und zwar entsprechend dem Massengut, das sie transportierten, an der rückwärtigen Partie des Massengutumschlagshafens. Die Binnenschiffe kreuzten oder berührten auf ihrem Weg zum und im Binnenhafen den ehemaligen Hafenkanal nicht. So wurden die zu den Stückgut- und Industrieanlagen am Hafenkanal fahrenden und von ihnen kommenden Seeschiffe auf ihrem Weg nicht behindert.

Der Dortmund-Ems-Kanal ist der Grundstein von Emdens modernem Hafen. Schon im ersten Jahr nach der Eröffnung stieg der Warenverkehr ruckartig an. Es wurden bereits 160 000 t über den Kanal transportiert. 1900 waren es 270 000 t und 1902 wurde im Kanalverkehr die Millionengrenze mit 1,39 Mio t überschritten.

Der 1901 gebaute und zunächst nur für wenige große Massengutschiffe gedachte Außenhafen mußte schon nach wenigen Jahren entsprechend der Zunahme des Tiefgangs von Massengutschiffen die Hauptlast des Umschlages übernehmen. Das bedeutete, daß verhältnismäßig viele Binnenschiffe durch den Hafenkanal und die Seeschleuse in den Vorhafen fahren mußten. Die Binnenschiffe benutzten dabei den Weg der Seeschiffe, die sorgsame Trennung zwischen den beiden Verkehrspartnern war durchbrochen. Die Verkehrssituation war für die Binnenschiffahrt teuer, zeitraubend und unbefriedigend.

Die Überlastung des Außenhafens führte schließlich zum Bau des Neuen Binnenhafens. Eine Verbindung zwischen seinem Vorhafen und der Einmündung des Dortmund-Ems-Kanals in den alten Binnenhafen bildet den Binnenschiffsanschluß an dieses Becken (Abb. 20).

Der ursprüngliche, für diesen Hafen aufgestellte Plan sah vor, daß von dem Vorhafen insgesamt drei parallele Becken abzweigen. Eins davon, das heutige Massengutbecken, sollte noch erheblich verlängert und mit einem Abzweig versehen werden. Die Binnenschiffe sollten, wie ausgeführt, in den Vorhafen gelangen; einen rückwärtigen Anschluß für Binnenschiffe sollten die Becken nicht erhalten. Die Beckenbreite sollte etwa 150 m betragen und hätte für den Umschlag am Kai auf zwei danebenliegende Binnenschiffe ausgereicht, aber nicht für den zusätzlichen Umschlag, an einer Dalbenreihe, in der Mitte des Beckens wie bei den zur gleichen Zeit in Hamburg gebauten Anlagen. Die Binnenschiffe wurden in der Planung also sehr wenig berücksichtigt.

Das eine zur Ausführung gekommene Hafenbecken wurde, entgegen der Planung, in 250 m Breite zur Anordnung einer zusätzlichen Dalbenreihe für den Direktumschlag vom Seeschiff zum Binnenschiff angelegt. Ausgebaut wurde zunächst nur der Südkai und erst später der Nordkai, letztere nun jedoch unter anderen Bedingungen für den Umschlag auf Binnenschiffe als bei der Planung.

Der Weg der Binnenschiffe endete nicht mehr wie bei der ersten Einführung des Dortmund-Ems-Kanals an der Wurzel des Seeschiffsbeckens, sondern im Vorhafen. See- und Binnenschiffe trafen aber nicht nur im Vorhafen, sondern schon in der Binnenschiffszufahrt zusammen, da einmal die Mündung des Dortmund-Ems-Kanals seeschiffstief ausgebaut und in ihr Industrie angesiedelt worden war, zum anderen die Verbindung zwischen neuem und altem Binnenhafen so tief ausgehoben wurde, daß sie nicht nur für Binnen-, sondern auch für Seeschiffe befahrbar war. Die tiefergehenden Seeschiffe müssen den Industriehafen auf diesem Wege erreichen, da die alte Schleuse im Hafenkanal nicht genügend Drempeltiefe hat. Somit treffen die Binnenschiffe nach dem Verlassen des Dortmund-Ems-Kanals auf den Wegen und vor Erreichen der Umschlagsstellen bereits mit den in Fahrt befindlichen Seeschiffen zusammen. Auf dem Wege zum Außenhafen durch die Nesseländer-Schleuse erfolgt die Begegnung im Industriehafen und alten Binnenhafen, auf dem Wege zum neuen Binnenhafen außerdem in der Verbindung zum Vorhafen und im Vorhafen selbst. Mit dem Bau des Ölhafens am alten Binnenhafen ist auf diesem Weg Ende der 50er Jahre noch ein zusätzlicher Verkehrsknoten geschaffen worden.

Andererseits wird die schwierige Anschlußstrecke des Dortmund-Ems-Kanals zwischen Oldersum und Emden jedoch seit dem 2. Weltkrieg immer weniger benutzt.

Der völlig ungenügende Zustand der einschiffig und nur für 700 t ausgebauten Anschlußstrecke und der Übergang von der Schleppschiffahrt zum Selbstfahrer in der Binnenschiffahrt hat nach dem Krieg bewirkt, daß die Binnenschiffe diesen unbequemen Weg nur noch teilweise benutzen. Die stabiler und wendiger gewordenen, selbst angetriebenen Binnenschiffe ziehen dem Weg über den Kanal den wetterabhängigen Weg über die Mündungsstrecke der Ems in den Dollart vor.

Daraus hat sich wieder ein Zustand ergeben, bei dem sich die Binnenschiffe auf der Ems vor der Einfahrt zum Hafen mit den Seeschiffen treffen, also an einer Stelle, an der beide Schiffsarten relativ schwer zu manövrieren sind. Beide Schiffsarten benutzen dann den gleichen Weg in den Hafen zu den gemeinsamen Umschlagstellen.

Im Zusammenhang mit dem Ausbau des Nordkais wurde der Liegehafen für die Binnenschiffe im Neuen Binnenhafen ausgebaut. Dort finden die Binnenschiffe ihre Liegeplätze abseits des Seeschiffahrtsweges und werden aus dem Umschlagsbecken ferngehalten. Sie können dort auch Kohle am Kraftwerk löschen und über Bänder vom Nordkai beladen werden (Abb. 21).

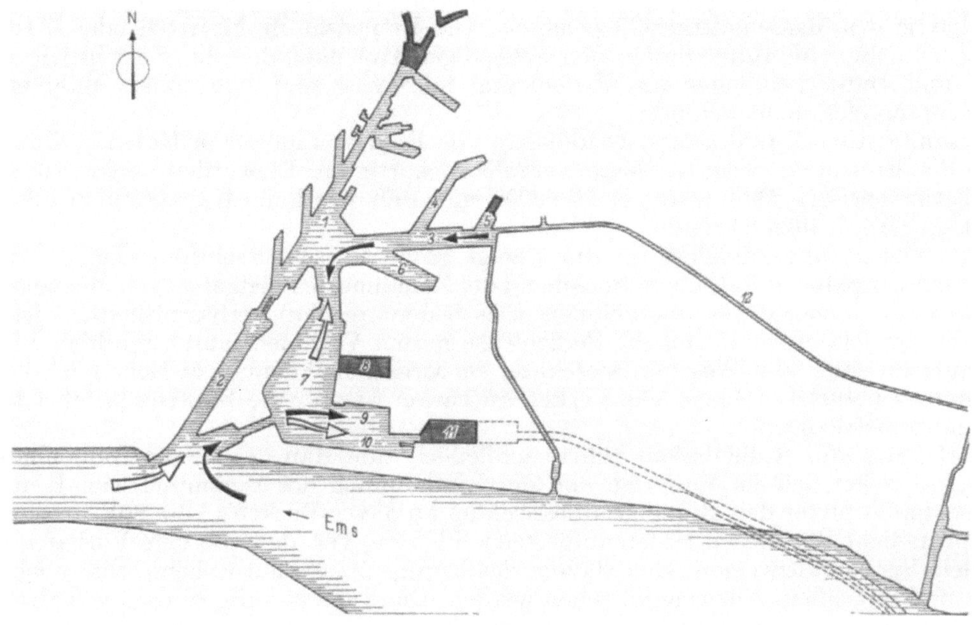

Abb. 21. Emden 1965.
1 Binnenhafen; *2* Außenhafen; *3* Industriehafen; *4* Stichkanal; *5* Borsumer Hafen; *6* Ölhafen; *7* Neuer Binnenhafen; *8* Binnenschiffsbecken; *9* Nordkai; *10* Südkai; *11* Neues Binnenschiffsbecken; *12* Dortmund-Ems-Kanal.

Im Anschluß an die Arbeiten zur Erweiterung des Südkais wurde 1962 mit dem Ausbau von Liegeplätzen für Binnenschiffe an der Beckenwurzel begonnen. Diese Liegeplätze sollen später an der neuen Einführung des Dortmund-Ems-Kanals in dem Emdener Hafen, die nunmehr, entsprechend der Umschlagsverlagerung am Neuen Binnenhafen vorgesehen ist, liegen. Die Anschlußstrecke soll die Ems bei Borssum erreichen und mit nur einer Schleuse versehen sein.

Die Ausrüstung der Kaimauern mit speziell der Binnenschiffahrt dienenden Festmachereinrichtungen spielte in Emden nicht die gleiche Rolle wie in den offenen Häfen Bremen und Hamburg. Eine Ausnahme macht der Außenhafen mit einem mittleren Tidehub von ca. 2,80 m. Hier waren bei dem Ausbau des Hafens für die Binnenschiffe Ringe an der Vorderseite der westlichen Kaimauer eingelassen worden. Bei der Sicherung dieser Kaimauern zwischen 1931 und 1933 durch vorgesetzte Spundwände wurden alle 30 m drei Spundbohlen 1,10 m über die Kaioberkante geführt, um den Seeschiffen die Möglichkeit zum Abbäumen zu geben. Durch das Abbäumen der Seeschiffe sollten die zwischen Seeschiff und Kaimauer liegenden Binnenschiffe vor Beschädigung geschützt werden. Die Seeschiffe erhielten dadurch die Gelegenheit, wie an den Dalben des gegenüberliegenden Ufers, gleichzeitig auf beiden Seiten auf Binnenschiffe umzuschlagen.

Im Neuen Binnenhafen sind am Südkai erst seit 1960 bei Kaiverlängerungen und Verstärkungen Nischenpoller eingebracht worden. Bis dahin hatten die Binnenschiffe an dem verhältnismäßig niedrigen Kai — seine Oberkante liegt 2,5 m über dem planmäßigen Hafenwasserstand — an den Seeschiffspollern festgemacht. Das hat sich jedoch als unzweckmäßig erwiesen.

An den anderen Kais des geschlossenen Hafens sind bisher weder Steigleitern noch Nischenpoller vorhanden. Am Nordkai soll bei vorgesehenen Verlängerungen und Verstärkungen beides angebracht werden.

Das im Emdener Außenhafen vorherrschende Umschlagsgerät für den Direktumschlag von Massengut auf Binnenschiffe waren Schwimmkräne und schwimmende Saugheber. Beim Bau des Neuen Binnenhafens wurden dort an ihrer Stelle für den Erzumschlag leistungsfähigere Lösch- und Ladebrücken errichtet. Die ersten Löschbrücken am Südkai reichen bis zu 41,0 m über das Wasser hinaus. Von den untergehängten Laufkatzen aus kann das Erz aus dem Seeschiff geholt und auf bis zu zwei auf der Außenseite liegende Binnenschiffe umgeschlagen werden. Der Ausleger reicht soweit über das Seeschiff hinaus, daß ein Direktumschlag auf Binnenschiffe möglich ist. Die vier nachträglich aufgebauten Brücken wurden nicht mehr für den Direktumschlag zwischen den Schiffen eingerichtet. Sie haben keine Ausleger, sondern sind mit Wippkränen ausgerüstet, die bis etwa 20 m über das Wasser hinausreichen. Sie wurden nicht für den Direktumschlag eingerichtet, weil ihre Hauptaufgabe im Verladen von Stahlerzeugnissen liegen sollte. Der Umschlag von Kohle, zunächst nur als Nebenaufgabe gedacht und heute ihre Hauptaufgabe geworden, ist damit aber nicht direkt zum Binnenschiff möglich.

Der Bau von mit ihren Auslegern weit über das Wasser reichenden Löschbrücken wurde auch noch beim Ausbau des Nordkais vorgenommen, obwohl hier für den Direktumschlag auf das Binnenschiff auch ein neuer Weg eingeschlagen wurde. Mit dem Übergang der Hütten zur Einfuhr von unterschiedlich getrennt zu lagernden Erzarten, mit der Verlagerung der Lageplätze für Erz von den Hütten in die Häfen und mit der stoßweisen Zufuhr des Erzes auf den größeren Massengutschiffen wuchsen auch die Lagerflächen im Hafen. Ihre direkte Bedienung von der Löschbrücke aus wurde zu zeitaufwendig. Das Förderband wurde in Form von Bandstraßen eingeschaltet. Die Bedienung des Bandes ist ohne wesentliche Fahrbewegung der Laufkatze möglich, wodurch die Leistung steigt.

Um diesen Vorteil auch bei der Bedienung von Binnenschiffen auszunutzen, erhielten die Binnenschiffe ihre eigenen Liegestellen im Binnenschiffhafen, wo sie über Band beladen werden. In das Band ist ein Silo eingeschaltet, um die Wechselzeiten der Schiffe zu überbrücken. Die Bedienung des Bandes am Seeschiff oder am Lager kann also unabhängig von den Bewegungen der Binnenschiffe erfolgen. Damit wurden für diese Vorgänge notwendigen Pausen eingespart.

Ein weiterer Vorteil der Bandbeladung ist, daß sich Binnen- und Seeschiff an den Umschlagstellen nicht mehr berühren und damit nicht behindern können. Nach den Erfahrungen am Nordkai wurde 1963 nach der Erweiterung der Anlagen am Südkai ebenfalls im Bandausleger für Binnenschiffe in Betrieb genommen.

Zusammenfassend ergibt sich das folgende Bild:

In der Frühzeit des Emdener Hafens war dieser ein reiner Seeschiffshafen, denn die Ems hatte genügend Wassertiefe, um den Seeschiffen die Fahrt noch am Hafen vorbei stromaufwärts zu erlauben. Eine Binnenschiffahrt entwickelte sich mehr oder weniger gezwungenermaßen erst vom 15. Jahrhundert ab. Denn nun verlangten sowohl der veränderte Handel als auch die größere Tauchtiefe der Schiffe eine Trennung in Ems- und Seeschiffahrt. Die beiden Verkehrsarten trafen sich auf der Ems vor der Stadt und liefen die gemeinsamen Häfen in der Stadt an. Seeschiffe und Binnenschiffe kamen so zwar auf getrennten Wegen zum Hafen, wurden dort aber gleich behandelt. Durch die Versandung des Emsfahrwassers wurden die verschiedenen Wege von der Natur zunächst betont, dann aber beide Schiffsarten gezwungen, die gleiche unterstromige Zufahrt zum Hafen zu benutzen. Der Punkt, an dem sich beide Verkehrsträger zuerst trafen, war jetzt von den Mauern der Stadt zum neuen Emsbett hin verschoben. Der Binnenschiffsverkehr nahm in der Folgezeit mehr und mehr ab und erlag schließlich bis auf unbedeutende Reste.

Erst der Ems-Jade-Kanal führte als vollkommen neuer Binnenschiffsweg wieder zur Belebung des Verkehrs. Auf Grund der geographischen Verhältnisse und nicht durch bewußte Planung entstand von ihm her ein rückwärtiger Anschluß an die bestehenden Seehafenbecken.

Ein bewußter Einfluß auf die Gestalt des Hafens durch das Binnenschiff ist erst mit dem Bau des Dortmund-Ems-Kanals zu verzeichnen. Nach den Erfahrungen, die man mit dem Ems-Jade-Kanal gewonnen hatte, wurde auch der Dortmund-Ems-Kanal so eingeführt, daß ein reibungsloser Verkehrsablauf möglich war. Das Prinzip der Trennung der Verkehrsträger wurde jedoch schon bald nicht mehr eingehalten. Es wurde durch den Bau des Außenhafens wieder durchbrochen und auch im Neuen Binnenhafen erhielten die Binnenschiffe weder eigene Wege noch Liegeplätze, lediglich die Umschlagsgeräte ließen den Binnenschiffseinfluß erkennen.

In den letzten Jahren wurde durch die technische Vervollkommnung des Binnenschiffes der schon einmal vorhanden gewesene Zustand wieder hergestellt: Die Schiffe beider Verkehrsarten treffen sich vor der Hafeneinfahrt und benutzen die gemeinsamen Wege. Zum Unterschied von früher haben die Binnenschiffe jedoch heute eigene Liegeplätze erhalten.

Eine wesentliche Veränderung des Verhältnisses zwischen See- und Binnenschiff bringt an den Umschlagstellen die Einführung der Transportbandstraßen mit sich. Die Schiffsarten erhielten in Emden erstmalig getrennte Umschlagsplätze.

2.5 Amsterdam

Übersicht über die allgemeine Geschichte

1204 Amsterdam entstand an der Mündung der Amstel und des Y. An den Amstelarmen wurden Speicher angelegt.
1275 Die Stadt erhielt die Zollfreiheit über Nordholland und Zeeland und damit ein bedeutendes Handelshinterland.
1311 Verbindung des Gebietes mit Holland und dadurch Einflußnahme auf ein durch Kanäle erschlossenes Gebiet.
1411 Die Heringsschwärme verlassen die Küste Schonens und wurden an der holländischen Küste heimisch. Amsterdam bekommt durch den Fischhandel einen starken Aufschwung.
1717 versandete durch eine Sturmflut die Zuidersee, die Zufahrt zum Hafen.
1819 Beginn des Ausbaus des Nordhollandkanals als neue Zufahrt zum Hafen. Gleichzeitig wurden die ersten geschlossenen Hafenbecken Ooster- und Westerdock gegraben.
1865 bis 1876 entstand der Nordseekanal und gleichzeitig wurde der Y gegen die Zuidersee abgeschlossen. Das Entrepôtdock mit Eisenbahnanschluß wurde in Betrieb genommen.
1873 Der Alte Holzhafen wurde angelegt.
1874 Die Nieuwe Vaart erhielt Eisenbahnanschluß.
1877 Die Suezkanalanlegeplätze entstehen und wurden an die Eisenbahn angeschlossen.
1879 Der Eisenbahnhafen wurde gebaut.
1880 entstanden die Stationseilande.
1881 Die vor dem Oosterdock liegende Insel wurde zur Handelskaje ausgebaut.
1883 Der Holzhafen wurde erweitert.
1889 Das Öllager wurde aus der Stadt entfernt und erhielt als neuen Platz den Petroleumhafen.
1892 Der Merwedekanal wurde als guter Binnenschiffsweg zum Rhein angelegt.
1890 bis 1913 wurden die modernen Hafenbecken auf der Ostseite der Stadt gebaut: Y-Hafen, Entrepôthaven und Erzhafen.
1925 bis 1931 Anlage des Coenhavens. Ihm folgte der Ausbau des Vlothavens, des Westhavens und der Jan-van-Riebecker Häfen.
1952 wurde der Merwedekanal durch den Amsterdam-Rhein-Kanal ersetzt.
1956 Der Westhaven wurde mit Brücken für den Massengutumschlag ausgestattet.

Amsterdam ist etwa zu Beginn des 13. Jahrhunderts im Mündungsgebiet der Amstel in den Y entstanden. Die Amstel hatte eine ganze Anzahl von Mündungsarmen, die, noch vermehrt durch künstliche Entwässerungsgräben, in die Stadt einbezogen wurden und zusammen das erste Grachtensystem bildeten. Die Anlage eines Hafens wurde besonders dadurch begünstigt, daß der in die Ijsselsee mündende Y den Seeschiffen Schutz vor Seegang und Sturm bot. Beide, Ijsselsee und Y hatten zudem den Vorteil, daß sie außerordentlich breit waren und daher genügend Raum zum Segeln boten. Die ankommenden Seefahrzeuge waren in der Lage, bis vor die Tore der Stadt zu kreuzen. Vor der Mündung der Amstel in den Y weitete sich dieser zu einer großen Bucht aus und bot dadurch den Schiffen ausreichenden Platz zum Ankern (Abb. 22).

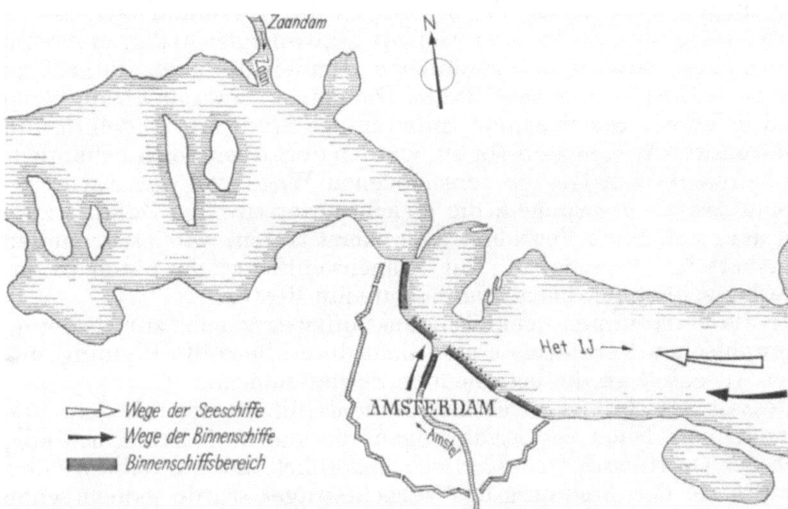

Abb. 22. Amsterdam 1700.

Den Verkehr zwischen dem Land und den ankernden bzw. später an eingerammten Pfählen festmachenden Schiffen übernahmen Leichterfahrzeuge und Ruderboote sowohl für den Personen- als auch für den Güterumschlag. Die Packhäuser und Speicher standen in der Stadt. Das verzweigte Fluß- und Kanalnetz sorgte dafür, daß alle Speicher für die Leichterfahrzeuge auf dem Wasserweg direkt erreichbar waren.

Die Binnenschiffahrt der damaligen Zeit läßt sich in zwei Gruppen aufteilen: In die Kanalschiffahrt, die das nähere Hinterland der Stadt versorgte und die Flußschiffahrt, die über die Geldersche Ijssel die Verbindung mit dem Rhein und damit mit dem weiteren Hinterland herstellte.

Die Holländer waren schon früh gezwungen, für die Entwässerung ihres Landes ein großes Netz von Kanälen aller Größen anzulegen. Dieses Netz wurde auch für den Verkehr benutzt. Über die Amstel und die Schinkel hat Amsterdam Anschluß an diese Wasserstraßen, die eine sehr gute verkehrsmäßige Erschließung seines Hinterlandes darstellten.

Entsprechend der mittelalterlichen Gewohnheit wurden alle Güter, die vom Hinterland in die Stadt kamen, an den Speichern zum Verkauf angeboten. Der Kanalverkehr endete also an den Speichern und kam mit dem Seeverkehr nicht in Berührung. Kontakt mit den Seeschiffen hielten nur die Hafenfahrzeuge, die die Waren von und zu den Speichern weitertransportierten.

So war, durch den Stapelhandel verursacht, eine vollkommene Unabhängigkeit der Binnenschiffahrt, oder besser gesagt, der Kanalschiffahrt, von der Seeschiffahrt vorhanden. Die Speicher bildeten die Puffer zwischen den beiden Transportgefäßen. Die Kanalschiffe fanden auf dem Weg zum Seeschiff keine bauliche, wohl aber eine organisatorische Schranke vor. Die Schranke wurde hauptsächlich bedingt durch den Handel, aber auch durch die Differenz der Schiffsgrößen. Das Kanalschiff war mit etwa 10 t Tragkraft von nur geringer Größe, das Seeschiff dagegen, damals schon mit mehreren 100t Tragfähigkeit, relativ groß. Die Speicher mußten den Ausgleich im nicht gleichmäßigen Güterabtransport auf der Seeseite übernehmen.

Dank dem Grachtensystem fand der Handel ein Abbild in der Hafengestalt. Die Waren wurden auf der verhältnismäßig schmalen Amstel mit vielen kleinen Binnenschiffen in die verzweigten Grachten gebracht und so vom Stadtgebiet zunächst aufgesogen und dann mit wenigen großen Schiffen auf dem breiten Y abtransportiert.

Bis auf wenige Ausnahmen besaßen die Kanalschiffe keinen Mast und konnten so die zahlreichen Brücken in der Stadt passieren.

Dieses harmonische Bild wurde jedoch gestört durch das Vorhandensein des zweiten Binnenschiffsweges. Die Geldersche Ijssel, ein Nebenarm des Rheins, mündete in das Ijsselmeer und wurde so eine willkommene Verbindung zu den großen Handelszentren im Hinterland. Über die Ausmaße des Verkehrs auf dieser Wasserstraße liegen keine Angaben vor, jedoch muß sich ein Handel hier schon früh entwickelt haben, denn schon im 14. Jahrhundert berichten die Archive von großen Zollerhebungen auf diesem Fluß.

Die Binnenschiffe von der Gelderschen Ijssel überquerten das Ijsselmeer und trafen vor der Mündung des Y mit den Seeschiffen zusammen und nahmen dann die gleiche Richtung zur Stadt bzw. zum Hafen. Die Liegeplätze erhielten diese Binnenschiffe östlich und westlich der Amstelmündung und zwischen den für die Seeschiffe gerammten Pfählen und dem Ufer zugewiesen. Der Warenumschlag von diesen Binnenschiffen zum Land erfolgte in der Amstelmündung und in den Grachten, genauso wie bei den Kanalschiffen, direkt in die Speicher. Liegeplätze und Umschlagsplätze waren also für diese Binnenschiffe voneinander getrennt.

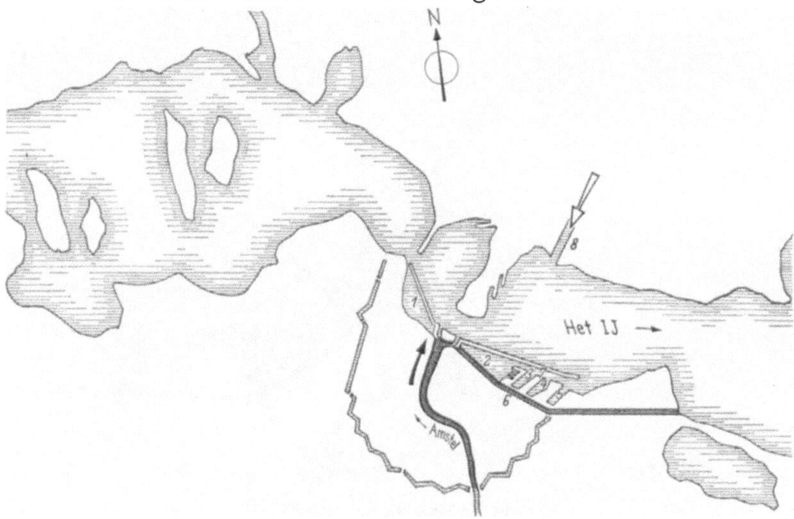

Abb. 23. Amsterdam 1820.
1 Westerdock; *2* Oosterdock; *3* Kattenburger Gracht; *4* Wittenburger Gracht; *5* Werftgracht; *6* Nieuwe Vaart; *7* Dijksgracht; *8* Nord-Holland-Kanal.

Über vier Jahrhunderte trat keine Änderung dieser Verkehrsverhältnisse ein, alle Schiffsarten behielten ihre Wege und Liegeplätze.

Ab 1717 versandete das Ijsselmeer jedoch zunehmend. Zwar gelang es, durch den Seebau die Einfahrt des Y noch freizuhalten, doch innerhalb weniger Jahrzehnte verlor Amsterdam seine Verbindung zum Rhein. Die Mündung der Gelderschen Ijssel und sie selbst wurden für die Binnenschiffe unpassierbar. Anschließend verlor auch die Zufahrt für Seeschiffe über das Ijsselmeer nach und nach an Breite und Tiefe. Um 1800 war das Ijsselmeer so versandet, daß es nur noch für kleine Schiffe zugänglich war. Damit hatte Amsterdam aufgehört, eine Seehafenstadt zu sein.

Erst der Bau des Nordhollandkanals 1819 brachte wieder einen, wenn auch ungenügenden, Anschluß an die offene See (Abb. 23).

Dieser Seeschiffszufahrt von Norden standen als Binnenschiffsanschluß zum Hinterland nur noch die holländischen Kanäle gegenüber. Da die Kanäle Anschluß an den Rhein hatten, bildeten sie auch die Verbindung zum weiteren Hinterland.

Am Anfang des 19. Jahrhunderts ist der Übergang vom Stapel- zum Transithandel[1] zu verzeichnen und damit das erhöhte Bedürfnis der Binnenschiffahrt vorhanden, die Waren direkt an die Seeschiffe abzugeben.

Zum Direktumschlag konnten die Kanalschiffe nach Durchfahren des Grachtensystems die neugeschaffenen Dockhäfen anlaufen. Die Schiffe erreichten durch die schon 1770 entstandene Prinsengracht das Westerdock und durch die als Verbindung für Binnenschiffe angelegte neue Herengracht sowie den Hauptarm der Amstel das Oosterdock.

Im Westerdock hatte die Prinsengracht ihren Anschluß am Vorhafen des Beckens, in das auch die Seeschiffe vom Docktor kommend, zunächst einlaufen mußten. Eine andere Zufahrt vom Binnenland her wurde durch die Schinkel und ihre Fortsetzung im Stadtgebiet, die Kostverloren Vaart gebildet. Diese mündete von Westen her in das Westerdock. Hinter dem Docktor mußten die Seeschiffe Drehmanöver ausführen, um in das eigentliche Becken zu gelangen. Binnenschiffe und Hafenfahrzeuge kreuzten also hier den Weg der Seeschiffe und liefen dann mit ihnen gemeinsam in das Becken ein. Auch im Oosterdock war die Situation nicht anders, auch hier waren die Grachten am rückwärtigen Teil des Vorhafens angeschlossen, und die Seeschiffe mußten mit den Binnenschiffen gemeinsam in die Becken einlaufen.

Dem vorwiegenden Zweck, dem Umschlag in Hafenleichtern und Binnenschiffe entsprechend, wurden sowohl das Ooster- als auch das Westerdock überwiegend mit Böschungen an der Stelle von senkrechten Ufereinfassungen versehen. Beide Häfen hatten auch der Umschlagsart entsprechende große Wasserflächen erhalten. Das Oosterdock ist maximal 250 m breit und war damit für den Wasserumschlag der damaligen Schiffe gut geeignet.

Die Größe der damals in Amsterdam verkehrenden See- und Binnenschiffe war verhältnismäßig gering, da die vorhandenen see- und binnenwärtigen Zufahrten die Zufahrt größerer Schiffe nicht erlaubte. Die Größe der Binnenschiffe kann etwa mit einer Länge von 17 m, einer Breite von 4,5 m bei 60 bis 100 t Tragfähigkeit angenommen werden, die der Seeschiffe mit einer Länge von 50 m und einer Breite von 12 m bei 1000 t Tragfähigkeit.

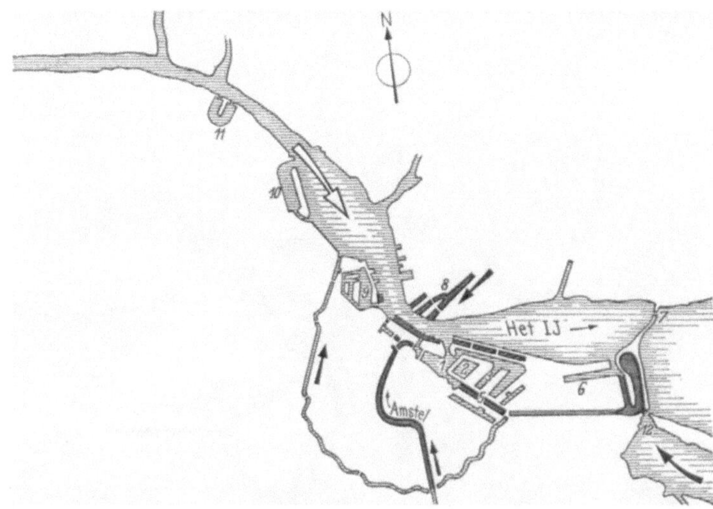

Abb. 24. Amsterdam 1900.
1 Oosterdock; *2* Marinedock; *3* Kattenburger Gracht; *4* Wittenburger Gracht; *5* Nieuwe Vaart; *6* Spoorweghafen; *7* Oranjeschleuse; *8* Nordhollandkanal; *9* Westerdock; *10* Holzhafen; *11* Petroleumhafen; *12* Merwedekanal; *13* Amstel.

Die Verbindung mit dem weiteren Hinterland über die holländischen Kanäle erwies sich als zu schlecht. Sie reichte wohl für den Verkehr mit den näheren Umland der Stadt aus, doch war sie nicht in der Lage, genügend Rheinverkehr an die Stadt heranzuführen.

Der unzureichende Binnenschiffsweg Amsterdams wurde im Jahre 1860 durch einen Eisenbahnanschluß ergänzt.

[1] Warenhandel ohne Zwischenlagerung, Verarbeitung oder Veränderung der Waren.

Die in den folgenden 20 Jahren angelegten Becken waren eindeutig nur auf den Eisenbahnbetrieb abgestellt. Weder die Suez-Kanal-Piers noch das Eisenbahnbecken, beide nach dem Abschluß des Y gebaut, berücksichtigten die Binnenschiffe besonders (Abb. 24).

Erst beim Bau der Handelskaje (1881) ist wieder eine Hinwendung zum Binnenschiff zu erkennen. Der Kai wurde auf fast die ganze Länge mit einem Binnenschiffskanal hinter den Schuppen versehen. Von ihm aus konnten die Binnenschiffe, unabhängig von den Löschvorgängen am Seeschiffskai, die Schuppen bedienen. Der Weg, auf dem die Schiffe den Kanal erreichen konnten, führte, da die Anlage zur Stadt hin, also der vorwiegenden Fahrtrichtung der Binnenschiffe entsprechend orientiert war, durch das Oosterdock. Hier erfolgte die Berührung mit den Seeschiffen, die dort das Massengut direkt auf Binnenschiffe umschlugen. Eine eigene Zufahrt für Binnenschiffe zu dem Kanal hinter der Handelskade wurde nicht geschaffen.

Bis 1850 war in Amsterdam das Stückgut als Umschlagsgut vorherrschend, dann begann auch das Massengut, eine größere Rolle zu spielen. Kohle und Erz wurden schon bald in Mengen umgeschlagen, die die des Stückgutes weit übertrafen. Zunächst wurde der Abtransport hauptsächlich von der Eisenbahn übernommen, doch stellte sich frühzeitig heraus, daß eine neue Verbindung zum Rhein unerläßlich war, um genügenden Anteil an dem schnell wachsenden Massengutverkehr zu bekommen.

Der daraufhin gebaute Meerwedekanal (1892) wurde über das Neue Tief angeschlossen und erhielt seine Mündung an der Nieuwe Vaart. Er war so ausgebaut, daß das 1000-t-Schiff auf ihm verkehren konnte.

Außer für die Verbindung zum Rhein mußte auch für entsprechende Massenguthäfen gesorgt werden. Da diese Becken in unmittelbarer Verbindung mit dem Meerwedekanal stehen sollten, wurde eine vor der Handelskade liegende Sandbank aufgehöht und hier die neuen Becken angelegt. Es entstanden zum Nordseekanal hin der Y-Hafen für Stückgut und damit wenig Binnenschiffsverkehr, als vorwiegende Massenguthäfen der Erz- und der Entrepôthaven. Diese sind zum Ijsselmeer hin geöffnet. Damit hatte man den vom Kanal kommenden Binnenschiffen den unmittelbaren Zugang zu diesen Häfen ermöglicht (Abb. 25).

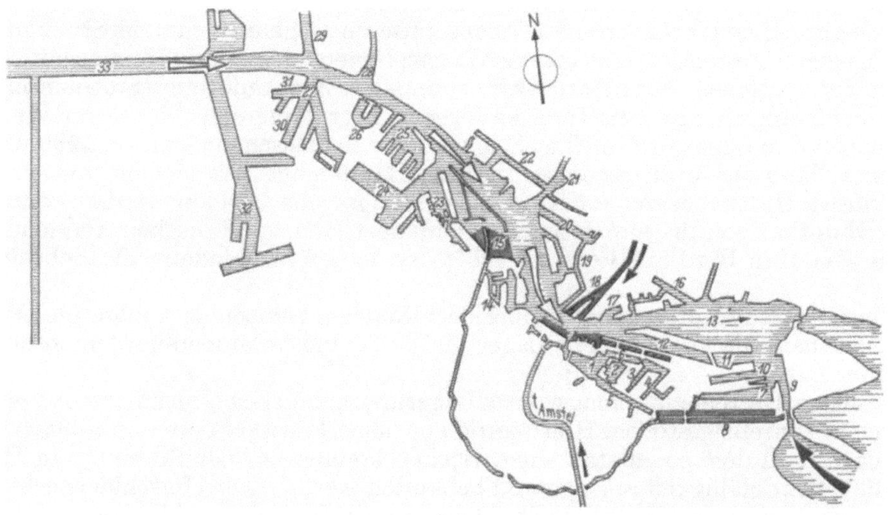

Abb. 25. Amsterdam 1965.

1 Oosterdock; *2* Marineetablissements; *3* Kattenburger Gracht; *4* Wittenburger Gracht; *5* Nieuwe Vaart; *6* Dijksgracht; *7* Entrepothafen; *8* Nieuwe Vaart; *9* Rijnkanal; *10* Spoorweghafen; *11* Ertshafen; *12* Ij-Hafen; *13* Het Y; *14* Westerdock; *15* Holzhafen; *16* Johan v. Hasseltkanal Ost; *17* Docks; *18* Nordhollandkanal; *19* Buiksloterkanal; *20* Johan v. Hasseltkanal West; *21* Zijkanal J; *22* Douweskanal; *23* Minervahafen; *24* Vlothafen; *25* Coenhafen; *26* Petroleumhafen; *27* Jan v. Riebeekhafen; *28* Zijkanal H; *29* Zijkanal G; *30* Usselincxhafen; *31* Carel-Reijniersz-Hafen; *32* Westhafen; *33* Nordseekanal.

Beim Anschluß des Meerwedekanals an den Hafen war erkannt worden, daß das Binnenschiff in Zukunft nicht mehr als Hauptaufgabe den Stückgut-, sondern den Massengutverkehr haben würde. Deshalb wurde auch die Speicherstadt bei der Führung des Kanals umgangen, und Eisenbahnanlagen und Stückguthäfen sowie Binnenschiffswege und Massenguthäfen einander zugeordnet worden. So war der Meerwedekanal unter Umgehung der Speicheranlagen in der Stadt direkt an die Massenguthäfen herangeführt worden. Die Stückgutanlagen und Speicher können von dort auf dem Weg durch den Hafen selbst oder die Neue Vaart erreicht werden. Eine Ausnahme bilden die Stückgutanlagen am Borneokai im Entrepôthaven, sie sind, wie die Massengutanlagen, direkt von den Binnenschiffen zu erreichen.

Der Borneokai erhielt, wie zuvor die Handelskade, einen rückwärtigen Anschluß für Binnenschiffe. Die zweigeschossigen Schuppen wurden auch auf der Seite des Binnenschiffskanals mit Kränen ausgerüstet. Wegen der geringen Kanalbreite von 22 m war die Abfertigung mehrerer nebeneinanderliegender Schiffe nicht möglich, und die Kräne reichten deshalb auch nur über ein Schiff. Auch auf der Seeschiffsseite reichen die Kräne, wie an der Handelskade, nur über ein Seeschiff, so daß der Direktumschlag auf das Binnenschiff mit Schiffsgeschirr erfolgen muß.

See- und Binnenschiff liefen nach dem Bau des Meerwedekanals auf getrennten Wegen den Hafen an und trafen vor der Beckeneinfahrt mit den Seeschiffen zusammen. Sie benutzten dann den gleichen Weg zu den gemeinsamen Umschlagseinrichtungen im Becken. So kreuzten die meisten aus dem Meerwedekanal kommenden Binnenschiffe die Wege der Seeschiffe, gleich, ob sie die Massenguthäfen anliefen oder weiter über den Y zu den Stückgutkais fuhren.

1926 wurden 2,4 Mio t auf 6291 Binnenschiffen über den Meerwedekanal in den Hafen befördert. Das bedeutet, daß etwa alle halbe Stunde ein Schleppzug mit 4 bis 5 Kähnen den Vorhafen der Massengutbecken passieren mußte und alle 6 Stunden ein Seeschiff in den Hafen geschleppt wurde. Da das Seeschiff in höchstens 15 Minuten die schmalste Stelle des Vorhafens am Erzhafen passiert hatte, war die Zuordnung von Kanalmündung und Vorhafen ausreichend. Gedreht wurden im Vorhafen nur kleinere Schiffe, für die größeren stand auf dem Y ein Wendebecken von 250 m Durchmesser zur Verfügung.

1925 wurde damit begonnen, eine neue Stückgutanlage, den Coenhaven, auf der Westseite der Stadt anzulegen. Hierbei übernahm man von der Handelskade und dem Borneokai das Prinzip des rückwärtigen Kanals als Binnenschiffszuweg zu den Schuppen. Es wurden im ersten Bauabschnitt zwei Kaizungen mit einem dazwischenliegenden gemeinsamen Becken für Binnenschiffe angelegt. Die Breite des Zugangsbeckens ist gegenüber dem Borneokai erheblich auf $2 \times 37{,}5$ m gewachsen, so daß neben den Umschlagsplätzen auch Liegeplätze für wartende Binnenschiffe vorhanden sind. Beim zweiten Ausbau des Coenhavens (1930) wurde neben der Bedienung der Schuppen durch Binnenschiffe auch dem Direktumschlag zwischen den Schiffsarten besonders Rechnung getragen. Die Binnenschiffe erhielten ihren Platz in einem 26 m breiten Becken zwischen Seeschiff und Schuppen. Das Becken wird von einer Umschlagsbrücke überspannt, die sowohl vom Seeschiff in das Binnenschiff als auch auf den Kai arbeiten kann.

An den Massengutanlagen erhielten die Binnenschiffe im Gegensatz zu den Stückgutanlagen zunächst keine eigenen Umschlagstellen an den Lagerplätzen. See- und Binnenschiffe wurden am gleichen Kai mit den gleichen Verladebrücken behandelt. Eine Änderung trat auch in Amsterdam erst im Zusammenhang mit der Schaffung kaiferner Lagerplätze ein. An die im Westhafen 1956 mit vier Verladebrücken ausgerüstete Umschlagsanlage für Massengut wurden 1960 weitere Lagerflächen mit einer Bandanlage angeschlossen. Diese Bandanlage wurde auch an ein zweites, für Leichter reserviertes Hafenbecken geführt, wo vom Lager aus beladen werden kann, so daß die Seeschiffe am Hauptkai von diesem Betrieb ungehindert laden und löschen können. Der Direktumschlag kann weiterhin Bord an Bord mit Hilfe der 50 m ausladenden Verladebrücken getätigt werden.

Wie zuvor bei den Stückgutanlagen, ist bei der Massengutumschlagsanlage im Westhafen das Bestreben zu erkennen, die nur mit dem Lager in Berührung kommenden Binnenschiffe von den Seeschiffen fernzuhalten.

Auch an der neuen Getreideumschlags- und Lagerungsanlage im Vlothaven haben die Binnenschiffe ihre eigenen Umschlagsstellen. Hier wurde vor dem Hauptkai eine Landungsbrücke in 50 m Abstand vorgelagert. In dem so entstandenen Becken können auf der Siloseite am Hauptkai nur Schiffe bis zu 3000 t Tragfähigkeit anlegen und behandelt werden. Die Umschlagsgeräte sind hier so gestaltet, daß sowohl Binnenschiffe als auch kleine Seeschiffe als auch Küstenschiffe abgefertigt werden können.

In dieser Zusammenfassung kommt am besten das starke Anwachsen der Binnenschiffsabmessungen zum Ausdruck. Mit 80 m Länge und 3,0 m Tiefgang haben die Binnenschiffe heute durchaus die entsprechenden Maße kleiner Küstenschiffe erreicht und sogar überschritten.

Die Liegeplätze der Binnenschiffe haben die Verlagerung der Umschlagsstellen im Amsterdamer Hafen nicht mitgemacht. Die Binnenschiffe haben ihre ursprünglichen Liegeplätze in Stadtnähe an der De Ruytekader beibehalten, sie jedoch auf den Binnenschiffshafen und den Alten Holzhafen ausgedehnt.

Diese Plätze liegen ungünstig, verhältnismäßig weit von den Umschlagsstellen der Seeschiffe entfernt. Ihre Lage kommt jedoch dem Bedürfnis der Schiffer nach bequemem Zugang zu Kaufhäusern und kulturellen Einrichtungen entgegen.

1952 wurde der Meerwedekanal durch den Amsterdam-Rhein-Kanal ersetzt. Der Kanal ist für 2000-t-Schiffe befahrbar. Der Amsterdam-Rhein-Kanal und der Meerwede-Kanal haben die gleiche Mündung in den Hafen. Als Folge davon müssen Binnenschiffe und Seeschiffe den Y und den Nordseekanal von der Mündung des Rhein-Kanals sowohl auf der Fahrt zu den gemeinsamen Umschlagsplätzen als auch zu den Liegestellen der Binnenschiffe gemeinsam benutzen.

Die enge Verbindung zwischen der Kanalzufahrt zum Hafen und den Massengutanlagen ist also mit der Verlagerung des Schwerpunktes dieser Anlagen in den Westhafen verlorengegangen. In der Planung für den weiteren Ausbau des Hafens ist eine teilweise Behebung dieses Mangels vorgesehen. Auf der Südseite des Nordseekanals sollen der Westhafen und die weiteren geplanten Massengut-, Öl- und Industriehäfen eine Verbindung zum Vlothaven erhalten, durch die die Binnenschiffe die einzelnen Hafenbezirke entgegengesetzt zur Seeschiffszufahrt anlaufen können. In den einzelnen Hafenbecken sind gemeinsame Zufahrten vorgesehen. See- und Binnenschiffe bleiben also nur auf verhältnismäßig kleinen Abschnitten der Hafenwege voneinander getrennt, nämlich nur auf den kurzen Verbindungsstücken zwischen dem Vlot- und Westhaven sowie zwischen dem Westhaven und dem weiter westlich gelegenen geplanten Hafenbezirk. Auf der Nordseite des Nordseekanals soll in der weiteren Zukunft ein Kanal die Binnenschiffe aus dem Hafen und vom Nordseekanal fernhalten, die von Amsterdam-Rheinkanal kommend die Mündungshäfen am Nordseekanal anlaufen wollen.

Zusammenfassend ergibt sich, daß die ältesten Hafenanlagen Amsterdams auffallend stark auf den Binnenverkehr, besonders mit dem der Stadt eigenen Hinterland, eingestellt waren. Die Seeschiffe lagen vor der Stadt. Die Binnenschiffe an den Speichern in den Grachten. Die Verbindung zwischen beiden wurde durch die Hafenschiffahrt hergestellt. An diesem Prinzip ändert sich nichts, weder durch die zweimalige Verlegung der Hafenzufahrt noch als der Anteil der Binnenschiffahrt zurückging und die Eisenbahn die entscheidende Bedeutung für den Hafen bekam.

Erst als der Massengutverkehr den Ausbau einer leistungsfähigen Binnenschiffahrtsstraße erzwang, änderte sich auch im Hafen die Verkehrslage. Das Binnenschiff suchte nicht mehr die Speicher in der Stadt auf, sondern wurde direkt in den Hafen geführt. Dort wurden Kanalmündung und Massengutbecken einander zugeordnet. Jedoch wurde diese Zuordnung nicht konsequent verfolgt, und die Binnenschiffe mußten die Liegeplätze gleichlaufend mit den Seeschiffen erreichen. Liegeplätze in der Nähe des Hauptumschlagsplatzes fehlten. Die Verkehrssituation verschlechterte sich noch, als der Hafen nach Westen längs des Nordseekanals ausgedehnt wurde. Binnenschiffe und Seeschiffe müssen heute im Hafen die gleichen Wege benutzen. Teilweise eigene Wege für die Binnenschiffe sind erst in der weiteren Ausbauplanung vorgesehen.

Im Gegensatz zur Verkehrsführung im Hafen wurden und werden die Binnenschiffe an den Umschlagsanlagen sowohl für Stück- und Massengut durch besondere Becken stark berücksichtigt.

Nicht im Gesamtbild des Hafens, sondern nur in den Einzelanlagen macht sich daher der Einfluß der Binnenschiffahrt in Amsterdam heute bemerkbar.

2.6 Rotterdam

Übersicht über die allgemeine Geschichte

1272 Die hinter einem die Rotte kreuzenden Deich gelegene Ansiedlung Rotterdam wurde mit Mauern befestigt.
1328 Rotterdam erhielt Stadtrechte.
1340 Die Rotterdamsche Schie wurde als Binnenschiffsverbindung zum Hinterland gegraben.
1566 Auf einer Karte aus diesem Jahr sind schon die Häfen Kolk, Steigersgracht und der Loewekanal zu erkennen.
1577 In den Gräben, die die Festungswerke beschützten, entstanden zwei neue Becken, die Blaak im Westen und der Nieuwe Haven im Osten,
1600 In dieser Zeit wurde das Haringvliet außerhalb der Befestigungsanlagen eingerichtet. Ihm folgen in den folgenden 25 Jahren der Leuwehaven anstelle des Loewekanals und die Boompjes. Etwa 50 Jahre später der Zalmhaven als Werfthafen. Die nun bestehenden Häfen bildeten in den nächsten 200 Jahren, zusammen mit der Maas, die Umschlagsstellen in Rotterdam.
1847 Mit dem Kanal von Voorne wurde eine zusätzliche tiefere Seeschiffszufahrt geschaffen und in der Folge die Willemskade und die Westerkade eingerichtet.
1852 Der Westhaven folgte als erstes neues Hafenbecken.
1857 Der Hafen von Rotterdam erhielt mit dem Ausbau der Oosterkade Anschluß an die Eisenbahn.
1863 bis 1871 wurde mit dem neuen Wasserweg eine den gestiegenen Ansprüchen gemäße weitere Seeschiffszufahrt zum Hafen geschaffen.
1874 bis 1879 Die von Dortrecht kommende Eisenbahnlinie wurde über die Maas geführt und begrenzte mit ihrer Brücke den Seeschiffshafen. Als Umfahrt für Binnenschiffe wurde der Königshafen gebaut. Es folgten der Spoorweghaven, der Binnenhaven und der Entrepôthaven.
Auf der Maas wurden Bojen für den Umschlag im Strom angelegt.
1884 Mit dem Ausbau des Rijnhavens für Binnenschiffe wurde begonnen.
1890 Nassau- und Persoonshaven wurden als reine Industriehäfen gebaut.
1893 Der Rijnhaven ist vertieft worden und wurde für Seeschiffe freigegeben. Die Binnenschiffe erhielten Liegeplätze im Parkhaven.
1894 Der erste Kattendrechtsche Haven wurde vollendet.
1896 Der zweite Kattendrechtsche Haven wurde fertiggestellt.
1902 Der Maashaven wurde eröffnet.

1907 Der erste Bauabschnitt des Waalhavens mit 25 ha Größe wurde fertig. Der Hafen ist für den Direktumschlag zwischen Binnen- und Seeschiffen vorgesehen.
1912 Mit dem Bau des Leck-, Ijssel- und Keilehavens für den Stückgutumschlag wurde begonnen.
1929 Das erste Hafensystem nach dem 1. Weltkrieg, der Mervehaven mit drei Becken, wurde gebaut.
1931 Der Waalhaven wurde erweitert und erhielt damit seine heutige Gestalt.
1935 Bau des ersten Petroleumhavens abgeschlossen.
1938 Baubeginn am zweiten Petroleumhaven. Der Bau des Hafens wurde erst nach dem Krieg abgeschlossen. In der gleichen Zeit wurde auch das erste Eemhavenbecken angelegt, dem nach 1957 die übrigen Häfen dieser Industriehafengruppe folgten: der Heyse-, Werk- und 2. Eemhaven sowie der Pr. Beatrixhaven und der Pr. Margariethaven für Stückgutumschlag.
1955 begann man mit dem Ausbau des schon während des Krieges erwogenen Botlekprojektes einschließlich des dritten Petroleumhavens.
1957 konnte das erste Seeschiff in diesem Hafen löschen.
1958 Der Ausbau des ersten Beckens des Europoorts wurde begonnen. Ende 1960 lief das erste Schiff ein.
1960 Der Botlekhaven wurde fertiggestellt.

In der Frühzeit des Rotterdamer Hafens, um 1300, war das Mündungsdelta der Rotte das Hafengebiet. Obwohl die Stadt von einer ganzen Reihe von künstlichen und natürlichen Wasserläufen durchzogen war, hatten nur zwei von ihnen einen Anschluß zur Maas. Dadurch ergab sich eine bogenförmige Verbindung von der Maas durch die Stadt und wieder zur Maas, bestehend aus dem oberen Mündungsarm, dem Hafen in der Stadt und dem unteren Mündungsarm der Rotte. Der Hafen in der Stadt war von drei Seiten aus zu erreichen, nämlich nur für Binnenschiffe aus dem holländischen Kanalsystem über die Rotte, für Binnenschiffe aus dem Deltagebiet und für Seeschiffe von See oder vom Rhein kommend durch die beiden Mündungsarme. Seeschiffe und Binnenschiffe benutzten gemeinsam sowohl den oberen als auch den unteren Mündungsarm. Das war dadurch begründet, daß die Maas tief genug war, um auch Seeschiffen die Fahrt maasaufwärts zu ermöglichen und, zum anderen, eine ganze Reihe von Kanälen in die Maas mündeten (Abb. 26).

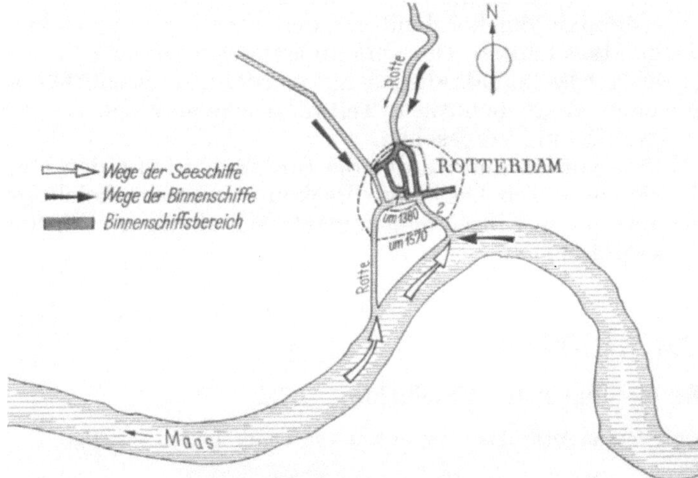

Abb. 26. Rotterdam.
1 Steigersgracht; *2* Binnenrotte.

Von den verschiedenen Mündungsarmen der Rotte hatten sich zwei als Häfen herausgebildet: die Steigersgracht und der Kolk.

Um 1340 erhielt Rotterdam neben der Rotte einen weiteren Binnenschiffsanschluß über die Rotterdamsche Schie. Über sie gelangt ein Teil der Binnenschiffe, die zuvor den Umweg über die untere Maas nehmen mußten, direkt an die Umschlagsstellen. Der untere Mündungsarm der Rotte stand damit fortan weitgehend nur der Seeschiffahrt zur Verfügung.

Bemerkenswert ist, daß die gemeinsamen Häfen für Binnen- und Seeschiffe schon von früh an mit einem Bohlwerk versehen waren, das ursprünglich als Befestigung des Ufers gedient haben wird, jedoch bald auch für den Umschlag von Nutzen war. Anlegen konnten hier allerdings nur kleinere Schiffe, die größeren blieben an Dalben oder vor Anker liegen und traten über Hafenfahrzeuge mit den an Land befindlichen Speichern in Verbindung.

Steigersgracht und Kolk blieben bis zur Mitte des 16. Jahrhunderts die alleinigen Häfen der Stadt. Um 1550 war der obere Mündungsarm der Rotte vorübergehend zur alleinigen Hafenzufahrt Rotterdams geworden. Der untere Mündungsarm der Rotte war so versandet, daß er für Seeschiffe nicht mehr zu benutzen war. Vor dem oberen Mündungsarm der Rotte trafen die Seeschiffe mit den von der Maas kommenden Binnenschiffen zusammen und fuhren mit ihnen auf den gemeinsamen Weg in die Hafenbecken, wo sie wiederum mit den Schiffen aus der Rotte und der Schie zusammentrafen.

Der alte Zustand war aber in Bezug auf die Seeschiffszufahrt schon 1566 nach dem Bau des Loewekanals wieder hergestellt worden. Der Hafen hatte von der Maas her wieder zwei Zufahrten. Beide Zufahrten wurden von Seeschiffen benutzt, der obere zusätzlich auch von den Binnenschiffen.

Der Bau des Loewekanals markierte auch den Beginn des Hafens als bedeutender Seehafen. Rotterdam war es nun endgültig gelungen, seine Konkurrenten auszuschalten. Nachdem vorher nur vereinzelte Seeschiffe den Hafen angelaufen hatten, war nun ein stetiger Verkehr vorhanden.

In der zweiten Bauperiode des Rotterdamer Hafens, etwa zwischen 1550 und 1650, wurde eine größere Anzahl neuer Hafenbecken geschaffen, die jedoch an dem bestehenden System der See- und Binnenschiffszufahrten nichts änderten; es änderte sich jedoch die Aufteilung des Hafens (Abb. 27).

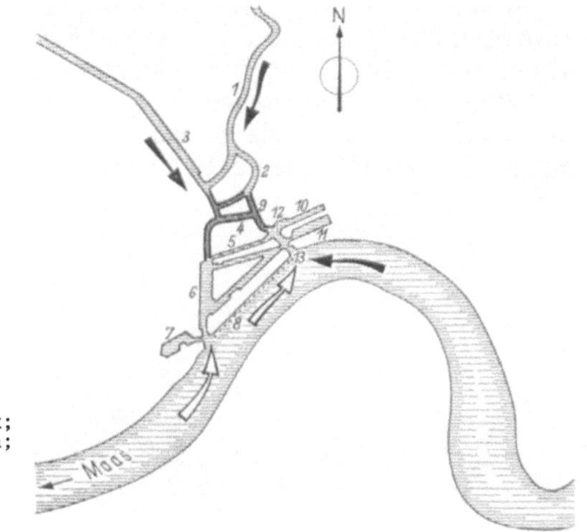

Abb. 27. Rotterdam 1650.
1 Rotte; *2* Binnenrotte; *3* Rotterdamsche Schie; *4* Steigergracht; *5* Blaak; *6* Leuwehaven; *7* Zalmhaven; *8* Boompjes; *9* Botersloot; *10* Nieuwe Haven; *11* Haringvliet; *12* Kolk; *13* Oude Haven.

Um den Platz in den Seehäfen gut zu nutzen, wurden schon zu Beginn der Bauperiode die Liegeplätze der kleinen Schiffe wie Flußschiffe, Hafenfahrzeuge und Marktkähne aus dem Seehafengebiet herausgezogen und in die Arme der Rotte, des Botersloot der Binnenrotte und die Delftsche Vaart verteilt.

Die beginnende Differenzierung der Schiffe und der Schiffahrt machte sich auch in der Hafenaufteilung bemerkbar. Die Binnenschiffe erhielten eigene Liegeplätze im landseitigen Hafenteil, wo sie sich von den Seeschiffen getrennt aufhielten. Die Umschlagsplätze und die Wege zu den einzelnen Becken in den Häfen waren jedoch für beide Verkehrsträger gemeinsam vorhanden. Die Binnenschiffe kamen sowohl von der Rotte und der Schie als auch von der Maas in den Hafen. Daher hatten die Becken, obwohl sie alle — mit Ausnahme des Neuen Hafens und des Haringsvliets — mit zwei Zufahrten versehen waren, keinen eigentlichen rückwärtigen Anschluß für Binnenschiffe.

Im Hafen ist um 1625 folgende Situation zu verzeichnen. Die Schiffe lagen streng getrennt nach ihren Arten. Die Becken Nieuwe Haven, Haringvliet, Blaak, Steigersgracht und Leuwehaven standen dem Seeverkehr zur Verfügung, Botersloot, Binnenrotte, Delftsche Vaart und Rotterdamsche Schie der Kanalschiffahrt. Das Gebiet um die Wuppe am Kolk gehörte den Hafenfahrzeugen als Liegeplatz. Steigersgracht und Haringsvliet beherbergten außerdem Reparatur- und Kalfaterwerften. Über Hafenfahrzeuge wurden die Schiffe gelöscht. Die Waren mit Fuhrwerken in die Speicher und in die Handelshäuser transportiert.

Gleichzeitig mit dem Bau des Leuwehavens wurden auch die Ufer der Maas vor der Stadt mit Dalben und Uferbefestigungen ausgerüstet, und damit verlagerte sich ein Teil des Seeschiffsverkehrs auf den Strom. So wurde eine Dreiteilung im Hafen erreicht. Die Binnenschiffe hatten ihre Liegeplätze in den Kanalmündungen und in den Kanälen der Stadt. Die Seeschiffe und Binnenschiffe hatten ihre Umschlagsstellen gemeinsam in den Stadthäfen and die Seeschiffe selbst hatten vor der Stadt außerdem Liegestellen und Umschlagsmöglichkeiten.

Wie in allen übrigen Häfen dominierte in jener Zeit der Stapelhandel. Es gabe keinen Direktumschlag ohne Zwischenlagerung. Alles Gut wurde zum Ufer hin umgeschlagen, wobei mit Direktumschlag zunächst nur der direkte Warenaustausch zwischen See- und Binnenschiff gemeint ist, da leistungsfähige Landverkehrswege vorerst noch nicht vorhanden waren.

Der Direktumschlag auf dem Wasser wurde in Rotterdam früher angewandt als in anderen Häfen. Das hat zwei Gründe: Am Mittelrhein befanden sich bedeutende Handelszentren, deren Kaufleute in der Lage waren, große geschlossene Partien abzunehmen und selbst zu vertreiben. Eine Sortierung dieser Partien brauchte nicht schon im Seehafen vorgenommen zu werden, sondern konnte erst beim Empfänger im Hinterland erfolgen. Der andere Grund bestand darin, daß in Rotterdam See- und Binnenschiffe gut zusammentreffen konnten. Es bestanden aus der Zeit des Stapelhandels keine technischen Maßnahmen, die die beiden Schiffsarten voneinander getrennt hätten.

Mit dem aufkommenden Direktumschlag und wachsender Schiffsgröße wurde gegen Ende des 18. Jahrhunderts die Maas mehr und mehr selbst zum Lösch- und Ladeplatz. Die stadtinneren Häfen dienten nun vor allem als Schutzhafen für die gegen Wind und Wellen empfindlichen Küsten- und Binnenschiffe. Hafenbecken wurden zum Direktumschlag in den nächsten 100 Jahren nicht gebaut; der Strom war groß genug, um diesen ständig wachsenden Verkehr aufzunehmen.

In der Folgezeit benutzten die aufwachsenden Industriezentren im deutschen Hinterland den Maashafen mehr und mehr als natürlichen Rheinmündungshafen. Bis zur Besetzung durch die Franzosen Ende des 18. Jahrhunderts liefen jährlich 1000 bis 1500 Seeschiffe ein. Ihnen entgegen kamen mehr als 10 000 Binnenschiffe und Hafenfahrzeuge, um die Ladung zu übernehmen.

1850 zu Beginn der neuen Bauperiode des Hafens hatte der Seeverkehr die stadtinneren Häfen vollständig geräumt. Die Seeschiffe — 1850 liefen 2000 Schiffe ein — wurden auf der Maas vor Anker oder am Ufer liegend gelöscht und geladen (Abb. 28).

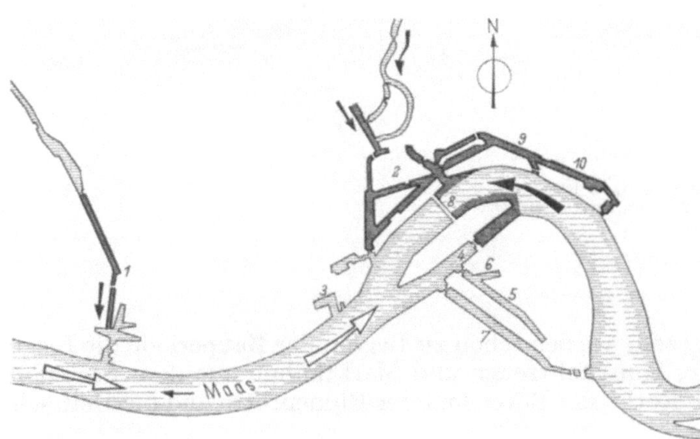

Abb. 28. Rotterdam 1880.
1 Delftsche Schie; *2* Stadtinnere Häfen; *3* Westerhaven; *4* Koningshaven; *5* Binnenhaven; *6* Entrepothaven; *7* Spoorweghaven; *8* Maasbrücke; *9* Boerengat; *10* Buizengat.

Für den Umschlag an Land wurden die Ufer längs der Maas ausgebaut und 1857 zum Teil mit Eisenbahnanschluß versehen. Die Stadthäfen standen jetzt ganz dem Umschlag der Binnenschiffe und als Aufenthaltsplätze sowie dem Leichterverkehr zur Verfügung.

Um einerseits weitere Liegeplätze für Binnenschiffe zu erhalten und andererseits die Stadthäfen für Binnenschiffe unter Umgehung der Seeschiffsumschlagsplätze im Strom erreichbar zu machen, wurden die beiden Hafenkanäle Boerengat und Buizengat ausgebaut. Das Binnenschiff sollte also nur noch zum Umschlag mit dem Seeschiff zusammenkommen und sonst vollständig getrennt von ihm gehalten werden. Dieses Bestreben kam auch darin zum Ausdruck, daß die Binnenschiffe auf der Maas nur an der stromaufwärts gelegenen Oosterkade festmachen durften. Die weiter unterhalb liegenden Ufermauern waren ihnen verwehrt.

Durch den Bau der Eisenbahnbrücke über die Maas im Jahre 1878 wurde die Trennung der Verkehrspartner durch eine konstruktive Maßnahme endgültig festgelegt. Die Brücke hindert die Seeschiffe daran, den Binnenschiffsbereich auf der Maas zu erreichen. Gleichzeitig wurde aber auch der Koningshaven angelegt und die Eisenbahn über ihn mit einer Drehbrücke überführt. Durch sie konnten auch die Binnenschiffe, die noch mit einem Mast versehen waren, weiterhin die Seeschiffe erreichen. Oberhalb der Brücke wurden Liegeplätze und Umschlagsplätze für Binnenschiffe angelegt. Unterhalb der Brücke diente der Koningshaven den Eisenbahnhäfen, Binnen-, Entrepôt- und Spoorweghaven als Vorhafen.

Diese neuen Häfen für die Seeschiffahrt waren notwendig geworden, denn gegen Ende des 19. Jahrhunderts gewann auch das Stückgut in Rotterdam wieder an Bedeutung. 1880 war es mit rd. 30% am Gesamtumschlag beteiligt. So mußte der Seeschiffahrt neben dem Umschlag auf das Binnenschiff auch die Möglichkeit gegeben werden, das Stückgut in hinreichendem Maße auf die Eisenbahn abzugeben. Der Spoorweghaven wurde mit den Seeschiffen auch von den Binnenschiffen angelaufen, die ihre Güter an die Eisenbahn abgeben wollten. Später rammte man an der Wurzel des Spoorweghavens noch Dalben ein, um auch den beiderseitigen Direktumschlag vornehmen zu können.

Beim Bau der Eisenbahnbrücke über die Maas und beim Bau des Koninghavens wurde wahrscheinlich die Schleppschiffahrt im Binnenbereich schon als maßgebend berücksichtigt. In diese Richtung deutet der Bau des Durchstichs zum Spoorweghaven, denn mit ihm waren alle Seeschiffshäfen von mastlosen Flußschiffen zu erreichen, ohne daß sich die Wege der beiden Verkehrsmittel berührten.

Maasabwärts kommend erreichten die Binnenschiffe die Seeschiffe an ihren Umschlagsstellen auf folgenden Wegen: Den Spoorweghaven, indem sie vor Feyenoord die Maas verließen und unter den Bahnanlagen hindurch, die jetzt kein Hindernis mehr darstellten, in das Hafenbecken einliefen, den unteren Koningshaven durch den oberen Koningshaven und die Drehbrücke, die Maasufer über die Maas selbst nach Passieren der großen Maasbrücke und den Leuwehaven durch die Stadthäfen. Die Binnenschiffahrt aus den Kanälen konnte die Seeschiffe entweder durch die Stadthäfen oder durch den Kolk und über die Maas erreichen. Damit hatten die Seeschiffahrt und die Binnenschiffahrt im Hafen ihre eigenen Bereiche und kamen nur zum Umschlag zusammen.

Der Hauptumschlagsplatz für den Verkehr zwischen den beiden Schiffsarten, die Maas, wurde verbessert, indem man 10 Bojen verlegte, von denen je zwei zum Festmachen eines Seeschiffes vorgesehen wurden. Dank dieser Maßnahmen wurde den Seeschiffen das Ankern gespart. Die Binnenschiffe und etwaige Umschlagsgeräte machten beidseitig vom Seeschiff fest.

So befriedigend die Verkehrsführung und die Aufteilung im Hafen zur Zeit war, sie war nicht weitsichtig genug vorgenommen worden, um lange bestehen zu können.

Im Winter ruhte der Flußschiffs- und der Seeschiffsverkehr noch weitgehend, was zur Folge hatte, daß im Winter — besonders viele Liegeplätze benötigt wurden. Dem gestiegenen Schiffsraum folgend — 1880 war die Anzahl der einlaufenden Schiffe auf 3460 Seeschiffe und 63 000 Binnenschiffe gewachsen — wurde die Anzahl der Binnenschiffsliegeplätze 1887 durch den Bau des Rheinhafens vermehrt (Abb. 29).

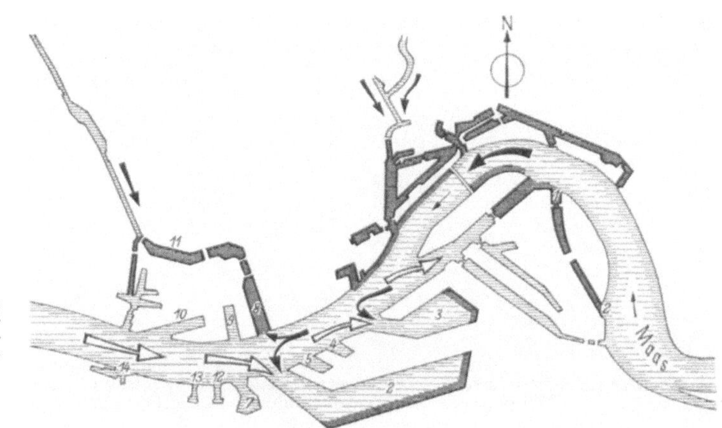

Abb. 29. Rotterdam 1908.
1 Nassauhaven; *2* Persoonshaven; *3* Rijnhaven; *4* 1. Kattendrechtscher Haven; *5* 2. Kattendrechtscher Haven; *6* Maashaven; *7* Dockhaven; *8* Parkhaven; *9* St. Jobshaven; *10* Schiehaven; *11* Coolhaven; *12* St. Janshaven; *13* Robbenoordhaven; *14* Kortenoordhaven.

Der Umschlag auf der Maas selbst ist schwierig, da die Fließgeschwindigkeit der Maas recht groß ist und bei Hochwasser bis zu 2,0 m/s erreicht. Die damit verbundenen Schwierigkeiten und Gefahren beim Längsseitsgehen der Binnenschiffe an den Seeschiffen, die oft noch durch starken Seegang und Wind erhöht wurden, ließen den Wunsch nach einem sicheren Becken zum Umschlag aufkommen. Da der Rheinhafen sich gut von beiden Schiffsarten anlaufen ließ, beschloß man, ihn für den Direktumschlag auszubauen. Er wurde auf 8,5 m vertieft und mit mehreren Dalbenreihen versehen. Ein Teil des Hafens wurde auch mit festem Kai, Lagerhäusern und Eisenbahnanschluß für den Stückgutumschlag hergerichtet. Die Binnenschiffe wichen zum Teil zum Parkhaven hin aus.

Nun trafen also, ausgelöst durch die Bestrebungen nach besserem und damit schnellerem Umschlag, See -und Binnenschiffe wieder auf ihren Wegen durch den Hafen zusammen. Drei Punkte, an denen die Seeschiffe wenig bewegungsfähig waren und an denen sie Hindernisse darstellten, mußten die Binnenschiffe auf ihrem Weg zum Rheinhafen kreuzen: Die Einfahrten zu den Eisenbahnhäfen, die Zufahrt zur Willemskade und die Einfahrt zum Rheinhafen selbst. Außerdem mußten auch noch die auf der Maas an Bojen liegenden Schiffe passiert werden. Deren Zahl hatte nach dem Bau des Rheinhafens entgegen den Erwartungen nicht abgenommen, sondern war im Gegenteil durch den schnell zunehmenden Umschlag noch gewachsen. Die Anzahl der Bojen mußte erhöht werden.

Um den schnell anschwellenden Verkehrsstrom aufzufangen — 1890 liefen schon 4535 Seeschiffe und etwa 90 000 Binnenschiffe den Hafen an — wurde 1890 der Bau des Maashafens begonnen. Er sollte im hinteren Teil der Binnenschiffahrt als Liegeplatz, im vorderen Teil dem Direktumschlag dienen. 1895 konnte ein Teil in Betrieb genommen werden, 1902 der gesamte Hafen.

Der Direktumschlag zwischen See- und Flußschiff, der in Rotterdam inzwischen schon 70% des Gesamtumschlages ausmachte, wurde auch im Maashafen an Dalben ausgeführt. Die Ufer des Hafens waren wie im Rheinhafen zunächst geböscht und wurden erst später mit Kaimauern versehen.

Nachdem die zuvor gebauten Häfen Binnenhaven und Spoorweghaven mit ca. 70 und ca. 100 m Beckenbreite vorwiegend für den Umschlag auf die Eisenbahn und zum Kaischuppen dienten, waren der Rheinhafen und besonders der Maashafen wieder deutlich von den Belangen der Binnenschiffahrt geprägt. Beide Häfen haben wenig senkrechte Kaistrecke, aber genügend große Wasserflächen und zahlreiche Dalben für kaifernen Umschlag zwischen See- und Binnenschiff erhalten. Die Breite des Maashafens erlaubte mit etwa 325 m bei der damaligen Schiffsgröße drei bis vier Seeschiffen nebeneinander in je zwei längsseitsliegende Binnenschiffe zu löschen oder zu laden.

Der Rheinhafen wurde zwar noch breiter angelegt, was jedoch nicht auf die Umschlagsbedürfnisse, sondern auf seinen ursprünglichen Zweck als Binnenschiffsliegehafen zurückzuführen ist.

Mit dem Bau des Maashafens als Umschlags- und Liegeplatz mischte sich im Rotterdamer Hafen zunehmend der See- und Binnenverkehr. Die Binnenschiffe mußten auf der Fahrt zu diesem Hafen nicht nur die schon genannten Wendeplätze kreuzen, sondern zusätzlich auch noch die Wege der Seeschiffe, die die nun auch ausgebauten Kattendrechtschen Häfen anliefen.

Das beim Rhein- und Maashafen erkennbare Bestreben für den Direktumschlag von Massengut breite Becken vorzuhalten, wurde auch beim Bau des Waalhavens 1907 bis 1931 deutlich sichtbar. Es wurden Massengutumschlagsbecken bis zu fast 500 m Breite angelegt (Abb. 30).

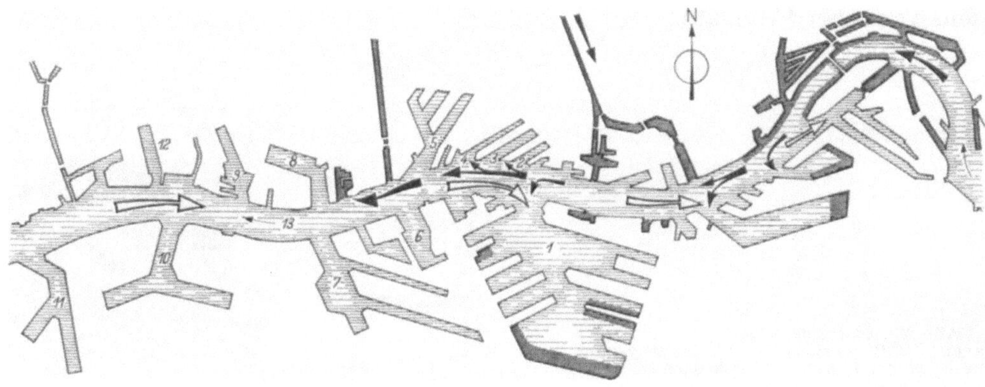

Abb. 30. Rotterdam 1960 (ohne Botlekhäfen).
1 Waalhaven; *2* Ijsselhaven; *3* Lekhaven; *4* Keile Haven; *5* Merwe Haven; *6* Heyse Haven; *7* Eemhaven; *8* Wilhelminahaven; *9* Wiltonhaven; *10* 2. Petroleumhaven; *11* 1. Petroleumhaven; *12* Vulcaanhaven; *13* Nieue Waterweg.

Die mit im Waalhaven gelegenen Stückguthäfen sind dagegen mit ca. 100 m verhältnismäßig schmal ausgebildet. Etwa die gleiche Breite wie diese Stückguthäfen erhielten auch die bis 1930 — also zur gleichen Zeit — angelegten Stückguthäfen am Nordufer der Maas, obwohl nach wie vor auch ein erheblicher Teil des Stückguts von Binnenschiffen angeliefert und abgeholt wurde. Die Erklärung ist darin zu suchen, daß die Schiffe des Linienverkehrs in der Regel einen Teil des Gutes am Kai oder in die Schuppen umschlagen, also am Kai anlegen und dort nur auf einer Seite von Binnenschiffen bedient werden können.

Im Gegensatz z. B. zu Hamburg besteht in Rotterdam die Aufgabe der Kaikrane darin, den Umschlag vom Seeschiff auf das Binnenschiff zu übernehmen und nicht den Umschlag zwischen Seeschiff und Ufer. Die Ausladung der Krane war und ist deshalb in Rotterdam größer als in den anderen europäischen Häfen. Sie betrug 1930 schon bis 26 m eine Reichweite, die zwar eine beachtliche Größe darstellte, jedoch nicht ausreichte, um mehr als ein wasserseitig des Seeschiffes liegendes Binnenschiff zu erreichen. Die Beckenbreite von 100 bis 120 m reichte daher bei der damaligen Schiffsbreite und bei der möglichen Reichweite der Krane für den Stückgutumschlag vollständig aus. Es konnte auf jeder Beckenseite ein Seeschiff und ein Binnenschiff nebeneinander liegen, ohne die Durchfahrt zu blockieren.

Die mögliche Ausladung von Kaikranen war bis zum Jahre 1956 auf 40 m gewachsen, ohne dabei die Kaikonstruktion wesentlich höher zu beanspruchen. Es kann damit, obwohl inzwischen auch die Abmessungen der Regelschiffe zugenommen haben, ein zweites längsseitsliegendes Binnenschiff erreicht werden. Eine größere Beckenbreite in den seitdem angelegten Stückguthäfen Pr. Beatrix- und Pr. Margriethaven ist die Folge.

Auch die für den Erzumschlag im Waalhaven aufgestellten Verladebrücken besaßen bereits 1923 in der Regel eine Ausladung von 42,75 m und waren damit speziell für den Direktumschlag zum Binnenschiff hin eingerichtet. Zum Löschen von „Sonderdampfern" mit 10 000 t Tragfähigkeit wurde der Hafen 1923 sogar mit einer Brücke ausgerüstet, deren beweglicher Ausleger über 54 m Länge hatte, also über ein See- und drei Binnenschiffe reichte. Man war also bestrebt, möglichst viele Kähne zu erreichen, um das Auswechseln der Schiffe und damit einen Zeitverlust zu vermeiden. Mit der Errichtung von Verladebrücken, die auch den Umschlag zwischen See- und Binnenschiff übernehmen können, verlegte nach den Stückgutfrachtern eine weitere Schiffsgruppe, die Erzschiffe, ihre Umschlagsplätze auch für das Laden in Binnenschiffe vom Strom an das Ufer. Mit landfesten Umschlagsanlagen läßt sich auch im Schiff-Schiff-Umschlag besonders bei schweren Gütern eine größere Leistung erzielen als mit schwimmenden Geräten. Hiermit wurde eine Entwicklung eingeleitet, die den Umschlag auf dem Strom mehr und mehr zurückgehen ließ.

Dadurch, daß die seit der Mitte des 19. Jahrhunderts gebauten neueren Hafenbecken alle nur eine Verbindung zur Maas haben und gesonderte rückwärtige Zufahrten für Binnenschiffe völlig fehlen, kommen die Binnen- und Seeschiffe sowohl auf der Maas als auch an den Hafeneinfahrten in Berührung. Besonders in den Hafeneinfahrten sind dadurch erhebliche Behinderungen zu verzeichnen.

Im Jahre 1935 bereits bestand ein Plan, den Verkehrsablauf im Rotterdamer Hafen dadurch reibungsloser zu gestalten, daß man den größten der Massenguthäfen, den Waalhaven, mit einem rückwärtigen Binnenschiffszugang versehen wollte. Dazu sollte ein Kanal die Stadt südlich umgehen und die Binnenschiffe von der Maas abziehen. Der Plan ist durch den zweiten Weltkrieg nicht zur Ausführung gekommen, doch wurde der Gedanke nach dem Krieg wieder aufgegriffen. So sollen die Europoorthäfen einen rückwärtigen Verbindungskanal zur alten Maas erhalten, auf der die Binnenschiffe die durch die Stadt und den Hafen führende Maasstrecke umgehen können. Die Bedeutung dieser Verbindung wird um so größer sein, je mehr sich der Umschlag von trockenem Massengut mit den immer noch wachsenden Schiffsgrößen in die tieferen und leichter zugänglichen Europoorthäfen verlagern wird. Für den Transport von flüssigen Gütern wird sie keine Rolle spielen, da hierfür in steigendem Maße Rohrleitungen gebaut werden (Abb. 31).

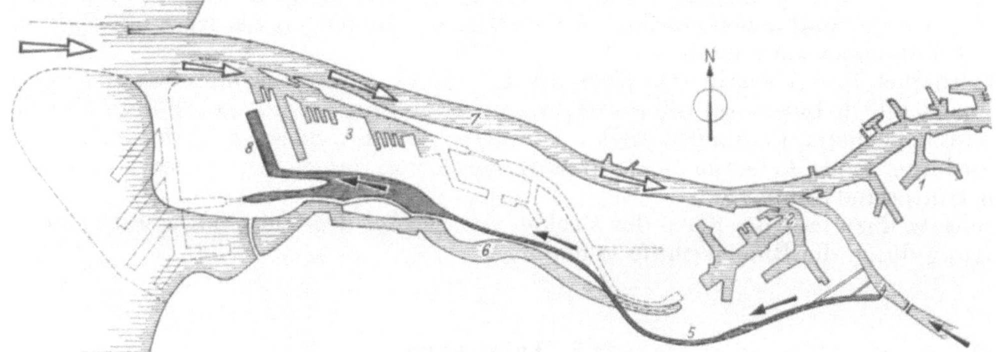

Abb. 31. Rotterdam 1965 (Botlek und Europoort).
1 Pernis; *2* Botlek; *3* Europoort; *4* Oude Maas; *5* Hartelkanal; *6* Brielse Meer; *7* Nieuwe Waterweg; *8* Binnenschiffshafen.

In der Planung von 1961 ist vorgesehen, daß der als Lateralkanal bezeichnete Binnenschiffskanal[1] nicht direkt mit den offenen Seehäfen verbunden wird. Um das Brielse Meer, durch das der Lateralkanal zum Teil führt und in dem Liegeplätze angeordnet werden, als Süßwasserspeicher zu erhalten, soll er sowohl gegen die Oude Maas als auch gegen die im 3. Ausbauabschnitt vorgesehenen westlichen Seehäfen abgeschleust werden. Lediglich das Industriehafensystem zwischen Botlek und Europoort wurde als geschlossener Hafen direkt zugänglich gemacht.

Der im ersten Ausbauabschnitt vorgesehene Erzhafen erhält einen parallelen Binnenschiffshafen, der nicht mit den Seehafenbecken in Verbindung steht, also auch zum Direktumschlag nicht von Binnenschiffen angelaufen werden kann. Die Erzschiffe sollen in kürzester Zeit mit sehr leistungsfähigen Umschlagsgeräten auf Lager gelöscht werden, während die Beladung der Binnenschiffe und Schubleichter auf der Rückseite des Lagers kontinuierlich erfolgen soll. Der teuere, gebrochene Umschlag wird im Interesse der gleichmäßigen Beschäftigung der Binnenschiffe und des schnelleren Seeschiffsumlaufes dem Direktumschlag vorgezogen. Es wird durch den Umschlag über Lager vermieden, daß auf der Binnenseite ein entsprechend der Seeschiffsgröße starker Stoßverkehr auftritt oder daß das Seeschiff länger als es die heute mögliche Umschlagstechnik erfordert, im Hafen liegen muß.

[1] Auch als Hartelkanal bezeichnet.

Auch die große Ansammlung von Binnenschiffen unmittelbar am Seeschiff wird so umgangen. Wirtschaftliche und verkehrliche Gesichtspunkte führen also wieder zum Auseinanderrücken von See- und Binnenschiff.

Der Massenguttransit mit zwischengeschaltetem Lager kommt insbesondere auch dem Verkehr mit Schubleichtern entgegen. Dieser Schiffsart ist noch mehr als den normalen Binnenschiffen an einem fahrplanmäßigen Betrieb gelegen, sie ist besonders empfindlich gegen die unausbleiblichen Störungen des Seeverkehrs. Die Einschaltung eines Ausgleichslagers verhilft der Schubschiffahrt zu einer sicheren Einhaltung des Fahrplanes.

Bei der Bemessung der Schleusen zwischen Lateralkanal und Oude Maas wurden die in ständig zunehmendem Maß zur Anwendung kommenden Schubeinheiten bereits berücksichtigt[1].

Das Verhältnis zwischen den Schiffsarten kann folgendermaßen zusammengefaßt werden: In der Frühzeit des Rotterdamer Hafens benutzten See- und Binnenschiffe die im Stadtgebiet liegenden Häfen gemeinsam als Liege- und Umschlagsstellen. Mit der zweiten Bauperiode des Hafens nach 1550 erhielten die Binnenschiffe zunehmend eigene von den Umschlagsstellen getrennte Liegeplätze zugewiesen. Diese Entwicklung erreichte nach dem Bau der Eisenbahnbrücke über die Maas ihren Höhepunkt. Die Binnenschiffe besaßen eigene von den Umschlagsstellen entfernte Liegeplätze und kamen daneben auch auf eigenen Wegen zu den gemeinsamen Umschlagsstellen. Mit dem Bau des Rheinhafens wird diese klare Linie verlassen und die Binnenschiffe erhalten in der Folgezeit neben den dem Seeverkehr nicht mehr zugänglichen Stadthäfen die hinteren Teile der Umschlagshäfen zugewiesen. See- und Binnenschiff werden auf den Wegen im Hafen nicht getrennt. Ein erneutes Auseinanderrücken der Schiffsarten zeichnet sich für den Massengutbereich erst jetzt in den Planungen für das Europoortgebiet als Folge verkehrlicher und wirtschaftlicher Überlegungen wieder ab.

Der Direktumschlag vom Seeschiff auf das Binnenschiff und umgekehrt ist in Rotterdam zunächst im Strom durchgeführt worden und nach dem Bau der ersten großen Becken für diesen Umschlag in dieser Form beibehalten worden.

Die Seeschiffe legten also nicht im Hafen an, sondern blieben zum überwiegenden Teil an Dalben in der Beckenmitte, um dort mit Hilfe von schwimmenden Umschlagsgeräten auf beiderseits liegende Binnenschiffe umzuschlagen. Dieser Umschlagsart entsprechend sind die Massengutbecken breit angelegt worden und haben nur dort, wo am Ufer umgeschlagen werden muß, senkrechte Kais. Sonst sind Böschungen vorhanden.

Im Rotterdamer Hafen wurde also trotz des sehr starken Binnenschiffsverkehrs der Verkehrsträger Binnenschiff in Bezug auf seine Führung im Hafen nur im 19. Jahrhundert für kurze Zeit und dann erst bei neueren Planungen wieder besonders beachtet. So ist ein Hafen entstanden, dessen Beckenanordnung heute keinerlei Beeinflussung durch den immer sehr hohen Anteil der Binnenschiffe am Hinterlandverkehr zeigt.

Im Gegensatz dazu läßt die Form der Becken wie die Art der Umschlagsgeräte eine starke Berücksichtigung durch die Binnenschiffe erkennen.

2.7 Antwerpen

Übersicht über die allgemeine Geschichte

1279 Mit dem Bischof von Köln wurde ein Vertrag über die Zölle auf dem Rhein geschlossen und damit der Weg zum Hinterland gesichert.

1520 Der Hafen der Stadt bestand aus Bohlwerken an der Schelde mit dazwischenliegenden Einbuchtungen, die als Strandhäfen dienten. In die Stadt hinein führten Grachten.

1540 Antwerpen wurde das Haupt der vlämischen Hanse.

1648 Durch den Westfälischen Frieden fällt das Gebiet der Scheldemündung an die Holländer, die die Schelde sperren.

1792 Die Schiffahrt auf der Schelde und Maas wird durch die französische Konstituante für frei erklärt. Als Hafen besteht nur noch die Schelde; die Grachten sind zugeschüttet worden.

1811 Eröffnung des Bonapartebeckens als erstes gegrabenes Becken; es diente der Kriegsflotte.

1813 Eröffnung des zweiten Kriegshafenbeckens, des Willemsbeckens.

1814 Das Bonaparte- und Willemsbecken wurden für Handelszwecke freigegeben.

1830 Nach dem Abfall Belgiens von den Niederlanden wird die Scheldeschiffahrt durch einen Zoll behindert und die Verbindung zum Rhein gesperrt.

1843 Als Ersatz für die fehlende Verbindung zum Rhein wird die Eisenbahn nach Köln in Betrieb genommen.

1860 Inbetriebnahme der Kattendijkschleuse und eines Teiles des Kattendijkbeckens.

1863 Der Scheldezoll wird abgelöst.

1864 Um den sich ausweitenden Verkehr aufzunehmen, wird das Holzbecken angelegt.

1873 Die Freigabe des Rheines hat den Bau des Kempischen und Asiabeckens zur Folge.

[1] Die Schleusen sollen eine Länge von 260 m und eine Breite von 24 m erhalten. Sie werden damit für die z. Z. auf dem Rhein zugelassenen Schubverbände von 185 m Länge und 22,40 m Breite bei 4 Leichtern ausreichen. Der Kanal selbst soll eine Breite von 115 m bei 5 m Tiefe erhalten.

1882 Um für die wachsende Zahl von Binnenschiffen Liegeplätze besonders im Winter zu haben, wurden das Kohlen- Schiffer- und Steinbecken gebaut.
1883 Für die Linienschiffahrt wurde mit dem Ausbau des Scheldekais begonnen.
1887 Der Hafen wurde durch das Verbindungs-, Lefèbvre- und Amerikabecken erweitert.
1907 Der erste Abschnitt des Albertbeckens mit dem Ersten Hafenbecken entstand und wurde durch die Royersschleuse an die Schelde angeschlossen.
1914 Das Zweite und Dritte Hafenbecken wurde in Betrieb genommen.
1922 Das Becken für Binnenschiffe wurde zwischen dem ersten und zweiten Hafenbecken eingerichtet.
1928 Die Albert-Hafengruppe wurde abgeschlossen und das Hafensystem mit Verbindungsbecken, Leopoldbecken, Hansabecken und van Caulwelaertschleuse in Betrieb genommen.
1932 Als weiteres Becken wurde das Vierte Hafenbecken angelegt.
1934 Durch den Bau des Straßburgbeckens als Liegeplatz für Binnenschiffe wurde der im Bau befindliche Albertkanal an den Antwerpener Hafen angeschlossen.
1939 Der Albertkanal wurde auf seine ganze Länge voll befahrbar und ein weiteres Becken für Binnenschiffe, das Lobroekbecken an seiner Mündung angelegt.
1951 wurde mit der Erweiterung des Hafens wieder begonnen und der Petroleumhafen gebaut.
1955 wurde die Boudewijnschleuse dem Verkehr übergeben.
1956 Der Zehnjahresplan zur Erweiterung des Hafens in nordwestlicher Richtung wurde beschlossen.
1957 Das Fünfte Hafenbecken wurde begonnen und 1960 mit dem Industriebecken zusammen in Betrieb genommen.
1959 Mit dem Bau des Sechsten Hafenbeckens wurde begonnen.
1961 Die Schleuse Sandvliet und die Kanalbecken wurden angefangen.
1962 Am Hansabecken wurde ein Becken für Großtanker fertiggestellt.
1964 Der Bau des Siebten Hafenbeckens wurde begonnen.

Obwohl Antwerpen der älteste Hafen in der Reihe der behandelten nordwesteuropäischen Seehäfen ist, wurden in ihm Hafenbecken erst verhältnismäßig spät angelegt. Bis zum Jahre 1811 genügte den Seeschiffen die Schelde vor der Stadt als Anker- und Umschlagsplatz. Dort waren die Schiffe durch mehrere Flußbiegungen vor Seegang geschützt.

Wie aus alten Stichen hervorgeht, führte im Mittelalter die Stadtmauer dicht am Wasser entlang, regelmäßig unterbrochen von rechteckigen Landvorsprüngen, die mit senkrechten, hölzernen Uferbefestigungen abgefangen waren. Sie dienten als Lagerplätze für die ankommenden und ausgehenden Güter. Die leichten Bohlwerke waren mit Treppen ausgerüstet.

Die Landvorsprünge waren nicht der einzige Landeplatz für die Hafenfahrzeuge, die auch hier in Antwerpen die Verbindung zwischen den Seeschiffen und dem Land versahen. Über Grachten und kleine Nebenflüsse wie die Burchtgracht, die Kaas und die Meir waren für sie auch die Speicher und Packhäuser in der Stadt erreichbar. Diese Nebenarme der Schelde hatten keinen Anschluß an weitere Binnenwasserstraßen, sondern dienten ausschließlich dem Schiff-Speicherverkehr.

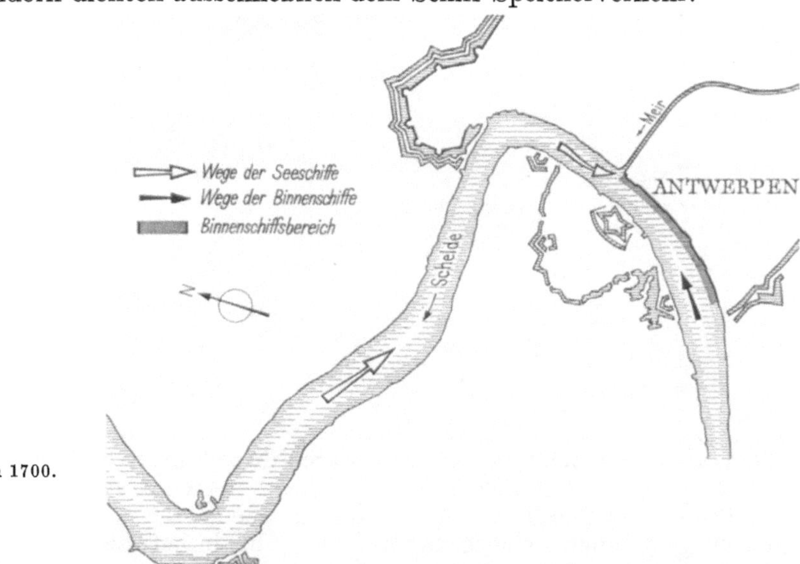

Abb. 32. Antwerpen 1700.

Die Binnenschiffe kamen bis zum Ende des 16. Jahrhunderts ausschließlich die Schelde abwärts zum Antwerpener Hafen. Der die Seeschelde benutzende umfangreiche Rheinverkehr kann in seiner Frühzeit bis etwa 1600 nicht als Binnenschiffsverkehr angesprochen werden, da seine Schiffsgrößen sich bis dahin kaum von den Seeschiffen unterschieden. Dann wurde auch hier die Kluft größer und die Binnenschiffe so stabil, daß man auch die im Antwerpen-Rheinverkehr fahrenden Schiffe als Binnenschiffe bezeichnen kann. Nennenswerten Umfang gewann dieser Verkehr jedoch erst im 19. Jahrhundert nach der Aufhebung der Scheldeblockade.

Die Binnenschiffe hielten sich in der Regel im Gebiet flußaufwärts der Meirmündung auf, benutzten jedoch auch die Schelde abwärts gelegenen Umschlagsplätze.

Die Seeschiffe liefen den Hafen von der Westerschelde her an und ankerten auf der Schelde vor der Stadt. Da in der Schelde oberhalb der Meirmündung die Tiefe nicht ausreichte, benutzten die Seeschiffe nur die unterhalb gelegene Flußstrecke, so daß See- und Binnenschiffe getrennte Liegeplätze hatten.

Die Schelde bildete also sowohl die Zufahrt und beherbergte auch die Liegeplätze für beide Verkehrspartner (Abb. 32).

Der Hafenverkehr vollzog sich bis 1800 in der bei Stromhäfen üblichen Weise. See- und Binnenschiffe begegneten sich zum Umschlag vor den Mauern der Stadt. Wegen ihrer Unbeweglichkeit blieben Seeschiffe im Strom vor Anker liegen. Die Binnenschiffe hingegen konnten infolge ihrer Bauweise an den Landzungen anlegen und hier entladen. Liegeplätze für die Hafenfahrzeuge fanden sich in kleinen Häfen bei den Landvorsprüngen.

Unter Napoleon fand die Epoche in der die Schelde der alleinige Hafen Antwerpens gewesen war ihr Ende. Im Rahmen seiner Vorbereitungen für die Besetzung Englands baute er in Antwerpen zwei Hafenbecken, die mittels eines Docktors vor den Tideschwankungen der Schelde geschützt waren. Diese beiden Becken dienten ausschließlich Kriegsschiffen als Ausrüstungs- und Liegeplatz.

Noch wichtiger als der Bau eines Kriegshafens war für Antwerpen jedoch die Proklamation der freien Schiffahrt auf der Schelde (1792). Damit erhielt der Hafen erstmals wieder einen freien Zugang zur See seitdem Belgien 1648 von den Niederlanden abgetrennt und dabei die Scheldemündung gesperrt worden war.

Der tatsächliche Umschwung trat erst ein, als nach 1815 das Bonaparte- und das anschließende Willemsdock der Handelsschiffahrt zur Verfügung gestellt wurde und Antwerpen damit zum ersten Mal Becken mit senkrechten Kaimauern bei annähernd konstantem Wasserspiegel bekam. Die Becken waren jedoch nicht den spezifischen Bedürfnissen der Handelsschiffahrt entsprechend gebaut, sondern den Bedürfnissen der Kriegsschiffahrt angepaßt. Es war also Zufall, daß die ersten künstlichen Becken des Antwerpener Hafens bei einer Beckenbreite von 150 m auch dem aufkommenden Direktumschlag in das Binnenschiff genügen konnten (Abb. 33).

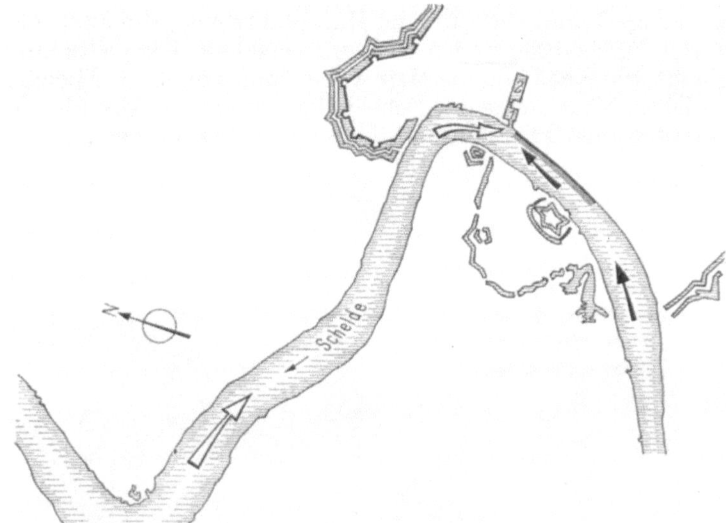

Abb. 33. Antwerpen 1835.
1 Bonapartebecken; *2* Willembecken.

Um als Reede dienen zu können, waren diese Becken zu klein, also lagen sowohl Binnen- als auch Seeschiffe weiterhin auf der Schelde und ankerten dort. Nur zum Umschlag vom Schiff auf das Land und vom Schiff zu Schiff wurde in den Hafen eingelaufen. Daneben wurde sowohl Direktumschlag als auch Leichterung auf der Schelde betrieben. Der Hafenbetrieb hatte sich also nur zum Teil in die Becken verlagert. Das ist nicht verwunderlich, denn die Becken waren mit Docktoren versehen und daher nicht immer zugänglich.

Im Jahre 1830 wurde, nach nur 15 Jahren, die Aufbauperiode des Hafens wieder unterbrochen. Als Folge der erneuten Lostrennung Belgiens von den Niederlanden sperrten die Holländer den Rhein für alle nach Antwerpen fahrenden Schiffe. Damit war die Scheldestadt ihrer wichtigsten Verbindung zum Hinterland beraubt. Der verbleibende Binnenschiffsweg scheldeaufwärts verband den Hafen zwar mit dem belgischen Hinterland und dem französischen Kanalnetz, hatte jedoch nicht die gleiche wirtschaftliche Bedeutung wie der Rhein.

In hafenbautechnischer Hinsicht hatte diese Sperrung eine entscheidende Bedeutung: der Hafen wurde zum „Eisenbahnhafen".

Nachdem nun alle Verhandlungen gescheitert waren, um Antwerpen wieder über den Rhein mit seinem Hinterland zu verbinden, mußte ein anderer Weg dahin gesucht werden, wenn der Hafen nicht wieder in seine provinzielle Rolle zurückfallen sollte. Mit dem Bau von Eisenbahnen war in Belgien 1835 begonnen worden, und so lag es nahe, auch Antwerpen an die Bahn anzuschließen. 1843 wurde dieser Anschluß mit der Strecke Köln—Antwerpen — der „Eiserne Rhein"— eröffnet. Antwerpen wurde „Eisenbahnhafen" und schlug in den nächsten 100 Jahren den überwiegenden Teil der Waren über die Eisenbahn um.

Die vollständige Sperrung des Rheins bestand bis 1873, erst dann hatten die Verhandlungen zur Aufhebung einen Erfolg. Über 40 Jahre lang war der Hafen von seiner Hauptbinnenschiffszufahrt abgeschnitten und damit praktisch für Binnenschiffe gesperrt gewesen.

Diese Tatsache ist deshalb so wichtig, weil in diese Zeit eine Reihe von Hafenneubauten fielen. Bis 1873 wurden das Kattendijk-, Holz-, Kempisches und Asiabecken gebaut. Infolge des Fehlens der Binnenschiffahrt brauchte bei der Planung nur die Eisenbahn berücksichtigt werden. Es kam also darauf an, Becken zu bauen, die leicht mit Schienenanschluß versehen werden konnten. So entstanden die langen, schmalen, immer im rechten Winkel zueinanderstehenden Becken des heutigen alten Hafenkomplexes (Abb. 34).

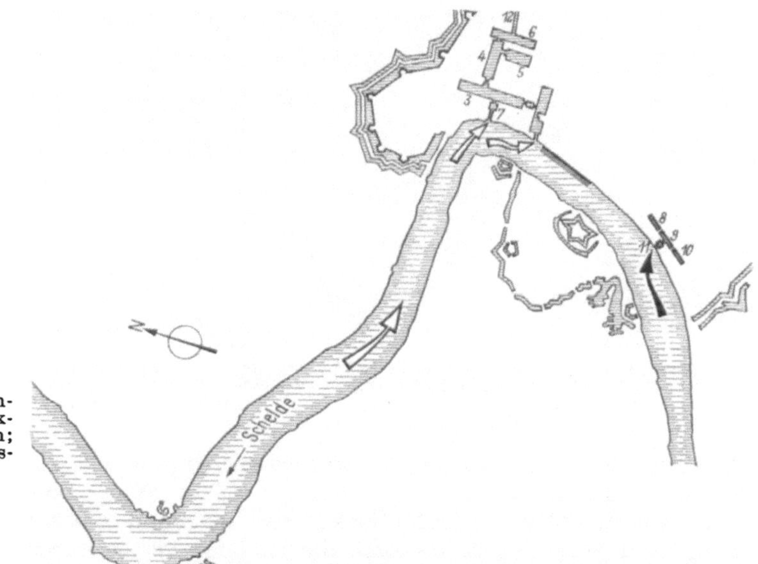

Abb. 34. Antwerpen 1885.
3 Kattendijkbecken; *4* Holzbecken; *5* Kempisches Becken; *6* Asiabecken; *7* Kattendijkschleuse; *8* Kohlenbecken; *9* Schifferbecken; *10* Steinbecken; *11* Südschleuse; *12* Maas-Schelde-Kanal.

Als 1873 die Sperrung der durch Holland führenden Wasserstraßen aufgehoben wurde, begann das Binnenschiff wieder ein wichtiger Faktor im Hafengeschehen zu werden.

Gleichzeitig mit dem wieder geöffneten Rhein erhielt der Hafen auch eine weitere, neue Binnenschiffsverbindung. Die bereits Mitte des 19. Jahrhunderts begonnene Verbindung zur Maas wurde mit der Fertigstellung des Asiabeckens in den Hafen eingeführt. Der Maas-Schelde-Kanal, später Kempischer Kanal genannt, und der daran angeschlossene Maas-Seitenkanal stellten jedoch nur eine unzureichende Verbindung zwischen dem Industriegebiet um Lüttich und Antwerpen dar. Der Kanal war nur für Schiffe bis zu 450 t befahrbar. Zwischen Maas und Schelde mußten 24 Schleusen überwunden werden.

Bis 1882 hatte der Binnenschiffsverkehr im Hafen wieder so stark zugenommen, daß der Bau besonderer Liegebecken für die Binnenschiffe notwendig wurde. Es wurde parallel zur Schelde und in unmittelbarer Verbindung mit ihr die Südschleuse mit ihrem Becken und dem Kohlen-, Schiffer- und Steinbecken angelegt. Da der Hafen außerdem für die Versorgung der Stadt vorgesehen worden war, entstand er getrennt von dem Seeschiffsbecken am Südende der damaligen Reede, wo er gut von den stromabwärts kommenden Schiffen des Ortsverkehrs erreicht werden konnte. Diese Lage war auch für den Liegehafen gut genug, da er nicht für den kurzfristigen Aufenthalt der Binnenschiffe während des Umschlages gedacht war, sondern Schutz vor Winterstürmen und Eisgang bieten sollte. Die Entfernung von den Seeschiffsumschlagsplätzen spielte also keine Rolle.

Mit dem Becken an der Südschleuse erhielten die Binnenschiffe im Antwerpener Hafen erstmals eigene Anlagen. Die nächsten Einrichtungen, die ersten eigenen Liegemöglichkeiten für die Binnenschiffe in den Seeschiffsbecken, wurden 1922 in der Form des Schutzbeckens im Albertbecken geschaffen. Hier konnten die Binnenschiffe liegen, die längere Zeit auf das Löschen oder Laden warten mußten. Für einen kurzfristigen Aufenthalt ist das Becken zu weit von den meisten Umschlagsplätzen entfernt.

Ab 1935 besteht neben der Ober- und der Unterschelde noch eine weitere vollwertige Binnenschiffsverbindung zum Antwerpener Hafen, der Albertkanal als Verbindung zum Industriegebiet um Lüttich. Der Kanal wurde als Ersatz für den nicht mehr ausreichenden Kempischen Kanal für Schiffe bis zu 2000 t Tragfähigkeit ausgebaut und an das Lefèbvredock angeschlossen. Er erhielt an seiner Mündung zwei Liegebecken, um weiteren Binnenschiffen Dauerliegeplätze zu bieten (Abb. 35).

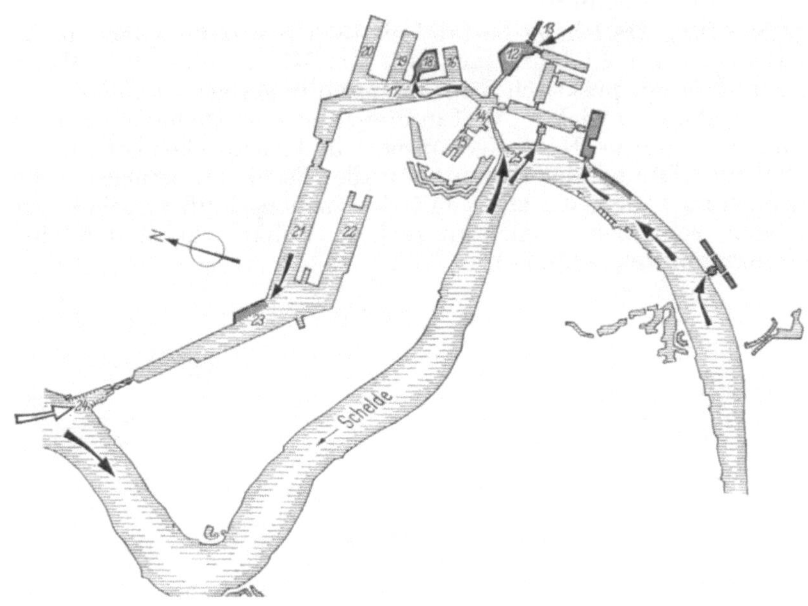

Abb. 35. Antwerpen 1935.
12 Strassburgbecken; *13* Albertkanal; *14* Lefebvrebecken; *15* Amerikabecken; *16* 1. Hafenbecken; *17* Albertbecken, *18* Leichterbecken; *19* 2. Hafenbecken; *20* 3. Hafenbecken; *21* Leopoldbecken; *22* 4. Hafenbecken; *23* Hansabecken; *24* Kruishansschleuse; *25* Royersschleuse.

Die Einführung in den alten Hafen wurde so gewählt, daß die wegen ihrer relativen Enge vorwiegend als Binnenschiffsbecken und für Küstenschiffe benutzte Hafengruppe der vor der Jahrhundertwende gebauten Hafenbecken auf der einen, die neueren, modernen Seeschiffsbecken auf der anderen Seite liegen. Da auch die Royersschleuse durch die Schleusen am Hansadock ersetzt wurde und seitdem überwiegend von Binnenschiffen benutzt wird, kann man heute davon sprechen, daß wenigstens ein Teil der Binnenschiffe erst im Hafen mit den Seeschiffen zusammenkommt. Jedoch verflechten sich auch bei diesem Verkehr, wie beim Rheinverkehr die Wege der Verkehrspartner im Becken. Der scheldeabwärts kommende Verkehr hat außerdem noch Berührung mit dem Seeverkehr zu und von den Scheldekais. Als Reede wird die Schelde seit Fertigstellung des Kais nicht mehr benutzt.

Nach dem Anschluß des Albertkanals stieg der Anteil der Binnenschiffe am Hinterlandverkehr seit 1890 von 35% auf 65% an. Ihr Anteil liegt heute bei 70%, wovon der überwiegende Teil (drei Fünftel) auf den Rheinverkehr entfallen, während der Rest (zwei Fünftel) auf dem Albertkanal und der Schelde verkehren.

Eine grundlegende Änderung in der Zulaufrichtung der Binnenschiffe wird sich nach der Fertigstellung des geplanten Kanals zwischen Rhein und Schelde ergeben. Dann wird die untere Schelde weitgehend von den Binnenschiffen des Rheinverkehrs entlastet sein, man rechnet damit, daß etwa 50000 Binnenschiffe von der Schelde auf den neuen Kanal abwandern werden. Seine Abmessungen sollen auch den Verkehr von Schubeinheiten gewährleisten; seine Mündung soll nach einer Teilung an der Wurzel einzelner Becken liegen.

Bis zu den 90er Jahren des vorigen Jahrhunderts wurden die Hafenbecken in Antwerpen verhältnismäßig planlos aneinandergereiht. Die Folge in der Anordnung dieser Becken und die Form ihrer Anordnung lassen erkennen, daß die Führung der Verkehrswege weder das Seeschiff noch das Binnenschiff besonders berücksichtigt wurden.

Die seit 1907 angelegten neuen Becken lassen wenigstens eine planmäßige Führung der Seeschiffe im Hafen erkennen, die Binnenschiffahrt wurde auch bei der neuen Anlage der Verkehrswege im Hafen nicht bedacht. Erst die neuesten Hafenerweiterungspläne sehen für zwei Seeschiffsbecken rückwärtige Binnenschiffsanschlüsse vor. Das siebente Hafenbecken und ein Hafen am Kanalbecken B 2 sollen unter Einschaltung von Liegebecken direkt an Kanäle angeschlossen werden.

Auf dem Weg durch die im vorigen Jahrhundert erbauten Hafenbecken mußten die Schiffe Kursänderungen bis zu 90° vornehmen. Die Becken waren darauf eingerichtet worden, die Beckenbreite liegt nicht unter 150 m. Die relativ große Beckenbreite wurde auch bei dem Bau neuer Hafenbecken übernommen, sie beträgt bei neuesten Anlagen bis zu 400 m. Diese große Beckenbreite erlaubt nicht nur den Direktumschlag von am Kai liegenden Seeschiffen in ein oder mehrere Binnenschiffe, sondern auch den Umschlag von in Becken ankernden Schiffen über beidseitig schwimmende Umschlagsgeräte in mehreren danebenliegende Flußschiffe. Dalben für den Direktumschlag sind in keinem der Becken vorhanden.

Der Umschlag zwischen den ankernden See- und Binnenschiffen wird vorwiegend bei den Massengütern Getreide und Kali vorgenommen. Obwohl es bei diesem Umschlag oft zu umfangreichen Schiffsansammlungen kommt — beim Getreideumschlag wurden Pakete von einem Seeschiff mit beidseitig liegenden Hebern und 18 Binnenschiffen daneben beobachtet — wird der Verkehr dank der breiten Becken nur wenig behindert.

Der Stückgutumschlag zwischen See- und Binnenschiff wird im Gegensatz zum Kali- und Getreideumschlag vorwiegend von am Kai liegenden Seeschiff auf das danebenliegende Binnenschiff getätigt. Trotz des großen Anteils den die Binnenschiffahrt in Antwerpen am Transport von Stückgut, vorwiegend Stahl hat, sind die Kaikräne bisher noch nicht für die Bedienung der Binnenschiffe benutzt worden. Dieser Umschlag wird vom Bordgeschirr vorgenommen. Die verhältnismäßig große Ausladung der Kräne von meist 28 m bei den modernen Anlagen ist zur Bedienung der recht breiten Kaiflächen erforderlich.

Landfeste Umschlagsgeräte für den Direktumschlag Seeschiff—Binnenschiff besitzt die 1931 erbaute Umschlagsanlage für Erz und Kohle am Hansabecken. Die Verladebrücken, als nun schon klassische Geräte für diesen Umschlag, reichen über das Seeschiff und die längsseitsliegenden Binnenschiffe hinweg.

Neuerdings greift man auch in Antwerpen für Direktumschlag von Getreide in Binnenschiffe auf landfeste Anlagen zurück. Am sechsten Hafenbecken wurde ein Pier mit Getreidebecken angelegt, der auf einer Seite den Seeschiffen und auf der anderen Seite den Binnenschiffen und Küstenschiffen vorbehalten ist (Abb. 36). Hier ist also das Bestreben zu erkennen, die kleineren Schiffe nicht mehr direkt mit den Überseeschiffen in Berührung kommen zu lassen. Die Binnenschiffsseite der Anlage ist als Becken ausgebildet, das auch eine Reihe wartender Binnenschiffe aufnehmen

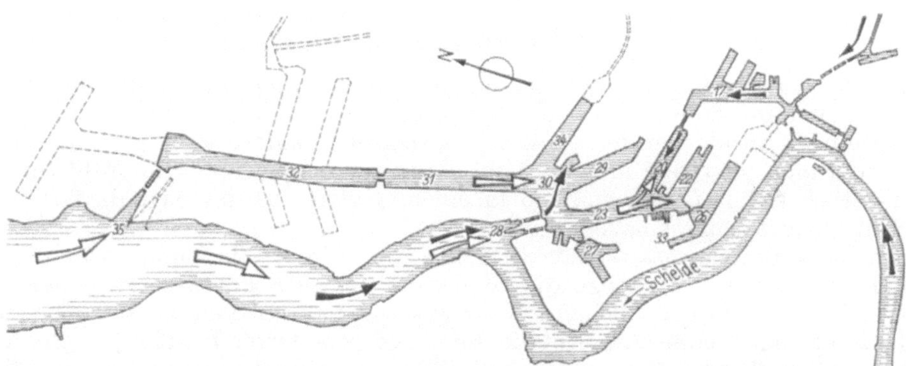

Abb. 36. Antwerpen 1965.
26 5. Hafenbecken; *27* Petroleumbecken; *28* Boudewijnschleuse; *29* 6. Hafenbecken; *30* Wendebecken A; *31* Kanalbecken B; *32* Kanalbecken B; *33* Industriebecken; *34* 7. Hafenbecken; *35*. Zandvlietschleuse.

kann. So ist der gerade für den Direktumschlag so wichtige, kurze Weg zwischen dem Liege- und Umschlagsplatz gewährleistet und ein schneller Wechsel der Leichter möglich. Ein Hauptvorteil der neuen Anlage in Bezug auf den Umschlag in Binnenschiffe ist, daß die Wasserfläche der Becken entlastet und für den durchgehenden Verkehr freigehalten wird. Dieser Vorteil wird um so sichtbarer werden, je mehr die Schiffsgröße der Getreideschiffe anwächst und je mehr Binnenschiffe deshalb für den Direktumschlag bereitliegen müssen. Da bei der landfesten Getreideumschlagsanlage auch eine kurzfristige Zwischenlagerung in Speicher möglich ist, kann guch auf diese Weise eine übermäßige Ansammlung von Binnenschiffen vermieden werden. Außerdem kann der Seeschiffsumlauf kürzer gehalten werden.

Der Stückgut- und der Massengutumschlag befinden sich im Antwerpener Hafen nicht in getrennten Becken, sondern, da die Ufer an verschiedenen Firmen vermietet sind, über den ganzen Hafen verteilt. Als Folge der Hafenstruktur können in Antwerpen nicht einzelne Becken als Massengutbecken mit vorwiegendem Umschlag auf Binnenschiffe und andere als Stückgutbecken mit weniger Umschlag unterschieden werden.

Die auf die Abfertigung wartenden Binnenschiffe halten sich überall im Hafen zwischen den Seeschiffen auf. Schwerpunkte von Liegeplätzen haben sich im wesentlichen nur für die längerliegenden Binnenschiffe herausgebildet. Hier sind neben dem Binnenschiffsbecken im Alberthafen und am Albertkanal besonders die vor der Jahrhundertwende gebauten alten Hafenbecken zu nennen, die in steigendem Maße der Küsten- und Binnenschiffahrt überlassen werden.

Zusammenfassend kann gesagt werden, daß in den ersten 600 Jahren seiner Geschichte der Hafen von Antwerpen ein Leichterhafen war, bei dem die See- und Binnenschiffe auf der Schelde auf der Reede lagen. See- und Flußschiffe wurden gleichartig behandelt. Mit dem Bau der ersten Hafenbecken für militärische Zwecke war der Weg für die künftige Entwicklung des Umschlages vom Seeschiff auf das Binnenschiff und umgekehrt vorgezeichnet. Die Beckenbreite war so groß, daß die Seeschiffe im Hafen nicht nur noch weitere Binnenschiffe neben sich liegen haben konnten, sondern überdies das gleiche auch in der Mitte des Hafenbeckens zusätzlich möglich war. Eine derartige diemsionierte Beckenbreite wurde natürlich unter Anpassung an die jeweils zu erwartenden Schiffsgrößen auch in der Folgezeit hergestellt.

Die Umschlagsplätze für die Binnenschiffahrt sind infolge der Antwerpener Hafenstruktur über den ganzen Hafen verteilt, eine Schwerpunktbildung ist nicht sichtbar. Wegen dieser Verteilung wurden auch keinem Becken besondere Einrichtungen für Binnenschiffe wie rückwärtige Zufahrten und Liegebecken zugeordnet. Daher benutzten See- und Binnenschiffe die gleichen Wege im Hafen und haben die Binnenschiffe ihre Wartestellen an den Umschlagsanlagen.

Eine gewisse, wenn auch nicht vollständige Abtrennung der Liegeplätze vor den Umschlagsplätzen ist dadurch entstanden, daß der alte Hafenteil immer mehr dem Binnenschiff allein überlassen wird.

Eine neue Entwicklung im Verhältnis Seeschiff—Binnenschiff zeichnet sich in Antwerpen mit dem Bau einer Getreideumschlagsanlage ab, an der die Schiffe auch zum Direktumschlag nicht mehr zusammenkommen.

3. Der Vergleich der Entwicklung in den Häfen

3.1 Die Verkehrswege der Schiffe

3.1.1 Die Wasserstraßen zu den Häfen

Bis zur Mitte des vorigen Jahrhunderts waren die Binnenwasserstraßen die einzige nennenswerte Verbindung der Häfen mit dem Hinterland. Von ihrem Zustand hing nicht nur wesentlich die Entwicklung der Binnenschiffahrt in den einzelnen Häfen ab, sondern auch ganz wesentlich die Bedeutung, die ein Hafen über sein näheres Hinterland hinaus gewinnen konnte. Ihr Zustand war also ganz wesentlich dafür maßgebend, ob in einem Hafen nur der Eigenbedarf oder auch der Bedarf des Hinterlandes umgeschlagen wurde.

Der Zustand einer Binnenwasserstraße ist keine absolute Größe, sondern er muß relativ zur Schiffsgröße gesehen werden. So lange die Binnenschiffe, nach heutigen Begriffen, klein waren, genügten die sich noch hauptsächlich im Naturzustand befindlichen Flüsse allen Bedürfnissen. Erst als in der Folge der technischen Entwicklung und geänderter Handelsgewohnheiten größere Schiffe möglich und auch eingesetzt wurden, mußte auch versucht werden, die für diese größeren Schiffe zu klein werdenden Flüsse auszubauen. Wo dies nicht gelang, verlor das Binnenschiff seine Vorrangstellung als Verkehrsträger des Hafens zum Binnenland und die Schiene trat an die Stelle des Wasserweges.

Die ältesten Wasserbauten, die an Flüssen zugunsten der Binnenschiffahrt errichtet wurden, waren Stauschleusen. Die Stauschleusen sind bewegliche Wehre, die geöffnet werden konnten, um die Schiffe von einer in die andere Haltung gelangen zu lassen. Sie sind wahrscheinlich aus Mühlenwehren entstanden und konnten nur an kleinen Flüssen errichtet werden.

Dem Einsatz solcher Schleusen verdankt Lübeck seine Existenz als namhafter Hafen. Die Stecknitz und die Delvenau wurden durch sie in einzelne Stauhaltungen unterteilt. Einen bedeutenden Verkehr auf diesem Kanal ermöglichte aber erst die nächste große Erfindung im Verkehrsbau, die Kammerschleuse. Durch sie konnte der Wasserstand in der wasserarmen Scheitelhaltung zwischen Elbe und Trave besser gehalten werden.

Lübeck ist zugleich auch der einzige Hafen der untersuchten Hafenreihe, der seit Beginn seines Bestehens als Seeschiffshafen mit einer künstlichen Wasserstraße als Hauptverkehrsweg zum Hinterland auskommen mußte. Daß eine künstliche Binnenwasserstraße als einzige Verbindung zum Hinterland einen Hafen zu tragen vermochte, zeigt die Blüte der Stadt um 1500. Die Stagnation, die der Hafen nach dem Niedergang der Hanse erlebte, war nicht eine Folge einer fehlenden

Wasserstraße zum Hinterland, sondern die Folge politischer Ereignisse. Dazu kam später noch die Versandung der Untertrave.

Zu Beginn der modernen Hafenentwicklung im 19. Jahrhundert als der Seeverkehr wieder möglich wurde, entsprach der Kanal trotz einiger Erweiterungen nicht mehr den gestiegenen Ansprüchen.

Alle anderen Häfen der betrachteten Hafenreihe hatten Flüsse als Hauptverkehrswege, die bei den Häfen Hamburg, Bremen, Rotterdam und Antwerpen vom Entstehen der Häfen bis zum Beginn des 19. Jahrhunderts dem Verkehr mit den gebräuchlichen Binnenschiffen wenigstens im unteren Mittellauf vollauf genügten. Nur bei Emden und Amsterdam änderte sich der Zustand der Flüsse im Laufe der älteren Geschichte dieser Häfen so sehr, daß sie für die Binnenschiffahrt unbrauchbar wurden. Sie wieder befahrbar zu machen, dazu reichten die damals zur Verfügung stehenden Mittel nicht aus. Sie standen daher zu Beginn der modernen Entwicklung nicht mehr als nennenswerte Binnenschiffswege zur Verfügung.

Maßgebend für die Größe und Art der in einem Seehafen verkehrenden Binnenschiffe waren während des Stapelhandels die Schiffahrtsverhältnisse auf den Flüssen zwischen dem Seehafen und dem nächsten Stapelplatz. Die Waren mußten in jeder Stadt, der das Stapelrecht verliehen war, zum Weitertransport auf ein anderes Schiff umgeladen werden. Kein Schiff durfte an einer Stadt vorbeifahren. So kam es, daß sich zwischen den Seehäfen und den nächsten stromaufwärts gelegenen Stapelplätzen eines Flußlaufes im Laufe der Zeit Fahrzeugtypen herausbildeten, die den vorherrschenden Fahrwasserverhältnissen angepaßt waren.

Die Größe der in den Seehäfen verkehrenden Schiffe nahm auf den Flüssen zwischen den Jahren 1000 und 1600 von etwa 10 t auf im Mittel 30 t Tragfähigkeit zu. Auch um 1800 dürfte die mittlere Schiffsgröße noch unter 100 t gelegen haben. Der Bau größerer Schiffe war in der letzten Zeit des Stapelhandels durchaus möglich, doch war die Schiffsgröße durch die bei der Treidelei zur Verfügung stehenden Kräfte begrenzt.

Als einzige Häfen hatten die niederländischen Häfen Rotterdam und Amsterdam vor dem Beginn der modernen Entwicklung zusätzliche künstliche Verbindung zum Hinterland. Diese Kanäle waren ursprünglich nicht als Binnenschiffskanäle, sondern zur Entwässerung angelegt, aber wegen des Mangels an Landverkehrswegen dann auch als Binnenwasserstraßen benutzt worden. Welche Bedeutung diese Kanäle für die Häfen gehabt haben, läßt sich am Beispiel Amsterdam ablesen. Dort waren diese Kanäle etwa 150 Jahre lang die einzige Verbindung zum Hinterland und das Verkehrsaufkommen auf ihnen groß genug, um den Bau eines neuen Weges zur See zu tragen.

Die Seeschiffahrt hat zu allen betrachteten Häfen in den Zeiten, in denen der Stapelhandel beherrschend war, nur jeweils eine Zufahrt zu den Häfen besessen, deren Lage zum Hafen sich nicht änderte. Starke Veränderungen traten jedoch im Laufe der Zeit im Zustand dieser Zufahrten ein. Unzulänglichkeiten wurden insbesondere durch zunehmende Versandung oder Verschlickung bei gleichzeitig zunehmender Schiffsgröße im 17. und 18. Jahrhundert hervorgerufen. Es waren besonders die Häfen Lübeck, Bremen, Emden und Amsterdam, deren Zufahrten teilweise oder ganz auf diese Weise gesperrt wurden. Die Schelde als Zufahrt nach Antwerpen war zur gleichen Zeit aus politischen Gründen für Seeschiffe nicht zugänglich. Nur die beiden an den größten Flüssen gelegenen Häfen Hamburg und Rotterdam haben bis zum Beginn der Neuzeit der Häfen immer ausreichende Zufahrten von See her besessen.

So sind um 1800 am Ende des Stapelhandels und am Einsetzen der modernen Hafenbauentwicklung nur Hamburg und Rotterdam mit gleichermaßen guten Wasserstraßen zur See und zum Binnenland hin ausgerüstet.

Als nach 1800 der verstärkte und planmäßige Ausbau der Flußläufe begann, nahm die durchschnittliche Größe der Binnenschiffe schnell zu. Besonders die Bildung der Internationalen Flußkommissionen hat dazu beigetragen, daß beim Ausbau der Flüsse und damit in der Entwicklung der Schiffe in wenigen Jahren entscheidende Fortschritte erzielt werden konnten. In der ersten Hälfte des Jahrhunderts, als es zwar schon Güterdampfschiffe, aber noch keine Dampfschleppschiffahrt gab, waren besonders die Ausbaumaßnahmen an den Leinpfaden für die Zunahme der Schiffsgröße verantwortlich. Die dadurch möglich gewordene durchgehende Treidelei mit Pferdegespannen ermöglichte bei dem Einsatz von bis zu 8 Pferden das Schleppen auch von größeren Schiffen. Die neue durch die Pferdekraft gesetzte Grenze in der Schiffsgröße konnte erst durch die Einführung der Schleppschiffahrt durchbrochen werden.

Am Rhein war die vertragsgemäße Anlage von Treidelwegen im Gebiet der Waalverzweigung mit großen Schwierigkeiten verknüpft, und so kam es, daß an dieser Strecke anstelle der Pferdekraft um 1850 Schlepperhilfe zum Einsatz kam. An der Elbe gaben zuerst 1860 Kettenschiffe den treidelnden Schiffen an Stellen mit starker Strömung Hilfestellung. Die Kettenlänge wurde ausgedehnt und es entwickelte sich eine Schleppschiffahrt. Als auch an der Weser um 1870 die Schleppschiffahrt eingeführt wurde, war überall der Weg zu noch größeren Binnenschiffen frei.

Wenn bis zum Ende der Treidelei die Schiffsgröße hauptsächlich von der einsetzbaren Zugkraft abhängig gewesen war, so spielt nun die auf den Schleppern in fast beliebiger Größe installierte Zugkraft nicht mehr die entscheidende Rolle. Nunmehr sind durch die Abmessungen des Flusses, seinen Zustand und seine Wasserführung die Abmessungen der Binnenschiffe bestimmt. Mit den Mitteln des Wasserbaues versuchen seitdem die Häfen und die übrigen Anlieger die Binnenwasserstraßen so zu verbessern, daß ein konkurrenzfähiger Verkehr auf ihnen möglich ist.

Um die Mitte des 19. Jahrhunderts wurden alle Häfen in das entstehende Eisenbahnnetz einbezogen. Für Lübeck, Bremen, Emden, Amsterdam und Antwerpen, also die Häfen, denen keine genügende Binnenwasserstraße zur Verfügung steht, ist der Schienenweg nicht ein neuer zusätzlicher Verkehrsweg, sondern ein willkommener Ersatz für die Binnenwasserstraßen. Er ermöglichte diesen Häfen das Weiterbestehen in der zweiten Hälfte des 19. Jahrhunderts, als die gute und schnelle Landverbindung mit entscheidend für die Bedeutung eines Hafens wurde.

Als der Bau größerer Binnenschiffskanäle technisch möglich wurde, gingen alle die Häfen daran, sich solche Wege zu beschaffen, die entweder keinen schiffbaren Fluß besaßen, wie Lübeck und Amsterdam, oder wo der Fluß nicht ausbaufähig war wie in Emden oder nicht zugänglich war wie in Antwerpen. Kanalbauten wurden also zunächst überall dort durchgeführt, wo die leistungsfähige Binnenwasserstraße fehlte.

Die Ausbaugröße solcher Kanäle wurde den technischen und wirtschaftlichen Möglichkeiten angepaßt. Sie stieg von 450 t im Jahre 1873 beim Maas-Schelde-Kanal über 600 bis 700 t um die Jahrhundertwende auf die heutige Größe von 1000 bis 1350 t bei Verbindungen mit den Kanälen des westdeutschen Kanalnetzes und auf 2000 t bei Verbindungen zum Rhein und dem belgischen und holländischen Kanalgebiet.

Die Ausbaugröße der Kanalverbindungen richtet sich also heute nach der Größe des an den jeweiligen Hafen anzuschließenden Binnenwasserstraßennetzes. Die Häfen Amsterdam und Antwerpen, die nur durch Kanäle mit dem Rheindelta verbunden sind, paßten sich mit der Größe ihrer Zufahrten den Rheinschiffen an, um gegenüber Rotterdam nicht ins Hintertreffen zu geraten.

Der Albert-Kanal und der Amsterdam-Rheinkanal sind daher heute, dieser Anpassung entsprechend, für Schiffe bis zu 2000 t befahrbar[1]. Die Abmessungen der neueren Wasserstraßenanschlüsse der deutschen Häfen richten sich dagegen nach dem Zustand des westdeutschen Kanalnetzes, das max. mit 1000 bis 1350 t Schiffen zu befahren ist und das in den Hauptstrecken für das Europaschiff ausgebaut werden soll.

Von den Flüssen, den ursprünglich einzigen Binnenwasserstraßen zu den Seehäfen konnten nur wenige allein durch Regulierungsmaßnahmen in einen Zustand versetzt werden, der den Schiffsgrößen auch heute noch gerecht wird. Nur der Rhein und die Schelde genügen noch überwiegend dem Verkehr mit den größeren Binnenschiffen. Weser und Ems waren schon zu Beginn der modernen Hafenentwicklung nicht mehr ausreichend und wurden daher kanalisiert. Die Elbe konnte den gestellten Ansprüchen etwa bis zum 1. Weltkrieg genügen, seitdem wurde eine Kanalisierung erwogen, aber nicht durchgeführt. Heute ist vorgesehen, einen Seitenkanal anzulegen, der gleichzeitig eine Verbindung zu dem westdeutschen Kanalsystem sein soll. Damit soll gleichzeitig auch der aus politischen Gründen zur Zeit unterbrochene Binnenschiffsanschluß Hamburgs an den zur Zeit erreichbaren Rest seines Hinterlandes wieder hergestellt werden.

In den letzten zwei Jahrhunderten hat sich also der Übergang von der natürlichen zur künstlichen Binnenwasserstraße als Anschluß der Häfen vollzogen. Damit ist die Bedeutung, die eine Binnenwasserstraße für einen Hafen besitzt, nicht mehr in erster Linie von ihrem Zustand und ihrer Wasserführung abhängig, sondern von den finanziellen Mitteln, die aufgewandt werden, um den Fluß dem jeweils wirtschaftlichen Binnenschiffstyp anzupassen.

3.1.2 Die Wege der Binnenschiffe in den Häfen

Auch in der Entwicklung der Verkehrswege, die die Binnenschiffe im Hafen benutzten, lassen sich zwei Zeitabschnitte unterscheiden. Die Zeit des Stapelhandels, in der das Ziel der Binnenschiffe im Hafen nicht die Seeschiffe, sondern das Speicherviertel war. Die transportierten Waren wurden ausschließlich an die Speicher abgegeben. Der Handel in der heutigen Zeit kann aus seinem Wesen heraus auf die Zwischenspeicherung der Güter verzichten und das Binnenschiff kann seine Ladung direkt an das Seeschiff abgeben oder von ihm empfangen. Beide Handelsformen haben unterschiedlich auf die Form der Hafenanlagen und auch auf die Verbindungswege im Hafen eingewirkt. In der ersten Entwicklungsphase der untersuchten Häfen bestanden die Hafenanlagen, soweit sie als solche zu bezeichnen waren, in den meisten Fällen nur aus dem Fluß, an dessen Ufer die Stadt lag. Die Seeschiffe und die Binnenschiffe wurden gemeinsam geleichtert oder liefen auf das Flußufer auf,

[1] Der Ausbau des Schelde-Rheinkanals, der neuen Verbindung zum Rhein, und des Amsterdam-Rhein-Kanals für Schubverbände mit vier Leichtern ist bereits vorgesehen.

um dort gelöscht zu werden. Von Verkehrswegen im Hafen konnte noch keine Rede sein, da nur eine einzige Anlage vorhanden war. Das Bestehen eines Verkehrsweges im Hafen setzt eine Differenzierung der Anlagen voraus.

Die erste Differenzierung war in den meisten Häfen dadurch gegeben, daß man zwischen dem Seeverkehr und dem Binnenverkehr unterschied und beiden Schiffsarten eigene Anlagen einrichtete, oder ihnen doch mindestens eigene Plätze zuwies. So wurde in Hamburg etwa in der Mitte des 11. Jahrhunderts der zuvor gemeinsame Hafenarm durch Brücken gesperrt und je ein eigener Hafen für die Schiffsarten geschaffen. Lübeck erhielt 1457 durch den Bau einer festen Holstenbrücke zwei Hafenteile. Auch in Bremen wurde, allerdings erst im 18. Jahrhundert die schon im 17. Jahrhundert bestehende organisatorische Trennung der Verkehrsarten durch den Bau einer Brücke unterstrichen.

Für die Trennung der Verkehrsarten waren jedoch nicht hafenbetriebliche Belange von Bedeutung, sondern städtebauliche und militärische Gesichtspunkte gaben den Grund dazu. Die Hafenstädte dehnten sich auf das bisher gegenüberliegende Flußufer aus und bauten dort auch zum Schutz des Hafens Befestigungen. Die Brücken zur Verbindung der Stadtteile wurden zur Grenze der Hafenbezirke der beiden Schiffsarten.

Neben städtebaulichen Gesichtspunkten spielten in Amsterdam und Rotterdam auch noch schiffahrtstechnische Gesichtspunkte für die Aufteilung der Hafenanlage eine Rolle. Es wurde ein Bereich für die Seeschiffe und ein Bereich für die aus den Kanälen kommenden Binnenschiffe geschaffen. Die Seeschiffe waren zu groß, um in die schmalen, nur für die verhältnismäßig kleinen Kanalschiffe des Hinterlandes bemessenen Kanäle einzulaufen. Sie blieben daher als Umschlagsanlagen der Hafen- und Binnenschiffahrt vorbehalten.

Eine andere Art Hafenanlagen waren die nur vom Fluß aus zugänglichen Mündungen kleiner Seitenflüsse. So hatte Emden die Delften und Amsterdam die Amstel für die Ijsselschiffahrt, Rotterdam den Kolk und die Steigersgracht, Bremen die Balge und Antwerpen die Meir. Ihre Einfahrten bildeten gleichzeitig die ersten Verkehrswege in den Hafen und wurden als Verbindung zwischen der Reede auf dem Fluß und den binnenstädtischen Hafenteilen benutzt. Hier trafen die Binnenschiffe mit den Seeschiffen zusammen, wenn diese wie in Rotterdam auch die in der Stadt gelegenen Hafenteile benutzten. Dort, wo das nicht der Fall war, kamen sie mit den auf der Reede ankernden Schiffen in Berührung.

Hafenverkehrswege, auf denen Binnen- und Seeschiffe zusammentrafen, waren also nur bei der letzten Form der mittelalterlichen Häfen vorhanden. Bei den anderen Arten kam es zu keiner Berührung, insbesondere weil der Stapelhandel solche nicht erforderte.

Bis zum Ende der ersten Handelsperiode blieben die Wege der Binnenschiffe in den meisten Häfen die gleichen. Bedeutende Verschiebungen waren nur in Hamburg zu verzeichnen, wo die Binnenschiffe im 17. Jahrhundert ihre Umschlags- und Liegeplätze teilweise zum Binnenhafen hin verlagerten. Damit waren auch in Hamburg gemeinsame Wege zu dem gemeinsamen Umschlagsplatz vorhanden. Diese Verflechtung der Hafenwege war eine Folge der einseitigen Ausrichtung der Speicherstadt zum Seehafenteil hin. Die Binnenschiffe suchten den Binnenhafen auf, um von dort ihre Waren auf dem kürzesten Wege zu den Speichern befördern zu können.

Als nach 1800 die modernen Häfen entstanden, hat sich das Verhältnis zwischen Seeschiff und Binnenschiff bereits gewandelt. Die beiden Schiffsarten müssen die Waren nun auch direkt austauschen, die Speicherung ist nicht mehr unbedingt notwendig.

Durch die wachsende Ausdehnung der Häfen und die Notwendigkeit des Zusammentreffens mit den Seeschiffen entstehen für die Binnenschiffe längere Wege im Hafen. Die Binnenschiffe müssen, von der Mündung der Binnenwasserstraße in den Hafen kommend, die eigenen Liegeplätze und die Umschlagsplätze der Seeschiffe erreichen können. Mit dem fortschreitenden modernen Ausbau der Häfen verlagern sich die Mündungen der Hauptbinnenschiffsanschlüsse mehr und mehr in den hinteren, den Seewasserstraßen entgegengesetzten Hafenteil. Mit anderen Worten, die Seehäfen haben sich im allgemeinen längs der Zufahrten der Seeschiffe ausgedehnt, während die Zufahrten für die Binnenschiffe weiterhin in alten Hafenteilen verblieben. So entwickelten sich auch die Häfen Emden, Rotterdam und Antwerpen, zu denen die Binnenschiffe zuvor aus verschiedenen Richtungen oder gemeinsam mit den Seeschiffen zum Hafen kamen, im 19. und 20. Jahrhundert zu Häfen, zu denen auf der einen Seite die See-, auf der anderen Seite die Binnenschiffe kommen.

So wurde in Emden mit dem Bau des Dortmund-Ems-Kanals der rückwärtige Anschluß für Binnenschiffe geschaffen. Rotterdam entwickelte sich längs der Maas und des Neuen Wasserweges, wodurch die Kanäle in den hinteren von den Seeschiffen nicht mehr benutzten Hafenteil gelangten. Ebenso hat sich in Antwerpen der Hafen parallel zur Schelde ausgedehnt und der ursprüngliche Hafen wird zum Mündungsgebiet der Binnenschiffszufahrten Albert-Kanal und Schelde. In Antwerpen besteht aber insofern eine Ausnahme, als hier zusätzlich noch ein großer Teil der Binnenschiffe über die untere Schelde gleichgerichtet mit den Seeschiffen vom Rhein kommen.

Für den Weg der Binnenschiffe vom rückwärtigen Anschluß der Binnenwasserstraße durch den Hafen haben sich zwei Möglichkeiten herausgebildet. Der einfachste Weg führt über den auch von den Seeschiffen benutzten Fluß oder Wasserweg und durch die ebenfalls von den Seeschiffen benutzten Beckeneinfahrten zu den einzelnen Umschlagsstellen. Seeschiffe und Binnenschiffe sind also auf ihrer Fahrt durch den Hafen auf den gemeinsamen Wasserstraßen miteinander in Kontakt.

Schwierigkeiten treten bei dieser Art der Verkehrsführung besonders an den Mündungen der einzelnen Hafenbecken auf. Dort müssen die Seeschiffe mit Schlepperhilfe gedreht werden und bildeten so für den Binnenschiffsverkehr erhebliche Hindernisse, die sich besonders bei unsichtigem Wetter stark hindernd bemerkbar machen. Ein besonderer baulicher Aufwand ist bei dieser Führung der Binnenschiffe durch den Hafen nicht erforderlich.

Anders ist das bei der Anlage besonderer, von den Seeschiffen nicht benutzbarer Zufahrtskanäle für Binnenschiffe zu einzelnen Häfen oder Hafengruppen. Durch diese Wege werden Begegnungen der Schiffsarten und dadurch Kollisionen ausgeschlossen. Das Binnenschiff erreicht das Seeschiff erst, wenn es im Umschlagshafen festliegt.

Es ist bemerkenswert, daß die Häfen, die zu Beginn des modernen Ausbaus über leistungsfähige Wasserstraßen zum Binnenland und zur See verfügten, also einen bedeutenden Binnenschiffs- und Seeschiffsverkehr besaßen wie Hamburg und Rotterdam rückwärtige Anschlußkanäle zu den Hafenbecken einrichten. Sie versuchten, die große Anzahl der den Hafen anlaufenden Binnenschiffe von den Wegen der Seeschiffe fernzuhalten.

In Hamburg wurde in der Folgezeit die Anlage von Binnenschiffskanälen konsequent beibehalten. Mit der rückwärtigen Zufahrt zum Sandtorhafen im Jahre 1862 beginnend über den Bau des Oberhafenkanals als Umgehung der Elbbrücke bis zum Waltershofer Hafensystem wurden alle Häfen mit rückwärtigen Anschlüssen, die über ein Kanalsystem erreichbar sind, versehen.

In Rotterdam war das System der rückwärtigen Zufahrt in den Jahren zwischen 1874 und 1884 ebenfalls vorhanden. Es ist jedoch mit weniger baulichem Aufwand als in Hamburg entstanden. Die Binnenschiffsanlagen in den alten stadtinneren Häfen konnten durch das Boeren- und Buizengat erreicht werden. Die Seeschiffsanlagen am rechten Ufer der Schelde, die dazugehörigen Binnenschiffsliegeplätze und deren rückwärtige Zufahrt wurden dabei umgangen. Der Koningshaven und der Spoorweghaven besaßen durch Ausnutzung der Maasschleife rückwärtige Zufahrten.

Bemerkenswert ist, daß sowohl in Hamburg als auch in Rotterdam die rückwärtige Zufahrt im Zusammenhang mit dem Bau von Umgehungskanälen für die den Fluß sperrenden Eisenbahnbrücken entstanden sind. Durch die Umgehungskanäle wurden die Binnenschiffe berücksichtigt, die noch mit Mast versehen waren. Das System der rückwärtigen Zufahrten konnte sich doch nur aus den Umgehungskanälen weiter entwickeln, weil sich gleichzeitig auch der Wandel zum mastlosen Binnenschiff vollzog. Es entstanden also in Hamburg und in Rotterdam zur gleichen Zeit Einrichtungen, die der überlebten und der kommenden Binnenschiffsart Rechnung trugen.

Alle die Häfen, die sich zu Beginn des modernen Ausbaus nicht im Besitz geeigneter Binnenwasserstraßenanschlüsse befanden, haben keine besonderen Kanäle als Zufahrt zu den einzelnen Becken oder Hafenteilen angelegt. Lübeck und Bremen benutzten die Trave bzw. Weser als Zufahrten zu den Becken, Amsterdam hatte den Y und in der weiteren Entwicklung auch den Nordseekanal. In den beiden anderen geschlossenen Häfen Emden und Antwerpen führt der Weg der Binnenschiffe direkt durch die Seeschiffsbecken, also auch an den Umschlagsplätzen entlang. In diesen Häfen ist daher ein Maximum an Berührungspunkten zwischen den Schiffsarten gegeben.

In Rotterdam wurde beim weiteren Ausbau nach 1884 das System der rückwärtigen Anschlüsse nicht mehr beibehalten. Bei der folgenden raschen Entwicklung der Hafenbecken wurden die Binnenschiffswege vernachlässigt. Erst 1935 bestanden wieder Pläne zu einem rückwärtigen Anschluß der Becken auf dem linken Ufer der Maas, die aber erst mit dem Ausbau von Europoort verwirklicht werden sollen. Ihre Zurückstellung ist eine Folge der Kriegsereignisse und dem ihnen folgenden Zwang, den Hafen schnell den wachsenden Seeschiffsgrößen anzupassen. Die Notwendigkeit zur Trennung der See- und Binnenschiffsverkehrswege bestand und besteht bei dem starken Binnenschiffsverkehr in Rotterdam demnach unverändert, jedoch wurde sie nicht berücksichtigt, da der Ausbau der Seeschiffsbecken vordringlicher war.

Auch aus den Plänen der anderen Häfen ist zu ersehen, daß diese Notwendigkeit mit zunehmendem Binnenschiffsverkehr und zunehmender Seeschiffsgröße besteht. In Emden, Amsterdam und Antwerpen sind besondere Binnenschiffskanäle mit Anschluß an einzelne Becken oder Beckengruppen geplant. Diese Kanäle bilden hauptsächlich Verbindungen zu Massengutanlagen, weil das Massengut heute das Hauptgut der Binnenschiffahrt darstellt.

In Hamburg ist trotz des vollständig bestehenden Ringkanalsystems in den letzten zwei Jahrzehnten wie in Rotterdam 1884 eine Verlagerung des Binnenschiffszulaufes zu den Hafenbecken auf die Elbe erfolgt. Zusammen mit der verhältnismäßig geringen Zahl der heute in diesem Hafen verkehrenden Binnenschiffe liegt der Hauptgrund in dem Wechsel vom Schleppkahn zum selbstfahrenden Binnenschiff. Die Binnenschiffe sind durch den eigenen Antrieb beweglich genug geworden, um an den Einfahrten zu den Hafenbecken, bei geringem Binnenschiffsverkehr, die manövrierenden Seeschiffe nicht zu behindern. Insbesondere entfällt bei den Selbstfahrern das Auflösen und Bilden von Schleppzügen, das einen erheblichen Platz in Anspruch nimmt. Ein weiterer Grund dafür, daß die Binnenschiffe die Umgehungskanäle heute meiden, ist darin zu suchen, daß sie in der Größe zugenommen haben und sich daher in den Kanälen nur mit verhältnismäßig geringer Geschwindigkeit bewegen können. Erschwerend wirken beim Fahren durch die Ringkanäle auch die zahlreichen, an den z. T. rechtwinkligen Abzweigungen erforderlichen Manöver.

In Bremen hat man der Beweglichkeit des Selbstfahrers entsprechend auch bei dem neuen Hafenbezirk Niedervieland die Binnenschiffe wieder durch den Vorhafen zu den Umschlagsplätzen geführt. Die Zufahrt zum Vorhafen wurde allerdings von der der Seeschiffe getrennt.

Der letzte Grund wird auch einen entscheidenden Einfluß auf den Verkehrsweg der Schubverbände im Hafen haben. Die Verbände sind nicht so beweglich wie die selbstfahrenden Schiffe und daher schlechter als diese für die Benutzung der Seeschiffseinfahrten zu den Becken geeignet[1]. Noch weniger ist ihnen aber infolge ihrer großen Abmessungen in gekoppeltem Zustand die Fahrt durch die Kanäle und rückwärtigen Beckenzugängen möglich. Eine Entkopplung der Verbände bevor sie das Ziel, die Umschlagsanlage, erreicht haben, entfällt aus Zeitgründen.

Die heute geplanten Anschlußkanäle in Hamburg, Emden, Rotterdam und Antwerpen tragen diesen Punkten bereits Rechnung. Ihre Linienführung ist gestreckt vorgesehen, die Radien sind dem Verkehr mit Schubverbänden angepaßt[2]. Die noch bei den alten Kanälen in Hamburg vorhandene, eng an die Beckenform haltende Linienführung wurde verlassen. Sie ist für die kommende Entwicklung nicht mehr zweckmäßig. Sind die Hafenbecken verhältnismäßig eng zusammen gelegen, wie z. B. bei Stückgutanlagen, so muß, um nicht zu kleine Radien zu bekommen, auf den Anschluß einzelner Hafenbecken verzichtet werden. Es werden einzelne Hafenbeckengruppen gemeinsam mit einem Anschluß versehen.

In Rotterdam ist aus der sich heute vollziehenden Änderung der Umschlagsart bei Massengütern auch für die Linienführung der Binnenschiffswege die Konsequenz gezogen. Entsprechend der Zwischenlagerung der Massengüter werden die Binnenschiffe nur noch in Parallelkanälen zu den Massenbecken geführt und auf einen direkten Anschluß verzichtet. Die das Massengut transportierenden Binnenschiffe kommen damit während des gesamten Aufenthaltes im Hafen nicht mit den Seeschiffen in Berührung. Die während der Zeit des Stapelhandels mögliche Trennung der Verkahrsarten wird nunmehr durch die Einführung der Zwischenlagerung wieder möglich und durchgeführt.

Der rationelle Einsatz von großen Schiffseinheiten der Binnenschiffahrt, wie sie besonders die Schubverbände darstellen, ist daran gebunden, daß ein Fahrplan so weit wie möglich eingehalten wird. Das bedeutet aber, daß der Verkehr der Schiffe unabhängig von der Witterung sein muß. Um dieses sicher zu stellen, wurde auf den Binnenwasserstraßen bereits das Radarsystem weitgehend eingeführt.

Jedoch mehr noch, als auf den Binnenwasserstraßen kann die Einführung des Radarsystems im Hafen selbst, wo ein verhältnismäßig starker Verkehr mit unterschiedlicher Richtung herrscht, an Bedeutung gewinnen. Es ist daher nicht verwunderlich, daß Antwerpen, wo die Wege der Binnenschiffe durch die Seeschiffsbecken führen, als erster Hafen auf dieses System zur Sicherung der Binnenschiffe im Hafen zurückgegriffen hat.

3.2 Die Umschlagseinrichtungen

3.2.1 Die Umschlagsplätze

Erst nach dem Ende des Stapelhandels und nachdem die Binnenschiffe einen direkten Kontakt mit den Seeschiffen bekamen, konnten sie auch einen Einfluß auf die Gestaltung der Umschlagsplätze ausüben. In der Zeit davor wurden die Seeschiffe und Binnenschiffe an den Umschlagsstellen gleich behandelt, wenn sie etwa gleich groß waren. Dieses war der Fall bei den Ijsselschiffen in Amsterdam. In den Häfen, in denen die Binnenschiffe und Seeschiffe gemeinsame Umschlagsplätze hatten, wie z. B. in Bremen und Antwerpen, liefen die kleineren Binnenschiffe auf die flachen Ufer auf und löschten dort. Auch hier ist kein spezieller Einfluß vorhanden gewesen.

Eine Beeinflussung der Umschlagsanlagen speziell der Beckenform und der Beckenausrüstung setzte erst ein, als die Handelsformen sich änderten. Der Kommissionshandel ermöglichte den

[1] Nach Bumm (Handb. für Hafenbau und Umschlagstechnik, Ba. VI, S. 173) läßt sich nach Versuchen eine Doppeleinheit eines Schubverbandes mit einem Schubboot im Hafen besser steuern als ein 2 000 bis 3000-t-Schleppschiff in Anhang eines Bugsierschleppers. Für die Steuerung eines Viererschubverbandes, wie auf dem Rhein zugelassen, dürfte das jedoch allein wegen der größeren Länge nicht mehr zutreffen.

[2] Am Hartelkanal sind Mindestradien von $R = 1500$ m und Kurvenverbreiterungen von $20\,000/R$ [m] vorgesehen.

Transitverkehr, der seinerseits wiederum auf die Zwischenlagerung verzichten konnte und den Direktumschlag ermöglichte. Zunächst wurden größere einheitliche Partien Stückgut und erst später Massengut im Direktumschlag zwischen den Schiffsarten weitergegeben.

Besonders frühzeitig trat der Umschlag von Schiff zu Schiff in den beiden Häfen mit den guten Binnenwasserstraßen in Hamburg und Rotterdam in Erscheinung. Die ersten speziellen Einrichtungen für diese neuere Umschlagsart waren in beiden Häfen Dalben, die im Strom geschlagen wurden. Daneben wurde bei dem Direktumschlag aber auch geankert. Rotterdam legte 1874 erstmalig zum Festmachen bei diesem Umschlag Bojen aus. Der Direktumschlag fand bei beiden Häfen im Strom vor den eigentlichen Hafenanlagen statt, denn nur dort war genügend Platz für das Nebeneinanderliegen der Schiffe.

Eine neue Phase in der Entwicklung der Beziehungen zwischen Seeschiffen und Binnenschiffen wurde eingeleitet, als die Schiffe zum Direktumschlag in die Hafenbecken abwanderten. Der Beginn dieser Entwicklung liegt in den einzelnen Häfen zu verschiedenen Zeiten. Als erste Häfen legten Amsterdam und Antwerpen im zweiten Jahrzehnt des 19. Jahrhunderts moderne Hafenbecken an. Es waren das Oosterdock und Westerdock in Amsterdam und das Bonaparte-Becken in Antwerpen. Die entstandenen Hafenbecken waren breit genug, um den Seeschiffen, wie zuvor im Strom, das Umschlagen in längsseits liegende Binnenschiffe oder Hafenleichter zu erlauben. Daneben erleichterte in beiden Häfen die Tideunabhängigkeit den Umschlag.

In den ersten modernen Hafenbecken gingen die Seeschiffe zum Umschlag nicht an die Ufer, sondern blieben im Hafenbecken an Dalben liegen und löschten in beidseitige Binnenschiffe. Direkt am Ufer festgemacht wurde erst, nachdem die Eisenbahn Eingang in den Hafen gefunden hatte. Die Seeschiffe tätigten dann auch den Binnenschiffsumschlag am Ufer. Es konnte dann also nur noch ein Schiff neben dem Seeschiff liegen. In der Beckenbreite machte sich diese Entwicklung deutlich bemerkbar, die späteren mit Eisenbahnanschluß versehenen Becken waren schmaler als die ersten, nur für den Wasserumschlag vorgesehenen. Die ersten Becken, in denen sowohl auf die Eisenbahn als auch auf das Binnenschiff umgeschlagen wurde, waren das Entrepôtdock in Amsterdam, der Sandtorhafen in Hamburg und der Spoorweghaven in Rotterdam. Alle drei Becken hatten nur etwa 100 m Breite gegenüber 250 m im früher angelegten Oosterdock in Amsterdam.

In den Häfen mit starkem Binnenschiffsverkehr wurde aber schon bald wieder von der schmalen Beckenform, den sogenannten Eisenbahnbecken abgegangen. Es setzte sich die Auffassung durch, daß der Umschlag Seeschiff—Binnenschiff im Becken an Dalben abgewickelt werden kann, während die Ufer dem Umschlag auf Land vorbehalten bleiben. Es entstehen Becken mit großen Wasserflächen und einer oder mehreren Dalbenreihen.

In Hamburg wurden die Becken mit dem Baakenhafen beginnend bis hin zu den Waltershofer Häfen für Stück- und Massengutumschlag mit Dalben versehen. Der Abstand zwischen dem Ufer und der Dalbenreihe wuchs mit der Schiffsgröße.

In Rotterdam sind bei den Massengutbecken ebenfalls verhältnismäßig große Wasserflächen mit zahlreichen Dalbenreihen vorhanden. In den reinen Stückguthäfen wurde jedoch auf Dalben verzichtet und der Umschlag vom Seeschiff zum Binnenschiff und umgekehrt findet am Kai statt. Die Breite dieser Becken wurde der Reichweite der Kaikrane, die den Umschlag vom Seeschiff auf das Binnenschiff vornehmen, angepaßt. Sie wuchs nicht nur mit der Schiffsgröße, sondern nimmt auch darauf Rücksicht, daß heute zwei statt früher ein Binnenschiff auf der Wasserseite der Seeschiffe abgefertigt werden können.

Eine zunehmende Beckenbreite ist auch in Antwerpen zu verzeichnen. Im Gegensatz zu Hamburg und Rotterdam sind aber keine Dalben in den Becken. Daher muß der Massengutumschlag, soweit er nicht am Ufer vorgenommen wird, an ankernden oder an Bojen liegenden Schiffen vorgenommen werden. Das Stückgut wird wie in Rotterdam ausschließlich am Ufer, auch auf Binnenschiffe, umgeschlagen.

Bremen ist in Bezug auf seine Beckenbreite bis vor wenigen Jahrzehnten reiner ,,Eisenbahnhafen'' geblieben. Erst in den neueren Hafenbauten Osterort und Niedervieland werden die Binnenschiffe durch die Anordnung von Dalben und entsprechende Beckenbreite mit berücksichtigt.

Der Massengutumschlag hat in Amsterdam die gleiche Entwicklung genommen wie in Emden. Es wird vornehmlich am Ufer umgeschlagen, und hier, wie in allen anderen geschlossenen Häfen auf die Anordnung von Dalbenreihen zum Umschlag verzichtet. Es ist anzunehmen, daß sich in diesen Häfen der Umschlag vom Massengut am Ufer eher durchsetzen konnte als in den tideabhängigen Häfen, weil die Konstruktion der Umschlagsgeräte einfacher ist.

Für den Stückgutumschlag wurden in Amsterdam als einzigem Hafen Binnenschiffsbecken zunächst hinter den Schuppen und später zwischen Kai und Seeschiff angelegt. Die ersten Becken dieser Art fielen nach dem 2. Weltkrieg der Vergrößerung des Schuppenraumes zum Opfer und wurden zugeschüttet. Sie wurden, da das Stückgut auf die Schienen und die Straße überwechselte, nicht mehr benötigt.

Das vorwiegend gebrauchte Umschlagsgerät für das Stückgut im Bord-Bordverkehr war und ist in den meisten Häfen der Hafenreihe das Bordgeschirr der Seeschiffe. Es genügt den gestellten Ansprüchen in Bezug auf Reichweite, Tragkraft und Arbeitsgeschwindigkeit im allgemeinen vollkommen, zumal es durch die Notwendigkeit des rationellen Umschlags in Häfen ohne Kaikräne ständig weiterentwickelt wird.

Rotterdam ist z. Z. der Hafen, der für den Stückgutumschlag zwischen den am Kai liegenden Seeschiffen und den längsseitsliegenden Binnenschiffen überwiegend Kaikräne einsetzt. Es hat etwa seit 1930 als die Entwicklung der Kaikräne weit genug gediehen war, den Umschlag zwischen Kai und Seeschiff dem Bordgeschirr überlassen. Antwerpen folgt heute diesen Weg, indem die Umschlagsbetriebe zur Anschaffung der entsprechenden Kräne angeregt werden.

Als drittes Umschlagsgerät wurden für den Stückgutumschlag zeitweise auch Schwimmkräne kleinerer Hubkraft benutzt. Sie sind jedoch mit der zunehmenden technischen Entwicklung der Bord- und Kaikräne wieder verschwunden. Eine Ausnahme machen die schwimmenden Schwerlastkräne. Sie dienen allerdings nicht dem normalen Umschlag zwischen Seeschiff und Binnenschiff.

Auch das Massengut wurde anfangs mit Bordgeschirr umgeschlagen. Seine Leistung war jedoch zu gering, daher ging man in der zweiten Hälfte des vorigen Jahrhunderts zu schwimmenden Umschlagsgeräten über. Umschlagsgeräte dieser Art, also Schwimmkräne mit Kübeln und Greifern und schwimmende Getreideheber waren und sind in allen Häfen vorhanden, jedoch ist die Mehrzahl dieser Anlagen heute noch dort anzutreffen, wo die Häfen durch breite Becken auf diese Umschlagsarten besonders eingerichtet sind.

Zahlreiche schwimmende Umschlagsgeräte, besonders Getreideheber sind noch in Betrieb, obwohl sich inzwischen auch der Direktumschlag von Massengut zwischen Seeschiff und Binnenschiff ans Ufer verlagert hat. Der Anlaß zu dieser Verlagerung war das Bestreben, auch die größer gewordenen Seeschiffe schnell abzufertigen. Mit den landfesten Geräten sind wesentlich größere Leistungen als mit Schwimmgeräten, besonders bei Gütern wie Kohle, Erz und Düngemitteln zu erreichen. Daher entstanden in allen Häfen Lösch- und Verladebrücken mit Auslegern, die auch einen Umschlag zwischen Seeschiff und auf der Wasserseite liegenden Binnenschiffen ermöglichen.

Diese neue Form des Umschlages hatte natürlich auch ihre Konsequenzen in der Beckenbreite. Da das schwimmende Gerät zwischen dem Seeschiff und dem Binnenschiff entfiel, konnten die Becken schmaler gehalten werden. Diese wirken sich jedoch im Hafenbild nicht sichtbar aus, da allein schon die Schiffsgröße ständig zunahm und mehr Beckenbreite verlangte. Die Ausleger der Umschlagsbrücken sind im allgemeinen so bemessen, daß neben dem Seeschiff noch zwei bis drei Binnenschiffe abgefertigt werden können.

Auch für Getreide entstanden landfeste Anlagen, die neben der Verbindung zum Land auch der Beschleunigung des Direktumschlages Seeschiff—Binnenschiff dienen. Im Gegensatz zu den Verladebrücken kamen schon bei den ersten Anlagen dieser Art (Bremen 1916) Seeschiffe und Binnenschiffe nicht mehr miteinander in Berührung. Das kann als eine Folge der leichten Transportierbarkeit dieses Gutes durch Rohre angesehen werden. Die kontinuierliche Förderung des Getreides durch Rohre macht die Leistung solcher Umschlagsanlagen nahezu unabhängig von der Entfernung zwischen Seeschiff und Binnenschiff. Die beiden Schiffsarten brauchen also nicht mehr miteinander in Berührung zu kommen, sondern können getrennt an verschiedenen Seiten der Umschlagsanlage liegen. Landfeste Anlagen für den Direktumschlag von Getreide sind in den letzten 50 Jahren in Bremen, Antwerpen und Amsterdam entstanden. Alle anderen Häfen setzen für den Direktumschlag allein schwimmende Heber ein.

Mit der Einführung der kontinuierlichen Förderung bei den schweren Massengütern Kohle und Erz zeichnet sich auch bei deren Umschlag eine Wandlung im Verhältnis zwischen Seeschiff und Binnenschiff ab. Der Förderbandbetrieb ermöglicht auch bei diesen Gütern ein Auseinanderrücken der Schiffsarten.

Die ersten, in den 50er Jahren entstandenen Bandanlagen in Emden und Antwerpen waren noch hauptsächlich für die Beladung der Binnenschiffe vom Lager aus angelegt worden. Der Direktumschlag wurde weiterhin mit den vorhandenen Verladebrücken großer Ausladung vorgenommen. An der neuesten Anlage in Emden und der Anlage in Rotterdam ist auch für den Direktumschlag von Erz die Zwischenschaltung des Bandes vorgesehen. Die Binnenschiffe erhalten ihre Beladeplätze in der Nähe der eigenen Liegeplätze und kommen nicht mehr mit den Seeschiffen in Berührung. Um auch bei dem relativ häufigen Wechsel der Binnenschiffe an der Beladeanlage nicht auch die Seeschiffsentladung zu unterbrechen, sind in Emden Ausgleichssilos in die Bänder geschaltet.

In dieser Richtung ist in Rotterdam noch ein weiterer Schritt vorgesehen worden, die Zwischenlagerung soll in den Umschlagsvorgang eingeschaltet werden. Das Lager am Kai, das zunächst nur Störungen im Verkehrsfluß ausgleichen sollte, ist nach dem 2. Weltkrieg gewachsen und muß in der Folgezeit die bei dem Versender oder Empfänger fehlenden Lagerflächen ersetzen. Mit der wachsenden Seeschiffsgröße wächst ihnen nun eine neue Aufgabe zu: Sie sollen das Ausgleichselement zwischen dem Stoßverkehr auf der Seeseite und dem gleichmäßigen Verkehr auf der Binnenseite bilden. Diese Ausgleichsfunktion tritt umso mehr zutage, je mehr die Seeschiffsgröße anwächst, je größer also die Anzahl der Binnenschiffe bei einem Direktumschlag sein müßte, die bei Ankunft eines Seeschiffs bereitliegen müssen. Ein Speicher vermeidet damit in steigendem Maße die unproduktiven Wartezeiten der Binnenschiffe und sorgt für deren gleichmäßige Beschäftigung. So wird es verständlich, daß Rotterdam im Europoort, der auch von größten Schiffen angelaufen werden soll, weitgehend auf den Direktumschlag von Massengut verzichten und die Binnenschiffe möglichst nur vom Lager aus bedienen will.

Die gleiche Ausgleichsfunktion wie die Erzlager in Emden, Amsterdam und Rotterdam sollen auch die Getreidespeicher an den neuen Anlagen in Amsterdam und Antwerpen erhalten. Auch in der Getreideschiffahrt sind die Seeschiffe so weit gewachsen, daß ein Ausgleich zwischen einkommendem Gut und dem Weitertransport erforderlich wird.

So wird heute die bei dem Aufkommen des Massengutes vor fast 200 Jahren aufgehobene Trennung zwischen der Seeschiffahrt und der Binnenschiffahrt als Folge der gewachsenen Schiffsdifferenz für die Massengüter wieder möglich. Die Seeschiffe und die Binnenschiffe brauchen im Hafen nicht mehr miteinander in Berührung zu kommen und die Becken können wieder einzig nach den Bedürfnissen der darin verkehrenden Schiffsart angelegt werden.

3.2.2 Die Ausstattung der Uferbefestigungen

Die ersten lotrechten oder nur leicht geneigten Uferbefestigungen wurden nicht auf der Landseite verankert, sondern zur Wasserseite durch Schrägpfähle gestützt. Diese Pfähle übernahmen gleichzeitig auch zwei Funktionen der Kaiausrüstung. Sie dienten als Reibpfähle und Festmacheeinrichtungen für die Binnenschiffe und Hafenfahrzeuge, die zunächst allein anlegen konnten. Als die Wassertiefe vor ihnen größer wurde, übernahmen sie diese Funktion auch für die Seeschiffe. Ein Beispiel dafür ist die erste Uferbefestigung im Hamburger Sandtorhafen.

Mit der Errichtung von weiteren Bollwerken am seeschiffstiefen Wasser beginnt auch der Einfluß der Binnenschiffahrt auf die Ausrüstung dieser Ufereinfassung. Spürbar wird dieser Einfluß doch nur in den offenen Häfen oder Hafenteilen, also in Lübeck, Hamburg, Bremen, Emden und Rotterdam. Nicht spürbar dagegen ist der Einfluß in Amsterdam und Antwerpen, wo wegen des konstanten Wasserstandes Binnenschiffe und Seeschiffe die gleichen Ausrüstungsteile benutzen können.

In allen Häfen mit ständig wechselndem Wasserstand wurden schon die ersten Bohlwerke, die als Vorläufer der Massivbauwerke vorhanden waren, an der Wasserseite nicht nur mit Pfählen, sondern auch mit Schiffsringen zum Festmachen von See- und Binnenschiffen ausgerüstet. So waren also die Ringe neben den Pfählen die ersten Festmachevorrichtungen.

Die endgültige Unterscheidung zwischen Seeschiffseinrichtung und Binnenschiffseinrichtung erfolgte erst mit der Einführung des Kantenpollers zwischen 1880 und 1885. Für seine Anwendung war die Erstellung von massiven Kaikonstruktionen eine wesentliche Voraussetzung.

In der Folgezeit stehen für die Seeschiffe die Einrichtungen auf der Kaimauer in Form von Kantenringen, Kantenpollern und Landfesten zur Verfügung. Nur für die Binnenschiffe dagegen sind die an der Wasserseite des Kais angebrachten einteiligen und mehrteiligen Ringe, Ketten, Bootsbügel, Schutenkästen und Haltekreuze bzw. Nischenpoller.

Die spezielle Ausrüstung für die Binnenschiffe hat in allen offenen Häfen etwa die gleiche Wandlung durchgemacht. Die in verschiedenen Höhen in den Kaimauern angebrachten einteiligen Ringe wurden etwa nach 1890 durch mehrteilige Ringe ersetzt. Sie hatten den Vorteil der leichten Auswechselbarkeit. Nach dem 1. Weltkrieg setzte sich auch in der Binnenschiffahrt die Stahltrosse gegenüber dem Hanftau durch. Die Stahltrosse ist weniger biegsam als das Hanftau und daher schlechter an den Ringen zu befestigen. Deshalb wurde nach 1920 von den Ringen abgegangen und bei Neuanlagen Haltekreuze bzw. Nischenpoller eingebaut.

In den beiden Häfen mit dem größten Tidehub, in Hamburg und Bremen, wurden anstelle der Ringe zusätzlich noch weitere Vorrichtungen angebracht, um den Binnenschiffen und vor allem der Hafenschiffahrt den Betrieb zu erleichtern. So wurden in Hamburg zwischen 1900 und 1930 Halteketten eingebaut, die sich bei wechselnden Wasserständen leichter erreichen ließen und ein häufiges Umlegen der Trossen überflüssig machten; zusätzliche Schutenkästen dienten zum Einsetzen der Bootshaken. Bremen hatte zusätzlich noch Bootsbügel.

Die Ketten haben sich an den Dalben bis heute für die Befestigung von Binnenschiffen und Hafenfahrzeugen gehalten.

In den geschlossenen Häfen bzw. Hafenteilen von Antwerpen, Amsterdam und Emden sind im allgemeinen keine besonderen Ausrüstungen für Binnenschiffe vorhanden. Bei der geringen und konstanten Differenz zwischen dem Wasserspiegel und der Kaioberkante können die Binnenschiffe die Plattformpoller der Seeschiffe mitbenutzen. In Emden haben sich in den letzten Jahren aber Unzulänglichkeiten beim Betrieb herausgestellt, und es sind dort auch im geschlossenen Becken Nischenpoller eingebaut. Die Nischenpoller sollen nach der heutigen Auffassung[1] in der Höhe einen Abstand von etwa 1,50 m erhalten und der unterste Poller 1,0 m über MSpTnW beginnen. Der waagerechte Abstand zwischen den Pollerreihen wird mit 15 m empfohlen, jede zweite Reihe soll durch Leitern erreichbar sein.

Die Funktion der Reibpfähle hat ebenfalls in allen Häfen im Laufe der Zeit eine Wandlung durchgemacht. Ursprünglich als Abstützelement der Bohlwerke vorhanden, übernahmen sie bei den Bollwerken zunächst die Funktion von Fendern. Mit zunehmender Größe der Seeschiffe wurden die Spezialeinrichtungen zur Abfenderung erforderlich, und die Reibpfähle dienten nur noch den Binnenschiffen und Hafenfahrzeugen. Ihr Abstand sollte nach der Auffassung in den 30er Jahren für die Binnenschiffe nicht mehr als 10 m betragen. Da sie auch für die Binnenschiffe und Hafenfahrzeuge die Funktion als Fender nur ungenügend erfüllen und außerdem anfällig gegen Zerstörung sind, geht man heute dazu über, sie wegzulassen. An ihre Stelle treten kleinere Reibhölzer, von denen die Binnenschiffe vier bis sechs Stück mitzuführen und bei Bedarf auszuhängen haben.

Das Abbäumen (auch Abbacken) hat sich in Hamburg vermutlich um die Jahrhundertwende eingebürgert und zwischen den beiden Weltkriegen auch gut bewährt. Das ist daraus zu schließen, daß bei der Anlage der Kuhwärder und der Waltershofer Häfen genügend Breite speziell für das Abbäumen vorgesehen wurde. Da in Hamburg gegen Dalben abgebäumt wurde und die Holzdalben genügend Ansatzpunkte für die Spieren besaßen, waren keine weiteren besonderen Einrichtungen notwendig. Dagegen sollte in Emden im Außenhafen auch gegen die Kaimauer abgebäumt werden. Er wurde deshalb beim Umbau Ende der 20er Jahre mit besonderen Stützbohlen ausgerüstet.

Das Abbäumen hat sich jedoch im Umschlag nicht durchgesetzt und wurde in keinem weiteren Hafen der betrachteten Hafenreihe angewandt. Es ist auch in Hamburg nach dem 2. Weltkrieg mit der wachsenden Schiffsgröße praktisch wieder verschwunden.

So können die Nischenpoller heute in allen Häfen als die geeignete Festmachevorrichtung für Binnenschiffe an den Kais angesehen werden. Lediglich wo die Gefahr besteht, daß die Trossen abgleiten, werden noch Haltebügel empfohlen.

3.3 Die Liegeplätze der Binnenschiffe

Die Anordnung der Plätze, an denen sich die Binnenschiffe außerhalb der Umschlagszeit während der Ruhe- und Überwinterungszeit im Hafen aufhalten, hängt wie die Gestaltung der Hafenwege wesentlich von der Berührungsform von Binnen- und Seeschiff und damit von der Handelsart ab. Als der Stapelhandel das Gesicht der Häfen prägte und eine direkte Verbindung zwischen den Schiffen nicht notwendig war, richtete sich die Lage der Binnenschiffsliegeplätze nach der Lage der Umschlagsstellen. Als sich aber Seeschiffe und Binnenschiffe zum Direktumschlag zusammenfinden mußten, wurden bei der Neuanlage die Liegeplätze auch auf die Seeschiffsbecken hin orientiert.

Während der Zeit des Stapelhandels hatten die meisten der untersuchten Häfen, seit den Zeiten, seit denen sie Hafenanlagen besaßen, von den Seeschiffsanlagen getrennte Liegeplätze für Binnenschiffe. Die Binnenschiffe hielten sich solange vornehmlich an den ihnen zugewiesenen Liegeplätzen außerhalb des Seeschiffsbereiches auf, solange diese ihren Ansprüchen genügten. Die Liegeplätze mußten genügend Liegestellen und gute Verbindungen mit dem Speicherviertel aufweisen.

So hatten Lübeck, Bremen, Amsterdam und Rotterdam bis in die Neuzeit hinein nur dort Binnenschiffsliegeplätze, wo keine Seeschiffe verkehrten. Die Trennung der Schiffsbereiche wurde in den meisten Fällen durch Verordnungen festgelegt, in Lübeck und Bremen aber auch durch Brückenbauten.

In Hamburg ließen sich die Binnenschiffe nur bis etwa 1700 aus den Seeschiffshäfen fernhalten. Danach suchten sie auch diese auf, da die Speicher von dort besser zu erreichen waren als von den binnenschiffseigenen Anlagen im Oberhafen. In Antwerpen war zwar oberhalb der Mündung der Meir ein Binnenschiffsrevier vorhanden, doch mußten von den Binnenschiffen die Umschlagsplätze der Leichter an den Ankerplätzen der Seeschiffe mit benutzt werden, so daß sie sich auch dort längere Zeit aufhielten.

Mit dem Beginn der modernen Hafenentwicklung und der damit verbundenen Wandlung im Verhältnis zwischen Seeschiff und Binnenschiff ist die Binnenschiffahrt immer bestrebt gewesen, ihre Liegeplätze so dicht wie möglich an die Umschlagsbecken für Seeschiffe zu legen. Das Streben in dieser Richtung wird deutlich, wenn man den Bau von Liegebecken und -stellen in allen Häfen gemeinsam in der Reihenfolge ihrer Entstehung betrachtet.

[1] Empfehlungen des Arbeitsausschusses „Ufereinfassungen", 3. Aufl., 1964.

Die ersten speziell für Binnenschiffe angelegten Hafenbecken in den Seehäfen waren hauptsächlich als Schutz- und Überwinterungshäfen gedacht. Die verhältnismäßig leicht gebauten Binnenschiffe mußten aus dem Strom heraus in sichere Häfen gebracht werden können. Die gleiche Funktion übernahmen auch die alten, für die Seeschiffe zu klein gewordenen Hafenbecken. Auch in ihnen hielten sich die Binnenschiffe auf, wenn sie auf das Löschen oder Beladen länger warten mußten oder vor Eis und Hochwasser Schutz suchten.

Als spezielle Liegehäfen wurden in Bremen die Pipe und der Oberländische Hafen etwa um 1818 angelegt. In Rotterdam entstanden 1857 Boerengat und Buizengat, die, wie schon erwähnt, gleichzeitig zur Umgehung der Seeschiffsplätze dienten. Ferner entstand 1887 dort der Rheinhafen als reiner Liegehafen. Antwerpen baute 1882, die tideunabhängigen Binnenschiffsbecken an der Schelde als Umschlags- und Liegeplätze. Zur gleichen Zeit entstand in Hamburg der Baakenhafen, der wie der Rheinhafen in Rotterdam später als Seeschiffshafen ausgebaut wurde und als Ersatz dafür die Billwerder Bucht.

Diese Häfen und die alten, als Liegeplätze dienenden Häfen oder Hafenteile haben in der Regel keine direkten Verbindungen zu einzelnen Seeschiffsbecken gehabt. Ihre Funktion konnte deshalb nur darin bestehen, den längere Zeit vor oder nach dem Umschlag oder als Lagerschiff im Hafen verbleibenden Schiffen eine Aufenthaltsmöglichkeit zu geben. Allein für diesen speziellen Zweck sind auch später noch in verschiedenen Häfen Becken und weitere Anlagen längs der Binnenschiffszufahrten zu den Häfen entstanden.

So z. B. der Kanalmündungshafen in Lübeck von 1900, in Hamburg 1910 der Peutehafen, 1922 das Binnenschiffsbecken im Hansadock und 1935 das Straßburgbecken in Antwerpen.

Zwischen 1885 und 1914 entstand in Hamburg das System der Ringkanäle, die gleichzeitig als Liege- und Umschlagsplätze für Binnenschiffe dienten. Es wurde damit bereits eine neue Entwicklungsperiode eingeleitet. Diese Becken dienten nämlich nicht nur dem längeren, sondern vor allem dem kurzen Aufenthalt der Schiffe. Der kurze Aufenthalt entsteht für das Binnenschiff besonders dann, wenn sein Platz am Seeschiff noch nicht frei ist. Durch die Anlage solcher Becken werden die Seeschiffshäfen soweit wie möglich von Binnenschiffen freigehalten. Die Kurzliegeplätze haben seitdem zunehmend an Bedeutung gewonnen, da sie den schnellen Wechsel der Binnenschiffe und dadurch den rationellen Einsatz der Umschlagsgeräte bei gleichzeitigem minimalen Bauaufwand ermöglichen. Die Binnenschiffe kommen mit einer geringeren Tiefe als die Seeschiffe in ihren eigenen Liegebecken aus.

Rotterdam ist seit 1895, seit dem Bau des Maashafens, bei der Anlage von Binnenschiffsliegeplätzen ähnlich wie Hamburg vorgegangen. Es hat jedoch keine unabhängigen Binnenschiffsbecken geschaffen, sondern sie im hinteren Teil der Seeschiffsbecken angelegt. Die Seeschiffe und Binnenschiffe liegen also in einem gemeinsamen Becken, aber in verschiedenen Bereichen. Auch in Rotterdam sind wie in Hamburg die Dauer- und die Kurzliegeplätze vereint.

In Emden wurden 1898 die Mündung des Dortmund-Ems-Kanals für den gleichen Zweck mit Binnenschiffsliegeplätzen versehen. Sie bekamen jedoch nach der Verkehrsverlagerung zum Außenhafen den Charakter von Dauerliegeplätzen.

Bremen legte seine Liegeplätze nicht an der Beckenwurzel, sondern im gemeinsamen Vorhafen mehrere Hafenbecken an. Die Wege zu den Seeschiffen sind von dort aus nicht länger als vom rückwärtigen Hafenteil. Für die geschleppten Binnenschiffe traten bei der Kreuzung des Verkehrsweges der Seeschiffe in den Wendebecken bei dieser Lösung Schwierigkeiten auf. Diese Art der Anlage ist daher nur mit dem verhältnismäßig geringen Binnenschiffsanteil des Bremer Hafens zu erklären. Wie schon bei den Verkehrswegen im Hafen erläutert, verringerten sich die Schwierigkeiten an diesem Punkt seit der Einführung des selbstfahrenden Binnenschiffes. Die Anordnung von Liegeplätzen im Vorhafen ist daher heute durchaus möglich.

Seit dem 2. Weltkrieg zeichnet sich beim Massengut eine neue Entwicklungsphase ab. An den Umschlagsanlagen, besonders für trockene Massengüter, erhalten die Binnenschiffe immer mehr naben den eigenen Umschlagsstellen auch eigene Liegeplätze für die Wartezeit vor dem Umschlag zugewiesen. Diese Liegeplätze können direkt neben den Seeschiffsplätzen sein, wie beispielsweise im Botlekhafen in Rotterdam oder sie können in besonderen Becken liegen, die vom eigentlichen Seeschiffsbecken abzweigen. Solche Hafenbecken entstanden 1941 in Emden in Form des Liegehafens im Neuen Binnenhafen und 1965 in Form des Neuen Binnenschiffsbeckens, in Amsterdam 1960 im Westhafen und in Antwerpen 1964 im 6. Hafenbecken. Hier wird also dafür gesorgt, daß an den Massengutumschlagsstellen selbst, besonders für den Direktumschlag, genügend Binnenschiffe liegen können. So ist ein schneller Wechsel an den Umschlagsgeräten selbst möglich, ohne daß die Seeschiffsbecken von Binnenschiffen verstopft werden. Die größeren Seeschiffsabmessungen und die größere Leistung der Umschlagsgeräte, die zu einem konzentrierteren Binnenschiffsverkehr geführt haben und das Bestreben die Seeschiffswege freizuhalten, dürften also Anlaß zum Bau dieser Becken gewesen sein.

Ein Vorläufer dieser Liegebeckenform entstand schon 1925 im Coenhaven in Amsterdam. Dort wurde der rückwärtige Anschlußkanal an den Schuppen so breit gemacht, daß nicht nur Binnenschiffe dort umschlagen, sondern auch liegen und auf die Abfertigung warten konnten. Diese Anlage diente aber nicht dem Massengut-, sondern dem Stückgutumschlag. Sie hat in den Stückgutbecken anderer Häfen jedoch keine Nachahmung gefunden.

In Antwerpen sind bei den Neuplanungen neben den Liegestellen in den sehr breiten Becken selbst noch Liegebecken an der Wurzel der Seeschiffsbecken vorgesehen. Bei allen übrigen Häfen hat man bei den seit dem 2. Weltkrieg gebauten oder noch geplanten Becken auf besondere Anlagen verzichtet und genügend Beckenbreite zum Aufenthalt der wartenden Binnenschiffe vorgesehen.

Die Tendenz geht also bei den Stückguthäfen im allgemeinen dahin, die kurzzeitig auf Abfertigung wartenden Binnenschiffe mit im Seeschiffsbecken liegen zu lassen.

Wenn, wie in Rotterdam geplant, die Binnenschiffe und Seeschiffe auch zum Direktumschlag von Massengut nicht mehr miteinander in Berührung kommen, können sich die Binnenschiffsliegeplätze rein nach der Lage der Umschlagsplätze für Binnenschiffe orientieren.

So sind im Hafengebiet von Europoort die Kurzzeitliegeplätze mit in den Becken für den Binnenschiffsumschlag vorgesehen, während die Liegeplätze für den längeren Aufenthalt nicht weit davon an der Zufahrt in der Brielse Maas liegen. Von der Brielse Maas sind mehrere Hafenbereiche zu erreichen.

Die Liegeplätze für Binnenschiffe im Hafen lassen sich heute in zwei Gruppen aufteilen, die Liegeplätze für den längeren Aufenthalt, wie z. B. die Überwinterung, das Warten auf Order, die Urlaubszeit usw. und die Liegeplätze für kurzfristiges Warten darauf, daß eine Umschlagsstelle frei wird. Die Dauerliegeplätze werden heute getrennt von den Umschlagsanlagen mit guten Verbindungen zum Land angelegt. Die Kurzzeitliegeplätze werden dagegen direkt an den Umschlagsanlagen eingerichtet, beim Massengut in besonderen Becken, beim Stückgut in den Seeschiffsbecken selbst.

4. Schlußfolgerungen für die Anlage von Häfen

Wie die Entwicklung der Binnenschiffahrt in den untersuchten nordwesteuropäischen Häfen zeigt, wurde das Verhältnis zwischen dem Seeschiff und dem Binnenschiff in den Häfen und damit auch die Hafenanlagen selbst immer stark von der Umschlagsgutart beeinflußt. Es liegt kein Grund vor, weshalb in dieser Hinsicht eine Änderung eintreten sollte, besonders, da in Zukunft mit einer noch stärkeren Spezialisierung der Schiffe im See- und Binnenbereich zu rechnen ist. Es soll also die Umschlagsgutart auch als Richtschnur für die weitere Entwicklung angesehen werden.

4.1 Häfen für Massengutumschlag

4.1.1 Die Umschlagsplätze

Bei den Massengutschiffen ist seit dem 2. Weltkrieg durch den Zwang zur Rationalisierung und als Folge der länger gewordenen Transportwege eine ständige Zunahme der Schiffsgrößen zu verzeichnen. So sind heute 40000 bis 60000 tdw Mineralöl-Tanker eine regelmäßige Erscheinung. Die vorzugsweise gebauten Schiffe für den Transport trockener Massengüter liegen z. Z. zwischen 30000 und 40000 tdw, wenn auch dem Wachstum dieser Schiffe durch die Tiefe der Hafenzufahrten und hoffentlich auch durch volkswirtschaftliche Überlegungen Grenzen gesetzt werden, so ist in nächster Zukunft mit einer weiteren Zunahme der Größe dieser Schiffe zu rechnen. So werden bereits Mineralöltanker mit über 150000 tdw gebaut.

Die Binnenschiffsgrößen werden nicht im gleichen Verhältnis steigen können wie die Größen der Seeschiffe. Eine umfassende Vergrößerung der Profile der Binnenwasserstraßen verlangt einen größeren fianziellen Aufwand, besonders in Anbetracht des dicht besiedelten europäischen Raumes, als die Vergrößerung der verhältnismäßig kurzen Seewasserstraßen. Unter dem Zwang des internationalen Wettbewerbs werden daher die Häfen zunächst ihre Seewasserstraßen den Seeschiffsgrößen anpassen. Die weniger von den Seehäfen zu beeinflussenden Binnenwasserstraßen werden erst nach und nach folgen. Damit wird aber die Anzahl der für die Aufnahme der Ladung eines Seeschiffes notwendigen Binnenschiffe noch wachsen.

Dort, wo die Binnenwasserstraßen es zulassen, ist eine Hinwendung zum Schubvorland, und wo die Verhältnisse ungünstiger sind, zum offenen Massengutschiff zu beobachten. Beide Schiffsarten sind zwar größer als die bisherigen Binnenschiffe, jedoch ist auch ihre Tragfähigkeit nicht in dem gleichen Verhältnis gewachsen wie bei den Seeschiffen.

Die großen Massengutseeschiffe müssen kurze Umlaufzeiten haben, wenn sie wirtschaftlich sein sollen. Sie müssen in den Häfen schnell ent- und beladen werden, wodurch im Hafen Verkehrsspitzen auftreten. Auf der anderen Seite verlangen die Verlader und Empfänger im Binnenland eine gleichmäßige Bedienung und braucht die Binnenschiffahrt zur wirtschaftlichen Ausnutzung des Transportraumes eine möglichst gleichmäßige Beschäftigung. Die Häfen werden daher gezwungen, Lagerflächen vorzuhalten und einen großen Anteil des Gutes zwischenzulagern. Der Anteil des Direktumschlages zwischen den See- und Binnenschiffen wird damit mit wachsender Seeschiffsgröße sinken, und der Umschlag mit Zwischenlagerung beim Massengut in Zukunft die führende Rolle spielen. Die Binnenschiffe werden vom Lager aus mit den Gütern Erz, Kohle und Getreide bedient und brauchen daher die Seeschiffsbecken nicht mehr anzulaufen.

Diesem Umstand sollte bei der Anlage neuer Massenguthäfen mit Binnenschiffsanschluß Rechnung getragen werden. Die Binnenschiffe können entweder eigene Becken, die durch die Umschlagsanlage und die Lagerplätze vom Seeschiffsbecken getrennt sind, erhalten oder im gemeinsamen Becken für Seeschiffe unzugängliche Teile zugewiesen bekommen. Der Gütertransport von einem zum anderen Becken wird wegen der Größe der Lager in beiden Fällen über Bänder vorgenommen werden müssen.

Die Anordnung von getrennten Becken hat den Vorteil, daß sich die Landverkehrswege ohne Brücke zwischen den Binnen- und Seeschiffsanlagen hindurchführen lassen und so die Verkehrsführung auf der Landseite der Seeschiffsbecken einfacher ist. Die Anordnung der Umschlagsplätze in einem Becken ermöglicht kürzere Transportwege und eine bessere Übersichtlichkeit der Anlage. Die Wahl einer der beiden Arten wird wesentlich von den besonderen örtlichen Verhältnissen abhängig sein, wichtig ist aber, daß die Schiffsarten ihre eigenen Bereiche haben.

Durch die Schaffung eigener Bereiche wird nicht nur die gegenseitige Behinderung der Schiffe vermieden, sondern es sind auch kostenmäßige Vorteile bei der Anlage vorhanden. Die Seeschiffsbecken mit einer verhältnismäßig großen Tiefe brauchen nur so breit und lang angelegt werden, wie für das Manövrieren und Abfertigen der Seeschiffe erforderlich ist. Sie erhalten damit minimale Abmessungen. Die Binnenschiffsbecken können mit geringerer Tiefe und entsprechend leichteren Uferbefestigungen ausgestattet werden, dabei kann evtl. auch an den Kaimauerhöhen über dem Wasserspiegel eingespart werden, denn die Binnenschiffe benötigen weniger Höhe über dem Wasserspiegel als die Seeschiffe.

Die Umschlagsgeräte an den getrennten Umschlagsanlagen können den Schiffsarten besser angepaßt und damit besser ausgenutzt werden.

Für die Fenderung braucht nur im Seeschiffsbereich gesorgt werden, im Binnenschiffsbereich können, soweit an den Umschlagsplätzen senkrechte Ufereinfassungen vorgesehen werden, die Binnenschiffe unter Verwendung eigener Reibhölzer anlegen. Die im Binnenschiffsbereich neben den Leitern notwendigen Nischenpoller sind im Seeschiffsbereich überflüssig.

Die Binnenschiffsbecken an den Massengutanlagen sind so groß anzulegen, daß neben den Liegeplätzen an den Umschlagsstellen selbst auch genügend Liegeplätze für die auf die Abfertigung wartenden Schiffe vorhanden sind. Diese Warteplätze müssen so angeordnet sein, daß ein schneller Wechsel an den Umschlagsstellen möglich ist und die Umschlagsvorgänge nur kurz unterbrochen werden. Die Anzahl der Warteplätze läßt sich durch die konsequente Anwendung des Umschlags über Lager auf ein Minimum begrenzen, da bei genügend leistungsfähigem Umschlagsgerät ein jederzeitiges, sofortiges Beladen und Entladen möglich ist. Die Hafenliegezeiten der Binnenschiffe lassen sich so auf den eigentlichen Lösch- oder Ladevorgang beschränken, die unproduktive Wartezeit wird verringert.

Bei der Festlegung der Größe der Liege- und Umschlagsstellen ist es insbesondere die Größe der Schubverbände, die berücksichtigt werden muß.

Aber auch dort, wo der Schubverband noch nicht verkehrt und das offene Binnenschiff die Hauptmasse des Massengutes transportiert, muß mit der Konkurrenz durch den Schubverband gerechnet werden, da sich nur durch größere Schiffe der Transportpreis wesentlich senken läßt.

Die Wirtschaft wird deshalb auf den Ausbau noch nicht geeigneter Wasserstraßen für die Schubschiffahrt drängen. Die Häfen müssen sich in ihrem Bereich anpassen, wenn sie nicht ihren Massengutverkehr zu Wasser verlieren wollen. Die Mosel ist ein Beispiel dafür, daß die Schubschiffahrt auch auf verhältnismäßig kleinen Flüssen Fuß fassen kann.

Auch die Häfen selbst sollten eine den Spezialschiffen entsprechende Erweiterung ihrer Binnenwasserstraßenanschlüsse anstreben, da ihnen neben dem indirekten Vorteil des billigeren Transportes auch die mögliche höhere Entladeleistung bei diesen Schiffen direkt zugute kommt.

4.1.2 Die Anschlußstrecken zur Binnenwasserstraße

In gleichem Maße wie bei den Abmessungen für die Umschlags- und Liegeplätze die größeren Schubverbänden berücksichtigt werden sollen, sollten sie es auch bei der Gestaltung der Wege im

Hafen selbst. Wegen ihrer verhältnismäßig großen Abmessungen und besonders ihrer damit verbundenen Unbeweglichkeit sollte die Schubschiffahrt abseits von der Seeschiffahrt geführt werden. Die im Hafen beide gleichermaßen unbeweglichen Schiffsarten würden sich insbesondere an den Beckeneinfahrten wesentlich behindern. Es ist daher notwendig, den Massengutumschlagsanlagen eigene, rückwärtige Binnenschiffsanschlüsse zu geben.

Es dürfte selbstverständlich sein, daß die Trassen der Anschlußkanäle und evtl. Bauwerke den Abmessungen der Schubverbände angepaßt sein müssen. Die Linienführung muß jedoch auch so gewählt werden, daß Dauerliegeplätze angelegt werden können. Es ist zweckmäßig, die Dauerliegeplätze für mehrere Umschlagsanlagen gemeinsam in der Nähe bestehender Siedlungen anzulegen, damit nicht nur die Möglichkeit zu Einkäufen, sondern auch zur Befriedigung kultureller Bedürfnisse gegeben ist.

Die sozialen Belange werden noch so lange eine Rolle spielen, wie das Binnenschiff als Familienbetrieb bestehen bleibt. Ansätze zu einer Wandlung auf diesem Gebiet sind zwar bei der Spezialschiffahrt schon zu erkennen, doch dürften sie sich in der übrigen Binnenschiffahrt gegen die starke Tradition nur sehr langsam durchsetzen.

Je mehr die Binnenschiffahrt mit der Schubschiffahrt und als Folge der Rationalisierung zu einer anderen Betriebsform übergeht, desto weniger wird die Verbindung von Dauerliegeplätzen und Siedlungen erforderlich sein. Die Dauerliegeplätze können dann zusammen mit entsprechenden Reparatur- und Ausrüstungsplätzen als reine Industrieanlagen angesehen und dem Industriegebiet des Hafens angegliedert werden.

Die Ausrüstung der heutigen Dauerliegeplätze muß ebenfalls noch darauf Rücksicht nehmen, daß das Binnenschiff auch Familienwohnstätte ist. Es muß dem Schiffer die Möglichkeit gegeben sein, das Binnenschiff ohne Kletterpartie auf gefahrlosem Weg zu verlassen und auch sein Auto schnell und sicher an Land zu bringen.

4.2 Häfen für Stückgutumschlag

4.2.1 Die Umschlagsplätze

Anders als beim Massengutumschlag werden sich beim Stückgutumschlag Seeschiffe und Binnenschiffe nicht voneinander trennen lassen. Wie die Entwicklung der Binnenschiffsanlagen zeigt, sind Ansätze in dieser Richtung wohl gemacht worden, doch haben sie sich nicht allgemein durchgesetzt. Der Bord-an-Bord-Umschlag zwischen dem am Kai liegenden Seeschiff und dem Binnenschiff wird auch in Zukunft für die Gestaltung der Stückgutbecken maßgebend sein. Das bedeutet, daß Binnenschiffe die Seeschiffsbecken anlaufen und sich dort zum Umschlag aufhalten müssen.

Die Breite der Stückgutbecken hat sich danach zu richten, welcher Anteil des Gutes auf Land und welcher direkt auf das Binnenschiff umgeschlagen wird, bzw. ob die landfesten Kräne für den Umschlag zwischen Ufer und Seeschiff oder zwischen Seeschiff und Binnenschiff eingesetzt werden. Im letzten Fall muß neben dem Seeschiff noch mit zwei bis drei Binnenschiffen gerechnet werden, im anderen Fall sind nur ein bis zwei Binnenschiffe zu berücksichtigen. Die Reichweite der heutigen Kaikräne läßt die Bedienung von zwei Binnenschiffen neben dem Seeschiff zu, das Bordgeschirr nur von einem. Außer den gerade in der Abfertigung befindlichen Binnenschiffen muß noch ein weiteres Schiff die Möglichkeit haben, daneben zu warten. Unter Berücksichtigung eines 10000 BRT-Schiffes als Regelfrachtschiff des Weltverkehrs[1] und des Europakahns[2] als maßgebendes Binnenschiff, beide Schiffsarten dürften in naher Zukunft mittlere Größen darstellen, werden somit Stückgutbecken ohne Dalben von mindestens 150 m Breite erforderlich. Becken mit zusätzlichen Dalben brauchen, wie auch in Bremen ersichtlich, mindestens die doppelte Breite.

Das maßgebende Umschlagsgerät im Stückguthafen ist der Kaikran. Wird der Hauptumschlag zwischen Seeschiff und dem Ufer abgewickelt, so kann der Umschlag zum oder vom Binnenschiff dem Bordgeschirr des Seeschiffes überlassen werden. Seine Leistung und Ausstattung werden ständig verbessert und kommt denen der Kaikräne nahe. Besondere landfeste Umschlagseinrichtungen sind in diesem Fall für den Direktumschlag zwischen Seeschiff und Binnenschiff nicht erforderlich.

4.2.2 Die Anschlußstrecken zur Binnenwasserstraße

Eine durchgehende Trennung der Seeschiffe und Binnenschiffe auf den Wegen im Hafen ist beim Stückgutverkehr nicht mehr notwendig. Die Binnenschiffe sind durch den Übergang zum eigenen Antrieb beweglich genug geworden, um den manövrierenden Seeschiffen ausweichen zu können. Zur Entlastung der Hauptseeschiffswege im Hafen empfiehlt es sich jedoch, diese zu

[1] Das Regelfrachtschiff des Weltverkehrs ist die Schiffsgröße, die in einem bestimmten Zeitabschnitt am häufigsten auftritt.

[2] Kahn der Klasse IV gem. Fußn. S. 96: $L = 80$ m, $B = 9{,}50$ m, $T = 2{,}50$ m.

umgehen und die Binnenschiffe durch Umgehungskanäle direkt in die Vorhäfen der einzelnen Hafengruppen zu führen. Dort können auch evtl. notwendige Kurzzeitliegeplätze und Umschlagsstellen für die Binnenschiffe angeordnet werden. Es bieten sich zu diesem Zweck besonders die Mündungsstrecken der Umgehungskanäle an. Die Fahrt von dem Vorhafen zu den einzelnen Umschlagsstellen kann dann mit den Seeschiffen gemeinsam erfolgen.

Der Vorhafen muß genügend groß und so angelegt werden, daß die Binnenschiffe und Hafenfahrzeuge, die evtl. vorhandenen Wendebecken nicht zu durchfahren brauchen. Auch die Hafenschiffahrt muß bei dieser Art der Binnenschiffseinführung die Becken gleichgerichtet mit den Seeschiffen anlaufen. Da bei der Hafenschiffahrt ein Übergang von dem Schleppverband zum leicht beweglichen Koppelverband bereits zu beobachten ist, dürfte die durch diese Schiffahrt noch auftretenden Schwierigkeiten sich in einiger Zeit beheben. Die Schwierigkeiten, die in dem Vorhafen bei Nebel entstehen könnten, können durch Hafenradar für Binnenschiffe gemildert werden.

Die Lösung mit einem Anschluß am Vorhafen hat gegenüber einem ebenfalls möglichen Anschluß des Binnenschiffskanals an der Wurzel des Stückgutbeckens den Vorteil, daß dort die Landverkehrswege Schiene und Straße unabhängiger geführt werden können. In diesem Punkt, in dem schon eine große Konzentration der Verkehrswege vorhanden ist, wird die Situation dann nicht noch zusätzlich durch Brücken über den Binnenschiffskanal erschwert; zumal Brücken in diesem Bereich eine verhältnismäßig große Spannweite erhalten müssen, wenn durch sie der Verkehr auf dem Wasser nicht behindert werden soll.

Bei der besseren Beweglichkeit der selbstfahrenden Binnenschiffe und ihren größeren Abmessungen, muß jeweils genau geprüft werden, ob bei neuen Hafenanlagen noch Zufahrten an der Wurzel der Stückgutbecken angelegt werden sollen.

4.3 Häfen für Behälterverkehr

Bei der Anlage neuer Hafenanlagen ist also auch in Bezug auf die Binnenschiffahrt grundsätzlich zwischen Anlagen mit verschiedenen Umschlagsformen zu unterscheiden. Heute lassen sich in dieser Beziehung Anlagen für den Stückgutverkehr von den Massengutumschlagsplätzen unterscheiden. Welchen Einfluß der in Europa verhältnismäßig junge Behälterverkehr in Zukunft auf das Verhältnis zwischen Seeschiff und Binnenschiff und deren Hafenanlagen haben wird, wurde nicht untersucht, da bisher die Binnenschiffahrt noch keinen nennenswerten Besitz von diesem Gut ergriffen hat.

Eine Abart dieses Verkehrs, der Huckepackverkehr von Hafenleichtern auf Seeschiffen, der zur Zeit nach Südamerika geplant ist, könnte auch einen erheblichen Einfluß auf das Verhältnis zwischen Seeschiff und Binnenschiff gewinnen, wenn sie sich durchsetzt und auch auf den Binnenschiffsverkehr ausdehnen kann. Darüber weitere Aussagen zu machen, dürfte jedoch jetzt noch verfrüht sein.

Zusammenfassende Bemerkung. Vergleicht man die Entwicklung der Häfen, so kann man feststellen, daß sich bei den Binnenwasserstraßen in den letzten zwei Jahrhunderten ein Übergang von der natürlichen zur künstlichen Wasserstraße vollzogen hat. Während sich vorher die Größe der Schiffe nach dem Zustand der Wasserstraße und einsetzbaren Zugkraft richten mußte, muß heute die Wasserstraße dem wirtschaftlichen Schiff angepaßt werden.

Die Binnenschiffe bewegten sich zur Zeit des Stapelrechts nur dort mit den Seeschiffen auf gemeinsamen Wegen, wo die ersten Hafenanlagen nur einseitig zugängliche Mündungen von Seitenflüssen waren. Sonst hatten die Binnenschiffe dem Stapelrecht entsprechend eigene Wege. Bei modernem Ausbau der Häfen haben sich zwei Arten der Binnenschiffsführung ergeben: Rückwärtige Zufahrtskanäle und Mitbenutzung der Seeschiffswege. Das Bestreben von einer zur anderen Art überzugehen, ist von der Art und Größe der Binnenschiffe sowie von der Verkehrsstärke abhängig.

Der Einfluß der Binnenschiffahrt auf die Gestaltung der Umschlagsplätze selbst begann erst nach dem Ende des Stapelrechts, seine Stärke richtete sich nach den zur Verwendung kommenden Umschlagsgeräten. Die Folge des Einflusses der Geräte ist, daß heute an den Anlagen für Massengut und Stückgut die Binnenschiffe unterschiedlich berücksichtigt werden.

Auch bei der Ausstattung der Ufer wurden die Binnenschiffe erst in neuerer Zeit berücksichtigt. Es wurden zunächst Halteringe, dann Ketten und heute allgemein Nischenpoller eingebaut.

Liegeplätze benötigen die Binnenschiffe für den kurzfristigen Aufenthalt an den Umschlagsstellen selbst und für den längeren vom Umschlag unabhängigen Aufenthalt. Diese Unterteilung ist mit wachsender Schiffsgröße notwendig geworden, um die Größe der Seehafenteile zu begrenzen. Dauerliegeplätze sind meistens an den Mündungen der Binnenwasserstraßen entstanden, während die Liegeplätze für auf Abfertigung wartende Schiffe sich in der Nähe der Umschlagsanlagen befinden.

Bei der Anlage neuer Seehäfen muß die Art, in der die Binnenschiffahrt berücksichtigt wird, sich nach der Art des Umschlages richten. Der Stückgutumschlag erfordert auch in Zukunft die direkte Berührung von See- und Binnenschiff. Die Becken müssen die dafür entsprechende Breite erhalten. Der Umschlag kann mit dem Schiffsgeschirr erfolgen, das ständig verbessert wird. Auf gesonderte rückwärtige Zufahrten zu den Hafenbecken kann wegen der Beweglichkeit der selbstfahrenden Binnenschiffe verzichtet werden. Eine Umgehung der Hauptseeschiffswege ist jedoch zweckmäßig.

Der Massengutverkehr erfordert auf beiden Seiten größere Schiffsgefäße. Das bewirkt auf der einen Seite eine Zwischenlagerung und auf der anderen Seite vom Seeschiff unabhängige Umschlagsplätze für Binnenschiffe. Die Folge sind von den Seeschiffsbecken getrennte Becken für Binnenschiffe mit zweckentsprechender Ausrüstung und eigenen Zufahrten.

5. Schrifttum

Allgemeine und größere zusammenhängende Darstellungen

Fischer, K.: Eine Studie über die Elbeschiffahrt in den letzten 100 Jahren, Jena 1907.
Hartung, F.: Die technische Entwicklung der Binnenflotte; Duisburg-Ruhrort, 1955.
Hennig, R.: Abhandlungen zur Geschichte der Schiffahrt, Jena 1928.
Konijenburg, E. v.: Der Schiffbau seit seiner Entstehung 1—3, Bruxelles.
Jahrb. d. Schiffbautechnischen Gesellschaft Bd. 48—62, Hamburg 1948 bis 1962.
Schulz-Kiesow, P.: Die Verflechtung von See- und Binnenschiffahrt, 1. Buch, Jena 1938.
Teubert, O.: Die Binnenschiffahrt, 1. Bd., Leipzig 1912.
Schulze, O.: Seehafenbau, Bd. I, Berlin 1911; Bd. II, Berlin 1913, 1937; Bd. III, Berlin 1936.
Binnenschiffahrtsamt: Die Binnenschiffahrt in Zahlen, Duisburg-Ruhrort.
Bolle, A.: Betrachtungen zur gegenwärtigen verkehrspolitischen Situation der Hafenreihe, Hamburg-Antwerpen.
Deutscher Seeverein Die See, 23. J., Berlin 1920.
Dock and Harbour Authority 1960—1965;
Dorn, A.: Die Seehäfen des Weltverkehrs, Wien 1891.
Hansa, Z. f. Schiffahrt, Schiffbau, Hafen, 1.—102. Jg., Hamburg 1864—1965.
Hagel, J.: Auswirkung der Teilung Deutschlands auf die deutschen Seehäfen, Marburg 1957.
Kaiserliches statistisches Amt: Statistik des Deutschen Reiches, 25. Jg., Berlin 1877.
Rühl, A.: Die Nord- und Ostseehäfen im deutschen Außenhandel, Berlin 1920.
Sanmann, H.: Die Verkehrsstruktur der nordwesteuropäischen Seehäfen, Antwerpen, Rotterdam, Amsterdam, Bremen und Hamburg und ihre Wandlungen von der Jahrhundertwende bis zur Gegenwart, Hamburg 1956.
Zeitschrift der deutschen Binnenschiffahrt 1945—1965.
Kok, A. H.: Hans Gade's European Harbour Pilot, Copenhagen 1952.
Press, H.: Seewasserstraßen und Seehäfen, Berlin 1962.
Beratungsstelle für Stahlverwertung: Merkblätter über sachgemäße Stahlverwertung: 30 k Großanlagen für die Verladung von Massengütern, Düsseldorf 1961.
Bolle, A.: Wechselbeziehung zwischen Schiffs- und Hafengestaltung, Sonderabdruck aus Jahrb. STG 57. Bd., 1963.
Empfehlungen des Arbeitsausschusses „Ufereinfassungen", Berlin 1964,
Jahrb. d. Hafenbautechnischen Gesellschaft 1.—28. Bd., Berlin 1918—1965.

Lübeck

Senat der Hansestadt Lübeck: Ostseeschiffahrts- und Hafentage 1963 in Lübeck, Lübeck 1963.
Hammermann: Der Elbe-Trave-Kanal, Jena 1914.
Lübecksche Blätter, 81. Jg.: Die Häfen der Hansestadt Lübeck, Lübeck 1939.
Plöger, P.: Der Lübecker Hafen, Lübeck 1925.
Schulze, Fr.: Lübeck, sein Hafen und seine Wasserstraßen, Lübeck 1910.
Wagen, Der: Der Lübecker Hafen vor 100 Jahren, Lübeck 1941.

Hamburg

Boer, F.: Der Hafen Hamburg, Hamburg 1939.
Gäbler, H. J.: Baugrund und Bebauung Hamburgs, Universität Hamburg 1962.
Mac-Elwee, R. S.: Wesen und Entwicklung der Hamburger Hafenbaupolitik, Hamburg 1917.
Wendemuth-Böttcher: Der Hafen Hamburg, Hamburg 1931.
Bolle, A.: 100 Jahre Entwicklung im Hafenbau aus 100 Jahre Schiffahrt, Schiffbau, Hafen, Hamburg 1964.
Flügel, H.: Die deutschen Welthäfen Hamburg und Bremen, Jena 1914.

Bremen

Handelskammer Bremen: Bremen — Bremerhaven, Häfen am Strom, Bremen 1961.
Die Häfen Bremen und Bremerhaven und der Weserstrom, Bremen 1952.
Gehrke: Die Verkehrslage Bremens, Bremen 1920.
Lörner, A.: Bremen im Welthandel, Bremen 1927.
Prüser, F.: Die Schlachte, Bremens alter Uferhafen, Bremen-Horn 1957.
De Koopman tho Bremen, Bremen 1951.
Rauers, F.: Bremer Handelsgeschichte im 19. Jahrhundert, Bremen 1913.
Tillmann u. Hacker: Die Hafenanlagen der Freien und Hansestadt Bremen, Bremen 1921.
Flügel, H.: Die deutschen Welthäfen Hamburg und Bremen, Jena 1914.

Emden

Z. d. Architekten- und Ingenieurvereins Hannover, 4, Hannover 1858 H. 2—3.
Broschüre: Der Emdener Hafen.
Crelle's Journal für die Baukunst, Berlin 1839.
Hilfer, K.: 50 Jahre Dortmund-Ems-Kanal.
Krziza, A.: Emden und der Dortmund-Ems-Kanal, Jena 1912.
Hannoversches Magazin 1848, Hannover 1848.
Santjer: Emden, Stadt der Schiffahrt und des Schiffbaus.
Zander: Erweiterungen des Emdener Hafens, Berlin 1915.

Amsterdam

Gemeende Amsterdam: The Port of Amsterdam, Amsterdam 1927.
Gemeende Amsterdam: Der Hafen von Amsterdam, Amsterdam 1928.
Handelskammer Amsterdam: Amsterdam, Amsterdam 1927.

Rotterdam

De Jong, G. J.: Le Port de Rotterdam, Rotterdam 1906.
Franzius: Fortschritte der Ingenieurwissenschaften, 2. Gr., 2. H., Engelmann 1894.
Van Traa: Rotterdam, der Neubau einer Stadt, Rotterdam 1956.
Van Ysselsteyn, H. A.: Der Hafen von Rotterdam, Rotterdam 1908.

Antwerpen

Die Verkehrswirtschaft des Antwerpener Hafens, Hamburg 1915.
Broschüre: Der Hafen von Antwerpen, Antwerpen 1958.
Gemeende Antwerpen: Antwerpen, Antwerpen 1931.
Kübler, B.: Antwerpen in Gegenwart, Vergangenheit und Zukunft, Leipzig 1917.
Oboussier, M.: Le Port d'Anvers et la conférence économique de Paris, Antwerpen 1917.
Schumacher, H.: Antwerpen, München 1916.
Stadt Antwerpen: Hafen von Antwerpen, Antwerpen ca. 1958.
Stadt Antwerpen: Hafen von Antwerpen, Antwerpen ca. 1963.
Waentig, H.: Auslandstudien an der Universität Halle, Belgiens Handel und Antwerpen, 1. Jg., H. 10 u. 11, Halle 1919.
Warsch, W.: Antwerpen, Rotterdam und ein Rhein-Maas-Schelde-Kanal, Duisburg 1920.
Van Bierkens: Le Port d'Anvers, Neuchâtel 1919.
V. Royers et Winters: Les Etablissements de la Ville d'Anvers, Brüssel 1904.

Wirtschaftliche Betrachtungen über den Fischereihafen und Seefischmarkt Hamburg

Von Dr. E. Gramcko, Hamburg

Ein moderner Fischereihafen muß viele Bedingungen erfüllen, um auf die Dauer leistungs- und konkurrenzfähig zu bleiben. Je nach den Aufgaben, die er bewältigen will, müssen einige oder mehrere der nachfolgenden Voraussetzungen gegeben sein:

Günstige Lage zu den Fanggebieten, günstige Lage zu den Absatzmärkten, gute Hafenverhältnisse und Hafenanlagen, Reparatur- und Ausrüstungsmöglichkeiten für Schiffe, Eis- und Fischmehlwerk, Kühl- und Tiefkühllagerräume, ausreichende Flotte von Fischereifahrzeugen zur Beschickung des Marktes, Be- und Verarbeitungsmöglichkeiten von Fischen mit ausreichender Ausstattung von Maschinen, Handels- und Industriefirmen der Fischwirtschaft und vor allen Dingen tüchtige Unternehmer und Fachkräfte.

Auch in Hamburg begann es mit einem Anlandeplatz für Boote und Fischkutter zu einer Zeit, als die Transportmöglichkeiten für Fisch noch schlecht waren und der lokale Absatz die Hauptrolle spielte. Der Anlandeplatz entwickelte sich zu einem Fischereihafen und Markt mit Kutter- und Dampfer-Anlandungen sowie zum Importplatz für Heringe aus England und Norwegen. Überhaupt spielte der Hering im Hamburger Fischereihafen eine ganz besondere Rolle dank einer starken Fischindustrie, die sich in Hamburg und Umgebung niederließ. Besondere Sorgen bereitete das benachbarte Altona der weiteren Entwicklung des Hamburger Fischereihafens, bis beide Häfen sich letztlich vereinigten. Bleibt noch zu erwähnen, daß Hamburg sich selbst eine Konkurrenz an der Elbmündung zu einer Zeit geschaffen hat, als Cuxhaven noch zum Hamburger Gebiet gehörte. Die Entwicklung ging dann weiter zum Anlande-, Umschlags- und Lagerplatz für tiefgekühlte Fische.

Auch Hamburg hat also die Entwicklung vom Anlandeplatz zum Markt genommen. Hierbei muß betont werden, daß man von einem einheitlichen Markt in der Fischwirtschaft schlechthin gar nicht sprechen kann. Es gibt sehr viele Märkte auf dem Fischsektor, die zwar örtlich häufig zusammenfallen, aber zueinander wenige oder gar keine Bindungen mehr haben. So kann man beispielsweise von folgenden Märkten reden: Markt für Feinfisch-Kutterware, für Frischfisch-Dampferware, Frischheringsmarkt, Krabbenmarkt, Markt für Tiefkühlfisch, Salzheringsmarkt, Konservenmarkt, Marinadenmarkt usw.

Hamburgs Fischwirtschaft hat durch den letzten Krieg seine alten Hauptabsatzgebiete im Osten und Südosten verloren, dafür aber in anderer Beziehung Vorteile erlangt, über die nachstehend gesprochen wird und die, auf lange Sicht gesehen, auch in dem weltweiten Absatz von Fischprodukten in handelsfähigen Verpackungen liegen.

Hamburg hat den Vorteil, ein Konsumgebiet durch seine Stadt und die unmittelbar an die Stadt angelehnten Einzugsgebiete von zusammen 4 Millionen Menschen zu besitzen, außer den selbstverständlich auch nach anderen Gegenden Deutschlands bestehenden Verkehrsverbindungen, die aber von anderen Fischereihäfen genauso günstig, wenn nicht günstiger zu erreichen sind. Während es bei Frachtgut im allgemeinen vorteilhaft ist, den Hafen so weit wie möglich flußaufwärts ins Binnenland zu legen, um die sich anschließenden Frachtkosten per Waggon und Lastkraftwagen zu verringern, liegen die Kostenverhältnisse in der Fischerei etwas anders. Schon ein konventioneller Fischdampfer hat Tageskosten, die erheblich höher liegen als die eines gleichgroßen Frachtschiffes. Das bedeutet kalkulatorisch, daß dieses Schiff soviel wie möglich im Fangeinsatz sein muß, um die toten Kosten, d. h. die Fahrt vom Hafen zum Fischfangplatz und zurück, niedrig zu halten. Bis Hamburg dauert aber auf der Elbe die Revierfahrt jeweils 4 bis 6 Stunden. Diese verursacht neben den reinen Kosten für Öl meistens auch Zeitverluste bei einer Fangreise von etwa einem Tag. Wenn die Dampfer nur 3-Wochen-Reisen machten und damit im Jahr 15 bis 16 mal anlandeten, spielte ein Verlust von 15 bis 16 Tagen jährlich in der Kalkulation eine wesentliche Rolle, sofern nicht entsprechend höhere Preise in der Auktion für die Tatsache gezahlt werden, daß 100 km von der Küste entfernt unmittelbar Fische angelandet werden. Wenn aber jetzt die neuesten Fang- und Fabrikschiffe nur etwa 4 bis 6 Reisen im Jahr machen und außerdem die

Geschwindigkeit der Schiffe gegenüber früher wesentlich größer ist, so hat der Zeitverlust keine ausschlaggebende Bedeutung mehr. Hamburg hat durch diese Entwicklung seine Standortbenachteiligung durch die Revierfahrt erheblich verbessern können.

Hamburg hat gegenüber anderen Fischereihäfen und Fischmärkten noch einen ganz besonderen Charakter. Es ist ein Fischereihafen eigener Art. Im Hamburger Hafen werden neben anderen Gütern in starkem Umfange auch tiefgekühlte Fische, von anderen Ländern kommend, für Deutschland und für Drittländer, wie Rumänien, Bulgarien, Ungarn, Tschechoslowakei, Italien, Österreich, Schweiz und Frankreich, gelöscht, gelagert und auch vor allen Dingen direkt umgeschlagen. Dieser Umschlag wird in Hamburg, obwohl er auch im großen Umschlagshafen vorgenommen werden könnte, speziell im Fischereihafen durchgeführt. Die Kenntnisse über die Behandlung der Fische, für den Umschlag dieser Produkte mit Spezialgeräten, die Möglichkeit, gleichzeitig direkt umzuschlagen und zu lagern, die Erfahrungen in allen mit dieser Verladung bzw. Lagerung zusammenhängenden Fragen, die modernen Fischereihafenanlagen und die sich aus allen diesen Vorzügen ergebende hohe Leistung im Umschlag, die für Tiefkühlprodukte von großer Bedeutung ist, haben dazu geführt, daß tiefgefrorene Fische und Fischprodukte zum größten Teil im Fischereihafen gelöscht, gelagert und versandt werden. Dieser Umschlag hat dem Hamburger Fischereihafen ein besonderes Gesicht gegeben und eine Entwicklung eigener Art in Anlehnung an den großen Hafen.

Abb. 1. Fischhalle III (Mehrzweckhalle) im Hamburger Fischereihafen.

Der Fischereihafen nimmt Jahr für Jahr immer stärker den Charakter des allgemeinen großen Hafens an, und zwar im gleichen Umfang, wie Umschlag und Lagerung von Tiefkühlprodukten im Rahmen des Gesamtgeschehens am Fischmarkt eine immer stärkere Rolle spielen. Hamburg könnte es sich, so betrachtet, einfach nicht leisten, keinen Fischereihafen zu haben, zumal eine Beschränkung auf lediglich Tiefkühlprodukte schon im Hinblick auf den engen Zusammenhang von frischer Ware und tiefgekühlter Ware (Anlandungen aus dem gleichen Schiff) gar nicht mehr denkbar ist.

In Hamburg ist die Anlandung von Frostfisch, auf ganze Fische umgerechnet, schon ebensogroß wie die von Frischfisch. Der Umschlag von Import- und Transitware von gefrorenem Fisch ist auch ohne Umrechnung auf ganze Fische doppelt so groß wie die Frischfisch-Anlandungen. Hieraus ergibt sich, daß nach mengenmäßiger Betrachtung der Gefrierfisch schon die beherrschende Rolle im Hamburger Fischereihafen spielt.

Durch den Bau der modernen Halle III im Fischereihafen ist Hamburg seinem Ruf als schneller Hafen auch in bezug auf Tiefkühlfisch gerecht geworden. Ohne daß ein Schiff zu verholen braucht, kann gleichzeitig umgeschlagen und gelagert werden.

Sollte der Absatz von Frischfisch auf die Dauer doch durch den Siegeszug des Tiefkühlfisches rückläufig werden, so bleiben doch zumindest die küstennahen Gebiete um Hamburg auch fernerhin verläßliche Abnehmer für Frischfische.

Der weitere besondere Charakter des Hamburger Fischereihafens liegt in der Bedeutung der Kutter-Anlandungen, und zwar sowohl aus der Nordsee als auch durch Zufuhren aus der Ostsee. Die Ostsee-Fänge werden u. a. in kleineren Fischereihäfen der Lübecker Bucht gelöscht und von dort nachts mit Lastkraftwagen nach Hamburg zur Frühauktion und zu anderer fischwirtschaftlicher Verwendung gefahren. Hamburg ist damit nicht nur zum größten Anlandeplatz für Feinfisch aus der

Nordsee geworden, sondern hat sich auch zu einem bedeutenden Fischmarkt für Ostseeware entwickelt. Die Bedeutung Hamburgs für Feinfisch-Umsatz ist wohl vornehmlich darin zu sehen, daß Hamburg und Umgebung selbst als größtes Konsumgebiet für Feinfische anzusprechen ist. Außerdem ist von Hamburg aus eine vorzügliche Organisation zur Versorgung großer Hotels und erstklassiger Gaststätten in ganz Deutschland aufgezogen worden, die außer Kutterfischen auch Spezialitäten aus Importen, wie Kaviar, Hummer, Austern, Lachs, Forellen usw., liefert.

Die Anlagen des Fischereihafens sind vom Hamburger Staat gebaut. Der Umschlag, die Lagerung, die Auktion sowie die Vermietung der Räume werden von einer Gesellschaft des Hamburgischen Staates betrieben. Diese hat kein Gewinnstreben, muß aber ihre Kosten decken. Das eigentliche Leben am Seefischmarkt aber wird erfüllt von Privatfirmen, die als Reeder, Groß- und Einzelhändler oder Industrielle tätig sind. Ein Seefischmarkt kann sich nur halten, wenn diese Gewerbetreibenden ihre Rechnung finden. In der Vergangenheit sind seitens einiger Länder sowie wohl auch seitens dieser Staatsgesellschaften den Gewerbetreibenden Hilfsstellungen gegeben worden, die leider zu Wettbewerbsverzerrungen geführt haben. Diese Fördermaßnahmen zu Lasten der Länderhaushalte nahmen immer größere Dimensionen an. Die Notwendigkeit zu sparsamster Haushaltsführung und andere Vernunftsgründe sollten dazu führen, daß die Auswüchse derartiger Handlungen langsam beseitigt werden und die eigentliche wirtschaftliche Leistungsfähigkeit der fischwirtschaftlichen Unternehmungen wieder in den Vordergrund gerückt wird. Die in der Vergangenheit gewährten Spritzen der Länder mögen im Einzelfall als Initialzündung oder Flüchtlingshilfe ihre Berechtigung gehabt haben, in der Zukunft erscheinen sie generell gesehen unangebracht und anderen Unternehmen gegenüber ungerecht. Es ist mit einer Harmonisierung bei Fördermaßnahmen seitens der Länder zu rechnen. Etwas anderes sind die Strukturhilfen, die vom Bund vorübergehend gegeben werden und auf die jeder, gleichgültig in welchem Hafen sein Unternehmen sitzt, Anspruch hat, sofern er eine bestimmte Leistung vollbringt; sie sind wichtig und zur Zeit durchaus noch notwendig.

Betrachtet man generell die Situation der vier großen bundesrepublikanischen Fischereihäfen, so muß gesagt werden, daß sie alle vier ihre Existenzberechtigung haben. Nur scheint, daß die Häfen in der Zukunft genötigt sein werden, die Schwerpunktverteilung etwas sorgfältiger vorzunehmen, d. h. sich vor allen Dingen darauf zu konzentrieren, was ihrer Standortlage und den sonstigen Stärken ihrer Situation besonders entspricht. Auch läßt die Kooperation in der deutschen Fischwirtschaft sowohl innerhalb der einzelnen Berufsgruppen als auch zwischen den Berufsgruppen noch manches zu wünschen übrig.

Der Konkurrenzkampf unter den Lebensmitteln ist riesengroß. Fisch ist und bleibt die bekömmlichste tierische Eiweißnahrung und ist, gut zubereitet, auch wohl mit die schmackhafteste. Die heute schon mögliche grätenfreie Lieferung des Produktes zu allen Jahreszeiten in qualitativ hervorragender Form gibt zusammen mit anderen Vorzügen die Gewißheit, daß der Anteil des Fisches an der Gesamternährung nicht ab-, sondern eher zunehmen wird, zumal wir erst am Anfang der Absatzentwicklung für tiefgekühlte Fische in Deutschland stehen. Wenn dies die Situation des Fisches ist, dann dürfte die Situation der Fischereihäfen in der Zukunft generell gesehen auch nicht schlecht sein.

Die Sorge der Fischwirtschaft scheint nicht so sehr im Absatzproblem zu liegen wie im Fang. Eine engere Zusammenarbeit der Nationen für gewisse Fanggebiete ist auf die Dauer unumgänglich. Sie sollte so rechtzeitig und gründlich erfolgen, daß sich die Fehler, die man im Walfang gemacht hat, nicht wiederholen.

Messung der Anlegemanöver von Tankern

Bericht über die Durchführung und die Ergebnisse von Messungen an der Tanker-Anlegebrücke in Wilhelmshaven

Von Prof. Dipl.-Ing. **Wilhelm Jamm** und Dipl.-Ing. **Werner Rüßmann**, Düsseldorf

Vorbemerkung

Immer größere Tanker werden gebaut und immer größer werden dadurch die Probleme, welche den Konstrukteuren von Dalben oder Entladebrücken für diese Tanker gestellt werden.

Der scheinbar wie geplant ablaufende Vorgang des Anlegens solcher Tanker an Dalben birgt in Wirklichkeit eine Fülle von Problemen:

Wie müssen die Dalben ausgelegt und angeordnet sein, um Schiffe jeder Größe aufzunehmen? Das interessiert den Dalbenkonstrukteur.

Bis zu welcher Schiffsgröße reichen bereits vorhandene Dalben aus? Das interessiert die Besitzer der Landeanlagen.

Wie müssen die Schiffe vor den Dalben manövrieren, um am sichersten anzulegen? Das interessiert die Kapitäne und Lotsen.

Wo liegt — im Schadensfall — die Ursache eines mißlungenen Manövers? Das interessiert, nebenbei, die Versicherungen.

Um diesen Problemen beizukommen, müssen die Schiffsmanöver beim Anlegevorgang genau analysiert werden. Die Stärke und Richtung der Strömung und des Windes, die Wassertiefe, die Dünung, die Form, Massenverteilung und Energieaufnahme des Schiffes und seiner Ladung, die Art der Schlepperhilfe, die Dalbenkonstruktion — eine große Zahl äußerer Umstände beeinflußt jeden Anlegevorgang. In verkleinerten Modellversuchen und teilweise auch in theoretischen Berechnungen ist es möglich, diese Vielzahl von Parametern einzeln zu variieren, jedoch ergeben Modellversuche, auch wenn sie sehr eingehend und umfangreich sind, immer nur einen angenäherten Überblick über die komplizierten praktischen Verhältnisse. Deshalb erschien es notwendig, parallel zu Modellversuchen umfangreiche Messungen in der Praxis durchzuführen.

Zur Lösung dieser Aufgabe faßten die Nord-West-Ölleitung GmbH (NWO) und die Mannesmann AG gemeinsam den Entschluß, mit einer zweckentsprechenden Meßanordnung eine große Zahl von Anlegemanövern an der Ölumschlagbrücke der NWO in Wilhelmshaven messend zu verfolgen. Der Einbau und die laufende Bedienung der Geräte wurde von der NWO durchgeführt, die Ausarbeitung des Meßprinzips, die Beschaffung der Anlage und die Auswertung der Meßergebnisse erfolgte durch die Mannesmann AG.

Der hier vorgelegte Bericht bringt eine Beschreibung dieser in Wilhelmshaven installierten Anlage zur Messung der Schiffsmanöver und als Auswertung der Messungen eine Analyse dieser Manöver. Dazu wurden von mehreren hundert registrierten Manövern die Stoßgeschwindigkeiten, Translationsgeschwindigkeiten, Rotationsgeschwindigkeiten, Stoßorte am Schiff und Schräglagen der Schiffe zur Dalbenreihe jeweils für den ersten Stoß ermittelt, nach Anlegerichtung und Stoßdalben geordnet und in Beziehung zueinander und zu den Schiffsgrößen gebracht.

Mit diesen Messungen und Untersuchungen wird die Arbeit von Mannesmann auf dem Gebiet des Baues von Schiffslandeanlagen konsequent fortgesetzt:

In den letzten Jahrzehnten wurde durch systematische Entwicklungsarbeit der Stahlrohrdalben als zweckmäßiges Bauteil für Hafenanlagen geschaffen und in aller Welt eingesetzt, um die zu schwachen herkömmlichen Holzdalben abzulösen.

Die in Wilhelmshaven durchgeführten Messungen dienten dem Zweck, die bei Landemanövern von großen Seeschiffen auftretenden Vorgänge klarzustellen.

Mit dem Bericht über diese Messungen werden die grundlegenden Daten für die Auslegung moderner Landeanlagen der Fachwelt zur Kritik und Stellungsnahme vorgelegt.

1. Einleitung

Die ständige Zunahme des Seetransportes von Mineralöl und Mineralölprodukten bewirkte insbesondere im letzten Jahrzehnt eine außerordentlich starke Zunahme der Zahl und Größe von Öltankern. Die Größe der Schiffe und der umzuschlagenden Mengen bedingte dabei den Bau von speziellen Landeanlagen außerhalb der völlig unzureichenden konventionellen Hafenanlagen. Durch die günstigen speziellen Möglichkeiten beim Umschlag flüssiger, also pumpfähiger und durch Rohrleitungen transportierbarer Massengüter konnten die Landeanlagen auch an Stellen errichtet werden, die zum Bau konventioneller Kaianlagen am Ufer wegen zu geringer Wassertiefen ungeeignet waren:

Die Verladeeinrichtungen werden auf künstlichen Inseln in Wassertiefen errichtet, die auch für Supertanker ausreichend sind; diese Verladeanlagen sind durch Rohrleitungen mit den Tanklagern am Land verbunden.

Gegen Beschädigungen durch Stöße der anlegenden Tanker müssen diese Verladeanlagen durch entsprechende Fenderkonstruktionen geschützt werden. Wegen der Eigenart der Anlagen und der Größe der anlegenden Schiffe waren für die Bemessung dieser Anlegekonstruktionen zunächst nur ungenügende Erfahrungen vorhanden. Um Unterlagen für eine wirtschaftliche, zweckmäßige und betriebssichere Anlage und Anordnung von elastischen Stahldalben als Anlegekonstruktionen zu gewinnen, wurde im Februar 1960 an der Tankerlöschbrücke der Nord-West-Ölleitung GmbH im Jadebusen bei Wilhelmshaven zunächst eine Versuchsanlage zur Messung der Schiffsmanöver installiert. Diese Anlage wurde im April 1963 nach Messung von rd. 200 Anlegemanövern zweckentsprechend ergänzt, ausgebaut und verbessert. Seitdem wurden weitere 300 Manöver gemessen und registriert, und die Meßanlage ist zur Zeit noch in Betrieb und liefert weitere Messungen.

Im vorliegenden Bericht wird zunächst eine Zusammenstellung und Beurteilung der Schiffsanlegemanöver gegeben, also insbesondere der Daten Schiffsgeschwindigkeit, Schwerpunkts- und Schräglage der Schiffe zur Dalbenreihe und Aufteilung der Geschwindigkeit auf Translations- und Rotationsbewegung. In einer weiteren Arbeit sollen vor allem die gemessenen Wechselwirkungen zwischen Schiff und Dalben untersucht und anhand der Theorie des Stoßvorganges beurteilt werden. Hinweise dazu werden im letzten Abschnitt der vorliegenden Arbeit gegeben.Die Auswertung der aus den Diagrammen und Protokollen der einzelnen Messungen abgelesenen Daten erfolgte mit Hilfe einer elektronischen Rechenanlage.

Die Meßanlage wurde aus folgendem Grunde bewußt einfach gehalten:

Jedes Anlegemanöver wird im allgemeinen von einer großen Zahl äußerer Umstände beeinflußt, von denen die wichtigsten im folgenden genannt werden:

Windstärke und -richtung,
Strömungsstärke und -richtung,
Auswirkung der Schlepperhilfe,
mitbewegte Wassermasse, Wassertiefe,
Reibung des Wassers,
Dalbenträgheit und -steifigkeit,
Schiffsform,
Stoßhöhe am Schiff (Rollbewegung),
ungleichförmige Massenverteilung,
Energieaufnahme in Schiffskörper und Ladung
u. a.

Im Modellversuch und bei theoretischen Berechnungen ist es nun möglich, diese wichtigen sich vielfach überdeckenden Einflüsse einzeln zu variieren und ihre Auswirkungen auf das Manöver zu betrachten; das geht jedoch nicht bei den Messungen praktischer Anlegemanöver. Es ist z. B. praktisch nicht möglich, das gleiche Schiff mit der absolut gleichen Schlepperhilfe versuchsweise bei unterschiedlichen Wassertiefen anzulegen, wobei alle anderen äußeren Einflüsse unverändert sein sollen; dabei sind z. B. die Stoßhöhe am Schiff und die Strömungsstärke sowieso schon mit der Wassertiefe veränderlich. Außerdem werden einige der genannten Parameter entweder direkt oder in ihrer Auswirkung von den augenblicklichen Bewegungsgrößen und der Lage des Schiffes beeinflußt.

Es ist natürlich nicht möglich, mit kommerziell genutzten Supertankern und an einer stark frequentierten Landebrücke ausgedehnte Versuche zu unternehmen. Aus diesem Grunde mußte die Meßanlage so ausgerüstet werden, daß die wechselnden Wirkungen der äußeren Einflüsse insgesamt in allen möglichen Überlagerungen statistisch erfaßt werden, d. h. durch eine möglichst große Zahl von Messungen. Dazu war Voraussetzung, daß die Meßanlage auch über lange Zeit ständig einsatzbereit, durch einfache Ausführung betriebssicher und selbst bei den vorliegenden schwierigen Umweltsbedingungen wenig störanfällig sein muß. Sie muß leicht und schnell in Betrieb zu nehmen sein, dabei aber während des Manövers möglichst automatisch arbeiten, damit das Brückenpersonal nicht mit den Messungen belastet wird, und schließlich muß die Anlage bleibende Aufzeichnungen liefern, die später in großer Zahl leicht ausgewertet werden können.

Die Meßanlage und ihre Anordnung wird im folgenden ausführlich beschrieben, da damit auch die Anregung gegeben werden soll, derartige Messungen in großen Serien auch an anderen Anlegeplätzen mit relativ einfachen Mitteln durchzuführen.

Hier wurde die Meßanlage benutzt, um durch die Messung der Schiffsmanöver Daten für die wirtschaftliche Auslegung und Anordnung von Anlegedalben zu gewinnen. Im Prinzip ist sie jedoch auch für die laufende Überwachung und die Erstellung von Betriebsvorschriften für die Landeanlagen einsetzbar:

Eine laufende Registrierung der Anlegemanöver gestattet es, evtl. nachträglich ein Manöver genau zu rekonstruieren, z. B. nach einem Schadensfall.

Die nachträgliche Betrachtung vieler Manöver im Zusammenhang gestattet es, eine optimale Fahrweise auszuarbeiten und dem Lotsen vorzuschreiben, insbesondere bei fehlender Erfahrung an neuen Anlagen.

Die Meßanlage kann Informationen liefern, die noch zur Regulierung des gerade laufenden Manövers eingesetzt werden können.

Für den zuletzt genannten Zweck sind allerdings entsprechende Ergänzungen und Ausbaumaßnahmen erforderlich, die jedoch der Elektronikindustrie bei ausreichendem Interesse keine Schwierigkeiten machen sollten.

Abb. 1. Gesamtansicht der Landebrücke Wilhelmshaven, aufgenommen von der Brücke eines an Löschkopf I zur Entladung festgemachten Tankers mit ca. 50 000 t Ladefähigkeit.

Es soll noch eine kurze Beschreibung der Stahlrohrdalben an der Landeanlage Wilhelmshaven gegeben werden:

Die Dalben bestehen aus Rohren mit einem Außendurchmesser von 750 mm. Die Wanddicken sind entsprechend dem Verlauf des Biegemomentes abgestuft zwischen 15,5 und 33,5 mm. Als Werkstoff wurden ebenfalls in Anpassung an den Verlauf des Biegemomentes hochwertige Feinkornbaustähle FB 50 und FB 70 eingesetzt mit einer Streckgrenze von 36 kp/mm^2 und 46 kp/mm^2. Diese Anpassung der Werkstoffe und Rohrwanddicken an den Verlauf des berechneten Biegemomentes ergibt die größtmögliche elastische Durchbiegung bei einer bestimmten Belastung und damit auch das größtmögliche Arbeitsvermögen. Die einzelnen Pfähle eines Dalbens sind durch zwei Verbände miteinander verbunden.

An Löschkopf I und III wurden die Dalben zunächst für ein rechnerisches elastisches Arbeitsvermögen von 60 mt erstellt, wozu je Dalben vier Rohrpfähle erforderlich waren.

Die Konstruktion der Verbände und die Rammtiefe der Pfähle war so ausgeführt, daß bei Zunahme der Tankergrößen ein weiterer Pfahl zur Verstärkung dazu gerammt werden konnte. Diese Verstärkung erfolgte für die äußeren Dalben im Juli 1964 mit je einem Pfahl mit Wanddicken bis zu 60 mm, womit das elastische Arbeitsvermögen auf rd. 90 mt vergrößert wurde. Die vier Dalben am Löschkopf II wurden bereits beim Bau der Anlage auf ein elastisches Arbeitsvermögen von 100 mt ausgelegt.

Nähere Einzelheiten über Entwurf und Baudurchführung der Gesamtanlage sind aus der Literatur zu entnehmen[1].

2. Beschreibung der Meßanlage und der Geräte

Bei der Auswahl der Meßgeräte mußten folgende Forderungen berücksichtigt werden:

a) Die Ausführung mußte robust, wartungsarm und dem rauhen Küstenklima gewachsen sein.

b) Die Meßgenauigkeit mußte weitgehend unabhängig von Wetter- und Strömungsverhältnissen sein.

c) Die Anlage mußte nach Einschaltung selbständig arbeiten und bleibende Aufschreibungen liefern.

d) Die Anlage durfte keinen nennenswerten Bedienungsaufwand während der Schiffsmanöver erfordern.

---

[1] Lackner, E.: Entwurf und Baudurchführung der großen neuen Ölumschlagbrücke in Wilhelmshaven. Jahrb. HTG 23/24 (1955/57) 160—213.

e) Die Anlage mußte in einem Entfernungsbereich von etwa 25—45 m vor der Brücke genau genug arbeiten.

f) Als Meßwerte mußten der Ort und die Änderung des Ortes mit der Zeit (Geschwindigkeit) des Schiffes geliefert werden.

g) Die Meßanlage durfte keinesfalls den Verkehr und die Bedienung der Tanker, Schlepper und Festmacheboote behindern.

h) Die Aufschreibungen mußten leicht auswertbar sein.

i) Der Aufwand für die Beschaffung sollte in tragbaren Grenzen bleiben, d. h., es kamen nur Geräte in Frage, die für andere Zwecke bereits entwickelt waren und serienmäßig gebaut wurden.

Aus den genannten Gründen schieden einige Verfahren aus, z. B.: Mechanische Meßverfahren erfordern großen Bedienungsaufwand (d) und stören den Schiffsverkehr (g). Messungen mit elektromagnetischen Wellen (Radar) sind zu ungenau bei den geringen zu messenden Geschwindigkeiten (e), und zwar sowohl das mit Frequenzänderung nach dem Dopplerprinzip arbeitende Verkehrsradar, das zudem nur Geschwindigkeiten messen kann, als auch das nach dem Impulsecho-Laufzeit-Verfahren arbeitende Flugradar. Von den schließlich als brauchbar erkannten Verfahren der

Abb. 2. Blick auf Vorschiff und Achterschiff eines an Löschkopf I festgemachten Tankers. An den äußeren Bildrändern sind die oberen Enden der am Brückensteg befestigten Trägerrohre für die Echolotgeräte zu erkennen.

Ultraschall-Entfernungsmessung, die ebenfalls nach dem Impulsecho-Laufzeit-Verfahren arbeiten, wurde das Luftecholot ausgeschieden, da es stark vom Luftzustand abhängig ist (b) und wegen der im Vergleich zu den Wasserstandsschwankungen geringen Freibordhöhe der Schiffe ständig vor dem Manöver neu gerichtet werden muß (a, d).

Es wurde schließlich das unter Wasser arbeitende Vermessungslot 672 c Spezial der Atlas-Werke AG Bremen ausgewählt. Es arbeitet nach folgendem Prinzip:

Ein im Gerät über zwei Rollen in einer senkrechten Schleife mit hoher Geschwindigkeit umlaufendes Band bewirkt bei einer bestimmten Stellung über einen Kontakt, daß über einen Impulsgenerator ein kurzer Stromstoß auf den unter Wasser montierten Ultraschallsender (Kristallschwinger) gegeben wird. Dieser sendet einen scharf gebündelten kurzen Ultraschallimpuls aus, der vom anzumessenden Gegenstand zum Teil reflektiert wird und zu dem dann als Empfänger arbeitenden Ultraschall-Sender zurückkehrt, und zwar nach einer Laufzeit, die entsprechend der Unterwasser-Schallgeschwindigkeit der Entfernung des anzumessenden Gegenstandes vom Sender entspricht. Der Empfangsimpuls gibt einen Stromstoß an das Echographgerät zurück, und zwar auf einen Schreibkontakt des vorher erwähnten mit konstanter Geschwindigkeit vertikal umlaufenden Bandes. Entsprechend der Bandgeschwindigkeit und der Impulslaufzeit befindet sich dieser Schreibkontakt dann vor einer bestimmten Stelle des quer unter dem Kontaktband mit konstantem Zeitvorschub durchlaufenden Schreibstreifens, auf dessen präparierter Oberfläche durch einen vom Schreibkontakt überschlagenden elektrischen Funken eine Schwärzung erzeugt wird. Infolge der großen Impulsdichte erzeugen diese einzelnen Schwärzungen auf dem langsam durchlaufenden Schreibstreifen ein praktisch lückenloses schwarzes Band, dessen Höhenlage auf dem Schreibstreifen die Entfernung des angemessenen Gegenstandes vom Ultraschallsender und dessen Neigung infolge des konstanten Zeitvorschubes des Schreibstreifens die Entfernungsänderung, d. h., die Geschwindigkeit auf den Ultraschallsender zu bzw. von ihm weg angibt.

Nach dem in Abschnitt 1 erwähnten Versuchsbetrieb wurden die technischen Daten der Echographen auf folgende Werte eingestellt:

Meßbereich	25—43 m
Ultraschallfrequenz	200 kHz
Impulsdichte	10/sec
Impulsdauer	ca. 10^{-4} sec (entspr. ca. 14 cm Impulslänge unter Wasser)
Papiervorschub	1 mm/sec
Wegmaßstab	1 : 100 entspr. 1 cm = 1 m

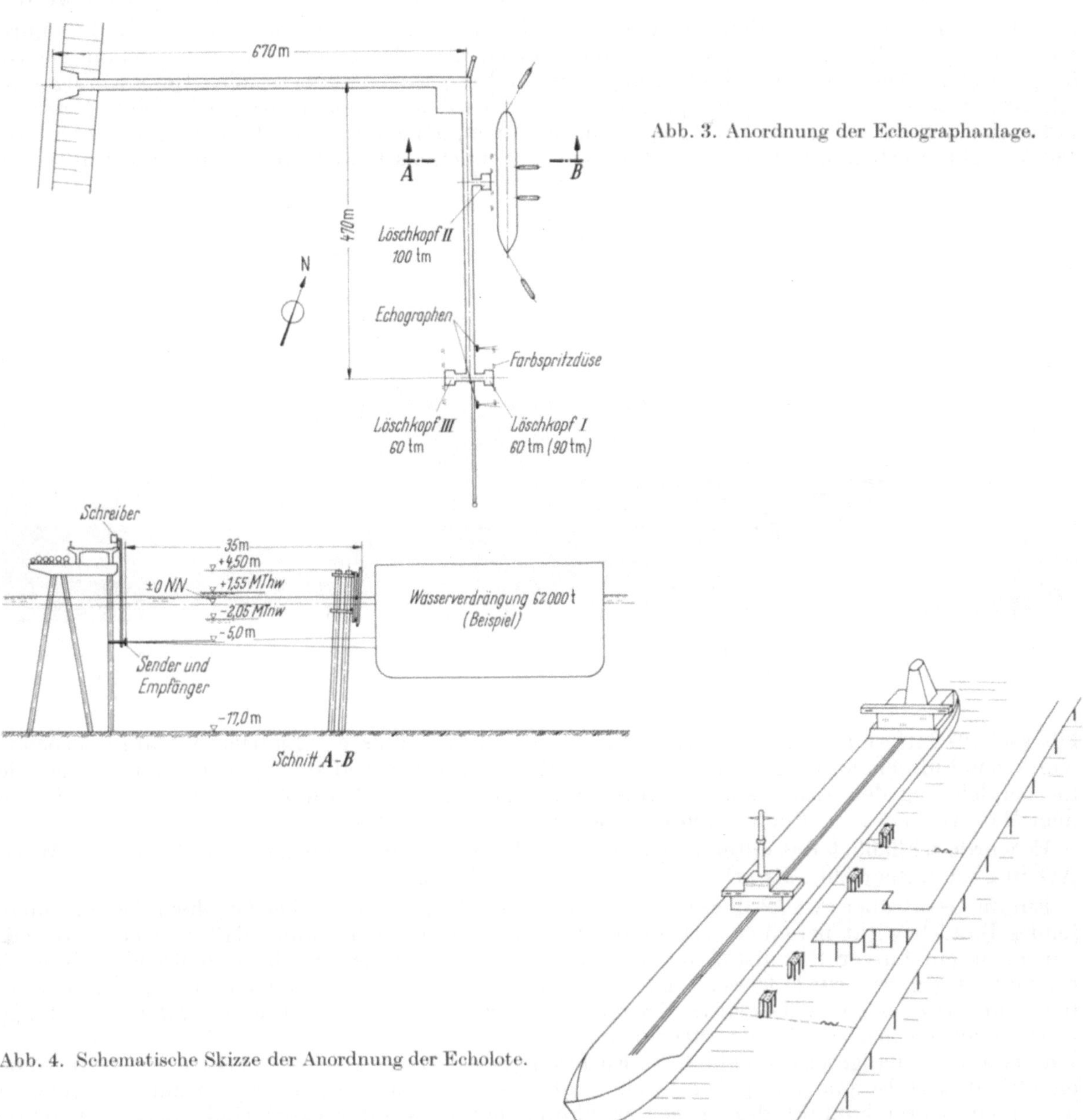

Abb. 3. Anordnung der Echographanlage.

Abb. 4. Schematische Skizze der Anordnung der Echolote.

(Zur Erleichterung der Auswertung der Geschwindigkeiten mit Winkelmesser und Tangenstabelle ist es wichtig, daß sich Zeit- und Wegmaßstabfaktor nur durch ganze Zehnerpotenzen unterscheiden.)

Den endgültigen Einbau der beiden Echographen zeigt Abb. 3, aus der auch die Gesamtanlage der Ölumschlagbrücke zu ersehen ist. Die Skizze Abb. 4 erläutert die Wirkungsweise der Echographen.

Die Schallsender sind mit besonderen Tragkonstruktionen an der Brücke bzw. am Pollersteg befestigt, und zwar sind sie etwa 3 m unter dem niedrigsten Wasserstand eingebaut und hinter den beiden äußeren Dalben des Löschkopfes I so eingerichtet, daß der senkrecht zur Brückenachse ausgesendete Ultraschall-Strahl zum Teil den Dalben, zum Teil am Dalben vorbei die senkrechte Schiffswand trifft. Die eigentlichen Echographen (Schreiber) sind nicht, wie gezeichnet, auf der Brücke installiert, sondern nebeneinander im Bedienungsraum auf dem Löschkopf aufgehängt.

Die gewählte Anordnung von zwei Echographen gestattet es, beim Stoß an einen Dalben zugleich die Entfernung und Geschwindigkeit des Schiffes vor dem anderen Eckdalben zu messen und daraus die Schräglage des Schiffes zur Dalbenreihe und die Aufteilung der Schiffsquerbewegung auf Translationsbewegung und auf Rotation um die senkrechte Schwerpunktachse zu bestimmen.

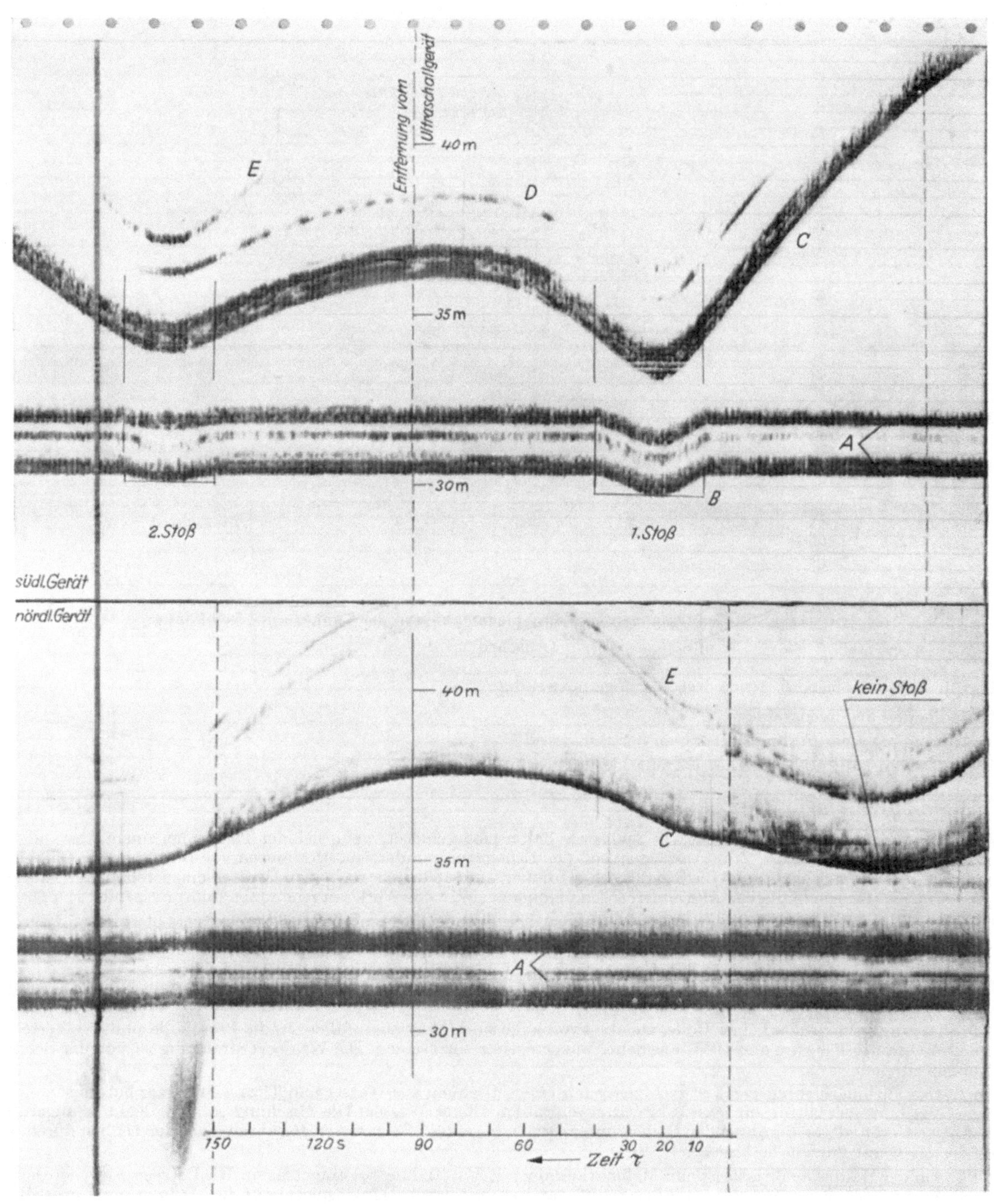

Abb. 5. Kopie von zwei synchronen Meßstreifen.

Protokoll der Anlegemanöver am Löschkopf I

(Abschrift)

Messungen mit zwei Echographen

Meßbereich 25—43 m Papiervorschub 6 cm/min

Datum: 19. 2. 64 Uhrzeit: 00:55 Pegelstand: —9 dm

Schiffsname: ESSO STUTTGART

Länge ü. a.: 225 m Breite: 31 m Tiefgang: 36′08″/36′08″

DWT: 48 020 t Wasserverdrängung: 62 729 t

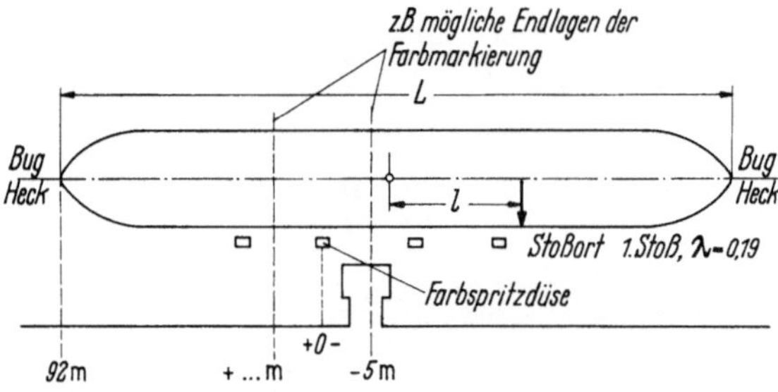

Bemerkungen:
Wind 12 m/sec
Richt. NO
Löschkopf II belegt

Unterschrift

Betriebsanweisung umseitig

Anweisung für die Messungen bei den Anlegemanövern der Tanker am Löschkopf I

(Abschrift)

Für die Messungen sind folgende drei Vorgänge notwendig:

1. Bedienung der Echographen.
2. Anbringung einer Farbmarkierung an der Bordwand.
3. Feststellung des Abstandes der Farbmarkierung vom Schiffsende.

Zu 1. Die Echographen werden über den Schlüsselschalter eingeschaltet, wenn sich der Tanker bei einem Abstand von 30 m auf die Brücke zubewegt. Zum Anwärmen soll der Echograph mindestens 10 Minuten vor Berühren der Dalben in Betrieb sein. Bei Inbetriebnahme ist die Schallgeschwindigkeit auf 1480 m/sec an beiden Geräten einzustellen und während der Anwärmzeit nachzuregulieren. Alle anderen Einstellungen sind vom Werk vorgenommen und unverändert zu lassen.

Der vorhandene Fußdruckknopf für die Synchronmarkierungen ist während des Anlegemanövers etwa alle 5 Minuten durch den Betriebsassistenten kurz zu betätigen. Nach dem Manöver ist der Druckknopf sofort wieder im Geräteraum aufzuhängen.

Der Echograph ist erst abzuschalten, wenn der Tanker ruhig an den Dalben liegt. Beide Diagramme sind mit Schiffsnamen, Datum und Dalbenstandort zu kennzeichnen (linker Schreiber mit S und rechter Schreiber mit N).

Alle Diagramme bleiben auf einer Rolle, nur die Protokolle sind sofort auszufüllen. In die Protokolle sind die Werte für Länge ü. A., Breite, Tiefgang und DWT aus dem Tankerregister einzusetzen. Die Wasserverdrängung ist von der Schiffsleitung zu erfragen.

Zu 2. Das Farbmarkierungsgerät ist rechtzeitig mit einer Mischung aus Wasser und Titanweißpulver betriebsbereit zu machen, Mischungsverhältnis zunächst 1 kg Titanweiß auf 2 Eimer Wasser. Die Mischung soll im Behälter angerührt werden. Das Gerät ist vor Berühren der Dalben unter Druck zu setzen. Beim ersten Berühren eines der Dalben durch das Schiff ist das Gerät kurz zu betätigen.

Zu 3. Auf der Hauptlöschbrücke ist eine Maßmarkierung mit 2-m-Teilung rot aufgetragen. Die Lotrechte des nördlichen Schiffsendes und der Farbmarkierung auf der Schiffswand ist mit einem Winkelspiegel auf die Maßmarkierung herüberzunehmen. Die entsprechenden Maßzahlen sind in die Skizze des Protokolls einzutragen.

Dazu muß auf den beiden Schreibstreifen eine Synchronisierungsmarke angebracht werden, was in einfacher Weise dadurch erfolgt, daß durch eine auf beide Geräte geschaltete Drucktaste der Schreibkontakt ständig eingeschaltet wird und damit gleichzeitig auf beide Streifen eine vertikale Linie markiert.

Ein Beispiel für zwei synchron zueinander liegende Schreibstreifen zeigt Abb. 5. Auf diesen Diagrammen bedeutet die Abszisse die Zeit und die Ordinate die Entfernung der den Dalben zugekehrten Schiffswand und der Dalben vom Unterwasser-Schallgerät. Die horizontal durchlaufenden Linien *A* sind die Echos von den Dalbenrohren, deren Ausbauchungen bei *B* geben die Dalbendurchbiegung an, die Länge dieser Ausbauchungen entspricht der Berührungszeit. Die geschwungenen Linien *C* sind die Echos von der den Dalben zugekehrten Schiffswand, darunter sind Linien zu erkennen, die zum Teil von Längswänden innerhalb des Schiffes (*D*), zum Teil von Doppelreflektionen zwischen Schiff und Dalben (*E*) verursacht sind. Die dunklen Schatten auf den Diagrammen sind vermutlich durch Wasserverunreinigungen und Verwirbelungen entstanden.

Die dicken vertikalen Linien sind Synchronmarkierungen. Das Diagramm zeigt folgendes: Dieses Schiff hat zweimal am südlichen Dalben kräftig angestoßen, wobei es sich beim ersten Stoß in geringer Entfernung vor dem nördlichen Eckdalben von diesem fortbewegte und beim zweiten Stoß auf den nördlichen Dalben zuging und ihn gegen Ende des Stoßes auf den südlichen Dalben bereits berührte.

Der scheinbare Abstand des Schiffes vom Dalben bei der Berührung kommt daher, daß die senkrechte Schiffswand oben an der Fenderung anstößt (hoher Stoß), die Meßstelle aber um ca. 9 m unter dem Stoßort an dem vorwärts geneigten Dalben und unterhalb der Fenderschürze liegt. Aus dem gleichen Grunde erscheint auch der in den Diagrammen aufgezeichnete Schiffsweg während der Dalbenberührung als nicht identisch mit der aufgezeichneten Dalbendurchbiegung.

Es soll hier erwähnt werden, daß in Wilhelmshaven die Vorwärtsfahrt der Schiffe keine Rolle für die Dalbenbeanspruchung spielt; die Schlepper legen das Schiff vielmehr mit reiner Querbewegung und Querdrehung an die Dalben an. Die prinzipielle Art der Schlepperhilfe ist in Abb. 3 angedeutet.

Eine sehr wichtige Rolle für die vom Schiff auf den Dalben übertragene Energie spielt der Stoßort auf der Schiffslänge, der deshalb auch bei den Messungen zu bestimmen ist. Das geschieht in einfacher Weise folgendermaßen:

Auf einem Dalben ist eine Farbspritzdüse installiert, die über einen Schlauch von einer auf dem Löschkopf angeordneten Druckspritze mit wasserlöslicher Titanweißfarbe beschickt wird. Die Druckspritze ist ein serienmäßiges, tragbares Gerät, wie es z. B. zur Schädlingsbekämpfung eingesetzt wird. Bei der ersten Dalbenberührung wird durch Handauslösung eine Farbmarkierung auf die Schiffswand gespritzt, die später, nach Festmachen des Schiffes, von einer Metermarkierung auf der Löschbrücke aus angepeilt und deren Entfernung vom Schiffsende dann protokolliert wird.

In einem von jedem Manöver angefertigten Protokoll werden folgende Angaben festgehalten:

a) Länge, Breite, Tiefgang, Ladefähigkeit und Wasserverdrängung des Schiffes;
b) Datum und Uhrzeit;
c) äußere Bedingungen: Wind, Strömung, Pegelstand;
d) Anlegerichtung des Schiffes und Stoßortmarkierung.

In dem Protokollbeispiel ist außerdem nachträglich der Stoßort markiert worden.

Die Diagramme und Protokolle enthalten damit die Meßwerte und Daten, die eine Kennzeichnung der Anlegemanöver eines quer anlegenden Schiffes ermöglichen.

3. Auswertung der Diagramme und Protokolle

Aus den Diagrammaufschreibungen und den Protokollen wurden die folgenden Meßdaten und Angaben entnommen, für die als Beispiel von einem Anlegemanöver die Tabellierung aus der elektronischen Berechnung gegeben wird, und zwar von Manöver 149. (Die Beispiele Protokoll und Diagramme Abb. 5 stammen ebenfalls von Manöver 149, Anlegen der „Esso Stuttgart" am 19. 2. 1964.) Die Daten sind für die in der ersten Tabellenzeile numerierten aufeinanderfolgenden Stöße des jeweils in der zweiten Zeile durch eine Kennzahl bezeichneten Manövers:

Anlegerichtung (Schlüsselzahl 1 Bug nordwärts jadeabwärts, Schlüsselzahl 2 Bug südwärts jadeaufwärts),
Stoßdalben (Schlüsselzahl 1 nördlicher Eckdalben, Schlüsselzahl 2 südlicher Eckdalben),
Schiffsgewicht (Wasserverdrängung),
Schiffslänge,
Stoßort am Schiff (Entfernung von Schiffsmitte),
Anlegegeschwindigkeit am Stoßdalben,
Rückstoßgeschwindigkeit vom Stoßdalben,

Stoßdalben-Durchbiegung (in Höhe des Ultraschall-Gerätes),
Stoßzeit (Berührungszeit),
Entfernung der Schiffswand von dem anderen Eckdalben,
Geschwindigkeit vor dem anderen Dalben bei Stoßbeginn,
Geschwindigkeit vor dem anderen Dalben bei Stoßende.
Von jedem Manöver wurden bis zu vier Stöße ausgewertet.

Die aus den Meßdaten jeweils berechneten Daten gehen ebenfalls aus dem Tabellierbeispiel hervor. Die Berechnungsansätze und Formeln werden hier nicht erläutert, sondern jeweils in den entsprechenden Abschnitten angegeben.

Auswertungsliste von zwei synchronen Meßstreifen

(Abschrift)

Gemessene Größen:

Bezeichnung	Dim.	Stoß Nr.			
		1	2	0	0
Manöver Nr.	—	149	149	0	0
Anlegerichtung	—	1	1	0	0
Stoßdalben Nr.	—	2	2	0	0
Schiffsgewicht	t	62 730	62 730	0	0
Schiffslänge	m	226	226	0	0
Stoßort am Schiff	m	42	42	0	0
Anlegegeschwindigkeit am Stoßdalben	mm/sec	130	41	0	0
Rückstoßgeschwindigkeit vom Stoßdalben	mm/sec	−84	−56	0	0
Dalbendurchbiegung	cm	62	20	0	0
Stoßzeit	sec	32	26	0	0
Entfernung vom Gegendalben	cm	90	80	0	0
Geschwindigkeit vor dem Gegendalben bei Stoßbeginn	mm/sec	−18	44	0	0
Geschwindigkeit vor dem Gegendalben bei Stoßende	mm/sec	−35	10	0	0

Berechnete Größen:

Bezeichnung	Dim.	Stoß-Nr.			
		1	2	0	0
Relativer Stoßort am Schiff	—	0,1858	0,1858	0,0000	0,0000
Nennwert der kinetischen Energie des Schiffes beim Stoßbeginn	mt	54,06	5,37	0,00	0,00
Aufgenommene Dalbenarbeit	mt	40,74	4,24	0,00	0,00
Gesamter Massenwirkungsfaktor	—	0,753	0,788	0,000	0,000
Stoßort-Massenwirkungsfaktor	—	0,706	0,706	0,000	0,000
Resteinfluß-Massenwirkungsfaktor	—	1,065	1,115	0,000	0,000
Nennwert der kinetischen Energie des Schiffes beim Rückstoß	mt	22,57	10,03	0,00	0,00
Änderungsfaktor der kinetischen Energie	—	0,417	1,865	0,000	0,000
Winkelgeschwindigkeit der Rotation um den Schwerpunkt bei Stoßbeginn	1/ksec	1,7831	-0,0361	0,0000	0,0000
Winkelgeschwindigkeit der Rotation um den Schwerpunkt bei Stoßende	1/ksec	−0,5903	−0,7951	0,0000	0,0000
Translationsgeschwindigkeit des Schwerpunktes bei Stoßbeginn	mm/sec	55,1	42,5	0,0	0,0
Translationsgeschwindigkeit des Schwerpunktes bei Stoßende	mm/sec	-59,2	-22,6	0,0	0,0
Wahre kinetische Energie des Schiffes bei Stoßbeginn	mt	53,01	5,80	0,00	0,00
Wahre kinetische Energie des Schiffes bei Stoßende	mt	15,95	10,24	0,00	0,00
Änderungsfaktor der wahren kinetischen Energie	—	0,301	1,765	0,000	0,000
Schräglage des Schiffes	grad	0,621	0,552	0,000	0,000
Theoretische Stoßzeit	sec	30,53	30,53	0,00	0,00
Stoßzeit-Massenwirkungsfaktor	—	1,098	0,724	0,000	0,000

(Gegenstand dieses Berichtes sind nur die kennzeichnenden Daten der Lage und der Bewegungsgrößen der anlegenden Tanker beim Stoßbeginn, während in der elektronischen Berechnung auch bereits die wesentlichen in einer späteren Auswertung zu behandelnden Daten und Ergebnisse enthalten sind, z. B. die Bewegungsgrößen bei Stoßende, Nennwert und wahrer Wert der kinetischen Energie des Schiffes, Stoßzeit u. a.

Es soll noch erwähnt werden, daß im vorliegenden Fall der Einsatz einer elektronischen Rechenanlage allein wegen der sehr großen Anzahl der auszuwertenden Daten vorteilhaft war, keineswegs aber wegen der Berechnungsformeln, die relativ einfach sind.)

Von den mehreren hundert Meßergebnissen sind in die folgenden Auswertungsdiagramme jeweils nur einige Punkte als Beispiel eingetragen.

4. Einteilung und allgemeine Charakterisierung der Schiffsmanöver

Zur Klassifizierung der Manöver nach Schiffslage und Stoßdalben wird eine Unterteilung der Manöver in vier Gruppen getroffen, die sich aus den vier möglichen Kombinationen der Schlüsselzahlen ergeben. Die daraus resultierende Einteilung ist aus den Diagrammen zu ersehen. Es wurde zunächst nur der erste Stoß ausgewertet.

Es soll noch ergänzend bemerkt werden, daß die Tanker immer mit dem Bug gegen den Tidestrom gerichtet anlegen.

Aus den Eintragungen in den Diagrammen ist bereits folgendes allgemeine Ergebnis abzulesen: Auf die beiden Anlegerichtungen teilen sich die Manöver ziemlich zu gleichen Teilen auf; der erste Stoß erfolgte dabei deutlich bevorzugt an der vorderen Schiffshälfte. Das ist an sich nicht das günstigste Manöver, wie theoretische Überlegungen ergeben haben, die in Übereinstimmung mit einer neueren Veröffentlichung sind[1].

Danach ist bei einem vorwärts fahrenden Schiff ein leichterer Stoß zu erwarten, wenn das schräg zur Dalbenreihe anlegende Schiff mit der Heckhälfte gegen den Dalben stößt. Außerdem soll das Schiff nicht zur Erleichterung des ersten Stoßes vom Stoßdalben abdrehen, da dann der zweite, an der vorderen Hälfte erfolgende Stoß mit um so höherer Geschwindigkeit erfolgt.

Die in Wilhelmshaven geübte Praxis sieht jedoch bezüglich des Stoßortes etwas anders aus, und zwar aus gutem Grund: Die Schiffe machen, wie bereits früher gesagt, keine nennenswerte Fahrt voraus, sondern liegen gegen den Tidestrom praktisch still, bleiben dabei aber durch die Relativgeschwindigkeit zur Strömung voll manövrierfähig. Da die Schiffe also keine nennenswerte Vorwärtsfahrt relativ zum Dalben machen, entfällt der Vorteil des schrägen Heckstoßes gegenüber dem Bugstoß (wobei davon abgesehen werden soll, daß der Schiffsschwerpunkt im allgemeinen etwas vor der Schiffsmitte liegt). Andererseits bietet der Stoß an der Heckhälfte bei der geschilderten Fahrweise einen großen Nachteil: Die parallel zur Dalbenreihe laufende Strömung drückt das Schiff vorne von der Dalbenreihe weg, die mittschiffs drückenden Schlepper sind unter Umständen nicht in der Lage, das Schiff gegen die Strömung vorne an die Dalben zu bringen (Abb. 6). Aus verschiedenen Diagrammen mit Heckstößen bei stärkerer Schräglage des Schiffes scheint tatsächlich hervorzugehen, daß das Manöver durch Ablaufen des Heckschleppers ganz neu angesetzt wurde. Dagegen hilft die Strömung, nach einem ersten Stoß an der vorderen Schiffshälfte das Schiff gegen die Dalbenreihe zu drücken. Der zweite Punkt des oben genannten theoretischen Manövers wird auch in der Praxis weitgehend eingehalten:

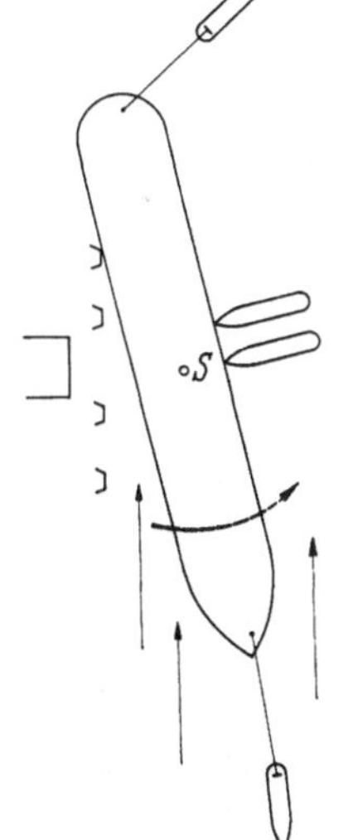

Abb. 6. Anlegemanöver mit Stoß an der Heckhälfte.

Die Tanker führen in der Mehrzahl aller Fälle bei Stoßbeginn eine Drehbewegung um die vertikale Mittelachse aus, die für die anstoßende Schiffshälfte eine auf den Dalben zu gerichtete Geschwindigkeit ergibt. In der Regel wird also nur relativ selten versucht, die Tanker vor dem Stoß bzw. bei Stoßbeginn vom Stoßdalben weg zu drehen (s. Abb. 13).

Eine andere, offensichtliche Tendenz soll hier bereits in Vorgriff auf die Behandlung von Abb. 9 und 10 genannt werden. Bei den (bevorzugten) Bugstößen erfolgte der Stoß offenbar im Mittel deutlich weiter vom Schiffsmittelpunkt entfernt als bei den Heckstößen, d. h., die Schiffe legen nicht mittig zum Löschkopf, sondern etwas achteraus versetzt an und werden erst später etwas gegen die Strömung bis zur mittigen Endlage verholt. Damit werden zwei günstige Effekte angestrebt:

Nach den Darstellungen in mehreren Veröffentlichungen[2] und eigenen theoretischen Ableitungen wirkt sich eine möglichst große Entfernung des Stoßortes vom Schiffsschwerpunkt außerordentlich günstig auf die vom Schiff an den Dalben übertragene Energie aus. Zur Erläuterung sei auf Abb. 17 verwiesen, wo die Auswirkung des Stoßortes auf die vom Schiff an den Dalben übertragene Energie angegeben wird. (Dieses Diagramm wird in Vorgriff auf die weiteren Untersuchungen gegeben, die sich im wesentlichen mit den Energie- und Massenwirkungen befassen werden.)

Der zweite günstige Effekt des achteraus versetzten Anlegens besteht in folgendem:

Es wird damit ein gewisser „Sicherheitsabstand" gegen das in Abb. 7 gezeigte unter Umständen durchaus gefährliche Manöver gehalten. Wenn das Schiff bei einer gewissen Schräglage dicht vor oder sogar hinter dem Mittelpunkt anstößt, kann die „Steuerwirkung" der Bughälfte in der Strö-

---

[1] Wirsbitzki/Munzer: Der Einfluß des Stoßes anlegender Schiffe auf die Bemessung und Konstruktion von Fenderbauwerken. Der Bauingenieur 40 (1965) H. 2, S. 74 ff.

[2] Saurin: Berthing Forces of Large Tankers. Vortrag auf dem 6. Welt-Erdöl-Kongreß, Frankfurt, Juni 1963, a.a.O.

mung stärker sein als die des Ruders und bewirken, daß das Heck abdrehen will. Den dann nur kurz hinter dem Stoßort angreifenden beiden auf Druck stehenden Schleppern gelingt es dann unter Umständen „während längerer Zeit nicht, das Schiff an die Dalben zu drükken" (wie einmal im Protokoll bei einem derartigen Manöver bemerkt wurde). Andererseits wird der Bugschlepper nicht durch Ablaufen das Schiff quer in die gewünschte Drehung hineinziehen können, da er es gegen die Strömung voraushalten muß. Bei einem solchen Manöver kann also durch die Strömungs- und Schlepperkräfte eine erhebliche zusätzliche Querkraft auf den Dalben kommen, insbesondere, wenn der Heckschlepper zur Unterstützung des Drehmanövers einwärts zieht. Gegen ein solches Manöver bietet natürlich das bewußt achteraus versetzte Anlegen mit auswärts gerichteter Schräglage eine gewisse Sicherheit.

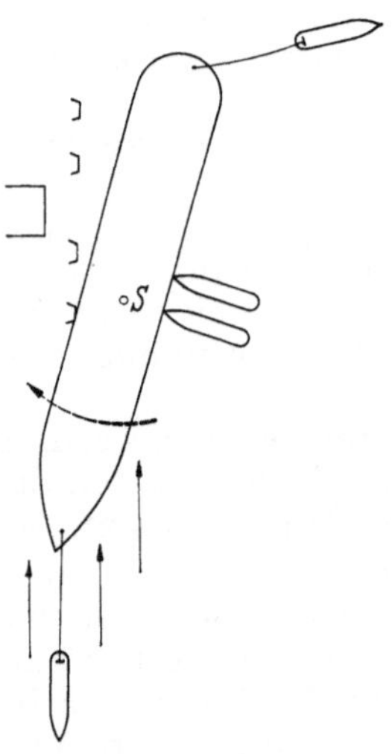

Die leichte Tendenz, etwas achteraus versetzt anzulegen, geht auch aus den als Beispiel in Abb. 16 eingetragenen Schiffslagen bei den ersten 40 Manövern der Hauptmeßreihe hervor.

Abb. 7. Manöver mit weit zurückliegendem Stoßort bei einwärts gerichteter Schräglage.

5. Quergeschwindigkeit des Stoßortes

Wie aus theoretischen Ableitungen für das System Schiff — elastischer Dalben hervorgeht, ist von den Bewegungsgrößen des Schiffes beim Anlegen ohne Vorwärtsfahrt allein die auf den Dalben zu gerichtete örtliche Geschwindigkeit des Stoßortes auf dem Schiff für die vom Schiff auf den Dalben übertragene Energie maßgebend, nicht aber die Aufteilung dieser Geschwindigkeit auf die reine Translationsbewegung und die Rotationsbewegung. Die theoretische Ableitung dazu wird hier nicht wieder-

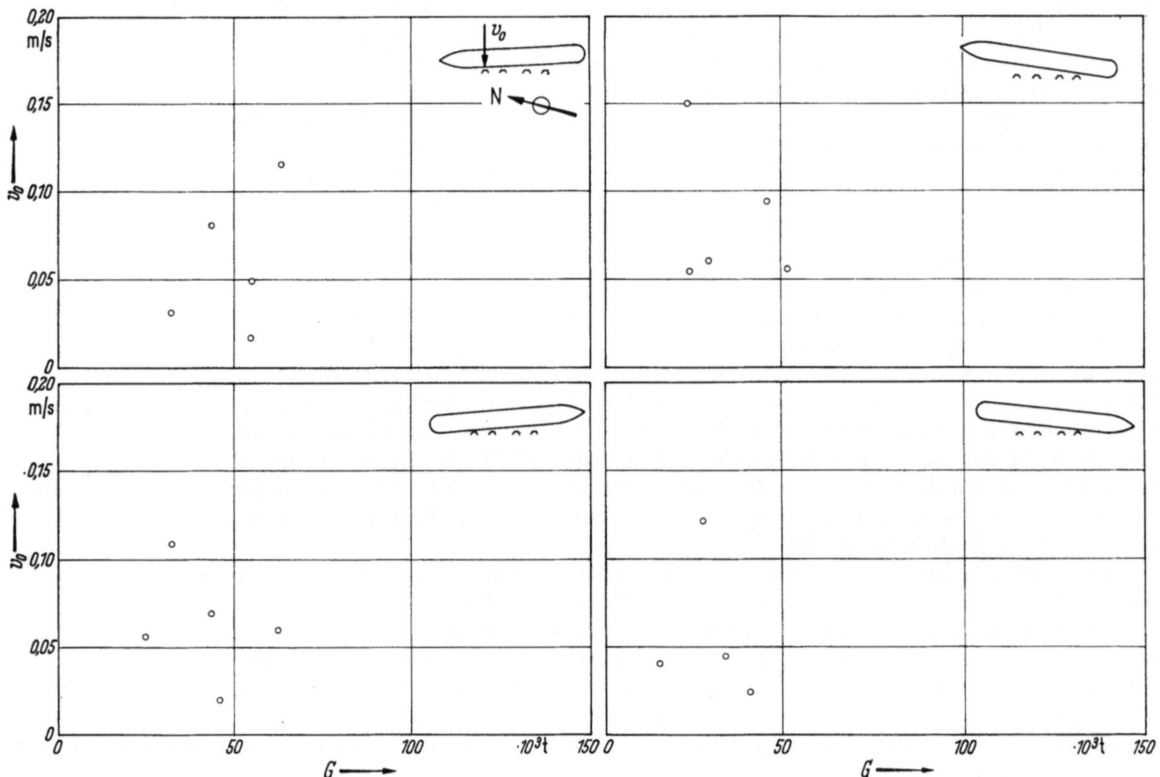

Abb. 8. Quergeschwindigkeit v_0 des Stoßpunktes bei Beginn des ersten Stoßes, aufgetragen über dem Schiffsgewicht G (Wasserverdrängung).

gegeben[1]. Diese Geschwindigkeiten müssen also das wesentliche Kriterium für die Auslegung der Dalben bilden; sie sind damit eines der wichtigsten Ergebnisse der Messungen.

[1] Siehe u. a.: Prof. Vasco Costa: The Berthing Ship. „The Dock and Harbour Authority", Ausgabe Mai, Juni, Juli 1964.

Die Geschwindigkeiten beschreiben ein breites Streufeld zwischen 10 mm/sec und 150 mm/sec, wobei eine ganz leichte Tendenz in Richtung einer Abnahme der Geschwindigkeiten für zunehmende Schiffsgrößen vorhanden zu sein scheint. Für kleinere, im wesentlichen unterhalb der hier gemessenen Größen liegende Schiffsgrößen wurde eine derartige Annahme bereits empfohlen bzw. es wurde über entsprechende Meßergebnisse berichtet[1].

Vor einer endgültigen Bewertung in dieser Richtung muß jedoch gewarnt werden, da dazu die Messungen für schwere Schiffe, insbesondere oberhalb von 70 000 t Wasserverdrängung (rd. 53 000 tdw), im statistischen Sinne noch nicht ausreichend zahlreich sind.

Als ganz wesentliches Ergebnis ist jedoch festzuhalten, daß für die Anlage in Wilhelmshaven und bei ähnlich gefahrener Schlepperhilfe der Ansatz einer Quer-Anlege-Geschwindigkeit von 150 mm/sec für Schiffe über rd. 30 000 tdw oder rd. 40 000 t Wasserverdrängung ausreichend ist. In den Vorversuchen wurden bei rd. 200 Manövern nur zweimal höhere Geschwindigkeiten gemessen.

Eine über das Streufeld hinausgehende Abhängigkeit der Anlegegeschwindigkeit von den vier Manöverlagen ist aus dem Diagramm nicht abzuleiten.

In das Diagramm ist nur die Geschwindigkeit beim ersten Stoß eingezeichnet. Insbesondere der zweite Stoß, aber auch spätere Stöße können dabei durchaus mit höheren Geschwindigkeiten erfolgen als der zugehörige erste Stoß. Es wurde jedoch kein Folgestoß beobachtet, der über die oberen Grenzen des Streufeldes des ersten Stoßes hinausging. Der zweite Stoß erfolgt vorzugsweise auf den anderen Eckdalben, jedoch nicht ausnahmslos, wie nach der theoretischen Ableitung zu erwarten wäre. Die Schlepper (und die Strömung) sind durchaus in der Lage, die Bewegungstendenz des Schiffes nach dem ersten Rückstoß umzukehren.

6. Relativer Stoßort auf der Schiffslänge

Neben der Geschwindigkeit v_0 des Stoßortes ist vor allem die Lage des Stoßortes auf der Schiffslänge von sehr großer Bedeutung für die vom Schiff an den Dalben übertragene Energie E_0. Die Gleichung, die sich theoretisch für den gleichmäßig mit Masse belegten schlanken Stab ergibt, lautet mit M = Masse des Stabes:

$$E_0 = \frac{M v_0^2}{2} \cdot \frac{1}{1 + 12\lambda^2} \tag{1}$$

Dabei ist λ der Ausdruck für die relative Lage des Stoßortes auf der Schiffslänge:

$$\lambda = \frac{l}{L} \tag{2}$$

mit l = Entfernung des Stoßortes von der Schiffsmitte (Mitte der Schiffslänge),
L = Schiffslänge.

Demnach bedeutet $\lambda = 0$: Stoß in Schiffsmitte,
$\lambda = 0{,}5$: Stoß am äußeren Schiffsanfang oder -ende.

Zu den hier nicht wiedergegebenen theoretischen Ableitungen soll noch auf folgendes hingewiesen werden:

Der Ausdruck

$$12\lambda^2 = 12\frac{l^2}{L^2} = \frac{l^2}{i^2} = \left(\frac{l}{i}\right)^2 \tag{3}$$

enthält den Trägheitsradius i, der sich für den schlanken Stab mit

$$i = \frac{L}{\sqrt{12}} = 0{,}289\,L \tag{4}$$

ergibt. Entsprechend der ungleichmäßigen Massenverteilung auf dem Schiff („Völligkeit") und der nicht unendlich geringen Schiffsbreite ergibt sich für das Schiff tatsächlich ein anderer Wert, und zwar folgt bei Annahme einer gleichmäßigen Massenverteilung auf 90% der Schiffslänge und einer Schiffsbreite von ca. $B = 0{,}13\,L$:

$$i = 0{,}2492\,L \cong 0{,}25\,L. \tag{5}$$

[1] „Empfehlungen des Arbeitsausschusses für Ufereinfassungen", 3. Aufl., Berlin/München: Verlag W. Ernst u. Sohn 1964 (Messungen: Prof. Costa).

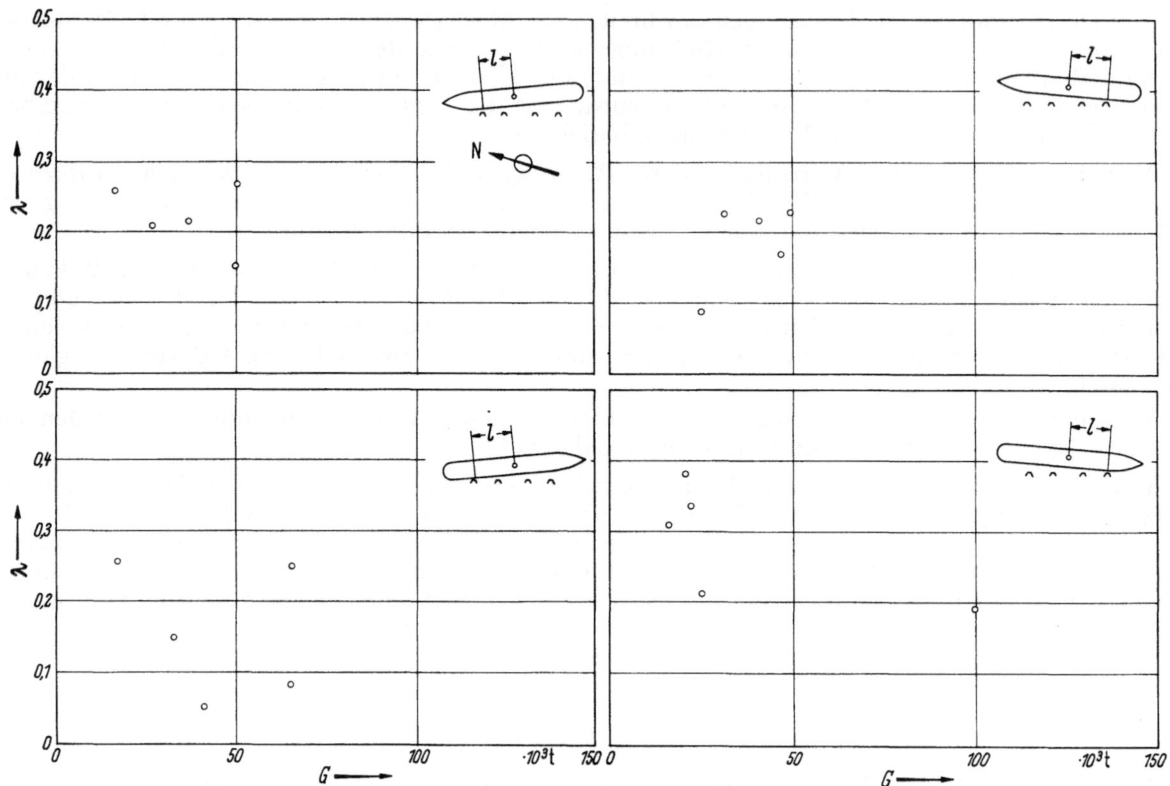

Abb. 9. Relativer Stoßort $\lambda = l/L$ auf der Schiffslänge, aufgetragen über dem Schiffsgewicht G (Wasserverdrängung)

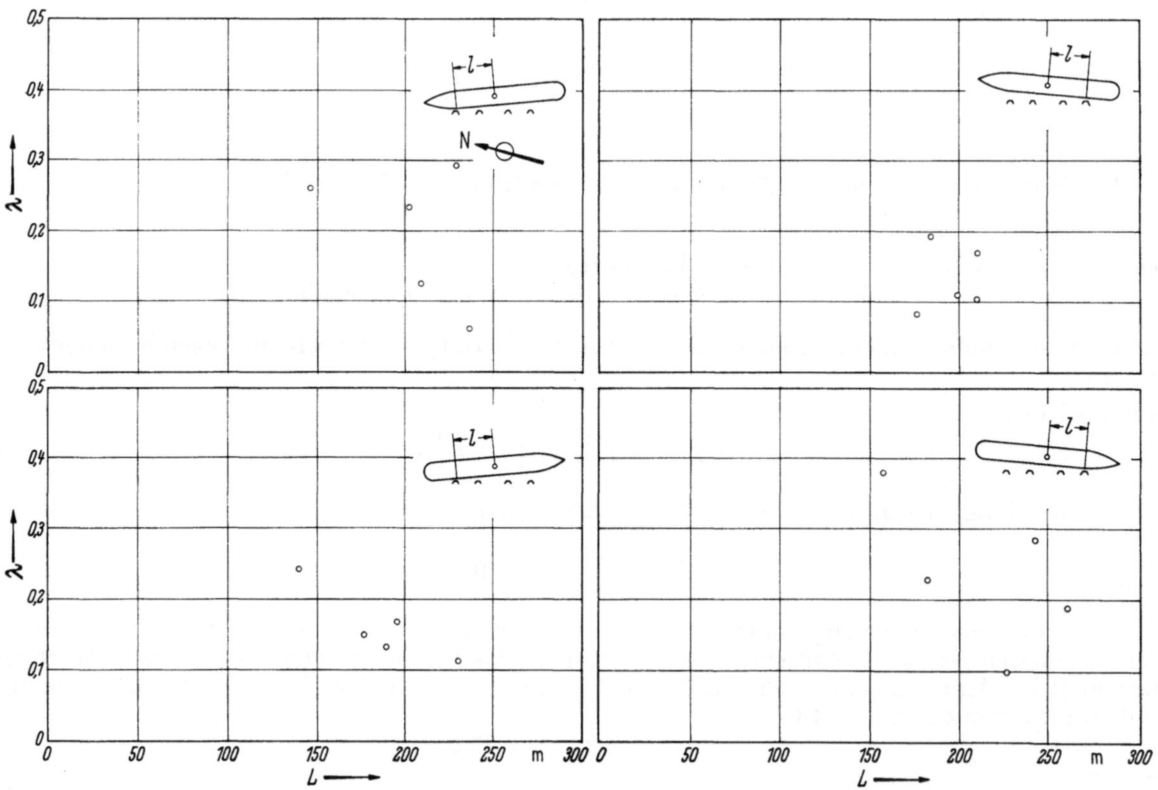

Abb. 10. Relativer Stoßort $\lambda = l/L$ auf der Schiffslänge, aufgetragen über der Schiffslänge L.

Von Saurin wird sogar ein noch niedrigerer Wert $i = 0{,}2L$ aufgrund von Experimenten angesetzt. Für den Wert $(l/i)^2$ ergeben sich folgende Größen:

$$\text{bei } i = 0{,}289L \text{ (Stab):} \qquad \left(\frac{l}{i}\right)^2 = 12\lambda^2,$$

$$\text{bei } i = 0{,}25L \text{ (theor. Schiff):} \qquad \left(\frac{l}{i}\right)^2 = 16\lambda^2,$$

$$\text{bei } i = 0{,}2L \text{ (nach Saurin):} \qquad \left(\frac{l}{i}\right)^2 = 25\lambda^2.$$

Die Auswirkungen der verschiedenen Werte sind in Abb. 17 eingetragen.

Die Lage der gemessenen Stoßorte geht aus Abb. 9 und 10 und aus Abb. 16 hervor. Wie bereits in Abschnitt 4 gesagt wurde, ist eine deutliche Tendenz zu erkennen, die Tanker nicht mittig zum Löschkopf, sondern etwas achteraus versetzt anzulegen. Auf die Effekte, die sich daraus ergeben, wurde ebenfalls in Abschnitt 4 schon eingegangen. Die Grenzen des relativen Stoßortes und die Tendenz der Abhängigkeit von den Schiffsgrößen ergeben sich folgendermaßen:

Ein exakt mittiger Schiffsstoß auf die Dalben wurde bei keinem der gemessenen Manöver festgestellt, aber im Grenzfall ist die Außermittigkeit des Stoßes nur $\lambda = 0{,}05$. Insbesondere ist ein Stoß, bei dem die Schiffsmitte außerhalb der Dalbenreihe liegt, nicht zu erwarten.

Ein relativer Stoßort mit $\lambda \geqq 0{,}4$ wurde in keinem Fall und mit $\lambda \geqq 0{,}35$ nur in Ausnahmefällen festgestellt, d.h., die Schiffe stoßen im allgemeinen im Bereich der parallelen Schiffswände an, also nicht im Bereich der Bug- und Heckkrümmung, die je nach Schiffsform etwa bei $\lambda = 0{,}3$ bis $\lambda = 0{,}4$ beginnt.

Die Außermittigkeit des Stoßes ist erwartungsgemäß bei kleinen Schiffen im Mittel relativ größer als bei großen Schiffen, bei denen eher die Gefahr eines schweren, fast mittigen Stoßes besteht. Diese Tendenz ist natürlich gerade umgekehrt zu der in bezug auf die Dalbenbelastung wünschenswerten Tendenz, die schweren Schiffe mehr außermittig anzulegen.

An der Anlage im Wilhelmshaven liegen die Stoßorte bei Stoß an der Bughälfte etwa zwischen 15 m und 75 m vor der Schiffsmitte und bei Stoß an der Heckhälfte etwa 8 m bis 68 m hinter der Schiffsmitte. Da die Eckdalben einen Abstand von 83 m voneinander und von etwa 41,50 m von Löschkopfmitte haben, ergibt sich, daß die Schiffe etwa im Bereich einer Lage der Schiffsmitte zwischen 26 m voraus und 34 m achteraus zum Löschkopf anlegen. Die bei den bisherigen Messungen registrierten Schiffslängen lagen dabei zwischen 140 m und 260 m.

Bezüglich der Dalbenentfernung ergibt sich damit folgende Beurteilung: In Wilhelmshaven sind die äußeren Dalben durchweg als die eigentlichen Stoßdalben anzusehen, während die mittleren beiden Dalben normalerweise nicht beaufschlagt werden, aber bei sehr kleinen Schiffen und erheblich unnormalen Manövern zum Schutz des Löschkopfes vorhanden sein müssen. Der vorhandene Abstand der Eckdalben voneinander hat sich offensichtlich für die stark unterschiedlichen anlegenden Schiffsgrößen bewährt, da nach den Meßergebnissen weder große Tanker genau mittig bzw. sogar mit außerhalb der Dalbenreihe liegendem Mittelpunkt, noch kleine Tanker soweit außermittig angelegt werden, daß bei starker Schräglage Bug oder Heck zwischen die Dalben geraten können bzw. beim Heckstoß die Schrauben gefährdet werden.

Als wichtigstes Ergebnis kann folgende für die Dalbenbeanspruchung günstig erscheinende Lösung aus den Messungen empfohlen werden: Die Eckdalben können wegen der großen Tanker vorteilhaft etwa 100 bis 120 m voneinander entfernt angeordnet werden. Dazwischen sollten drei leichtere Dalben angeordnet werden, die dann etwa 25—30 m voneinander und von den äußeren Dalben entfernt wären. Die sicherste Lösung wäre allerdings die Anordnung von zwei schweren Dalben in rd. 120 bis 150 m Entfernung voneinander, die durch eine relativ leichte Leitwand miteinander verbunden sind. Ein wesentlicher Vorteil einer Leitwand ist es, daß entweder bei genau parallel anlegendem Schiff eine große Leitwandlänge von rd. 60% der Schifflänge zum Tragen kommt oder beim schrägen Stoß unvermeidlich eine starke Außermittigkeit mit $\lambda \cong 0{,}35$ zustande kommt, so daß die Stoßenergie sich entsprechend Abb. 17 wesentlich vermindert[1].

7. Quergeschwindigkeit des Stoßortes in Abhängigkeit von der Lage des Stoßortes auf der Schiffslänge

In Abb. 11 ist die auf den Stoßdalben zu gerichtete Geschwindigkeit des Stoßortes auf dem Schiff in Abhängigkeit von der Lage des Stoßortes aufgetragen. Es ist eine gewisse schwache Tendenz zu erkennen, wonach die Stoßortgeschwindigkeit mit wachsender Entfernung des Stoßortes

[1] Die Berechnung durchlaufender, gelenkloser Leitwände ist inzwischen exakt möglich, auch für den hochgradig statisch unbestimmten Fall, daß wegen Tideschwankungen usw. mehrere Leitwandträger übereinander angeordnet werden müssen (Fessel/Ulpe/Würker: Exakte Berechnung von Leitwänden im Verkehrswasserbau. Schiff und Hafen 16 [April 1964] 380—391).

vom Schiffsmittelpunkt zunimmt. Diese Tendenz ist an sich selbstverständlich, wenn die vorher bereits erwähnte Tatsache beachtet wird, daß im allgemeinen die Tanker vor dem Stoß auf den Stoßdalben zu drehen: Die Stoßortgeschwindigkeit ist die Summe aus der reinen Translationsgeschwindigkeit und der Drehgeschwindigkeit um den Schwerpunkt. Während die Translation gleiche Quergeschwindigkeiten auf der gesamten Schiffslänge erzeugt, ist die Quergeschwindigkeit aus der Drehung bei einer bestimmten Winkelgeschwindigkeit natürlich um so größer, je weiter der Stoßort vom Schiffsmittelpunkt entfernt ist. Wenn beide Komponenten für den Stoßort gleiches Vorzeichen haben, nimmt die gesamte Quergeschwindigkeit mit zunehmendem Stoßortparameter λ zu. Diese Aussage ist jedoch nicht grundsätzlich gültig, da, wie bereits vorher erwähnt, auch Manö-

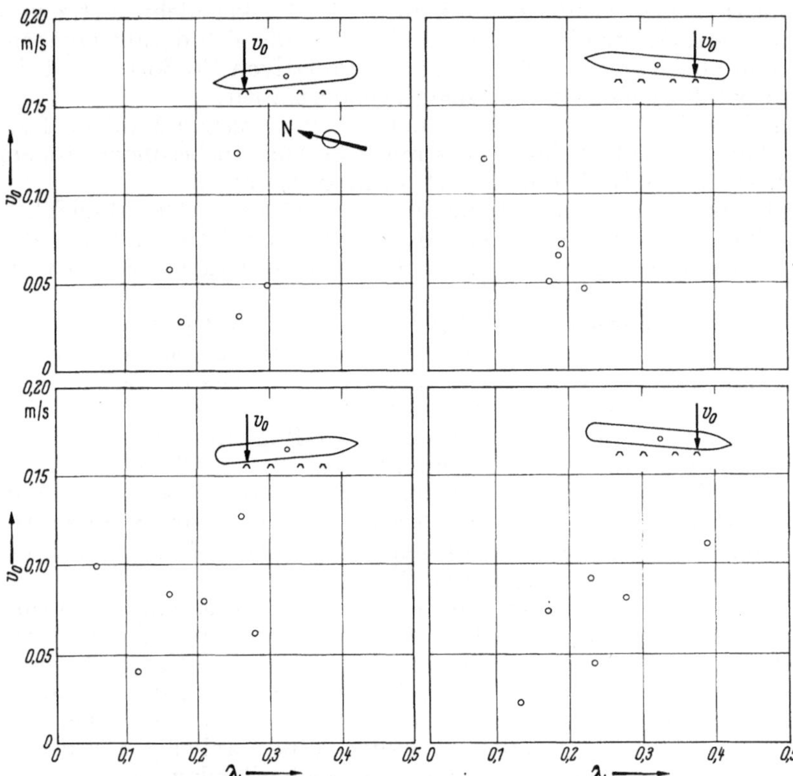

Abb. 11. Quergeschwindigkeit v_0 des Stoßortes bei Beginn des ersten Stoßes, aufgetragen über dem relativen Stoßort $\lambda = l/L$.

ver beobachtet wurden, bei denen das Schiff bei Stoßbeginn vom Stoßdalben wegdrehte. Dann ist die Geschwindigkeit auf der Stoßhälfte des Schiffes in größerer Entfernung vom Schwerpunkt kleiner als die mittschiffs auftretende reine Translationsgeschwindigkeit. Diese Frage wird im folgenden Abschnitt 8 anhand der Aufteilung der Quergeschwindigkeit auf Translation und Rotation noch näher behandelt.

Es wäre durchaus möglich, eine Abhängigkeit der örtlichen Geschwindigkeit v_0 von der Lage λ des Stoßortes auf dem Schiff in die Gleichung für die Stoßenergie des Schiffes einzubauen, falls eine derartige Abhängigkeit eindeutig nachweisbar ist:

$$E_0 = \frac{v_0^2(\lambda) \cdot M}{2} \quad \frac{1}{1 + (l/i)^2}. \tag{6}$$

Zu einer begründeten Angabe der Funktion $v_0 = f(\lambda)$ z. B. in einer einfachen linearen Beziehung $v_0 = a + b \cdot \lambda$ erscheint jedoch die aus Abb. 11 zu erkennende schwache Tendenz nicht zuverlässig genug.

Als Auswirkung einer Zunahme der Stoßortgeschwindigkeit mit zunehmender Außermittigkeit des Stoßes ergibt sich, daß der gemäß Abb. 17 sehr günstige Einfluß der Außermittigkeit auf die Stoßenergie zum Teil wieder rückgängig gemacht wird.

8. Aufteilung der Geschwindigkeit auf Translation und Rotation

Zur genaueren Analyse der Quergeschwindigkeiten wurde eine Berechnung der Anteile dieser Geschwindigkeiten vorgenommen, die auf reine Translation, d. h. Parallelverschiebung des Schiffes, und auf reine Rotation um die senkrechte Mittelachse des Schiffes entfallen. Diese Aufteilung auf die Geschwindigkeitsanteile ist deshalb wichtig, weil die Rotation je nach Entfernung des Stoßortes vom Schiffsmittelpunkt einen anderen Anteil zur Stoßortgeschwindigkeit liefert, während der Anteil der Translationsgeschwindigkeit v_S an der Stoßortgeschwindigkeit v unabhängig vom Stoßort ist:

$$v = v_S + \omega \cdot l\,. \tag{7}$$

Außerdem werden die Bewegungsanteile später für die Ermittlung der wahren kinetischen Energie des Schiffes benötigt nach der Gleichung

$$E_W = \frac{M \cdot v_S^2}{2} + \frac{J \cdot \omega^2}{2} \tag{8}$$

mit J = Trägheitsmoment des Schiffes.

Zur Ermittlung der Translationsgeschwindigkeit v_S und der Rotations-Winkelgeschwindigkeit ω muß von den gleichzeitig auftretenden Geschwindigkeiten vor den beiden Eckdalben ausgegangen werden. Die Entfernung zwischen diesen Dalben beträgt $A = 83$ m. Die beiden Geschwindigkeiten v_S und $\omega \cdot l$ werden positiv angesetzt, wenn sie bei Stoßbeginn auf den Stoßdalben zu gerichtet sind, d. h., das Vorzeichen von ω wird nicht einer absolut gleichen Drehrichtung zugeordnet. Für die örtliche Geschwindigkeit bei Stoßbeginn (Index 0) gilt
vor dem Stoßdalben:

$$v_0 = v_{S0} + \omega_0 \cdot l \tag{9}$$

und vor dem Gegendalben:

$$v_0' = v_{S0} - \omega_0 (A - l)\,. \tag{10}$$

Daraus folgt für die Winkelgeschwindigkeit der Rotation:

$$\omega_0 = \frac{v_0 - v_0'}{A}\,. \tag{11}$$

Für die Translationsgeschwindigkeit folgt:

$$v_{S0} = v_0 - \omega_0 \cdot l = v_0 \frac{(v_0 - v_0') \cdot l}{A}\,. \tag{12}$$

Die auf diese Weise aus den vor den beiden Eckdalben gemessenen Geschwindigkeiten errechneten Translations- und Rotationsgeschwindigkeiten sind in Abb. 12 und 13 in Abhängigkeit vom Schiffsgewicht eingetragen. Genau wie bei den Stoßortgeschwindigkeiten ist wieder bei beiden Komponenten ein breites Streufeld mit einer leichten, aber undeutlichen Tendenz in Richtung ab-

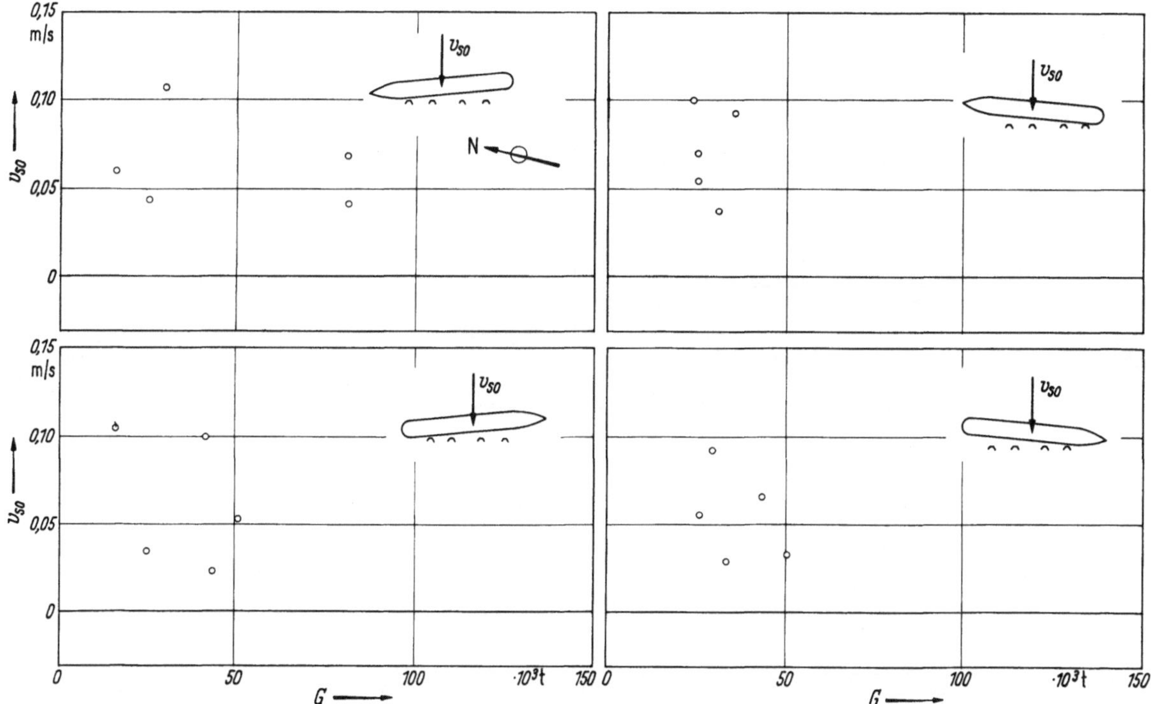

Abb. 12. Translationsgeschwindigkeit v_{S0} des Schiffschwerpunktes bei Beginn des ersten Stoßes, aufgetragen über dem Schiffsgewicht G (Wasserverdrängung).

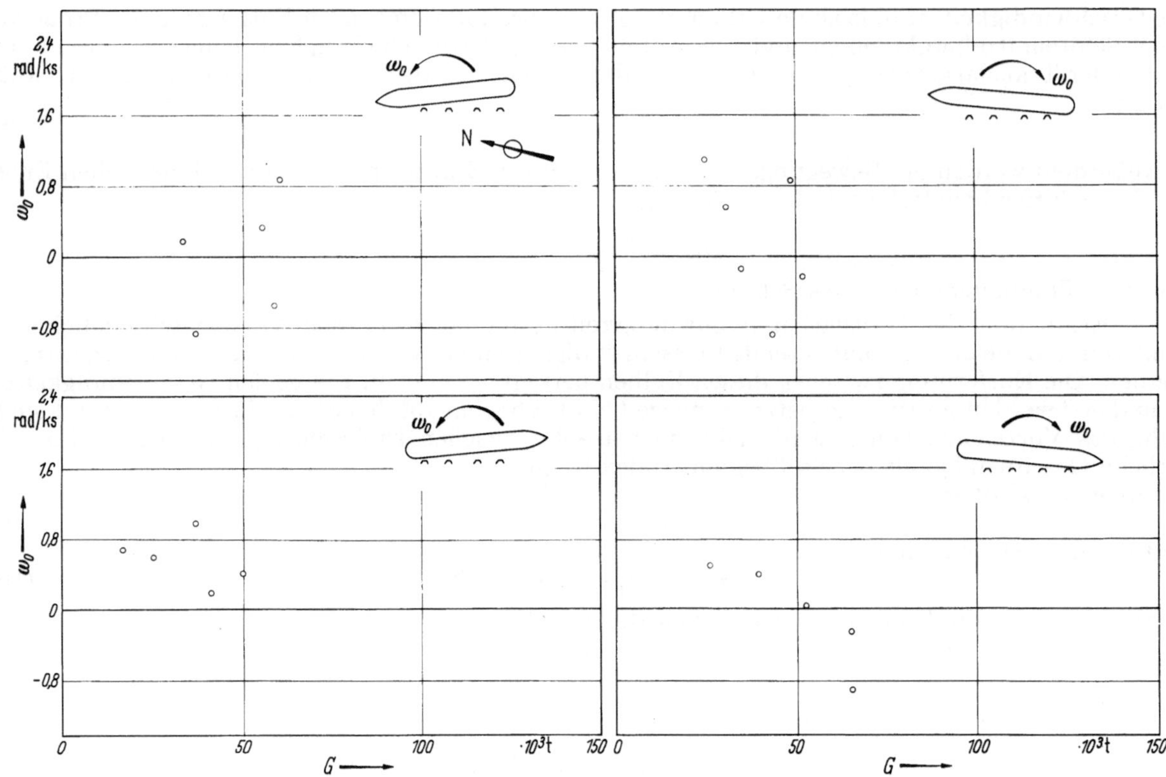

Abb. 13. Winkelgeschwindigkeit ω_0 der Rotation um die senkrechte Mittelachse des Schiffes bei Beginn des ersten Stoßes, aufgetragen über dem Schiffsgewicht G (Wasserverdrängung).

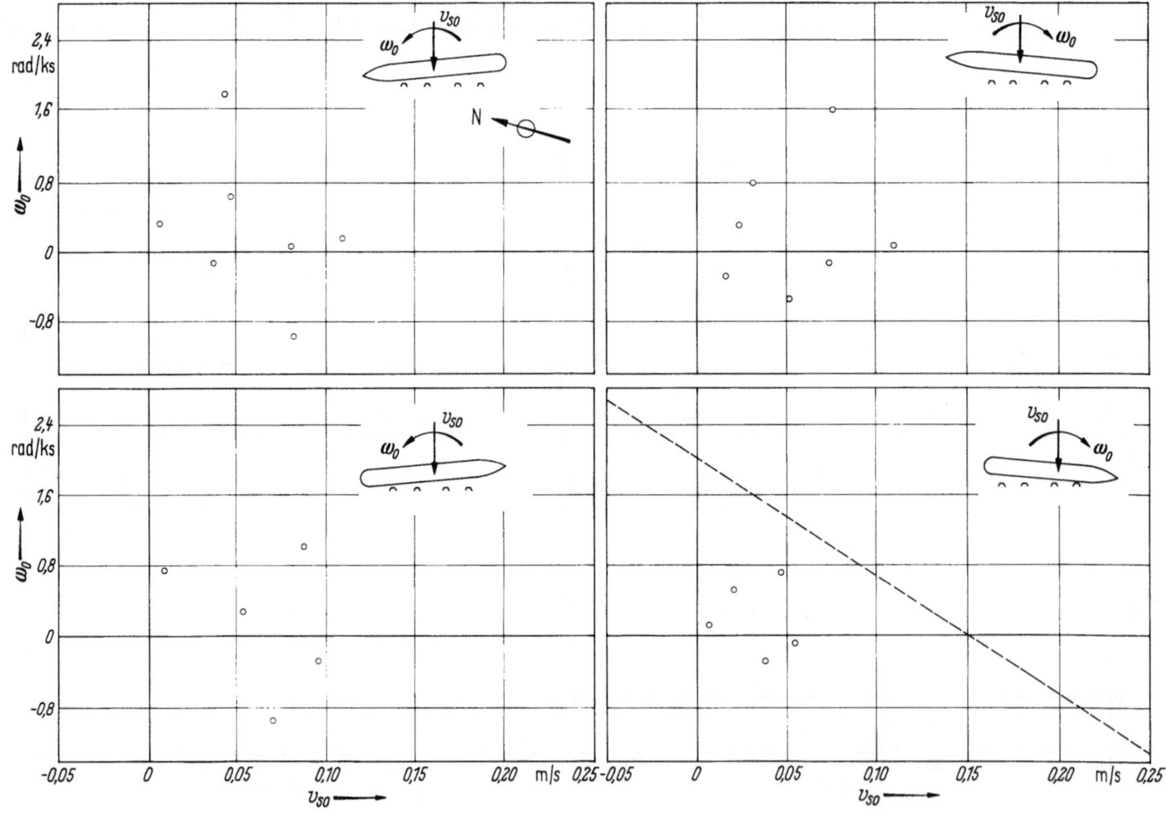

Abb. 14. Abhängigkeit zwischen Translationsgeschwindigkeit v_{S0} und Rotations-Winkelgeschwindigkeit ω_0 bei Beginn des ersten Stoßes.

nehmender Geschwindigkeit mit zunehmender Schiffsgröße zu erkennen: Größere Schiffe werden offenbar von den Schleppern vorsichtiger gehandhabt und reagieren natürlich auch träger auf positive (beschleunigende) Schlepperhilfe.

Aus den Diagrammen geht auch hervor, daß zwar das Schiff bei Stoßbeginn bevorzugt auf den Stoßdalben zu dreht, daß aber doch eine Reihe von Manövern mit abdrehendem Schiff gefahren wurde, d. h. mit negativer Winkelgeschwindigkeit ω. Dieses Abdrehen wird offenbar insbesondere dann praktiziert, wenn die Translationsgeschwindigkeit relativ groß ist, so daß durch das Abdrehen die Stoßortgeschwindigkeit kleingehalten wird. Diese Tendenz ist jedenfalls eindeutig aus Abb. 14 zu erkennen, wo die Beziehung zwischen Rotations-Winkelgeschwindigkeit ω_0 und Translationsgeschwindigkeit v_{S0} zu Beginn des ersten Stoßes gezeigt wird.

Eine Durchsicht der Ergebnisse im Hinblick auf den zweiten Stoß hat nach dem heutigen Stand der Messungen ergeben, daß der zweite Stoß stets dann mit höherer Geschwindigkeit erfolgte als der erste Stoß, wenn das Schiff zu Beginn des ersten Stoßes abdrehte und der zweite Stoß zügig aus dem Rückstoß des ersten Stoßes heraus auf den Gegendalben erfolgte. Diese Tatsache ist in Übereinstimmung mit theoretischen Überlegungen[1]. Da jedoch der erste Stoß bei abdrehendem Schiff immer leichter ist als normal, sind keine Sekundärstöße aufgetreten, die höhere Stoßgeschwindigkeiten ergaben als die höchsten Werte des ersten Stoßes bei anderen Manövern.

Auffallend außerhalb des Durchschnittes lag das Manöver eines Schiffes von etwa 40 000 t Wasserverdrängung, das mit der vergleichsweise sehr hohen Translationsgeschwindigkeit von 175 mm/sec herankam, jedoch stark abdrehend gefahren wurde, so daß die Stoßortgeschwindigkeit mit 111 mm/sec sogar noch weit unter der oberen bei anderen Manövern festgestellten Grenze von 150 mm/sec lag. Das Abdrehen schwächte den ersten Stoß um so stärker, als dieses Schiff sehr stark außermittig mit $\lambda = 0{,}389$ gegen den Stoßdalben kam. Trotz des Abdrehens war in diesem Fall der zweite Stoß nicht stärker als der erste Stoß, da das Schiff beim ersten Stoß eine ziemlich große Schräglage zur Dalbenreihe hatte. Die Entfernung am Gegendalben war 7,50 m, und auf diesem Weg wurde das Schiff vor Beginn des zweiten Stoßes gut abgefangen.

Auffällig ist noch an Abb. 13 und 14, daß die Rotation bei der Anlegerichtung jadeaufwärts (südwärts), d. h. bei ablaufender Tide, auffällig kleiner ist als bei der Anlegerichtung jadeabwärts, insbesondere bei Stößen auf der Heckhälfte (mit einer Ausnahme). Das kann daran liegen, daß die jadeabwärts anlegenden Tanker vor dem Anlegen um 180° gedreht werden müssen und möglicherweise aus der Drehung heraus bereits zum Anlegemanöver übergehen. Es kann auch der Einfluß einer evtl. möglichen drehenden Komponente der Strömung bei auflaufender Tide vorliegen, da bei Anlegerichtung jadeabwärts und Stoß auf die Bughälfte eine relativ etwas größere Anzahl von Manövern mit abdrehender Rotation auftritt.

Wenn sich aus einer Darstellung entsprechend Abb. 14 ein eindeutiger Zusammenhang $\omega_0 = f(v_{S0})$ ermitteln läßt, so kann die wirksame Stoßenergie für beliebige Stoßorte l auf der Schiffslänge nach Annahme der maximalen Translationsgeschwindigkeit v_{S0} aus der folgenden Formel berechnet werden:

$$E_0 = \frac{(v_{S0} + \omega_0 \cdot l)^2 \cdot M}{2} \cdot \frac{1}{1 + (l/i)^2}\,. \qquad (13)$$

Für das rechte untere Feld von Abb. 14 ist die eingezeichnete Gerade offenbar eine befriedigende Abgrenzung des Streufeldes. Diese Gerade folgt der Beziehung (in dimensionsbehafteter Schreibweise):

$$\omega_0\,[1/\mathrm{k\,sec}] = 2 - \frac{1}{75} \cdot v_{S0}\,[\mathrm{mm/sec}]\,. \qquad (14)$$

Die Punkte des rechten oberen Diagramms werden jedoch dadurch bei weitem nicht abgegrenzt. Anscheinend ergibt bereits die Anlegerichtung unterschiedliche Abhängigkeiten zwischen ω und v_S. Die Eingrenzung aller Punkte durch eine gemeinsame Grenzkurve ist jedoch zu ungünstig. In der Praxis ist es jedoch so, daß einerseits die Funktion $\omega_0 = f(v_{S0})$ sehr stark von den örtlichen Gegebenheiten und der Art der Schlepperhilfen abhängig ist, und daß andererseits die Lotsen das Anlegemanöver weniger nach der Größe von Translation und Rotation ausregulieren, als vielmehr in praktisch richtiger Weise nach der absoluten Geschwindigkeit der Annäherung des Schiffes an den Stoßdalben. Deshalb ist es unbedingt zu empfehlen, allein von der Stoßort-Geschwindigkeit auszugehen und allenfalls deren Abhängigkeit vom Schiffsgewicht analog zu Abb. 8 und/oder vom Stoßort analog zu Abb. 11 zu berücksichtigen. Dann gilt

$$E_0 = \frac{v_0^2 \cdot M}{2} \cdot \frac{1}{1 + (l/i)^2} \cdot k \qquad (15)$$

[1] Siehe auch Wirsbitzki/Munzer.

mit $v_0 = f(G, \lambda)$,

G = Schiffsgewicht (Wasserverdrängung),

$\lambda = l/L$ = relativer Stoßort auf der Schiffslänge.

Die Gleichung (15) enthält den Wirkungsfaktor k, der als dimensionsloser Beiwert angibt, welcher Anteil der Stoßenergie des Schiffes tatsächlich auf den Dalben übertragen wird. Dieser Wirkungsfaktor k enthält mehrere Einflüsse, insbesondere die Schlepperhilfe und die Wirkung der mitbewegten Wassermasse; dazu werden bei den noch durchzuführenden Auswertungen bezüglich der Energien weitere eingehende Untersuchungen angestellt.

9. Schräglage der Schiffe zur Dalbenreihe

Die Schräglage der Schiffe zur Dalbenreihe bei Beginn des ersten Stoßes ergibt sich aus der gemessenen Entfernung des Schiffes vor dem Gegendalben und der Entfernung der Dalben voneinander. Die Ergebnisse sind in Abb. 15 eingetragen. Bei einigen Messungen war das Schiff vor dem Gegendalben noch außerhalb des Meßbereiches des Echographen. Die Schräglage ist dann im Diagramm auf der Linie 7° eingetragen. Die Schätzungen aus dem Eintrittspunkt der betreffenden

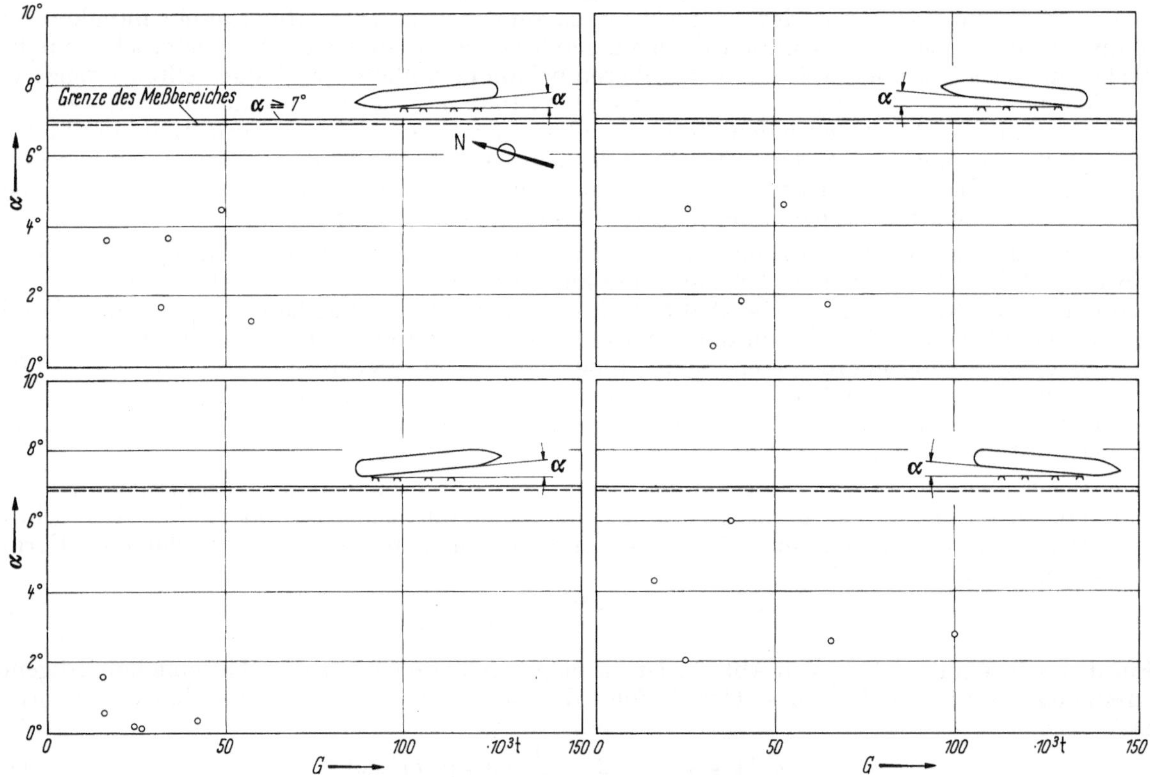

Abb. 15. Schräglage α des Schiffes zur Dalbenreihe bei Beginn des ersten Stoßes, aufgetragen über dem Schiffsgewicht G (Wasserverdrängung).

Schiffe in den Meßbereich, aus der Verteilung der Schräglagen am Rande des Meßbereiches und aus den Beobachtungen des Brückenpersonals ergeben, daß diese Schiffe bis zu 10°, maximal bis zu 12° Schräglage hatten. Der Zusammenhang zwischen Schräglage α und Entfernung s vor dem Gegendalben ist bei einer Entfernung von A = 83 m der Eckdalben voneinander (mit $\sin\alpha \cong \tan\alpha \cong \alpha$)

$$\alpha^\circ = \frac{180}{\pi} \cdot \frac{83}{s} = 0{,}69 s\,[\mathrm{m}]; \quad s\,[\mathrm{m}] = 1{,}45 \alpha^\circ . \tag{16}$$

Die Schräglage von 10° entspricht also ungefähr einer Entfernung von 14,5 m vom Gegendalben; die mittlere Entfernung liegt bei rd. 6 m. Diese große Entfernung bedeutet, daß in vielen Fällen der zweite Stoß nicht stetig aus dem Rückstoß des ersten Stoßes heraus auf den Gegendalben geht, da die Schlepper bei diesem großen Weg praktisch bereits eine andere Bewegung in das Schiff bringen können. Deshalb erfolgte auch der zweite Stoß nicht prinzipiell auf den anderen Eckdalben, vielmehr wurden häufig aufeinanderfolgende Stöße auf den gleichen Dalben beobachtet. Insofern sind an sich auch die Sekundärstöße oftmals als völlig selbständiges Manöver anzusehen.

Bei sehr geringer Schräglage ist folgendes zu bemerken: Die Entfernung des Schiffes vom Nachbardalben des Stoßdalbens beträgt ungefähr $b = 0{,}436\,\alpha$, also z. B. rd. 22 cm bei $\alpha = 0{,}5°$. Bei so

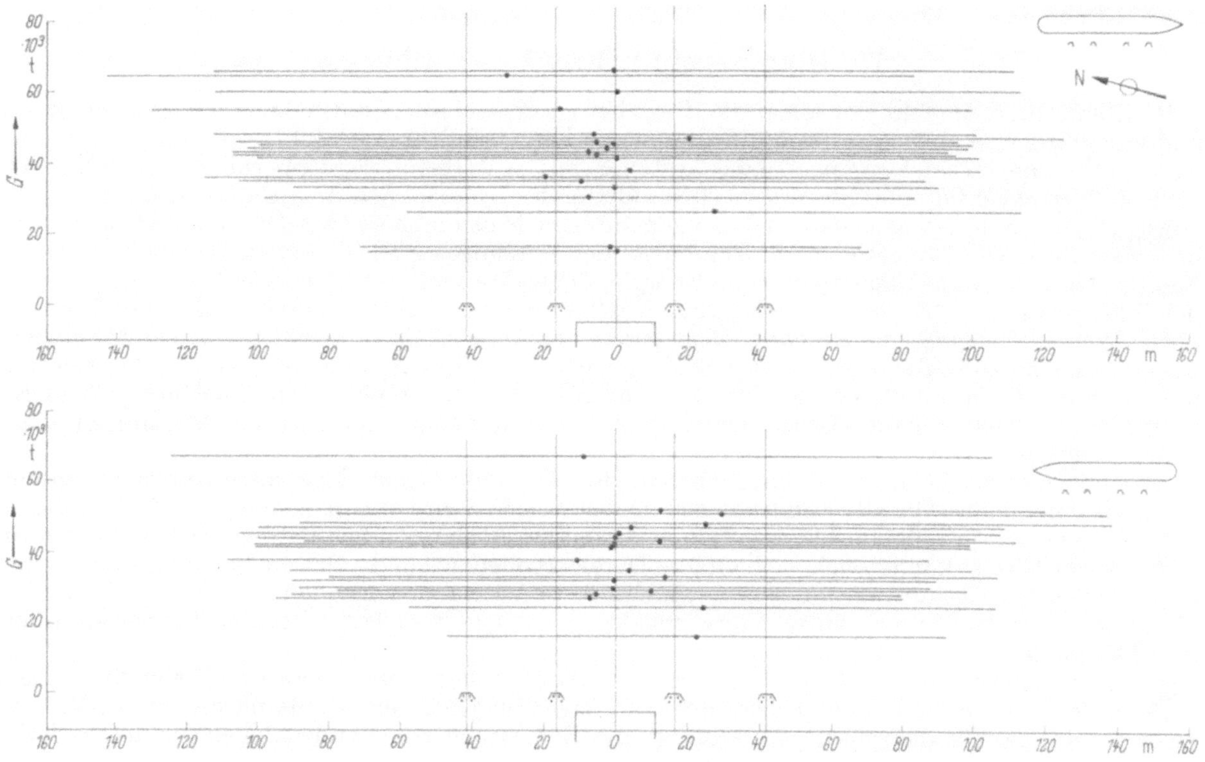

Abb. 16. Lage von Tankern, relativ zum Löschkopf bei Beginn des ersten Stoßes.

geringen Schräglagen ist also normalerweise damit zu rechnen, daß noch während des ersten Stoßes eine Berührung des nächsten Dalbens auftritt. Bei Schräglagen unter 0,2° wird sogar der andere Eckdalben normalerweise noch während des ersten Stoßes berührt, da die Entfernung zum anderen Eckdalben bei Stoßbeginn dann nur noch rd. 30 cm beträgt und die Stoßzeit je nach Schiffsgröße und Stoßort etwa 20 bis 50 sec ist. An der Anlage in Wilhelmshaven bedeutet die zusätzliche Be-

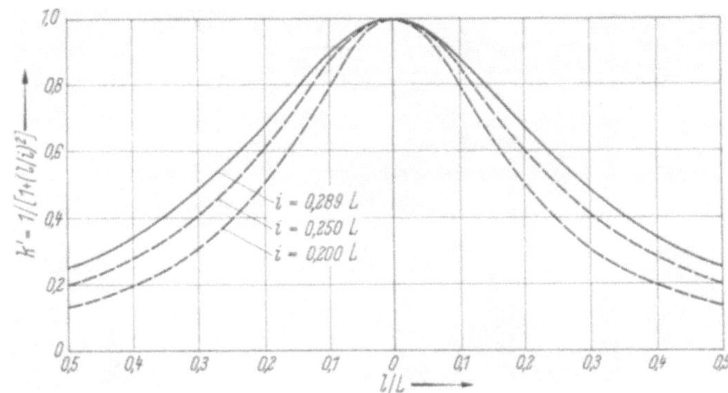

Abb. 17. Theoretische Abhängigkeit des Stoßenergiefaktors k' vom Stoßort l.

rührung an den Nachbardalben in aller Regel eine Abschwächung des Stoßes. Zwar setzt das anlegende Schiff vom Stoßbeginn an einen Teil seiner kinetischen Energie während des Stoßes in Drehung um den Stoßdalben um und wird daran gehindert, wenn die Nachbardalben berührt werden, so daß dann insgesamt mehr Energie an die Dalben übertragen wird. Das kann jedoch nur zu einer Verstärkung des ersten Stoßes führen, wenn der Schiffsschwerpunkt zwischen Stoßdalben und Nachbardalben liegt, was in Wilhelmshaven gemäß Abb. 9 nur selten der Fall ist, z. B. bei einem Schiff von 250 m Länge bei einem relativen Stoßort $\lambda \leqq 0{,}1$ (der Abstand des Nachbardalbens vom äußeren Dalben ist 25 m). Auch dann müssen noch bestimmte Bedingungen bezüglich der Bewegungsgrößen vorliegen, die später noch theoretisch untersucht werden.

Zu Abb. 15 ist noch bemerkenswert, daß die Schräglagen bei Anlegen jadeaufwärts und Stoß auf die Heckhälfte unterdurchschnittlich gering sind, genau wie die Rotationsgeschwindigkeiten (Abb. 13 und 14).

10. Hinweise auf weitere Untersuchungen

Während dieser Bericht vor allem die Einzelheiten der Schiffsmanöver beim Anlegen klären soll und nur wenig und ohne Ableitung auf die kinetischen Grundlagen eingeht, soll eine weitere Auswertung die kinetischen Vorgänge für das System Schiff — Dalben — Schlepperhilfe behandeln. Dazu wird ein Vorschlag für eine theoretische Behandlung des Systems Schiff — Dalben (für reine Querbewegung des Schiffes) gemacht und die zugehörigen Meßergebnisse werden geordnet, analysiert und diskutiert. Die interessierenden Ergebnisse der Messungen sind die kinetische Stoßenergie der Schiffe, die vom Dalben aufgenommene Energie, die wahre kinetische Energie der Schiffe, die von den Schleppern zu- oder abgeführte Energie, Abschätzung von Verlusten und zusätzlichen Energien durch Wasserbewegung und Reibung, Beurteilung der gemessenen Stoßzeiten usw. Die gefundenen Ergebnisse sind zueinander und zu den Schiffsgrößen in Beziehung zu setzen, nach Anlegerichtung und Stoßdalben zu ordnen und kritisch zu beurteilen. Daraus ergeben sich Anordnungs- und Bemessungsvorschläge für die Dalben, wie sie z. T. schon in den vorhergehenden Abschnitten angedeutet wurden.

Abschließend sei noch darauf hingewiesen, daß die gefundenen Ergebnisse selbstverständlich nicht allgemeingültig für alle Landeanlagen großer Schiffe sein können, sondern nur bei ähnlichen Verhältnissen wie in Wilhelmshaven gelten, insbesondere auch bezüglich Fahrwasser und Schlepperhilfe. Beispielsweise können sich auch andere Daten ergeben, wenn die Schiffe bevorzugt mit Leinen und Winden herangeholt werden oder wenn eine feste Kaimauer vorhanden ist. Für Schiffe, deren Anlegemanöver maßgeblich durch Vorwärtsfahrt gekennzeichnet ist, gelten die Ergebnisse offensichtlich nicht.

Es wird die Anregung wiederholt, auch an anderen Anlegestellen derartige Reihenmessungen laufend durchzuführen, um möglichst viele Unterlagen zu gewinnen und damit geeignetes Material zu sammeln, das für die richtige Anordnung und Bemessung von Landeanlagen für die an Größe und Tonnage noch immer zunehmenden Tanker notwendig ist.

Register

I. Verfasser- und Namenverzeichnis

II. Orts- und Gewässerverzeichnis

III. Sachverzeichnis